战略性新兴领域"十四五"高等教育系列教材

纳米材料与技术系列教材　　总主编　张跃

纳米材料物理基础

张　铮　滕　蛟　张　跃　张先坤　宋　振　黄　河
郑新奇　曹　易　孟康康　于广华　徐晓光　刘泉林　编

机械工业出版社

近年来，材料科学迅速发展，特别是在新兴战略材料领域，新现象和新概念不断涌现，研究领域不断扩展，人们对材料的认识不断深化，因而在材料学科的教学中必须不断地更新内容，吸收材料领域最新研究成果，以扩大学生的视野，使之尽早接触材料科学前沿。本书也力求对此有所体现。

本书共6章。第1章是晶体形成的内在机制与几何晶体学，这是所有从事材料研究工作者的共同基础知识，也是材料科学基础的重要内容；第2章是量子力学方法，简明扼要地介绍了如何对晶体中微观粒子（电子、声子和自旋）的运动和相互作用进行描述，这是理解微观世界的基础；第3章是统计物理，通过这部分内容的学习，读者能够有效地建立微观与宏观的联系；第4章为晶格振动，描述了晶体中原子的运动，建立了重要的声子概念，是理解晶体振动对材料物理性质影响的基础；第5章为能带理论，给出了晶体中电子基态的描述，为理解电子行为如何影响材料物理性质奠定了基础；第6章是金属电子气及其输运理论，这是理解材料电学性质的基础，同时也是一个重要的应用专题的例子。其他一些非常重要的专题，如固体磁性、介电性、非线性光学性质、固体激光等，由于篇幅限制本书未做介绍。

本书既可以作为材料科学与工程、应用物理、物理、电子物理与器件等专业本科生、研究生的教材，也可供有关科研人员学习参考。

图书在版编目（CIP）数据

纳米材料物理基础 / 张铮等编. -- 北京 ：机械工业出版社，2024. 12. -- (战略性新兴领域“十四五”高等教育系列教材). -- ISBN 978-7-111-77630-7

Ⅰ. TB383. 3

中国国家版本馆 CIP 数据核字第 2024BM8047 号

机械工业出版社（北京市百万庄大街22号　邮政编码100037）
策划编辑：丁昕祯　　　责任编辑：丁昕祯　杨晓花
责任校对：张爱妮　陈　越　　封面设计：王　旭
责任印制：李　昂
北京捷迅佳彩印刷有限公司印刷
2024年12月第1版第1次印刷
184mm×260mm・13.75印张・340千字
标准书号：ISBN 978-7-111-77630-7
定价：49.80 元

电话服务　　　　　　　　　网络服务
客服电话：010-88361066　　机 工 官 网：www.cmpbook.com
　　　　　010-88379833　　机 工 官 博：weibo.com/cmp1952
　　　　　010-68326294　　金 书 网：www.golden-book.com
封底无防伪标均为盗版　　机工教育服务网：www.cmpedu.com

编 委 会

序

人才是衡量一个国家综合国力的重要指标。习近平总书记在党的二十大报告中强调：“教育、科技、人才是全面建设社会主义现代化国家的基础性、战略性支撑。”在“两个一百年”交汇的关键历史时期，坚持“四个面向”，深入实施新时代人才强国战略，优化高等学校学科设置，创新人才培养模式，提高人才自主培养水平和质量，加快建设世界重要人才中心和创新高地，为2035年基本实现社会主义现代化提供人才支撑，为2050年全面建成社会主义现代化强国打好人才基础是新时期党和国家赋予高等教育的重要使命。

当前，世界百年未有之大变局加速演进，新一轮科技革命和产业变革深入推进，要在激烈的国际竞争中抢占主动权和制高点，实现科技自立自强，关键在于聚焦国际科技前沿、服务国家战略需求，培养“向极宏观拓展、向极微观深入、向极端条件迈进、向极综合交叉发力”的交叉型、复合型、创新型人才。纳米科学与工程学科具有典型的学科交叉属性，与材料科学、物理学、化学、生物学、信息科学、集成电路、能源环境等多个学科深入交叉融合，不断探索各个领域的四“极”认知边界，产生对人类发展具有重大影响的科技创新成果。

经过数十年的建设和发展，我国在纳米科学与工程领域的科学研究和人才培养方面积累了丰富的经验，产出了一批国际领先的科技成果，形成了一支国际知名的高质量人才队伍。为了全面推进我国纳米科学与工程学科的发展，2010年，教育部将“纳米材料与技术”本科专业纳入战略性新兴产业专业；2022年，国务院学位委员会把“纳米科学与工程”作为一级学科列入交叉学科门类；2023年，在教育部战略性新兴领域“十四五”高等教育教材体系建设任务指引下，北京科技大学牵头组织，清华大学、北京大学、浙江大学、北京航空航天大学、国家纳米科学中心等二十余家单位共同参与，编写了我国首套纳米材料与技术系列教材。该系列教材锚定国家重大需求，聚焦世界科技前沿，坚持以战略导向培养学生的体系化思维、以前沿导向鼓励学生探索“无人区”、以市场导向引导学生解决工程应用难题，建立基础研究、应用基础研究、前沿技术融通发展的新体系，为纳米科学与工程领域的人才培养、教育赋能和科技进步提供坚实有力的支撑与保障。

纳米材料与技术系列教材主要包括基础理论课程模块与功能应用课程模块。基础理论课程与功能应用课程循序渐进、紧密关联、环环相扣，培育扎实的专业基础与严谨的科学思维，培养构建多学科交叉的知识体系和解决实际问题的能力。

在基础理论课程模块中，《材料科学基础》深入剖析材料的构成与特性，助力学生掌握材料科学的基本原理；《材料物理性能》聚焦纳米材料物理性能的变化，培养学生对新兴材料物理性质的理解与分析能力；《材料表征基础》与《先进表征方法与技术》详细介绍传统与前沿的材料表征技术，帮助学生掌握材料微观结构与性质的分析方法；《纳米材料制备方法》引入前沿制备技术，让学生了解材料制备的新手段；《纳米材料物理基础》和《纳米材料化学基础》从物理、化学的角度深入探讨纳米材料的前沿问题，启发学生进行深度思考；《材料服役损伤微观机理》结合新兴技术，探究材料在服役过程中的损伤机制。功能应用课程模块涵盖了信息领域的《磁性材料与功能器件》《光电信息功能材料与半导体器件》《纳米功能薄膜》，能源领域的《电化学储能电源及应用》《氢能与燃料电池》《纳米催化材料与电化学应用》《纳米半导体材料与太阳能电池》，生物领域的《生物医用纳米材料》。将前沿科技成果纳入教材内容，学生能够及时接触到学科领域的最前沿知识，激发创新思维与探索欲望，搭建起通往纳米材料与技术领域的知识体系，真正实现学以致用。

希望本系列教材能够助力每一位读者在知识的道路上迈出坚实步伐，为我国纳米科学与工程领域引领国际科技前沿发展、建设创新国家、实现科技强国使命贡献力量。

张跃

北京科技大学

中国科学院院士

前言

材料科学的发展已经揭开了崭新的篇章，功能化和跨学科交叉是重要的时代特征。借力于不断开发出来的具有优异性能的新材料，许多领域获得了突破性和长足的发展，涉及量子计算、半导体与信息、人工智能、新能源、航空航天、生物、医疗等人类探索与应用的诸多方面。

物理学知识，特别是近代物理知识是理解材料的这些优异性能的微观理论根基，对于有志于将来从事新材料研发的年轻学子意义重大。这些物理基础知识涉及多门学科，包括分析力学、量子力学、电磁理论、热力学与统计物理、固体物理等，以及很多科学概念、理论模型和研究方法。这些内容是学生首次接触到的物理学基本规律在物性研究中的具体应用，通过学习这些内容，学生不仅能获得理解材料物性的基础知识，而且在培养科学思维、提高解决实际问题的能力等方面都非常有益。但是，对于工科背景的学生，要系统深入地学习这些物理基础知识，难度非常大，主要原因如下：与物理类专业学生不同，工科的学生在数学和理论物理方面的基础要相对薄弱；近代物理中关于微观世界的很多图像与宏观世界经验不一致，具有抽象性；传统的物理教材中选取的例子与材料科学的结合不够紧密。

本书针对以上问题，专为满足材料类专业学生的学习要求而编写。本书由多名作者共同编写完成，他们的研究专长涉及材料物理基础的主要方面，同时在相关课程的教学方面具有丰富的经验。考虑到未来在材料和器件研发方面的需求，本书的编写注重对基本概念和物理图像的理解，帮助它们建立跨尺度的关联，从而能够从粒子的运动和相互作用出发去理解材料的性质，并且获得从微观上、根源上进行科研创新的能力。

由于编者水平有限，书中难免会有疏漏之处，恳请读者批评指正。

编　者

目 录

第 1 章

晶体形成的内在机制与几何晶体学

晶体是最重要的固体材料，晶体的微观结构是长程有序的，即微观粒子排列成规则的阵列。这种有序性，或称之为周期性，能够极大地简化计算过程，使得人们能够从简单的模型出发而得到深刻的光学、电学和磁学方面的结论。晶体是由原子、分子构成的，但单一或少数的原子、分子倾向于做无规则的热运动，倾向于形成液体或气体。之所以能形成固体，是因为原子间存在彼此吸引的力；但斥力的存在使得原子间不会无限靠近，从而维持固体具有一定的外形。本章将从原子间的作用力入手，解答为什么原子、分子能够聚在一起形成固体，并进而了解固体物质的分类。随后学习固体中原子规则排列的规律，了解晶格、格点、对称性、晶系、点群等概念，从而在正空间中建立用晶体学单胞描述整个晶格的全息概念，同时说明其与元胞概念的异同。这解决了原子实的静态位置问题，但原子是围绕平衡位置往复振动的，能够形成弹性波，称为声子，从而影响固体的热性质。那么电子也能够在正空间中描述其运动规律吗？本章将初步介绍倒易空间、倒易格点和倒易矢量等概念，初步建立在布里渊区中描述电子运动规律的全息概念，从而为后续章节中电子的能带结构打下基础。

1.1 晶体的特点

一般而言，固体可以分为两大类：一类是非晶态固体，如玻璃、石蜡等，它们没有规则的形状和固定的熔点（在熔化时有逐渐软化的过程）；另一类是晶态固体，如水晶、食盐、金属等，它们具有固定的熔点，很多晶体还具有规则的外形。

典型的晶体（单晶体）是一个凸多面体，具有顶点、晶棱和晶面。单晶体的晶面往往排列成带状，即有些晶面的交线所构成的晶棱是相互平行的，这些晶面的总体称为一个晶带，而这些相互平行的晶棱的共同方向称为晶带轴。一个晶体有很多晶带和晶带轴，其中重要的晶带轴称为晶轴。不同晶轴方向的物理性质（如介电常数、电导率等）往往是不同的，即晶体一般具有各向异性。图 1-1 为石英晶体的一种外形，晶面 1、2、3 等构成一个晶带，而 OO' 即为这个晶带的晶带轴。很明显，O-O'是一个重要的晶带轴，称为石英的一个晶轴。晶体往往具有在压力下沿某些确定方位的晶面劈裂的性质，这称为晶体的解理性，而这样的晶面则称为解理面。常见天然晶体的外表面就是解理面。

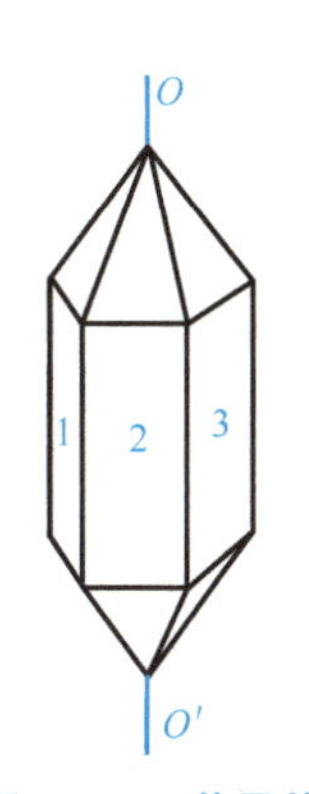

图 1-1　石英晶体的一种外形

由于晶体生长条件不同，同种晶体可表现出不同的外形。图 1-2 为食盐（NaCl）晶体的几种外形。这说明晶面的相对大小和晶体外形不是晶体的本质属性，不能决定晶体的归属。但是，图 1-2 中食盐晶体的 a_1、a_2 面间夹角（90°）及 b_1、b_2 面间夹角（109°28′16″）等在各种情况下是不变的。这是晶体的普遍性特征，是由晶体内部的结构所决定的。这个规律就是面角守恒定律，即同一种晶体，两个对应晶面（或晶棱）之间的夹角是恒定的，不因晶体外形的不同而变化。因而，测定晶面间夹角的大小才是判定晶体类别的依据。

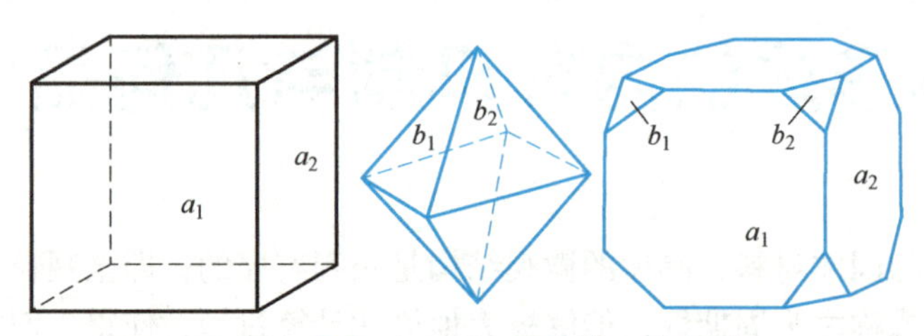

图 1-2　食盐（NaCl）晶体的几种外形

上面所述晶体的特征，是构成晶体的原子、分子或离子规则排列的结果，是微观结构规律性的宏观表现。对于原子在晶体中规则排列的认识，首先需要知道孤立的原子、分子为何能结合成晶体，以及这些晶体结合方式的一般性特点，然后讨论晶体结构的规律性——周期性与对称性。

1.2　晶体内部的作用力

原子（或分子、离子）能够结合成为具有一定结构的晶体，其原因在于原子之间存在着结合力，包括吸引力和排斥力。吸引力是远程的库仑力，排斥力主要是近程的、由泡利不相容原理引起的排斥力。图 1-3 为两个原子之间相互作用势能 $u(r)$ 与相互作用力 $f(r)$ 随 r（原子间距离）的变化曲线，其中 $f(r)$ 的表达式为

$$f(r)=-\frac{\partial u(r)}{\partial r} \tag{1-1}$$

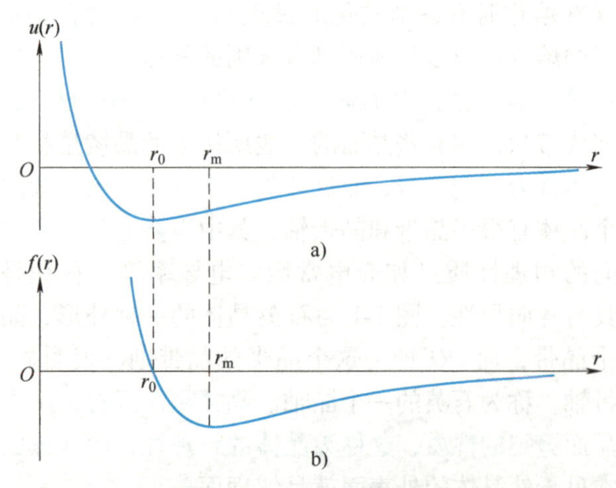

图 1-3　原子间相互作用

a）相互作用势能 $u(r)$ 曲线　b）相互作用力 $f(r)$ 曲线

如果两个原子相距无穷远 $r\to\infty$，则能量为零，作用力自然也为零；随着原子间的距离逐渐缩短，原子间的相互作用势能变为负值，且绝对值逐渐增大，此时为吸引力；但当原子过于靠近时，排斥力占据主导，且大小及能量 u 都随 r 的进一步减小而急剧上升。在 $r=r_m$ 处吸引力最大；$r=r_0$ 时吸引力与排斥力平衡，即相互作用力为零，此时两个原子间的相互作用势能 $u(r)$ 最低，称 r_0 为这两个原子处于平衡状态时的间距。原子间的相互作用势能一般可用幂函数表示为：

$$u(r)=-\frac{a}{r^m}+\frac{b}{r^n} \tag{1-2}$$

式中，a、b、m、n 为正数。式（1-2）等号右边第一项是吸引能，第二项是排斥能。对于晶体中不同类型的结合，上述参数值不尽相同。晶体的总相互作用势能为原子对之间的相互作用势能之和。

1.3　晶体的结合类型

构成晶体的粒子之间的结合力，其本质上是原子核和电子之间的静电相互作用，表现形式（结合形式、结合键）可分为离子性结合、共价性结合、金属性结合、范德瓦尔斯结合、氢键和混合键结合，如图 1-4 所示。

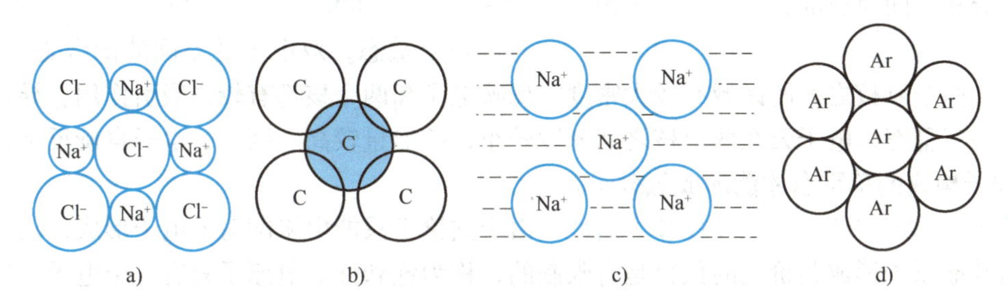

图 1-4　晶体的几种结合类型

a）离子性结合（氯化钠）　b）共价性结合（金刚石）　c）金属性结合（钠）　d）范德瓦尔斯结合（晶态氩）

1.3.1　离子性结合

离子晶体（极性晶体）依靠正、负离子之间的库仑引力结合。碱金属元素 Li、Na、K、Rb、Cs 和卤族元素 F、Cl、Br、I 之间形成的化合物往往是离子晶体，如 NaCl、CsCl 等。相间排列的正、负离子使异号离子之间的吸引力强于同号离子之间的排斥力，从而使晶体稳定。正、负离子通过得失电子，形成一般为满壳层的电子构型。如图 1-5 所示为 NaCl 晶体中正一价离子 Na^+ 和负一价离子 Cl^- 的排列方式，图中只画出了其中一个重复单元，其向三个方向无限延展即可得到真实的晶体。Li、Na、K、Rb 与 F、Cl、Br、I 构成的化合物具有 NaCl 型的离子排列方式，每个离子都有 6 个最近邻异号离子。CsCl、TiBr、TiI 等晶体的离子排列方式如图 1-6 所示，每个离子有 8 个最近邻异号离子。离子晶体主要依靠较强的库仑引力结合，故结构很稳定，结合能很大，这导致了离子晶体熔点高、硬度大、膨胀系数小。又由于离子的满壳层结构，使得这种晶体的电子导电性差，但在高温下可发生离子导电，电导率随温度升高而增大。

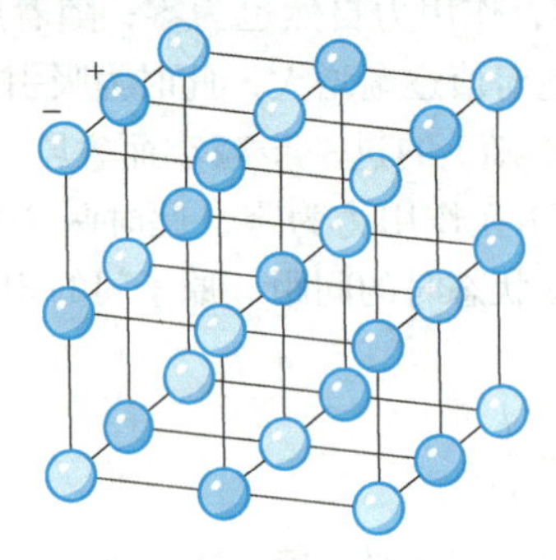

图 1-5　NaCl 晶体结构

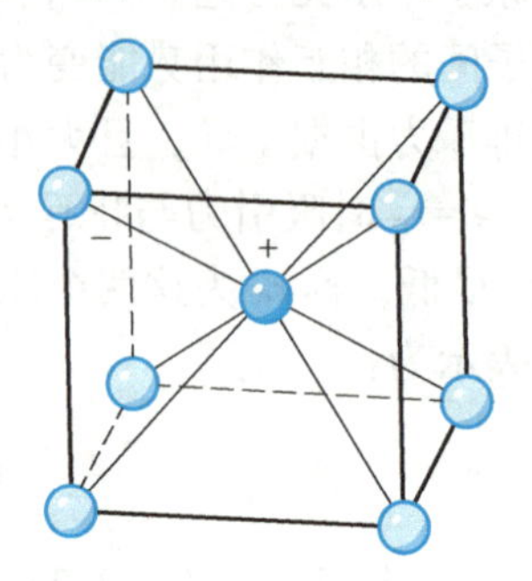

图 1-6　CsCl 晶体结构

1.3.2　共价性结合

共价晶体（原子晶体、同极晶体）中原子之间形成共价键，即参与成键的两个原子各自贡献一个电子，形成二者共用的自旋相反的电子对，从而产生结合力。典型代表是第Ⅳ族元素碳、硅、锗、锡。对于共价键的进一步认识，可参照海特勒-伦敦（Heitler-London）利用量子力学中的变分法对 H_2 分子中两个氢原子之间共价键的处理。由于电子为费米子，故 H_2 分子中的双电子波函数对于两个电子的交换必须是反对称的，而这种交换反对称可分为自旋部分和空间轨道部分。两个电子构成反对称自旋波函数，只有一种形式，称为单重态，而对称自旋波函数则有三种形式，称为三重态。在单重态，双电子的空间波函数是对称的，电子云在两个氢核之间的区域有较大密度，反映电子和两个核都有较强吸引作用，导致能量下降；在三重态，电子云在两个核之间密度较小，故能量较高。因此，电子自旋反平行的两个 H 原子构成的单重态才能形成氢分子。

共价键的基本特征是饱和性和方向性。由于共价键只能由未配对的电子形成，故一个原子能与其他原子形成共价键的数目是有限制的，称为饱和性。氢原子只有一个电子，故可与其他原子形成一个共价键；氦原子有两个 1s 电子，已构成自旋相反的电子对，故不能与其他原子形成共价键。方向性指的是一个原子与其他原子形成的各个共价键之间有确定的相对取向。两个电子波函数交叠越大、结合越强，故原子总是在价电子波函数最大的方向上形成共价键。例如，NH_3 分子的 3 个共价键是由氮原子的 3 个 2p 电子形成的，p 态价电子电子云为哑铃状，故这 3 个电子的电子云在相互垂直的 6 个方向上（$\pm x, \pm y, \pm z$）最突出，所以 3 个共价键之间的夹角均为 90°左右。在金刚石中，每个碳原子与邻近碳原子形成 4 个共价键，相互夹角均为 109°28′（相当于由正四面体的中心分别指向 4 个顶点），如图 1-7 所示。碳原子的 4 个价电子为 $2s^2 2p^2$，2s 态的两个电子已配对，似乎不应形成共价键，这一点可由 sp 轨道杂化理论来解释：由于碳原子的 2s 态与 2p 态能量相近，当形成金刚石晶体时，一个 2s 态电子会被激发到 2p 态，这样就有 4 个未配对的价电子，可以形成 4 个共价键。并且，这 4 个价电子将改变状态，重新组合成 4 个杂化轨道。虽然一个 2s 电子激发到 2p 态提高了能量，但由于多形成 2 个共价键，并且杂化之后成键能力更强，使得系统能量又下降很

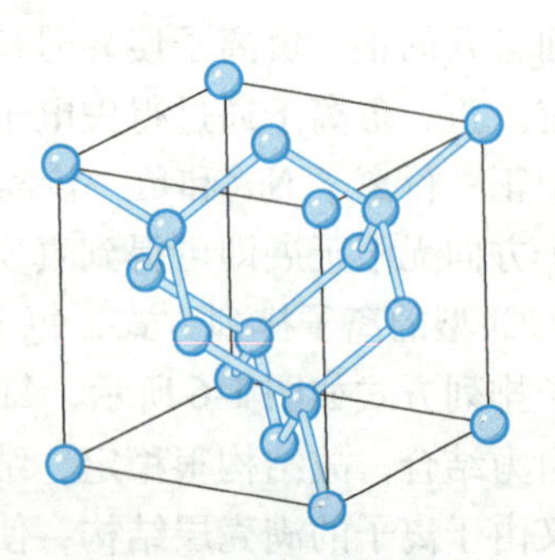
图 1-7　金刚石晶体结构

多，足以补偿前者。单晶硅和单晶锗也属金刚石型结构。

共价键是一种强结合键，并且其方向性使晶体具有特定结构，因而共价晶体结合能很大、熔点高（如金刚石为 3280K，硅为 1693K，锗为 1209K）、硬度大、不易变形（脆性大）。由于共价键使电子形成封闭壳层结构，故共价晶体一般导电性差，如金刚石是一种良好的绝缘体。但硅和锗只在低温下才是绝缘体，电导率会随温度上升而很快上升（绝对值在常温范围并不很大），并且当掺入杂质时它们导电性显著提高，是典型的半导体材料。

1.3.3　金属性结合

金属性结合的特点是每个原子都贡献出最外层价电子，为整个晶体所共有，其波函数遍及整个晶体。金属晶体中的作用力是带负电的电子海与沉浸于其中的带正电的离子实之间的库仑引力。电子的共有化使得电子动能小于自由原子时的动能，从而能量下降。易于失去外层价电子的Ⅰ、Ⅱ族元素及过渡族元素形成的晶体都是典型的金属。

金属性结合对离子实的具体排列方式没有特殊要求，只要求排列紧密，以使能量降低。大部分金属采取面心立方最密堆积或六方最密堆积的离子实排列方式。前者如 Cu、Ag、Au、Ca、Sr、Al 等，后者如 Be、Mg、Zn、Cd 等。这两种结构都是全同刚性球在三维空间中的最紧密排列方式，配位数（最邻近数）均为 12。也有些金属采取体心立方密堆积，配位数为 8，故不是最密堆积，如 Na、K、Rb、Cs、Ba、Cr、Mo、W 等。最密堆积示意图如图 1-8 所示。在一个平面上平铺全同刚性小球，在第一层，最紧密的排列法是每个小球与 6 个小球相切，并且这 6 个小球也两两相切，每 3 个相切小球之间有一空隙。在排列第二层时，小球占据第一层的相间空隙，仍然能够保持彼此相切，因此也是最紧密的排列法。与第一层相比，仅仅是球心位置有所平移。但排列第三层时有以下三种可能：

1）让每个小球正对着第一层的小球，放在第二层的间隙上。然后第四层球又正对着第二层，如此按 *ABAB*（*A* 表示第一层，*B* 表示第二层）……方式排列下去。这种结构称为六方最密堆积结构，如图 1-9 所示，小球表示原子中心位置。

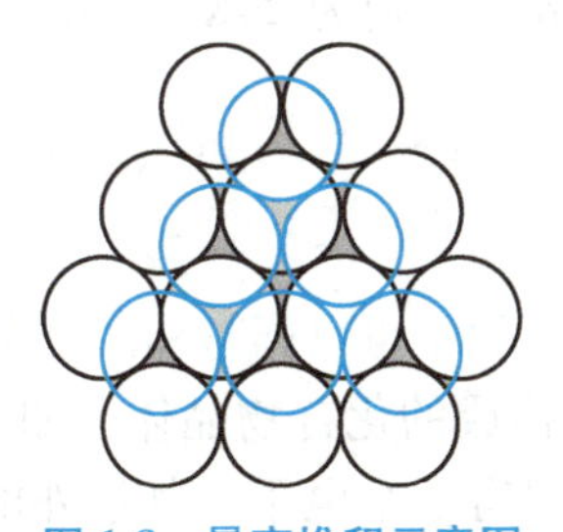

图 1-8　最密堆积示意图

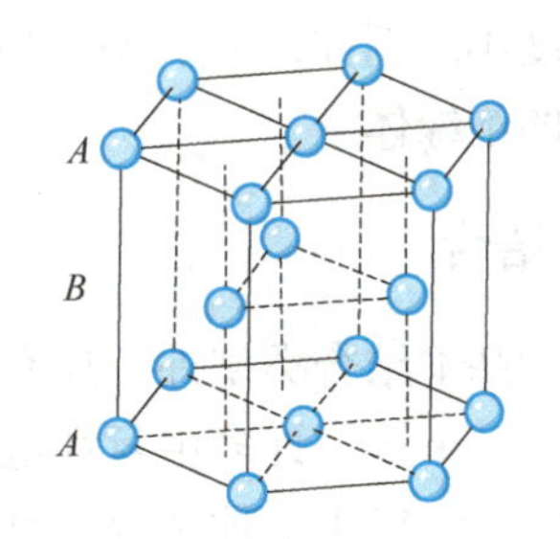

图 1-9　六方最密堆积结构

2）让每个小球放在第二层和第一层的共同空隙上。这样三层小球 *A*、*B*、*C* 虽都是相同的相切球层，但球心位置都不相同，各有平移。第四层小球则正对第一层球，如此按 *ABCABC*……方式排列下去。这样形成的结构称为面心立方最密堆积结构，如图 1-10 所示，立方体的顶点及每个面的中心均有一个原子。立方体的对角线 OO' 方向就是图 1-8 中的球层堆积方向，而平面 *ABC*、$A'B'C'$ 等对应着不同球层。

在最密堆积结构中，每个小球都与 12 个小球相切，配位数的最大可能值是 12。另外还有配位数稍小的体心立方密堆积结构，如图 1-11 所示，每个原子有 8 个最近邻原子。

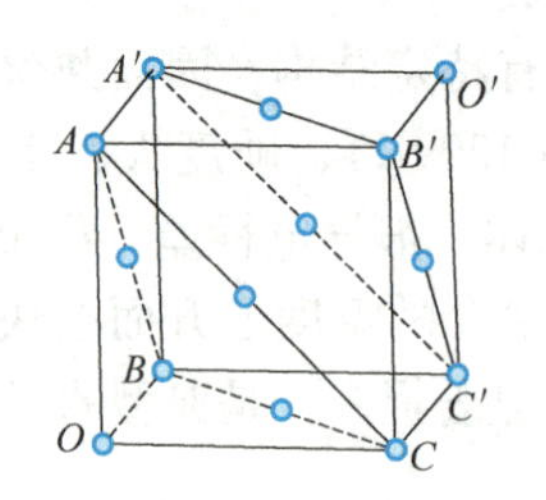

图 1-10 面心立方最密堆积结构

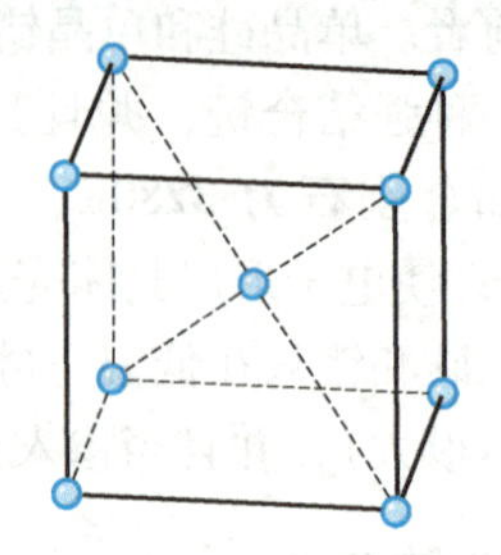
图 1-11 体心立方密堆积结构

金属性结合也是一种较强的结合，并且由于配位数较高，所以金属一般具有稳定、密度大、熔点高的特点。由于金属中价电子的共有化，所以其导电、导热性能良好，具有光泽。另外，由于金属结合是一种体积效应，对原子排列没有特殊要求，故在外力作用下容易造成原子排列的不规则性及重新排列，从而表现出很大的范性或延展性，容易进行机械加工。

1.3.4 范德瓦尔斯结合

在离子、共价和金属晶体中，原子的价电子状态在形成晶体后发生改变。而对于范德瓦尔斯晶体，其包含的原子或分子在形成晶体时电子状态并未改变，而是依靠范德瓦尔斯力（或称分子力）结合。这种晶体称为分子晶体。CO_2、HCl、H_2、Cl_2，以及惰性元素 Ne、Ar、Kr、Xe 等在低温下形成的晶体都是分子晶体。大部分有机化合物的晶体也是分子晶体。中性分子之间的范德瓦尔斯力主要是瞬时电偶极矩之间的感应作用力；如果是极性分子，则还有分子固有偶极矩之间的力以及感应偶极矩产生的力。范德瓦尔斯键（分子键）无方向性和饱和性。对于惰性元素，由于原子外形是球对称的，故其晶体采取最密排列方式以使原子间相互作用势能最低。Ne、Ar、Kr、Xe 晶体均为面心立方结构。对其他分子晶体，其微观结构和分子的几何构形相关。范德瓦尔斯键是弱结合，比前三种结合弱得多，所以分子晶体熔点低、硬度小。例如，Ne、Ar、Kr、Xe 的晶体熔点分别为 24K、84K、117K 和 161K，它们都是透明的绝缘体。

1.3.5 氢键结合

除以上四种基本结合类型外，还有氢键结合，即氢原子可以同时和两个电负性强的原子形成一强一弱的两个键。许多由氢和电负性强的元素构成的化合物晶体，如冰、HF 及很多有机化合物晶体，都属于这种结合类型。氢原子核外只有一个电子，其最外电子壳层只需 2 个电子即可达到饱和，而非绝大多数元素的 8 个电子。氢原子的离子实是一个裸露的质子，其尺寸比通常元素的离子实小得多。氢的电离能很大（13.6eV），不易失去电子。当氢原子与电负性强的元素结合时，形成共价键（而不是离子键），而且只能形成一个共价键。由于电子的配对，氢的电子云被拉向另一个原子一侧，从而氢核（质子）便处于电子云的边缘。这个带正电的氢核还可通过库仑引力与另一个电负性较强的原子结合，形成另一个键。这个键弱于前述共价键。体积几乎为零的氢核夹在两团带负电的电子云之间，就阻止了其他原子接近氢核，不能再形成更多的键。所以氢键结合具有方向性和饱和性。在化学结构式中，氢键一般表示为 X-H…Y，其中短线表示共价强键（键长短，即原子间距小），而另一个为弱键（键长长）。用氢键理论可以解释诸如冰在 0～4℃间的反常热膨胀之类的性质。氢键较弱，故氢键晶体熔点低、硬度小。

1.3.6　混合键晶体

实际晶体的结合往往比较复杂，并非是一种单纯的结合形式。例如，ZnS、AgI 一般称为离子晶体，但含有相当大的共价键成分；即使典型的离子晶体 NaCl，也含有少量共价键成分；而共价晶体 GaAs、GaP 等也含有离子键成分。同一种晶体中又可有多种形式的结合。例如石墨晶体是层状结构，如图 1-12 所示，每一层内碳原子以 3 个共价键与邻近原子结合成二维蜂房形结构，而多余的一个价电子则成为层内的共有化电子（金属性结合）。层与层之间则靠范德瓦尔斯力结合。这种结合特点使石墨性质与金刚石有天壤之别，它质软而熔点高、导电性好。

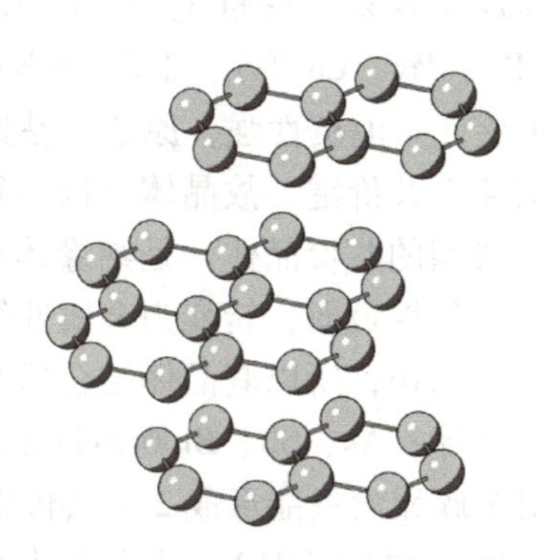

图 1-12　石墨的晶体结构

1.4　原子的电负性与晶体结合的规律性

不同原子组成晶体会有不同的结合方式，主要取决于构成晶体的原子对价电子的束缚能力，即所谓电负性的强弱。原子束缚电子能力强，则称电负性大。电负性的数值有不同定义方式。常用的是穆力肯（Robert Sanderson Mulliken，1896—1986）的定义，即

$$电负性=0.18\times(电离能+亲和能)$$

其中，电离能是中性原子失去一个电子成为一价正离子所需要的能量，亲和能是中性原子得到一个电子成为负一价离子所放出的能量，二者的单位均为 eV，显然二者都反映了原子束缚电子的能力。因为电负性的大小只有相对意义，因此引入 0.18，使 Li 的电负性为 1，便于比较。不同定义方式给出的电负性数据，在适当标度（如均选 Li 的电负性为 1）之后差别不大。一些主族元素的电负性数值见表 1-1。

表 1-1　一些主族元素的电负性数值　（单位：eV）

Ⅰ	Ⅱ	Ⅲ	Ⅳ	Ⅴ	Ⅵ	Ⅶ
H 2.1						
Li 1.0	Be 1.5	B 2.0	C 2.5	N 3.0	O 3.5	F 4.0
Na 0.9	Mg 1.2	Al 1.5	Si 1.8	P 2.1	S 2.5	Cl 3.0
K 0.8	Ca 1.0	Ga 1.6	Ge 1.8	As 2.0	Se 2.4	Br 2.8
Rb 0.8	Sr 1.0	In 1.7	Sn 1.8	Sb 1.9	Te 2.1	I 2.5
Cs 0.7	Ba 0.9	Tl 1.8	Pb 1.8	Bi 1.9	Po 2.0	At 2.2

由表 1-1 可以看出以下变化趋势：①在同一周期内，电负性由左至右逐渐增强；②在同一族内，电负性由上至下逐渐减小；③周期表中越靠下，同一周期内元素的电负性差异越小。对于过渡族元素这些规律性表现得不明显。ⅠA 族的元素电负性最小，形成晶体时原子容易失去价电子，故 Li、Na、K、Rb、Cs 都是典型的金属。ⅡA 族的碱土金属（Be、Mg、Ca 等）、ⅠB、ⅡB、ⅢB 族的元素情况与此相似，也是金属性结合。ⅣA～ⅦA 族元素电负性强，原子不易失去电子，故原子间结合时采取共价键形式。Ⅳ族元素可形成 4 个共价键，故晶体结构一般为金刚石型结构，其中 C 的电负性最强，因而金刚石是最典型的共价晶体，是绝缘体；Si、Ge 电负性减弱，也是金刚石结构，但为半导体；Pb 的电负性最弱，转变为金属性结合。ⅤA 族元素只能形成 3 个共价键，无法靠 3 个键构成三维结构，所以其晶体结合形式较复杂：N 和 P 靠共价键形成分子，然后再由分子力形成晶体；As、Sb、Bi 则通过 3 个共价键形成层状结构，各层之间再靠分子力结合为晶体。ⅥA 族元素只能形成 2 个共价键，因而只能形成链状或环状结构，然后再由分子力结合为晶体（如 Se、Te），或先靠共价键形成分子再靠分子力形成晶体（如 O）。ⅦA 族元素只能形成一个共价键，所以形成晶体的唯一方法就是先由共价键构成双原子分子，再由分子力结合为晶体。

当不同金属元素组合为晶体时，由于各原子均易使价电子成为共有化电子，所以仍为金属性结合，构成所谓合金固溶体。显然，这种特征使得形成合金时对各元素组分之比要求不是很严格（相对于化合物晶体而言）。当周期表左端的金属元素与右端的非金属元素构成晶体时，由于电负性差别大，一个易失电子，一个易得电子，所以形成了离子晶体。如 NaF、CsCl、ZnS 等。当两种元素的电负性差别较小时，电子不易转移，于是就过渡为共价结合，如Ⅲ-Ⅴ族化合物晶体 GaAs、Ⅱ-Ⅵ族化合物 CdSe 等，它们都是半导体。ZnS、GaAs、CdSe 等晶体的结构与金刚石结构相似，但每个原子（或离子）的最近邻是 4 个另一种原子（或离子），即两种原子（或离子）相间排列，如图 1-13 所示，称为闪锌矿结构。同为Ⅱ-Ⅵ族化合物，ZnS 为离子晶体，而 CdSe 为共价晶体，体现出电负性差别随周期数的增大而减小的趋势。

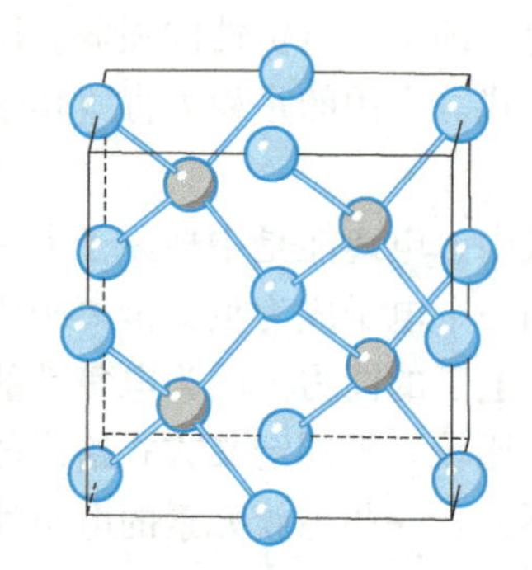
图 1-13　闪锌矿结构

1.5　晶格的周期性及其描述方法

晶体结构的基本特征是微观粒子排列的规则性。由于原子（或离子）之间通过特定的结合方式构成固态物质，从而使得微观粒子有规则地排列起来，呈现出结构上的周期性。

1.5.1　结构基元、布拉菲点阵

晶体中原子（或离子）的规则排列图样一般称为晶体格子，简称晶格，又称点阵。沿着晶格中任一特定方向，会周期性地遇到完全相同的原子或原子团。也就是说，晶体可以看作由完全相同的原子或原子团在空间周期性排列形成。这就是晶格的周期性，或称平移不变性（平移对称性）。将最小的全同重复单元称为结构基元（Basis），如氯化钠晶格，基元为

一个氯离子、一个钠离子所组成的单元；面心立方结构（如 Cu、Au 等）基元即为一个原子。如果把每个基元都代之以一个点，则这些点构成一个空间点阵。晶体结构可以用这个点阵及每个阵点所代表的基元来描述，即

$$晶体结构=空间点阵+结构基元$$

只要知道了某种晶体的空间点阵和基元情况（即阵点代表的原子或原子团），则可完全确定晶体结构。注意：上述空间点阵中的阵点相互间是完全等价的，即它们不仅代表完全相同的基元，而且各点周围的阵点分布情况也没有任何区别。这样的点阵称为布拉菲点阵。为了直观，常用直线将阵点连接成三维格子，故布拉菲点阵又称布拉菲格子。一个晶格的布拉菲点阵或布拉菲格子描述了该晶格的周期性。

布拉菲点阵或布拉菲格子是一种数学上的抽象，只有当完全相同的基元（原子或原子团）以完全相同的方式被安置于每个阵点上时，才形成实际的晶格结构。阵点可以是基元的重心，也可以是某一个特定原子位置或其他任意的等价位置。图 1-14 为一种二维晶格的布拉菲格子，基元包含一个 A 原子、一个 B 原子。实线构成以 A 原子位置为阵点的布拉菲格子，虚线构成以 B 原子位置为阵点的布拉菲格子。显然，两个格子的形状是完全相同的，都反映了晶格的周期性。

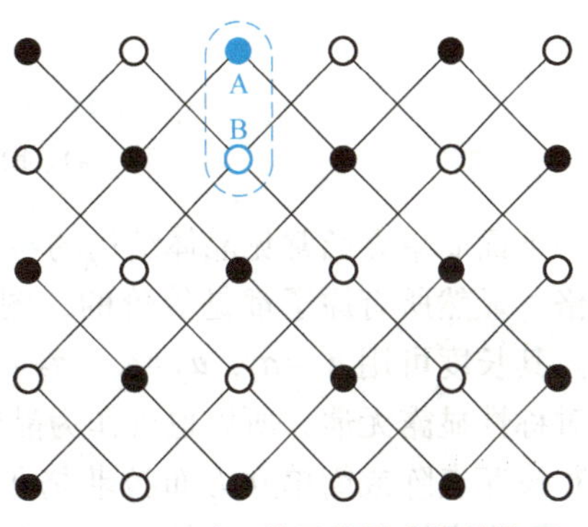

图 1-14　一种二维晶格的布拉菲格子

1.5.2　元胞、基矢

晶格的周期性还可以看作由一个平行六面体单元沿 3 个棱方向重复排列而成。一个晶格最小的周期重复单元称为元胞（Primitive Cell）。一个元胞只包含该晶体布拉菲点阵的一个阵点，或一个结构基元。这里的“包含”指的是独立包含。对于一个常见的平行六面体，一般在顶点处画有阵点。每个顶点处的阵点同时属于相关的 8 个元胞，而一共有 8 个顶点，故每个元胞独立占据一个阵点。以元胞的一个顶点为原点，可以引出 3 个矢量 $\boldsymbol{a}_1$、$\boldsymbol{a}_2$、$\boldsymbol{a}_3$，表示与该顶点相连的 3 个棱的长度与方向，称为元胞基矢，通过平移 $\boldsymbol{T}_l=l_1\boldsymbol{a}_1+l_2\boldsymbol{a}_2+l_3\boldsymbol{a}_3$（其中 l_1、l_2、l_3 为任意整数）可以得到全部布拉菲阵点，所以有时也称 $l_1\boldsymbol{a}_1+l_2\boldsymbol{a}_2+l_3\boldsymbol{a}_3$ 为布拉菲格子。如果用 $V(\boldsymbol{r})$ 表示 $\boldsymbol{r}$ 处的某一物理量（如静电势、电荷密度等），则由于周期性，有 $V(\boldsymbol{r}+l_1\boldsymbol{a}_1+l_2\boldsymbol{a}_2+l_3\boldsymbol{a}_3)=V(\boldsymbol{r})$。所以，只要知道某种晶体一个元胞的情况，即可清楚全部微观结构。元胞内原子排布情况反映了结构基元的构成，而元胞的 3 个基矢反映了基元在空间分布的周期性。对于给定的晶格，元胞的选取不是唯一的，如图 1-15a、b 所示都是可能的选法，符合最小重复单元的要求。通常选择对称性尽可能高的元胞，因此一般选择图 1-15a 作为元胞。

元胞的概念一般常见于固体物理，与之相近的是晶体学单胞（Unit Cell）。晶体学单胞能够反映出晶格的对称性，如图 1-15c 所示。晶体学单胞也可取平行六面体，同时也是晶格的重复单元，但不一定具有最小体积。其选取原则为，在能够反映晶格对称性的同时，使单胞尽可能小。对于单胞，布拉菲点阵的阵点除了位于顶点，还可能位于单胞的体心、底心或面心。晶体学单胞的基矢一般以 $\boldsymbol{a}$、$\boldsymbol{b}$、$\boldsymbol{c}$ 表示。

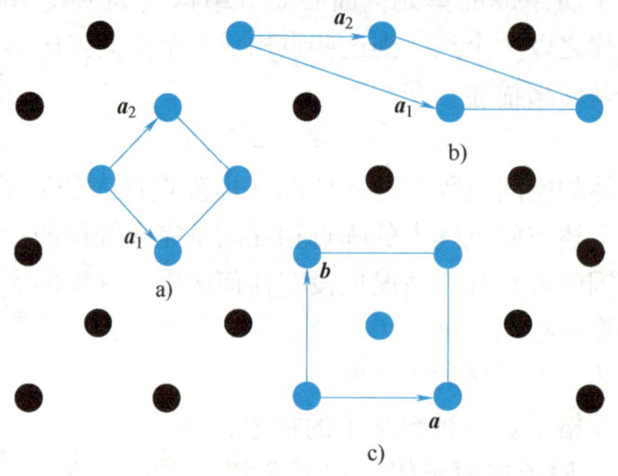

图 1-15　一种二维晶格的元胞和晶体学单胞

a)、b) 晶格的原胞　c) 晶体学单胞

下面简单介绍常见晶体结构的布拉菲格子、晶体学单胞和元胞。图 1-16a 表示简单立方晶格。显然所有原子都是等价的，图中所示立方体即为元胞，3 个基矢相互垂直而长度相等。其长度可用 $\boldsymbol{a}_1=\boldsymbol{a}_i$，$\boldsymbol{a}_2=\boldsymbol{a}_j$，$\boldsymbol{a}_3=\boldsymbol{a}_k$ 表示，其中 a 为立方体边长。由于该元胞已将晶格的对称性显露无遗，所以也可作为晶体学单胞。由这 3 个基矢平移而形成的点阵称为简单立方布拉菲点阵或简单立方布拉菲格子。图 1-16b 表示体心立方晶格，所有原子也都是等价的。图中虚线所示立方体是晶格的重复单元，且显示出晶格的立方对称性，是该晶格结构的晶体学单胞。但该立方体包含两个等价格点，不是最小的重复单元。可以从立方体一个顶点向最近的 3 个体心引 3 个矢量作为基矢，以之为棱构成的平行六面体即为元胞，如图 1-16b 中实线所示，这 3 个基矢可写成

$$\begin{cases}\boldsymbol{a}_1=\dfrac{a}{2}(-\boldsymbol{i}+\boldsymbol{j}+\boldsymbol{k})\\\boldsymbol{a}_2=\dfrac{a}{2}(\boldsymbol{i}-\boldsymbol{j}+\boldsymbol{k})\\\boldsymbol{a}_3=\dfrac{a}{2}(\boldsymbol{i}+\boldsymbol{j}-\boldsymbol{k})\end{cases}\tag{1-3}$$

式中，a 为单胞边长。这样得到的元胞体积为 $a^3/2$，只包含一个格点。图 1-16c 表示面心立方晶格。所有原子也都是等价的。虚线所示立方体是晶格重复单元，且显示出晶体的立方对称性，是该晶格的晶体学单胞。但该单胞含有 4 个等价原子（8 个顶点原子，每个分属 8 个单胞，各占 1/8；6 个面心原子，每个分属 2 个单胞，各占 1/2），故不是元胞。可以由一个顶点向 3 个最近的面心引 3 个矢量作为基矢，由之构成的平行六面体即为元胞，如图中实线所示。这 3 个基矢为

$$\begin{cases}\boldsymbol{a}_1=\dfrac{a}{2}(\boldsymbol{j}+\boldsymbol{k})\\\boldsymbol{a}_2=\dfrac{a}{2}(\boldsymbol{k}+\boldsymbol{i})\\\boldsymbol{a}_3=\dfrac{a}{2}(\boldsymbol{i}+\boldsymbol{j})\end{cases}\tag{1-4}$$

这样得到的平行六面体体积为 $a^3/4$，说明它只含一个格点。图 1-16d 表示六方最密堆积结构。图中实线所示平行六面体即为最小的重复单元，也能反映晶格的对称性（注意 $\boldsymbol{a}_1$、$\boldsymbol{a}_2$ 大小相等，夹角为 120°），故它既是元胞，也是晶体学单胞。由这 3 个基矢 $\boldsymbol{a}_1$、$\boldsymbol{a}_2$、$\boldsymbol{a}_3$ 平移形成的点阵就是六方布拉菲点阵或六方布拉菲格子。

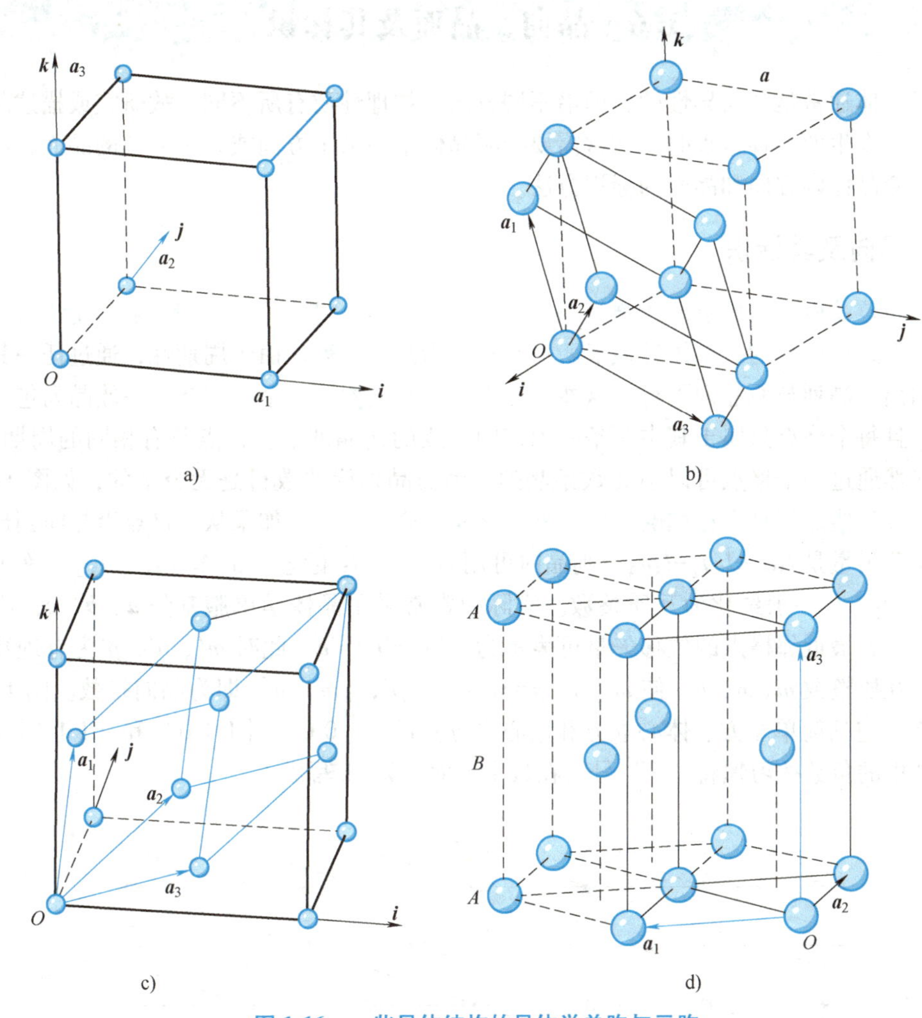

图 1-16　一些晶体结构的晶体学单胞与元胞

a）简单立方　b）体心立方　c）面心立方　d）六方最密堆积

图 1-6 立方体是氯化铯（CsCl）晶体结构的晶体学单胞（既是晶体的重复单元，又反映了晶格的立方对称性）。因为该立方体只包含一个基元（一个 Cl^-离子，一个 Cs^+离子），是最小重复单元，因而它也是元胞。氯化铯结构的布拉菲格子是简单立方，即其平移对称性（周期性）与图 1-16a 简单立方晶格完全一样。

对于一个给定的晶格结构，首先应当分清它包含几类等价的原子（或离子），从而知道基元的构成；任一类等价原子（或离子）的阵列实际上就给出了该晶格的布拉菲点阵，由这些阵点（作为顶点）所构成的最小平行六面体（内部及面上无阵点）就是元胞（应当尽可能选择对称性较好的）。如果这个元胞能反映出晶格的对称性，则它可作为晶体学单胞；如果这个元胞反映不出晶格的对称性，则可将晶格结构的重复单元适当放大，使之能够反映晶格的对称性，这样得到的平行六面体就是晶体学单胞。凡是只在顶点处有布拉菲点阵阵点的晶体学单胞，同时也是元胞；而除了顶点之外，体心、底心或面心上也有阵点的晶体学单胞，它们的元胞与之不同，比单胞要小。

1.6 晶向、晶面及其标识

由于晶体通常是各向异性的，即沿不同方向，物理性质有所不同，故研究或描述晶体的性质或内部发生的某种过程时，常常需要指明晶体中的某个方向或某个方位的晶面，因此需要建立一套晶体内方向和晶面的标识方法。

1.6.1 晶向及其标识

通过布拉菲格子的任意两个格点（原子位于格点上）连一直线，则这一直线上包含无限多个格点，称为晶列。晶体外表上所见晶棱即为某个晶列。由于周期性，通过任一其他格点均可引出一晶列与原晶列平行。这些互相平行的晶列构成一个晶列族。一族晶列包含了全部格点，且每个格点只属于其中一条晶列；同一族的诸晶列上，格点具有相同的周期分布。此外，显然通过一个格点可以引无数条晶列，因而晶列族的数目是无穷多的，如图 1-17 所示。同一族的诸晶列具有相同的走向，称为该晶列族的晶向。如果从一格点沿晶向到最近邻格点的位移矢量是 $l_1\boldsymbol{a}_1+l_2\boldsymbol{a}_2+l_3\boldsymbol{a}_3$，则晶向可用 l_1、l_2、l_3 标志，记作 $[l_1\ l_2\ l_3]$，称为晶向指数。l_1、l_2、l_3 一般约化为互质整数。实际中常常采用晶体学单胞基矢 $\boldsymbol{a}$、$\boldsymbol{b}$、$\boldsymbol{c}$，则从一格点沿晶向到最近邻格点的位移矢量可表示为 $m'\boldsymbol{a}+n'\boldsymbol{b}+p'\boldsymbol{c}$，此时 m'、n'、p'为有理数。可以取 3 个互质整数 m、n、p，使 $m:n:p=m':n':p'$，$[m\ n\ p]$ 即为晶向指数。图 1-18 为立方晶格（包括简单立方、体心立方和面心立方）的 [1 0 0]、[1 1 0] 和 [1 1 1] 晶向。晶向指数中的负数按习惯将“-”号写在数字上面，如-1 写成 $\bar{1}$。

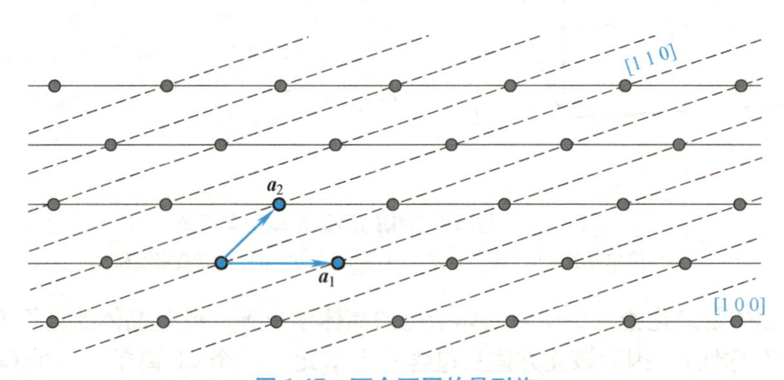

图 1-17 两个不同的晶列族

图 1-18 中 [1 0 0]、[0 1 0]、[0 0 1]、[$\bar{1}$ 0 0]、[0 $\bar{1}$ 0]、[0 0 $\bar{1}$] 6 个晶向指数的差异完全来自基矢 $\boldsymbol{a}$、$\boldsymbol{b}$、$\boldsymbol{c}$ 方向的选择，由于对称性，它们在物理上是完全等价的，可以统一地用〈1 0 0〉来概括。类似地，〈1 1 0〉表示与 [1 1 0] 等价的 12 个面对角线晶向，〈1 1 1〉表示与 [1 1 1] 等价的 8 个体对角线晶向。一般地，用〈$m\ n\ p$〉统一地表述与 [$m\ n\ p$] 晶向在物理上等价的诸晶向。而且晶向指数较小（指绝对值）的晶列上原子分布

较为密集，而晶向指数较大的晶列上原子分布较为稀疏。

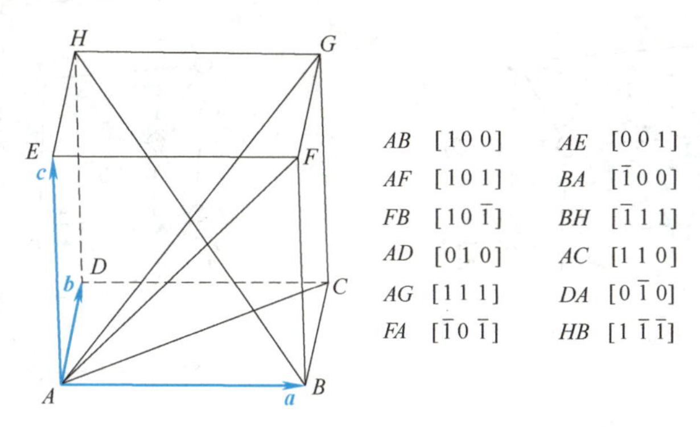

图 1-18　立方晶格的晶向

1.6.2　晶面及其标识

通过布拉菲格子的任意 3 个不共线的格点可以定义一个平面。由于周期性，该平面将包含无限多个格点，并且这些格点是周期分布的，称为晶面。由于布拉菲格子的格点是完全等价的，因而通过该晶面外任一格点可画一晶面与原晶面平行。这些互相平行的晶面构成一个晶面族。一族晶面包含全部格点，且每个格点只属于其中一个晶面；同一晶面族的诸晶面相互平行且等距，各晶面上格点具有完全相同的周期分布。晶格中含有无穷多晶面族，布拉菲格子的格点既可以看作分布在这个平行等距的晶面族上，又可以看作分布在另一个平行等距的晶面族上。

晶体中的晶面具有重要的作用。例如，利用 X 射线衍射研究晶体的结构，衍射点就是和一定的晶面族相对应的。因而，需要建立一套明确地标识晶格中不同晶面族的方法。而要指明一个平面的方位，可以给出该平面的法线方向，或给出该平面在 3 个坐标轴上的截距。因此，一般采用截距方法标识晶面。

取任一格点为原点 O，引出元胞基矢 $\boldsymbol{a}_1$、$\boldsymbol{a}_2$、$\boldsymbol{a}_3$，分别以 3 个基矢的长度为 3 个基矢方向上的长度单位。设与 O 点所在晶面最近邻的另一晶面与 3 个基矢交于 $s_1\boldsymbol{a}_1$、$s_2\boldsymbol{a}_2$、$s_3\boldsymbol{a}_3$。原则上可以用这 3 个数 s_1、s_2、s_3 来标识晶面族。但当晶面与某一基矢平行时，就会出现无穷大截距，不便于使用，故采用 3 个截距 s_1、s_2、s_3 的倒数来标识晶面族，即令

$$h_1 : h_2 : h_3 = \frac{1}{s_1} : \frac{1}{s_2} : \frac{1}{s_3} \tag{1-5}$$

以（$h_1\ h_2\ h_3$）为该晶面族的标识，称为晶面指数。由于晶面是等间距的，且每个格点必然处于某一晶面上，故 s_1、s_2、s_3 必为整数的倒数，即 $1/s_1$、$1/s_2$、$1/s_3$ 比为整数。可证这 3 个整数必为互质整数（思考），直接作为 h_1、h_2、h_3。$|h_1|$、$|h_2|$、$|h_3|$ 实际上表示等距的晶面将基矢 $\boldsymbol{a}_1$（或 $-\boldsymbol{a}_1$）、$\boldsymbol{a}_2$（或 $-\boldsymbol{a}_2$）、$\boldsymbol{a}_3$（或 $-\boldsymbol{a}_3$）分割成多少等份，如图 1-19 所示。如果考察的晶面不是 O 点的最近邻晶面，则按上述方法得到的 $1/s_1$、$1/s_2$、$1/s_3$ 将是有理数，这时只需将其化为互质整数即可。

通常以晶体学单胞基矢 $\boldsymbol{a}$、$\boldsymbol{b}$、$\boldsymbol{c}$ 作为坐标轴来表示晶面指数，按照上述同样的方法将 3 个截距的倒数化为同样比例的互质整数 h、k、l。而以（$h\ k\ l$）标识晶面族，称为密勒指数。图 1-19 是立方晶体的一些晶面族的密勒指数。

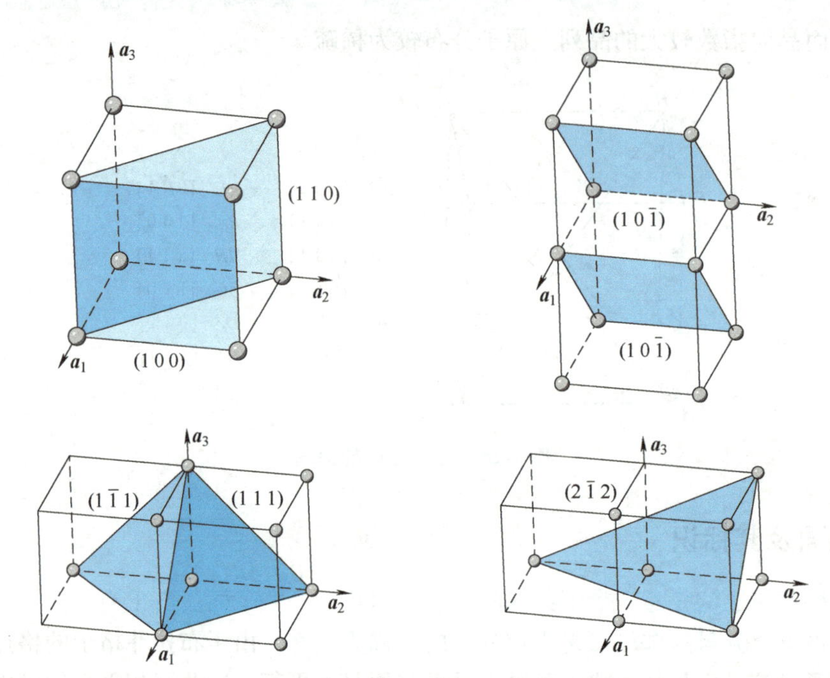

图 1-19　晶面族的密勒指数（或晶面指数）

与晶向的标识相似，凡是由于对称性而在物理上与（$h\ k\ l$）晶面族完全等价的诸晶面族可统一地用 $\{h\ k\ l\}$ 表示。例如，立方晶格的 (1 1 0)、(0 1 1)、(1 0 1)、(1 $\bar{1}$ 0)、(0 1 $\bar{1}$)、(1 0 $\bar{1}$) 晶面族可概括为 {1 1 0}；(1 1 1)、($\bar{1}$ 1 1)、(1 $\bar{1}$ 1)、(1 1 $\bar{1}$) 晶面族可概括为 {1 1 1}；(1 0 0)、(0 1 0)、(0 0 1) 晶面族可概括为 {100}。注意：(1 0 $\bar{1}$) 与 ($\bar{1}$ 0 1)、($\bar{1}$ $\bar{1}$ $\bar{1}$) 与 (1 1 1) 等实际上标识的是同一晶面族。可以看出，密勒指数（或晶面指数）小的晶面族一般面间距较大，而晶面上原子分布较密集；密勒指数大的晶面族则一般面间距小而晶面上原子分布稀疏。密勒指数小的晶面族往往是最重要的晶面族。如 (1 0 0)、(1 1 0)、(1 1 1) 晶面族等。晶体易于在这些晶面解理，这些晶面族对 X 射线的衍射作用也最强。

1.7　倒易格子

倒易格子和倒易矢量对于描述晶体的性质有着重要的应用。前面介绍的晶格的实际结构，涉及的是真实的位置空间；而倒易格子是与晶格结构相联系的一种倒易点阵，涉及的是波矢空间，或状态空间。

1.7.1　倒易矢量与倒易格子的定义

对于一个特定的晶格，根据元胞基矢 $\boldsymbol{a}_1$、$\boldsymbol{a}_2$、$\boldsymbol{a}_3$，可以定义 3 个新的矢量为

$$\begin{cases} \boldsymbol{b}_1 = \dfrac{2\pi}{Q}(\boldsymbol{a}_2 \times \boldsymbol{a}_3) \\ \boldsymbol{b}_2 = \dfrac{2\pi}{Q}(\boldsymbol{a}_3 \times \boldsymbol{a}_1) \\ \boldsymbol{b}_3 = \dfrac{2\pi}{Q}(\boldsymbol{a}_1 \times \boldsymbol{a}_2) \end{cases} \tag{1-6}$$

式中，Q 为原胞体积，$Q=\boldsymbol{a}_1\cdot(\boldsymbol{a}_2\times\boldsymbol{a}_3)$；$\boldsymbol{b}_1$、$\boldsymbol{b}_2$、$\boldsymbol{b}_3$ 为倒易矢量。以 $\boldsymbol{b}_1$、$\boldsymbol{b}_2$、$\boldsymbol{b}_3$ 为基矢进行平移可得到一个周期点阵，称为倒易点阵或倒易格子。因而，$\boldsymbol{b}_1$、$\boldsymbol{b}_2$、$\boldsymbol{b}_3$ 也称倒易格子基矢。倒易格子的位置矢量可写为

$$\boldsymbol{G}_h=h_1\boldsymbol{b}_1+h_2\boldsymbol{b}_2+h_3\boldsymbol{b}_3 \tag{1-7}$$

式中，h_1、h_2、h_3 为整数。$\boldsymbol{G}_h$ 简称倒易格矢。

倒易矢量或倒易格子空间的长度量纲为 L^{-1}，即 1/m，与波矢的量纲相同。如果正晶格的元胞基矢是正交的，即 $\boldsymbol{a}_1$、$\boldsymbol{a}_2$、$\boldsymbol{a}_3$ 互相垂直，则 $\boldsymbol{b}_1$、$\boldsymbol{b}_2$、$\boldsymbol{b}_3$ 的方向分别与 $\boldsymbol{a}_1$、$\boldsymbol{a}_2$、$\boldsymbol{a}_3$ 方向一致，而数值大小分别为 $2\pi/a_1$、$2\pi/a_2$、$2\pi/a_3$。若不考虑 2π 因子，则 $\boldsymbol{b}_i$ 与 $\boldsymbol{a}_i$ 恰为倒数关系（$i=1,2,3$）。但在一般情况下，$\boldsymbol{a}_1$、$\boldsymbol{a}_2$、$\boldsymbol{a}_3$ 不一定互相垂直，此时 $\boldsymbol{b}_1$ 虽垂直于 $\boldsymbol{a}_2$、$\boldsymbol{a}_3$，但不一定平行于 $\boldsymbol{a}_1$，$\boldsymbol{b}_2$、$\boldsymbol{b}_3$ 也类似。对于二维晶格，可以想象有一个与 $\boldsymbol{a}_1$、$\boldsymbol{a}_2$ 垂直的单位矢量 $\boldsymbol{a}_3$，然后可求出 $\boldsymbol{b}_1$、$\boldsymbol{b}_2$，如图 1-20 所示。注意：$\boldsymbol{b}_1$ 垂直于 $\boldsymbol{a}_2$，$\boldsymbol{b}_2$ 垂直于 $\boldsymbol{a}_1$。

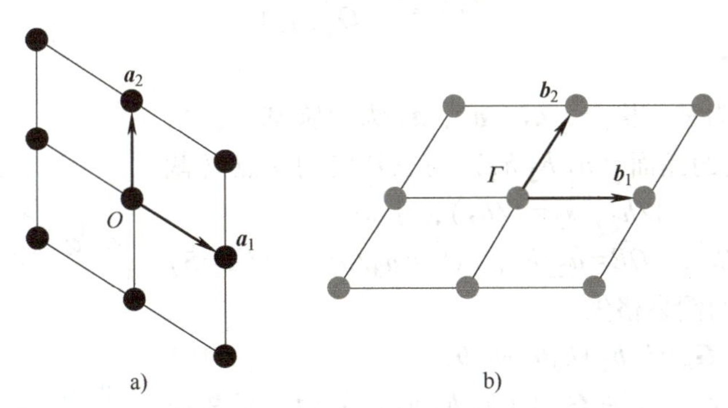

图 1-20　二维晶格及其相应的倒易格子

a）二维晶格　b）倒易格子

1.7.2　倒易矢量与倒易格矢的基本性质

用上述方法引入的倒易矢量与倒易格子之所以重要，是因为通过它们能够简单明了地从理论上分析许多晶格中的问题。首先是最基本的性质，即

$$\boldsymbol{a}_i\cdot\boldsymbol{b}_j=2\pi\delta_{ij}=\begin{cases}2\pi, & i=j\\0, & i\neq j\end{cases}\quad(i,j=1,2,3) \tag{1-8}$$

式（1-8）由 $\boldsymbol{b}_i$ 的定义式（1-6）很容易证明。实际上该式也可作为倒易矢量的定义，对一、二、三维同样适用。

利用式（1-8），可以方便地将正格子中的任一矢量 $\boldsymbol{r}$ 按原胞基矢 $\boldsymbol{a}_1$、$\boldsymbol{a}_2$、$\boldsymbol{a}_3$ 展开为

$$\boldsymbol{r}=\xi_1\boldsymbol{a}_1+\xi_2\boldsymbol{a}_2+\xi_3\boldsymbol{a}_3 \tag{1-9}$$

由于这一般是斜坐标系，分量 ξ_i 不能简单地像直角坐标系中那样用 $\boldsymbol{r}$ 在 $\boldsymbol{a}_i$ 方向的投影决定。在式（1-9）的两侧点乘 $\boldsymbol{b}_i$ 可得：

$$\xi_i=(\boldsymbol{r}\cdot\boldsymbol{b}_i)/2\pi\quad i=1,2,3 \tag{1-10}$$

由倒易矢量定义式（1-6），容易证明由 $\boldsymbol{b}_1$、$\boldsymbol{b}_2$、$\boldsymbol{b}_3$ 构成的倒易格子原胞体积 Q^* 为

$$Q^*=\boldsymbol{b}_1\cdot(\boldsymbol{b}_2\times\boldsymbol{b}_3)=(2\pi)^3/Q \tag{1-11}$$

即若不考虑 $(2\pi)^3$ 因子，倒易格子原胞体积与正格子原胞体积互为倒数。

正格矢 $\boldsymbol{R}_l=l_1\boldsymbol{a}_1+l_2\boldsymbol{a}_2+l_3\boldsymbol{a}_3$ 与倒易格矢 $\boldsymbol{G}_h=h_1\boldsymbol{b}_1+h_2\boldsymbol{b}_2+h_3\boldsymbol{b}_3$ 之间满足

$$\boldsymbol{R}_l \cdot \boldsymbol{G}_h = 2\pi\mu \tag{1-12}$$

式中，μ 为整数。反过来，如果一个矢量 $\boldsymbol{K}$ 与任意正格矢 $\boldsymbol{R}_l$（或任意倒易格矢 $\boldsymbol{G}_h$）点积为 $2\pi\mu$（μ 为整数），则该矢量必为倒易格矢（或正格矢）。

1.7.3 倒易格矢与晶面族的关系

晶面族（$h\ k\ l$）与倒易格矢 $\boldsymbol{G}_h = h_1\boldsymbol{b}_1 + h_2\boldsymbol{b}_2 + h_3\boldsymbol{b}_3$ 有着极为密切的关系。

1）以晶面族晶面指数 h_1、h_2、h_3 为系数构成的倒易格矢 $\boldsymbol{G}_h = h_1\boldsymbol{b}_1 + h_2\boldsymbol{b}_2 + h_3\boldsymbol{b}_3$ 恰为（$h_1\ h_2\ h_3$）晶面族的公共法线方向，即

$$\boldsymbol{G}_h = \boldsymbol{G}_{h_1h_2h_3} \perp (h_1h_2h_3) \tag{1-13}$$

2）晶面族（$h_1\ h_2\ h_3$）面间距为

$$d_{h_1h_2h_3} = \frac{2\pi}{|\boldsymbol{G}_{h_1h_2h_3}|} \tag{1-14}$$

证明如下：

图 1-21 中，O 为某一格点，$\boldsymbol{a}_1$、$\boldsymbol{a}_2$、$\boldsymbol{a}_3$ 为元胞基矢，A、B、C 分别为 O 最近的晶面（$h_1\ h_2\ h_3$）与三基矢的交点（截距分别为 $s_1 = 1/h_1$，$s_2 = 1/h_2$，$s_3 = 1/h_3$），于是

$$OA = a_1/h_1,\quad OB = a_2/h_2,\quad OC = a_3/h_3 \tag{1-15}$$

设从 O 点引出的倒易格矢

$$\boldsymbol{G}_h = h_1\boldsymbol{b}_1 + h_2\boldsymbol{b}_2 + h_3\boldsymbol{b}_3 \tag{1-16}$$

与 ABC 晶面交于 M 点。欲证 $\boldsymbol{G}_h \perp (h_1\ h_2\ h_3)$ 晶面，只需证 $\boldsymbol{G}_h \perp \overrightarrow{AB}$，$\boldsymbol{G}_h \perp AC$。易知

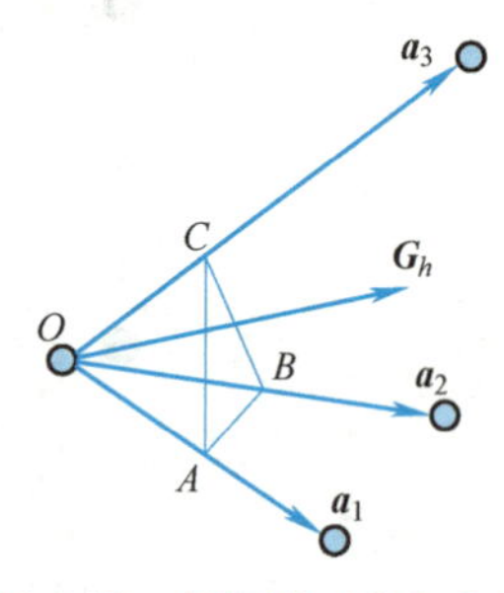

图 1-21 晶面族（$h_1h_2h_3$）与倒易格矢 $\boldsymbol{G}_h$ 关系的证明

$$\boldsymbol{G}_h \cdot \overrightarrow{AB} = (h_1\boldsymbol{b}_1 + h_2\boldsymbol{b}_2 + h_3\boldsymbol{b}_3) \cdot \left(\frac{\boldsymbol{a}_2}{h_2} - \frac{\boldsymbol{a}_1}{h_1}\right) = \boldsymbol{b}_2 \cdot \boldsymbol{a}_2 - \boldsymbol{b}_1 \cdot \boldsymbol{a}_1 = 0 \tag{1-17}$$

$$\boldsymbol{G}_h \cdot \overrightarrow{AC} = (h_1\boldsymbol{b}_1 + h_2\boldsymbol{b}_2 + h_3\boldsymbol{b}_3) \cdot \left(\frac{\boldsymbol{a}_3}{h_3} - \frac{\boldsymbol{a}_1}{h_1}\right) = \boldsymbol{b}_3 \cdot \boldsymbol{a}_3 - \boldsymbol{b}_1 \cdot \boldsymbol{a}_1 = 0 \tag{1-18}$$

所以有 $\boldsymbol{G}_h = \boldsymbol{G}_{h_1h_2h_3} \perp (h_1h_2h_3)$。

（$h_1\ h_2\ h_3$）晶面族面间距即为 OM 的长度，即

$$d_{h_1,h_2,h_3} = OM = \overrightarrow{OA} \cdot \frac{\boldsymbol{G}_h}{|\boldsymbol{G}_h|} = \frac{\boldsymbol{a}_1}{h_1} \cdot \frac{(h_1\boldsymbol{b}_1 + h_2\boldsymbol{b}_2 + h_3\boldsymbol{b}_3)}{|\boldsymbol{G}_h|} = \frac{2\pi}{|\boldsymbol{G}_h|} \tag{1-19}$$

即 $d_{h_1h_2h_3} = \dfrac{2\pi}{|\boldsymbol{G}_{h_1h_2h_3}|}$。由此可知，对于给定的晶面族（$h_1\ h_2\ h_3$），立刻可以写出倒易格矢 $\boldsymbol{G}_h = h_1\boldsymbol{b}_1 + h_2\boldsymbol{b}_2 + h_3\boldsymbol{b}_3$，它就是该晶面族的公共法线方向，并且其大小与该晶面族面间距成反比（比例系数为 2π）。反之，对于给定的倒易格矢 $\boldsymbol{G}_h = h_1\boldsymbol{b}_1 + h_2\boldsymbol{b}_2 + h_3\boldsymbol{b}_3$，将 h_1、h_2、h_3 化为同样比例的互质整数后，立刻就得到与之垂直内晶面族的晶面指数。

利用上述关系，很容易写出晶面族（$h_1\ h_2\ h_3$）中距原点 O 为 $\mu d_{h_1h_2h_3}$ 的晶面方程为

$$\boldsymbol{r} \cdot \frac{\boldsymbol{G}_k}{|\boldsymbol{G}_k|} = \mu d_{h_1h_2h_3} \quad (\mu = 0, \pm 1, \pm 2, \cdots) \tag{1-20}$$

即

$$\boldsymbol{r}\cdot\boldsymbol{G}_k=2\pi\mu\quad(\mu=0,\pm1,\pm2,\cdots)\tag{1-21}$$

$\mu=0$ 时，方程式（1-21）描述的是（$h_1\ h_2\ h_3$）晶面族中过原点 O 的晶面；$\mu=\pm1$ 时描述的是 O 点两侧最近邻的晶面。

1.7.4 傅里叶变换

一个具有晶格周期性的函数（如晶格的周期性势场）

$$V(\boldsymbol{r})=V(\boldsymbol{r}+\boldsymbol{R}_l)=V(\boldsymbol{r}+l_1\boldsymbol{a}_1+l_2\boldsymbol{a}_2+l_3\boldsymbol{a}_3)\tag{1-22}$$

可以用倒易格矢很方便地展开成傅里叶级数。对 $V(\boldsymbol{r})$ 做傅里叶变换为

$$V(\boldsymbol{r})=\sum_k V(\boldsymbol{K})\mathrm{e}^{\mathrm{i}\boldsymbol{K}\cdot\boldsymbol{r}}\tag{1-23}$$

式中，$\boldsymbol{K}$ 为与 $\boldsymbol{r}$ 对应的傅里叶变换量。根据傅里叶变换理论，有

$$V(\boldsymbol{K})=\frac{1}{Q}\int_Q \mathrm{d}\boldsymbol{r}V(\boldsymbol{r})\mathrm{e}^{-\mathrm{i}\boldsymbol{K}\cdot\boldsymbol{r}}\tag{1-24}$$

将 $\boldsymbol{r}$ 换作 $\boldsymbol{r}+\boldsymbol{R}_l$，可得

$$V(\boldsymbol{r}+\boldsymbol{R}_l)=\sum_k V(\boldsymbol{K})\mathrm{e}^{\mathrm{i}\boldsymbol{K}\cdot(\boldsymbol{r}+\boldsymbol{R}_l)}=\sum_k V(\boldsymbol{K})\mathrm{e}^{\mathrm{i}\boldsymbol{K}\cdot\boldsymbol{r}}\mathrm{e}^{\mathrm{i}\boldsymbol{K}\cdot\boldsymbol{R}_l}\tag{1-25}$$

比较 $V(\boldsymbol{r})$ 和 $V(\boldsymbol{r}+\boldsymbol{R}_l)$，注意二式应是恒等的。欲使此条件对任意正格矢 $\boldsymbol{R}_l$ 成立，必须有 $\mathrm{e}^{\mathrm{i}\boldsymbol{K}\cdot\boldsymbol{R}_l}=1$，即 $\boldsymbol{K}\cdot\boldsymbol{R}_l=2\pi\mu$，其中 μ 为整数。

由前面的证明可知，$\boldsymbol{K}$ 必须是倒易格矢 $\boldsymbol{G}_h=h_1\boldsymbol{b}_1+h_2\boldsymbol{b}_2+h_3\boldsymbol{b}_3$（$h_1$、$h_2$、$h_3$ 为整数）。于是，$V(\boldsymbol{r})$、$V(\boldsymbol{K})$ 分别简化为

$$V(\boldsymbol{r})=\sum_{h_1,h_2,h_3}V(\boldsymbol{G}_h)\mathrm{e}^{\mathrm{i}\boldsymbol{G}_h\cdot\boldsymbol{r}}\tag{1-26}$$

$$V(\boldsymbol{K})=\frac{1}{Q}\int_Q \mathrm{d}\boldsymbol{r}V(\boldsymbol{r})\mathrm{e}^{-\mathrm{i}\boldsymbol{G}_h\cdot\boldsymbol{r}}\tag{1-27}$$

也就是说，具有正格矢周期性的函数，做傅里叶展开时只需对倒易格矢展开即可。可见，一个具有正格子周期性的物理量，在正格子中的表述与在倒易格子中的表述之间遵从傅里叶变换的关系。

综上所述，每个特定的晶体结构有两个点阵同它联系，一个是晶格点阵，一个是倒易点阵。晶体的衍射图形是晶体的倒易点阵的映像，通过傅里叶变换可得出晶体的实际点阵结构。倒易格子所在的倒易空间，实际上就是波矢空间（量纲相同），也称傅里叶空间。由于波矢常用于描述运动状态（如电子在晶格中的运动状态或晶格振动状态，详见以后各章），故倒易空间可理解为状态空间（$\boldsymbol{k}$ 空间），而正格子空间是位置空间或坐标空间。倒易空间中的每一点都有一定意义，倒易格点 $\boldsymbol{G}_h$ 有着特别的重要性。

1.8 晶体的对称性

许多晶体在外观上表现出明显的对称性，如岩盐晶体常具有立方体外形，石英晶体则常为六棱柱形等。晶体的宏观对称性是原子（或离子）微观上周期排列的结果，不同类型的周期性结构会引起不同的宏观对称性。例如，具有氯化钠型结构的晶体，其单胞的三个基矢轴的方向是等价的，并且三个轴互相垂直，因而晶体具有立方体的对称性。晶体的周期性是

晶体宏观对称性的起因，同时又对晶体的宏观对称性产生了约束，使晶体只能拥有有限的宏观对称性，而不能像一个几何图形或几何体那样可以具有任意多种对称性。例如，圆柱体绕中心轴转 $2\pi/n$ 角度后自身不变，n 可为任意整数（0 除外）甚至可为无穷大。但对于晶体，后面将证明，n 只能取 1、2、3、4、6。

晶体的物理性质与其对称性有着密切的关系。例如，具有立方对称的晶体的介电常数、电导率、热导率等是各向同性的，从而使通常是二阶张量的这些物理量约化为标量；而六方晶体则是各向异性的。利用晶体的对称性，可以大大简化对晶格振动状态、电子态等的计算，以及对晶体微观过程及宏观性质的研究。

所谓对称性，就是经过某种操作之后物体自身重合的性质。这种操作称为对称操作。一个物体的对称操作数目越多，对称性就越高，而对称操作数越少，对称性越低。如图 1-22 所示为几种三维物体，很容易看出，图 1-22a 对称性最高，图 1-22b 次之，图 1-22e 对称性最低。

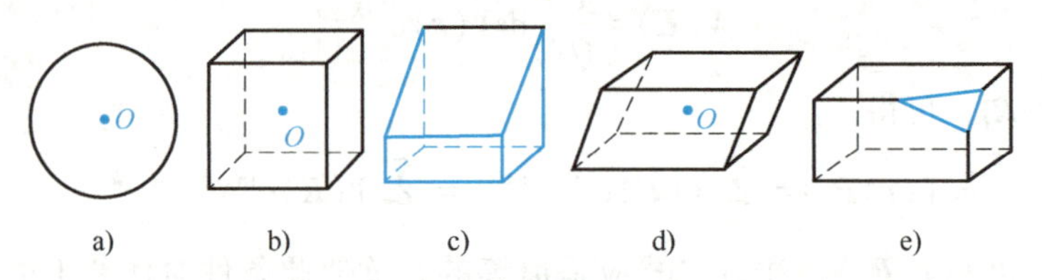

图 1-22　几种三维物体的对称性

a）球　b）立方体　c）斜顶面四方柱体　d）平行六面体　e）截角长方体

如果只考虑晶体的宏观对称性，则由于晶体的宏观性质只依赖于方向，与绝对位置无关，则可以令晶体中的一点不动而研究其对称操作（即不考虑平移对称操作）。这种对称操作称为点对称操作。每种晶体都有一组点对称操作，构成一种宏观对称类型。可以证明，晶体的宏观对称类型一共有 32 种（即所谓 32 种点群）。如果考虑晶格的微观对称性，则对称操作应加上平移。可以证明，晶格的对称性一共有 230 种（即 230 种空间群）。

1.8.1　点对称操作及其数学描述

图 1-22 中球体的对称性最高，这是因为它绕过球心的任一直线经旋转任一角度，球体都与自身重合，对称操作数目无穷多；立方体显然也有若干旋转对称轴，但转动角度不能任意取值，对称操作数目有限，故对称性低于球体。图 1-22c～e 均无旋转对称轴，靠旋转无法判定其对称轴的高低。但图 1-22c 物体具有一个使左右对称的中截面（镜面反演对称），图 1-22d 平行六面体具有中心反演对称性（每点都变换到以中心点 O 为对称的反向点，图形不变），而图 1-22e 不规则物体既无对称面也无对称中心，所以图 1-22c、d 的对称性高于图 1-22e。

以上所述旋转、镜面反演、中心反演，正是考察物体对称性高低时的点对称操作，它们都是保持任意两点间距离不变的几何变换，即正交变换。所以，更精确地说，物体的宏观对称性就是指正交变换下的不变性。如果物体在某一正交变换下不变，则称这个变换是物体的一个对称操作；这样的正交变换越多，则物体对称性越高。正交变换可写为 $\boldsymbol{r} \rightarrow \boldsymbol{r}' = \alpha \boldsymbol{r}$，或用矩阵表示为

$$\begin{bmatrix} x \\ y \\ z \end{bmatrix} \rightarrow \begin{bmatrix} x' \\ y' \\ z' \end{bmatrix} = \begin{bmatrix} \alpha_{11} & \alpha_{12} & \alpha_{13} \\ \alpha_{21} & \alpha_{22} & \alpha_{23} \\ \alpha_{31} & \alpha_{32} & \alpha_{33} \end{bmatrix} \begin{bmatrix} x \\ y \\ z \end{bmatrix} \tag{1-28}$$

由解析几何可知，物体绕 x 轴转 θ 角，其操作的表示矩阵为

$$\boldsymbol{\alpha}=\begin{bmatrix}1 & 0 & 0\\ 0 & \cos\theta & -\sin\theta\\ 0 & \sin\theta & \cos\theta\end{bmatrix} \tag{1-29}$$

其中，$\boldsymbol{\alpha}=\begin{bmatrix}1 & 0 & 0\\ 0 & 1 & 0\\ 0 & 0 & -1\end{bmatrix}$表示物体对 $x=0$ 平面（x-y 轴平面）做镜像反映；$\boldsymbol{\alpha}=\begin{bmatrix}-1 & 0 & 0\\ 0 & -1 & 0\\ 0 & 0 & -1\end{bmatrix}$表示使任一点 $\boldsymbol{r}$ 变成 $-\boldsymbol{r}$ 的中心反演。一般地，当矩阵 $\boldsymbol{\alpha}$ 的行列式 $\|\boldsymbol{\alpha}\|=1$ 时，$\boldsymbol{\alpha}$ 表示一个纯空间转动；当 $\|\boldsymbol{\alpha}\|=-1$ 时，$\boldsymbol{\alpha}$ 表示一个纯空间转动与通过原点的中心反演的联合操作。两个正交矩阵 $\boldsymbol{\alpha}$、$\boldsymbol{\beta}$ 的联合操作当然也是一个正交变换，其表示矩阵即为这两个矩阵 $\boldsymbol{\alpha}$、$\boldsymbol{\beta}$ 的乘积。物体保持不动也看作一个特殊的对称操作，称为恒等操作，相应的正交矩阵是单位矩阵 $\boldsymbol{I}=\begin{bmatrix}1 & 0 & 0\\ 0 & 1 & 0\\ 0 & 0 & 1\end{bmatrix}$。

常见的正四方柱体、正四面体、正六棱柱和立方体的对称操作列举如下：

1）正四方柱体上、下底为正方形，而高与底边长度不等。由图 1-23a 可知，对称操作包括：不动；绕上、下底心连线转 π/2、π、3π/2（3 个）；绕 2 条相对侧面中心连线转 π/2（2 个）；绕 2 条相对侧棱中心连线转 π/2（2 个）；以上每一操作再随之以中心反演，共 16 个对称操作。这也就是简单四方和体心四方布拉菲格子所具有的对称性，即 D_{4h} 群。

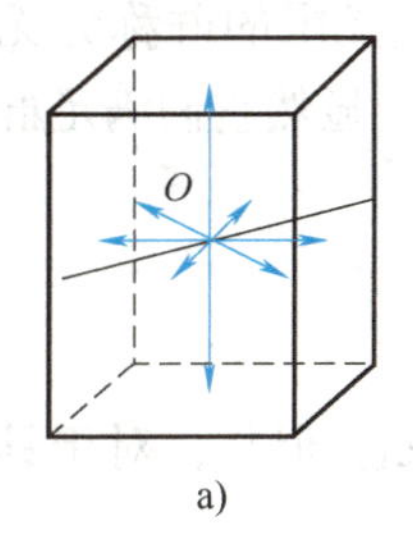

a)

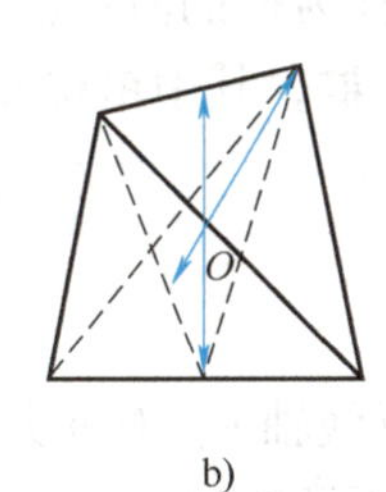

b)

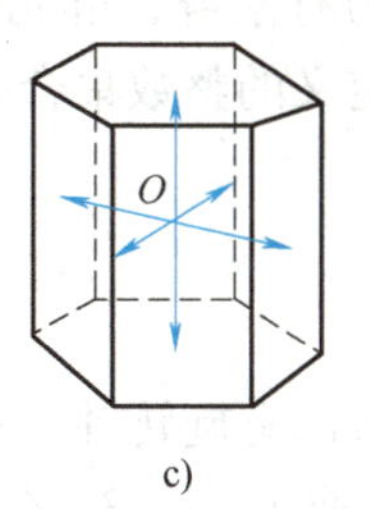

c)

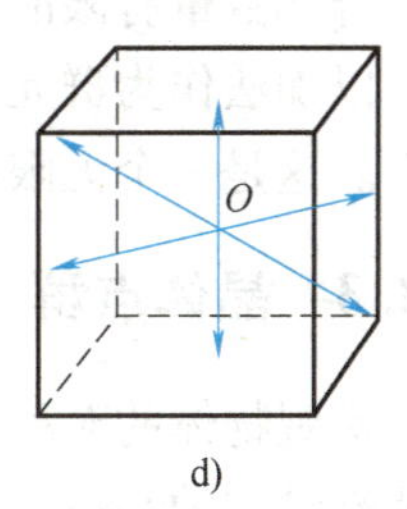

d)

图 1-23　四种三维物体的对称性

a）正四方柱体　b）正四面体　c）正六棱柱　d）立方体

2）正四面体对称操作包括：不动；绕 3 条对棱中点连线转 π（3 个）；绕 4 条顶点至对面垂线转 π/3、2π/3（8 个）；绕 3 条对棱中点连线转 π/2 或 3π/2，再做中心反演（6 个）；每条棱与对棱中点构成的镜面反演（6 个），共 24 个对称操作。这也就是闪锌矿结构的对称性，即 T_d 群。

3）正六棱柱。对称操作包括：不动；绕中心轴转 π/3、2π/3、π、4π/3、5π/3（5 个）；绕 3 条侧面对棱中点连线转 π（3 个）；绕 3 条侧面对面中心连线转 π（3 个）；以上每个操作再随之以中心反演，共 24 个对称操作。这也就是具有六方布拉菲格子的简单晶格的对称性，即 D_{6h} 群。

4）立方体。对称操作包括：不动；绕 3 条对面中心连线转 π/2、π、3π/2（9 个）；绕 6 条对棱中心连线转 π（6 个）；绕 4 条体对角线转 2π/3、4π/3（8 个）；以上每个操作再随之以中心反演，共 48 个对称操作。这也就是简单立方、体心立方、面心立方布拉菲格子的

对称性，即 O_h。

为了方便起见，不再列举如绕 MM' 轴转 $\pi/3$、$2\pi/3$、π、$4\pi/3$、$5\pi/3$ 的对称操作，而只是说 MM' 是 6 次旋转对称轴，或 6 次轴。一般地，以 n 表示 n 次旋转对称轴，即物体绕该轴转 $2\pi/n$ 的整数倍时保持不变；用 $\bar{n}$ 表示 n 次旋转反演轴，即物体绕该轴转 $2\pi/n$ 并进行中心反演后保持不变。一个物体的旋转对称轴或旋转反演对称轴统称为物体的对称元素。

1.8.2 群的基本概念

群论是关于对称性的数学理论。所谓群，就是满足一定条件的一群元素的集合，这些元素可以是数，也可以是图形的对称操作或其他。这些元素（简称群元）必须满足以下条件：

1）两个元素的乘法是有定义的，并且其结果必须是群中的一个元素，这就是群的封闭性。即若 α_1、α_2 是群元，则 $\alpha_3=\alpha_1\alpha_2$ 也是群元。

2）群中必须含有单位元 E，对于群中任一元素 α 满足

$$\alpha E=E\alpha=\alpha \tag{1-30}$$

3）群元的乘法满足结合律

$$\alpha_1(\alpha_2\alpha_3)=(\alpha_1\alpha_2)\alpha_3 \tag{1-31}$$

4）每个群元 α 的逆元素（记作 α^{-1}）必在群中，并满足

$$\alpha\alpha^{-1}=\alpha^{-1}\alpha=E \tag{1-32}$$

群元数量有限的群称为有限群，群元数量 g 称为群的阶；群元数量无限的群称为无限群。以加法作为群元乘法定义的整数集合就是一个群，其中单位元是零。显然它们满足群的条件。这是一个无限群。

1.8.3 晶体点群

宏观物体的对称元素可以有旋转轴 n 和旋转反演轴 $\bar{n}$，对 n 并无限制。但是，对于具有周期性结构的晶体，n 只能取 1、2、3、4、6。下面证明这一结论。

设晶体绕某轴转 θ 角是一个对称操作，这意味着晶体自身重合，因而晶体的布拉菲格子也自身重合。这意味着原来有格点的地方仍有格点，原来没有格点的地方依旧没有格点。画出与转轴垂直并过轴上某一格点 A 的晶面，设 AB 为该晶面上过格点 A 的一个晶列，而 B 为 A 的最近邻格点，如图 1-24 所示。围绕通过 A 的垂直轴逆时针转 θ 角后，B 到达 B' 点，由于这是一个对称操作，晶格不变，故 B' 也是一个格点；由于 B 格点与 A 格点是完全等价的，因而过 B 的垂直轴也是对称轴，逆时针转 θ 角及顺时针转 θ 角（前一操作的逆操作）均为对称操作。绕过 B 的垂直轴顺时针转 θ 角后，A 到达 A' 点，A' 点必为一格点。容易证明，$B'A'$ 与 AB 平行，因而是同一晶列族的晶列，故 $B'A'$ 的长度必为晶列上最短格点间距

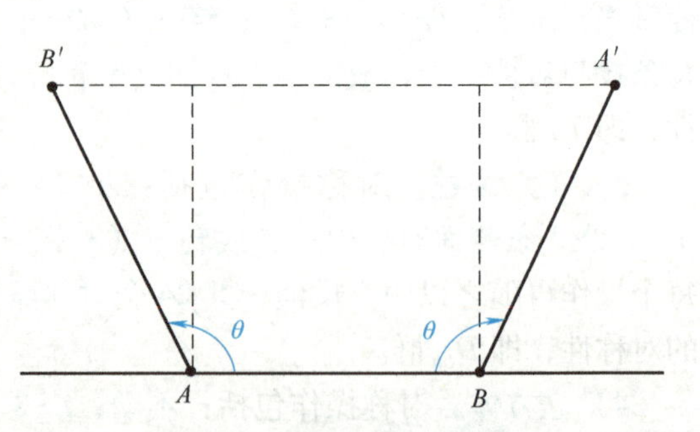

图 1-24　旋转对称轴的轴次 n 只能取 1、2、3、4、6 的证明

行 AB 的整数倍，即 $B'A'=nAB$。由几何关系易得：$B'A'=AB(1-2\cos\theta)$，故有 $1-2\cos\theta=n$。能使该式成立的 θ 角只有 5 个值：$\theta=0°$、$60°$、$90°$、$120°$、$180°$，分别对应于 $n=-1$、0、1、2、3，论证中只涉及晶体的布拉菲格子（任何晶体的普遍特征）。故以上结果表明，任何晶体的旋转对称轴只能是 1、2、3、4、6 次轴。类似可证明，旋转反演对称轴也只能是 $\bar{1}$、$\bar{2}$、$\bar{3}$、$\bar{4}$、$\bar{6}$。

宏观对称元素一共有 10 种。1 是指无任何操作（恒等操作）；2、3、4、6 指旋转对称轴；$\bar{1}$ 实际上就是中心反演（一般用 i 表示）；$\bar{2}$ 是绕轴转 180°后紧接着中心反演，由图 1-25a 可知，其等效于镜面反映操作（用 m 表示），转轴为镜面的法线；由图 1-25b 可知，$\bar{3}$ 对称元素与 $3+i$ 的总效果是一样的，即具有 $\bar{3}$ 对称与具有 3 对称和 i 对称是等价的；由图 1-25c 可知，$\bar{6}$ 对称与具有 3 对称及垂直于轴的镜面反映对称 m 是等价的。但是，具有 $\bar{4}$ 对称不具有 4 对称，也不具有 i 对称，但含有一个 2 次旋转对称轴，如图 1-25d 所示。10 种宏观对称元素概括了晶体中所有的旋转、中心反演和镜面反映点对称操作。任何晶体的宏观对称性都可以由这 10 种对称元素组合而成，点对称操作的总体构成一个群，称为该晶体的点群。

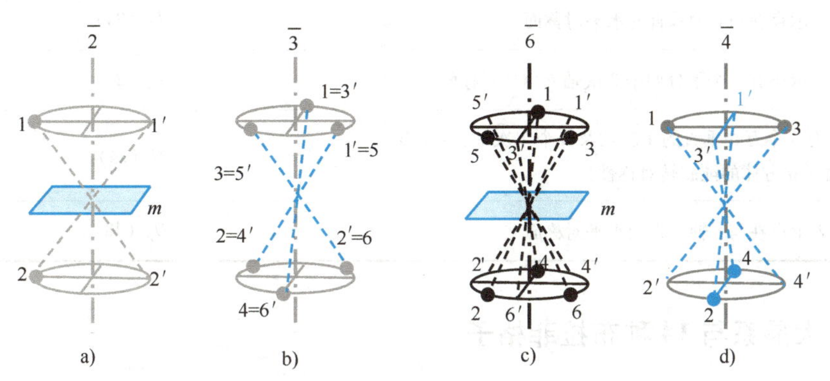

图 1-25　旋转反演对称轴 $\bar{n}$（按照 1-1′-2-2′-3-3′-4-4′的顺序，就可以得到原子的实际位置 1、2、3、4，从中可看出对称元素间的关系）

a) $\bar{2}=m$　b) $\bar{3}=3+i$　c) $\bar{6}=3+m$　d) $\bar{4}$

无任何宏观对称性的晶体，其群元只有一个恒等操作 E，或只含对称元素 1，记为 C_1。只含一个旋转对称轴的点群称为旋转群，记为 C_n，$n=2$、3、4、6。包含一个 n 次轴及 n 个与之垂直的 2 次轴的点群称为双面群，记为 D_n，$n=2$、3、4、6。在上述点群的基础上，如果还有反映中心、对称面（镜面），则分别可形成一些新的点群，记作 C_{nh}、C_{nv}、D_{nh}、D_{nd} 等。另有与正四面体对称性有关的 T 群、T_d 群、T_h 群，与立方体对称性有关的 O 群、O_h 群。详见表 1-2。

表 1-2　32 种晶体点群

符号	符号含义	晶体点群（群的阶数）
C_n	具有 n 次旋转对称轴	C_1，C_2，C_3，C_4，C_6（1，2，3，4，6）
C_i	具有对称中心（i）	C_i（或 i 或 S_2）（2）
C_s	具有对称面（m）	C_s（或 σ，或 C_{1h}）（2）

（续）

符号	符号含义	晶体点群（群的阶数）
C_{nh}	除 n 次轴外，还有与该轴垂直的水平对称面	C_{2h}，$C_{3h}(S_3)$，C_{4h}，C_{6h}（4，6，8，12）
C_{nv}	除 n 次轴外，还有过该轴的对称面	C_{2v}，C_{3v}，C_{4v}，C_{6v}（4，6，8，12）
D_n	具有 n 次轴及 n 个与之垂直的 2 次轴	D_2，D_3，D_4，D_6（4，6，8，12）
D_{nh}	h 表示存在与 c 轴垂直的水平对称面	D_{2h}，D_{3h}，D_{4h}，D_{6h}（8，12，16，24）
D_{nd}	d 表示还有一个平分两个 2 次轴夹角的对称面	D_{2d}，D_{3d}（8，12）
S_n	具有 n 次旋转反映轴（经 n 次旋转后再经垂直于该轴的平面的镜像反映）	$S_4(C_{4i})$，$S_6(C_{3i})$，$S_3(C_{3h})$（4，6，6）
T	具有 4 个 3 次轴和 3 个 2 次轴（正四面体的纯旋转对称性）	T（12）
T_h	h 表示存在与 c 轴垂直的水平对称面	T_h（24）
T_d	d 表示还有一个平分两个 2 次轴夹角的对称面	T_d（24）
O	具有 3 个互相垂直的 4 次轴及 6 个 2 次轴、4 个 3 次轴（立方体的纯旋转对称性）	O（24）
O_h	h 表示存在与 c 轴垂直的水平对称面	O_h（48）

1.8.4 七大晶系与 14 种布拉菲格子

任何晶体都具有由一定的布拉菲格子表征的周期性，又具有由这特定的周期性结构所制约的宏观对称性（一定的点群）。晶体学单胞可以用来反映晶体这两方面的特征。根据不同宏观对称性（32 种点群）对单胞基矢（大小、方向）的不同要求，晶体可分为七大晶系。七大晶系中对称性较低的（低级晶系）是三斜晶系、单斜晶系和正交晶系；对称性居中的（中级晶系）是三方晶系、四方晶系和六方晶系；对称性最高的（高级晶系）是立方晶系。单斜、正交、四方、立方晶系由于可在单胞中增加体心、面心或底心阵点而产生新的布拉菲格子，如图 1-26 所示，故七大晶系一共有 14 种布拉菲格子。凡有体心、面心或底心的情况，单胞与元胞是不同的，否则二者是相同的。除这 14 种布拉菲格子之外，再靠增加体心、面心或底心，得到的或者是上述 14 种布拉菲格子之一，或者不再是布拉菲格子。同一晶系可以有几种布拉菲格子的事实，反映了在同样的宏观对称下，还可以有不同的平移对称性。各种晶系对单胞基矢的要求、所属布拉菲格子类型及所属点群见表 1-3。14 种布拉菲格子见图 1-26。对于二维晶体，二维晶格的布拉菲格子可写为 $\boldsymbol{R}_l=l_1\boldsymbol{a}_1+l_2\boldsymbol{a}_2$，其中 $\boldsymbol{a}_1$、$\boldsymbol{a}_2$ 为元胞基矢。同样，为了反映对称性，往往采用晶体学单胞基矢 $\boldsymbol{a}$、$\boldsymbol{b}$ 为坐标系描述晶格结构。根据不同对称性对 $\boldsymbol{a}$、$\boldsymbol{b}$ 的不同要求，可将二维布拉菲格子（点阵）分成 5 种，如图 1-27 所示，其中只有有心长方点阵的单胞与元胞不同。

表 1-3　晶系、布拉菲格子与点群的对应关系

晶系	单胞基矢特征	布拉菲格子	所属点群	
			国 际 符 号	熊夫利斯符号
三斜	$a \neq b \neq c$ $\alpha \neq \beta \neq \gamma \neq 90°$	简单三斜	1 $\bar{1}$	C_1 $C_i(S_2)$
单斜	$a \neq b \neq c$ $\alpha = \gamma = 90° \neq \beta$	简单单斜 底心单斜	2 m $2/m$	C_2 $C_s(C_{1h})$ C_{2h}
正交	$a \neq b \neq c$ $\alpha = \beta = \gamma = 90°$	简单正交 底心正交 体心正交 面心正交	222 $mm2$ mmm	D_2 C_{2v} D_{2h}
三方	$a = b = c$ $\alpha = \beta = \gamma < 120°$ $\neq 90°$ $\neq 60°$	三方 R 格子	3 $\bar{3}$ 32 $3m$ $\bar{3}2/m$	C_3 $C_{3i}(S_6)$ D_3 C_{3v} D_{3d}
四方	$a = b \neq c$ $\alpha = \beta = \gamma = 90°$	简单四方 体心四方	4 $\bar{4}$ $4/m$ 422 $4mm$ $\bar{4}2m$ $4/mmm$	C_4 $S_4(C_{4i})$ C_{4h} D_4 C_{4v} D_{2d} D_{4h}
六方	$a = b$ $\alpha = \beta = 90°$ $\gamma = 120°$	简单六方	6 $\bar{6}$ $6/m$ 622 $6mm$ $\bar{6}2m$ $6/mmm$	C_6 $C_{3h}(S_3)$ C_{6h} D_6 C_{6v} D_{3h} D_{6h}
立方	$a = b = c$ $\alpha = \beta = \gamma = 90°$	简单立方 体心立方 面心立方	23 $m3$ 432 $\bar{4}32$ $m3m$	T T_h O T_d O_h

注：≠表示不需要相等。

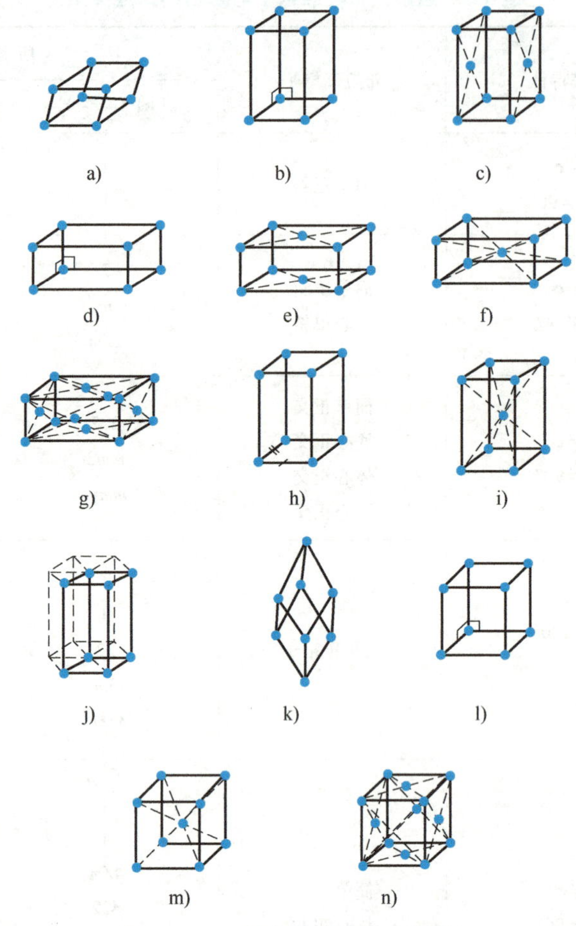

图 1-26　14 种布拉菲格子（单胞）

a）三斜　b）简单单斜　c）底心单斜　d）简单正交　e）底心正交　f）体心正交　g）面心正交
h）简单四方　i）体心四方　j）简单六方　k）R 三方　l）简单立方　m）体心立方　n）面心立方

1.8.5　晶体空间群

全面考察一种晶体结构的对称性时，必须同时考虑晶格的点对称操作（旋转、反映）和平移对称操作。这时的对称操作一般应为旋转+平移。满足某个晶格整体不变的所有旋转+平移对称操作的集合构成一个群，称为该晶体的空间群。除了组成点群的点对称操作外，空间群又增加了三类对称元素：

1）平移对称操作。任何晶格平移其布拉菲格子的一个格矢 $\boldsymbol{R}_1$，晶格自身重合。

2）n 次螺旋轴。晶格绕某一轴转动 $2\pi/n$ 后再沿转轴方向平移 $l(\boldsymbol{R}_0/n)$，则晶格自身重合，其中 $\boldsymbol{R}_0$ 为转轴方向周期矢量，n=2、3、4、6，l 为小于 n 的正整数。

3）滑移反映面。晶格沿某一平面做镜像反映后再沿平行于该镜面的某方向平移 $\boldsymbol{R}_0/n$，则晶格自身重合，其中 $\boldsymbol{R}_0$ 为该方向的周期矢量，n=2 或 4。

晶格的对称性是上述各种对称元素之间的相容组合。具体分析表明，晶格的对称性只有 230 种类型，即 230 种晶体空间群。

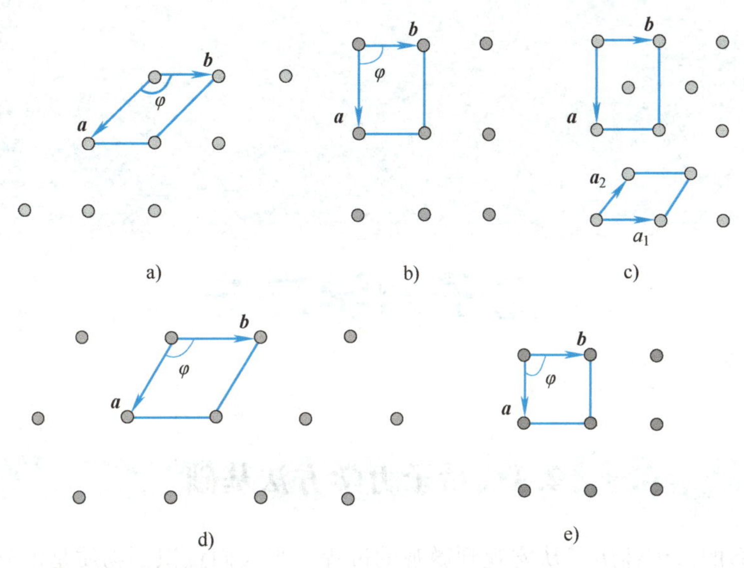

图1-27　二维布拉菲点阵（格子）

a）斜点阵　b）长方点阵（$\varphi=90°$）　c）有心长方点阵（$\varphi=90°$）
d）六方点阵（$a=b$，$\varphi=120°$）　e）正方点阵（$a=b$，$\varphi=90°$）

思　考　题

1.1　相距无穷远的两个原子，能量为零，作用力也为零，为什么随着原子间的距离逐渐缩短，原子间的作用能变为负值，而不是正值？

1.2　在 NaCl 晶体结构中，每个离子都有 6 个最近邻异号离子；但 NaCl 属于面心立方结构，其中每个格点的最近邻格点数为 12。如何理解这两个数字的差异？

1.3　元胞与晶体学单胞有什么异同？

1.4　证明式（1-5）中的 3 个整数必为互质。

1.5　简述七大晶系中每个晶系包括的布拉菲格子类型。

1.6　存在点群 2*mm*、4*mm* 和 6*mm*，但为什么对于三方晶系，对应的点群是 3*m*，而不是 3*mm*？

1.7　如果某个晶体结构的单胞基矢长度相等，那么该晶体是否可能属于三斜晶系？

第 2 章

量子力学方法

2.1 量子力学方法基础

人们对物质的认识经历了从宏观到微观的过程，当人们意识到物质是由分子、原子、电子等微观粒子构成，且微观粒子对物质的宏观性质有着深刻影响时，明确微观粒子的运动规律成为一个重要的研究课题。借助牛顿力学体系人们洞悉了天体运动的规律，掌握了宏观物体的运动法则，并对所生活的这个宏观世界有了更深刻的理解。但是，人们所熟悉的揭示宏观世界运动规律的经典物理学在微观世界却不再适用，这表现为一系列无法解释的物理现象，如黑体辐射、光电效应、康普顿散射、原子稳定性、光谱分立等。在此背景下，经过普朗克、爱因斯坦、玻尔、德布罗意、薛定谔、玻恩、海森伯、狄拉克、泡利等一批又一批科学家的努力，终于建立了一套适用于微观世界研究的系统性理论，这就是量子理论。

2.1.1 态与波函数

1. 物质波

1924 年，法国物理学家德布罗意（de Broglie）比较了经典力学与几何光学的相似性（自由粒子的直线传播与几何光学中光的直线传播、粒子的最小作用量原理与几何光学的最小光程原理之间的相似性），提出实物粒子也像光一样具有波粒二象性，即存在与粒子相联系的波，它的频率 ν、波长 λ 与粒子的能量 E、动量 $\boldsymbol{p}$ 的关系为

$$E=h\nu,\quad \boldsymbol{p}=\hbar\boldsymbol{k}=\hbar\frac{2\pi}{\lambda}\boldsymbol{n}=\frac{h}{\lambda}\boldsymbol{n} \tag{2-1}$$

式中，h 为普朗克常数，$h=6.626\times10^{-34}\text{J}\cdot\text{s}$；$\boldsymbol{k}$ 为波矢，其大小 $k=\frac{2\pi}{\lambda}$；$\boldsymbol{n}$ 为波传播方向的单位矢量；$\hbar$ 为约化普朗克常量，$\hbar=\frac{h}{2\pi}$。这就是物质波的概念，德布罗意为此获得了 1929 年的诺贝尔物理学奖。

粒子和波最容易被实验检测到的差别是后者有相干性，而前者没有。因此，可以用各种衍射实验来检测相干性，其中最具代表性的是双缝衍射实验。1927 年，实验物理学家戴维森和革末把电子入射到镍单晶上，观察散射电子束和散射角之间的关系，发现散射电子束的强度随散射角变化，变化的规律符合晶体对 X 射线的衍射规律。这一实验直接证实了电子

的波动性，戴维森于1937年获得了诺贝尔物理学奖。此后，包括C60在内的大分子也先后证实了物质波的存在。

2. 波函数的统计解释

对于物质波（粒子波）物理意义的解释，研究人员先后提出了以下两种尝试，但均已失败告终。

1）粒子波是由于有大量微观粒子（如电子）分布于空间而形成的密度的波动，类似于空气中由于大量分子的存在而形成空气密度的波动——声波。这种解释被实验所否定，因为单个微观粒子依然能表现出波动性。

2）实物粒子就是波（包），即把粒子波理解为粒子的某种实际结构。把粒子本身看成波包是很多物理学家（包括薛定谔和德布罗意）的观点。但这一观点被理论研究所否定，因为理论计算指出，满足德布罗意关系的波包会发生扩散，使粒子的尺寸无限变大，这显然是错误的。

波函数的科学解释由德国物理学家玻恩于1926年给出，这种解释被称为统计解释或概率解释，玻恩也因此获得了1954年的诺贝尔物理学奖。考虑到单个粒子即可表现出衍射现象的事实，玻恩提出要放弃微观粒子具有确定的运动轨道的传统概念，认为在每一时刻粒子可能出现在空间的任何一点。在电子的双缝衍射实验中，实验底片上衍射条纹最亮处，就是到达的电子数最多之处，也就是电子出现的可能性最大之处。反之，衍射条纹最暗处就是到达的电子数最少之处，也就是电子出现的可能性最小之处。

玻恩进一步提出，粒子的波动实际上是微观粒子出现在空间各点的概率幅度的波动。微观粒子的状态由波函数 $\Psi(\boldsymbol{r},t)$ 描述，它给出了微观粒子的全部信息，粒子波是波函数所表示的概率幅的波动，其物理意义为

$$|\Psi(\boldsymbol{r},t)|^2\mathrm{d}x\mathrm{d}y\mathrm{d}z \tag{2-2}$$

式（2-2）表示 t 时刻在 $\boldsymbol{r}$ 附近的体积元 $\mathrm{d}x\mathrm{d}y\mathrm{d}z$ 中找到粒子的概率，$|\Psi(\boldsymbol{r},t)|^2$ 表示在单位体积中找到粒子的概率，称为概率密度。

自由粒子的波函数是波函数的一个特例，即对于有确定动量和能量的自由粒子，由德布罗意关系式可知，波有确定的频率和波矢量，所以必为平面波，可表示为

$$\Psi(\boldsymbol{r},t)=A\mathrm{e}^{\mathrm{i}(\boldsymbol{k}\cdot\boldsymbol{r}-\omega t)}=A\mathrm{e}^{\frac{\mathrm{i}(\boldsymbol{p}\cdot\boldsymbol{r}-Et)}{\hbar}} \tag{2-3}$$

自由粒子的波函数的概率密度为 $|\Psi(\boldsymbol{r},t)|^2=|A|^2$，与 $\boldsymbol{r}$ 无关。这表明粒子出现在空间任意位置的概率都是一样的，故平面波函数只能在一定条件下描述粒子。该条件为：在一个远大于研究所涉及的区域的范围内，粒子的 $|\Psi(\boldsymbol{r},t)|^2$ 都近似为常数。

量子力学是可观测量的理论，只对可观测量的客观性提出要求，而轨道之类的不可观测量在量子力学中没有地位。并且，波函数的绝对值大小并不影响概率解释。因此，波函数的具体形式具有一定的任意性，为了在一定程度上减少这种任意性，波函数一般要进行归一化处理。

设

$$\int_{\infty}|\Psi(\boldsymbol{r},t)|^2\mathrm{d}x\mathrm{d}y\mathrm{d}z=\int_{\infty}|\Psi(\boldsymbol{r},t)|^2\mathrm{d}\tau=A \tag{2-4}$$

取

$$\varphi(\boldsymbol{r},t)=\frac{1}{\sqrt{A}}\Psi(\boldsymbol{r},t) \tag{2-5}$$

则有

$$\int_{\infty}|\varphi(\boldsymbol{r},t)|^2\mathrm{d}\tau=\int_{\infty}|\Psi(\boldsymbol{r},t)|^2\frac{\mathrm{d}\tau}{A}=\frac{A}{A}=1 \tag{2-6}$$

式中，$\varphi(\boldsymbol{r},t)$ 为归一化波函数，归一化的意义是把在全空间找到粒子的总概率规定为1。

并非所有的波函数都可以被归一化，如平面波，此时波函数仅表示粒子出现在空间各点概率的相对大小。归一化减少了波函数的任意性，但是并不能唯一确定波函数，波函数之间差 $e^{i\delta}$ 的系数，不改变其归一性。

3. 态叠加原理

对经典的波动而言（如声波、电磁波等），所谓波的叠加原理是指两个可能的波动过程 Ψ_1、Ψ_2 的线性叠加 $c_1\Psi_1+c_2\Psi_2$ 也是一个可能的波动过程，或者说波动方程的两个解的线性叠加也是波动方程的解。对微观粒子的波动，波的叠加原理也有类似的含义。由于微观粒子的波由波函数描写，而波函数又给出了微观粒子的状态，所以在量子力学中该原理又称态叠加原理。

但是必须指出，量子力学中叠加态 $c_1\Psi_1+c_2\Psi_2$ 的物理含义与经典波的叠加波的含义完全不同。对于经典波，叠加后的波 Ψ 既不是 Ψ_1 也不是 Ψ_2，而是一种新的波。但是在量子力学中，微观粒子的叠加波（叠加态）

$$\Psi=c_1\Psi_1+c_2\Psi_2 \tag{2-7}$$

却有完全不同的解释，即 Ψ 既可能是 Ψ_1 也可能是 Ψ_2。也就是说，若对叠加态 Ψ 进行相关的（多次）测量，可以发现有时它是 Ψ_1 态，有时它是 Ψ_2 态。叠加态是 Ψ_1 态的概率正比于 $|c_1|^2$，是 Ψ_2 态的概率正比于 $|c_2|^2$。实际上，更精确地讲，态叠加原理所涉及的 Ψ_1、Ψ_2 是两个完全正交的态，而关于正交的概念，在内积部分会有定义。

态叠加原理不限于两个态的叠加，也可以是多个态的叠加，推广到 N 个态叠加的情况，有如下关系式：

$$\Psi=c_1\Psi_1+c_2\Psi_2+c_3\Psi_3+\cdots=\sum_n c_n\Psi_n \tag{2-8}$$

叠加态 Ψ 的物理意义：若对叠加态 Ψ 进行相关的（多次）测量，可以发现有时它是 Ψ_1 态，有时它是 Ψ_2 态，有时也可能是被叠加的任意的态 Ψ_n。叠加态是 Ψ_1 态的概率正比于 $|c_1|^2$，是 Ψ_2 态的概率正比于 $|c_2|^2$，…，是 Ψ_n 态的概率正比于 $|c_n|^2$。

2.1.2 力学量与算符

1. 算符的定义

在经典力学中，粒子的状态由 $\boldsymbol{r}$、$\boldsymbol{p}$ 描述。对状态量 $\boldsymbol{r}$、$\boldsymbol{p}$ 进行一定的运算，即可得到在该状态下各力学量的取值，例如：

角动量　$\boldsymbol{L}=\boldsymbol{r}\times\boldsymbol{p}$

动能　$E=\frac{\boldsymbol{p}^2}{2\mu}+U(\boldsymbol{r})$

量子力学中，微观粒子的状态由波函数描述，波函数包含了粒子的全部信息，只需要通过对波函数进行适当的操作，就可以获得待求的微观粒子某力学量的值。在量子力学中，有时还需要对描述微观粒子的函数系进行变换，这时也需要对波函数进行变换操作。总之，在量子力学中要处理的是波函数，而对函数的运算和操作必然要引入算符的概念。简单地说，算符 $\hat{O}$ 代表一种运算或操作，它把一个函数变为另一个函数，即

$$\hat{O}\varphi(\boldsymbol{r},t)=\Psi(\boldsymbol{r},t) \tag{2-9}$$

可以预期，在量子力学中力学量与一定的算符 $\hat{O}$ 相对应。

如果力学量在经典力学中有对应量，则该力学量算符在量子力学中的表达式可由其经典表达式 $O(\boldsymbol{r},\boldsymbol{p})$ 进行代换得到，即

$$\boldsymbol{p}\rightarrow\hat{\boldsymbol{p}}=-\mathrm{i}\hbar\boldsymbol{\nabla}$$

$$\boldsymbol{r}\rightarrow\hat{\boldsymbol{r}}=\boldsymbol{r}$$

$$O(\boldsymbol{r},\boldsymbol{p})\rightarrow\hat{O}=O(\hat{\boldsymbol{r}},\hat{\boldsymbol{p}})=O(\boldsymbol{r},-\mathrm{i}\hbar\boldsymbol{\nabla}) \tag{2-10}$$

例如，由经典角动量 $\boldsymbol{L}=\boldsymbol{r}\times\boldsymbol{p}$ 可得

$$\hat{\boldsymbol{L}}=\hat{\boldsymbol{r}}\times\hat{\boldsymbol{p}}=\boldsymbol{r}\times(-\mathrm{i}\hbar)\boldsymbol{\nabla} \tag{2-11}$$

又如，由经典哈密顿量 $H=\dfrac{\boldsymbol{p}^2}{2\mu}+U(\boldsymbol{r})$ 可得

$$\hat{H}=(-\mathrm{i}\hbar)^2\boldsymbol{\nabla}\cdot\boldsymbol{\nabla}\frac{1}{2\mu}+U(\hat{\boldsymbol{r}})=-\frac{\hbar^2}{2\mu}\boldsymbol{\nabla}^2+U(\boldsymbol{r}) \tag{2-12}$$

需要指出的是，有些力学量如宇称、电子的内禀自旋角动量等，都没有经典对应，因此无法按照上述规则进行代换，此时，量子力学就要自行定义。

另外，还需要注意乘积的顺序性。例如，在经典力学中 $O=xp_x=p_xx$，满足乘法交换律；然而，在量子力学中情况会变得复杂，即

$$x\hat{p}_x=x(-\mathrm{i}\hbar)\frac{\partial}{\partial x}\neq\hat{p}_x x=-\mathrm{i}\hbar\frac{\partial}{\partial x}x \tag{2-13}$$

这是因为某些力学量算符，如动量算符 $\hat{\boldsymbol{p}}$，包括微分的构造，微分与相关量之间显然不再满足乘法交换律。

2. 算符的分类

微观算符的种类有很多，按照不同的分类方式可以进行简单归类。

按运算或操作方式可以分为：

1）微商型算符，包含微分的构造，如

$$\text{动能算符}\quad \hat{T}=-\frac{\hbar^2}{2\mu}\boldsymbol{\nabla}^2$$

$$\text{动量算符}\quad \hat{p}_x=-\mathrm{i}\hbar\frac{\partial}{\partial x}$$

2）乘积型算符，其功能是与波函数直接相乘，如

$$\text{势能算符}\quad \hat{U}(\boldsymbol{r})\Psi(\boldsymbol{r},t)=U(\boldsymbol{r})\Psi(\boldsymbol{r},t)$$

3）操作型算符，需要用文字而不是数学语言进行详细描述，如

$$\text{宇称算符}\quad \hat{P}(\boldsymbol{r})\Psi(\boldsymbol{r},t)=\Psi(-\boldsymbol{r},t)$$

$$\text{交换算符}\quad \hat{P}_{12}(\boldsymbol{r})\Psi(\boldsymbol{r}_1,\boldsymbol{r}_2,t)=\Psi(\boldsymbol{r}_2,\boldsymbol{r}_1,t)$$

按性质分类可以分为：

1）线性算符，满足线性关系，即

$$\hat{O}(c_1\psi_1+c_2\psi_2)=c_1\hat{O}\psi_1+c_2\hat{O}\psi_2 \tag{2-14}$$

2）恒等算符 $\hat{I}$，变换结果为保持原波函数不变，即

$$\hat{I}\psi=\psi \tag{2-15}$$

3）转置共轭算符，即

$$\int\psi^*\hat{O}\varphi\mathrm{d}\tau=\left(\int\varphi^*\hat{O}^\dagger\psi\mathrm{d}\tau\right)^*=\int(\hat{O}^\dagger\psi)^*\varphi\mathrm{d}\tau \tag{2-16}$$

4）厄米算符，即

$$\int(\hat{O}\psi)^*\varphi\mathrm{d}\tau=\int\psi^*\hat{O}\varphi\mathrm{d}\tau \tag{2-17}$$

3. 特殊算符的特性

对每一个算符 $\hat{O}$ 都有一个与之对应的转置共轭算符，记为 $\hat{O}^\dagger$，满足

$$\int\psi^*\hat{O}\varphi\mathrm{d}\tau=\left(\int\varphi^*\hat{O}^\dagger\psi\mathrm{d}\tau\right)^*=\int(\hat{O}^\dagger\psi)^*\varphi\mathrm{d}\tau \tag{2-18}$$

即

$$\int(\hat{O}^\dagger\psi)^*\varphi\mathrm{d}\tau=\int\psi^*\hat{O}\varphi\mathrm{d}\tau \tag{2-19}$$

厄米算符是自厄的，即某厄米算符的转置共轭算符就是它自身，表示为

$$\hat{O}^\dagger=\hat{O} \tag{2-20}$$

式（2-20）通过转置共轭算符和厄米算符的定义式不难看出。

转置共轭算符有两条性质：

(1) $(\hat{O}^\dagger)^\dagger=\hat{O}$

证明：

$$\int[(\hat{O}^\dagger)^\dagger\psi]^*\varphi\mathrm{d}\tau=\int\psi^*\hat{O}^\dagger\varphi\mathrm{d}\tau=\left[\int(\hat{O}^\dagger\varphi)^*\psi\mathrm{d}\tau\right]^*=\left(\int\varphi^*\hat{O}\psi\mathrm{d}\tau\right)^*=\int(\hat{O}\psi)^*\varphi\mathrm{d}\tau \tag{2-21}$$

(2) $(\hat{O}_1\hat{O}_2)^\dagger=O_2^\dagger O_1^\dagger$

证明：

$$\int[(\hat{O}_1\hat{O}_2)^\dagger\psi]^*\varphi\mathrm{d}\tau=\int\psi^*\hat{O}_1\hat{O}_2\varphi\mathrm{d}\tau=\int(\hat{O}_1^\dagger\psi)^*\hat{O}_2\varphi\mathrm{d}\tau=\int(\hat{O}_2^\dagger\hat{O}_1^\dagger\psi)^*\varphi\mathrm{d}\tau \tag{2-22}$$

若对任意函数 ψ、φ 有 $\int(\hat{O}\psi)^*\varphi\mathrm{d}\tau=\int\psi^*\hat{O}\varphi\mathrm{d}\tau$，则 $\hat{O}$ 称为厄米算符。厄米算符有两条非常重要的性质：

(1) 厄米算符的本征值是实数

证明：

设

$$\hat{O}\psi=\lambda\psi \tag{2-23}$$

由于

$$\int\psi^*\hat{O}\psi\mathrm{d}\tau=\lambda\int\psi^*\psi\mathrm{d}\tau \tag{2-24}$$

而且

$$\int\psi^*\hat{O}\psi\mathrm{d}\tau=\int(\hat{O}\psi)^*\psi\mathrm{d}\tau=\lambda^*\int\psi^*\psi\mathrm{d}\tau \tag{2-25}$$

对比式（2-24）、式（2-25）可得

$$\lambda=\lambda^{*} \tag{2-26}$$

对复数而言，如果其与共轭复数相等，则该复数为实数。

（2）厄米算符属于不同本征值的本征函数相互正交

设

$$\hat{O}\psi_1=\lambda_1\psi_1,\quad \hat{O}\psi_2=\lambda_2\psi_2$$

由于

$$\int\psi_1{}^{*}\hat{O}\psi_2\mathrm{d}\tau=\lambda_2\int\psi_1{}^{*}\psi_2\mathrm{d}\tau$$

而且

$$\int(\hat{O}\psi_1)^{*}\psi_2\mathrm{d}\tau=\lambda_1\int\psi_1{}^{*}\psi_2\mathrm{d}\tau$$

上述两式联立，可得

$$(\lambda_1-\lambda_2)\int\psi_1{}^{*}\psi_2\mathrm{d}\tau=0 \tag{2-27}$$

而

$$\lambda_1\neq\lambda_2 \tag{2-28}$$

故

$$\int\psi_1{}^{*}\psi_2\mathrm{d}\tau=0 \tag{2-29}$$

即属于不同本征值的本征函数正交。

4. 算符的矩阵表示

算符 $\hat{F}$ 的形式因所选取的描述它的表象不同而不同，下面分类介绍。

（1）分立表象

在 $\hat{O}$ 表象中，两个波函数分别用列矩阵 $\boldsymbol{a}$ 和 $\boldsymbol{b}$ 表示为

$$\hat{\boldsymbol{F}}\begin{bmatrix}a_1\\a_2\\\vdots\end{bmatrix}=\begin{bmatrix}b_1\\b_2\\\vdots\end{bmatrix} \tag{2-30}$$

显然在 $\hat{O}$ 表象中，力学量 $\hat{\boldsymbol{F}}$ 应具有方矩阵的形式，其矩阵元可由如下方法确定：把 ψ_A、ψ_B 在 $\hat{O}$ 的本征函数系 φ_n 中展开为

$$\hat{\boldsymbol{F}}\sum_n a_n\varphi_n=\sum_n b_n\varphi_n \tag{2-31}$$

两边同乘以 φ_m^{*} 后求积分，可得

$$\int\varphi_m^{*}\hat{\boldsymbol{F}}\sum_n a_n\varphi_n\mathrm{d}\tau=\int\varphi_m^{*}\sum_n b_n\varphi_n\mathrm{d}\tau \tag{2-32}$$

$$\sum_n a_n\underbrace{\int\varphi_m^{*}\hat{\boldsymbol{F}}\varphi_n\mathrm{d}\tau}_{F_{mn}}=\sum_n b_n\underbrace{\int\varphi_m^{*}\varphi_n\mathrm{d}\tau}_{\delta_{mn}}=b_m \tag{2-33}$$

$$\sum_n F_{mn}a_n=b_m \tag{2-34}$$

此联立方程组可写成矩阵方程的形式，即

$$\begin{bmatrix} F_{11} & F_{12} & \cdots \\ F_{21} & F_{22} & \cdots \\ \cdots & \cdots & \cdots \end{bmatrix} \begin{bmatrix} a_1 \\ a_2 \\ \vdots \end{bmatrix} = \begin{bmatrix} b_1 \\ b_2 \\ \vdots \end{bmatrix} \tag{2-35}$$

$$\hat{\boldsymbol{F}}(\hat{O}\text{ 表象}) = \begin{bmatrix} F_{11} & F_{12} & \cdots \\ F_{21} & F_{22} & \cdots \\ \cdots & \cdots & \cdots \end{bmatrix} = [F_{mn}] \tag{2-36}$$

因此，力学量 $\hat{\boldsymbol{F}}$ 在 $\hat{O}$ 表象中的表示是一个矩阵，其矩阵元为

$$F_{mn} = \int \varphi_m^* \hat{\boldsymbol{F}} \varphi_n \mathrm{d}\tau \tag{2-37}$$

(2) 连续表象

$$\hat{\boldsymbol{F}}\psi_{\mathrm{A}} = \psi_{\mathrm{B}} \to \hat{\boldsymbol{F}} \int a_{\lambda'} \varphi_{\lambda'} \mathrm{d}\lambda' = \int b_{\lambda'} \varphi_{\lambda'} \mathrm{d}\lambda' \tag{2-38}$$

两边同乘以 $\varphi_\lambda^* \mathrm{d}\tau$ 后求积分，可得

$$\int \varphi_\lambda^* \left(\hat{\boldsymbol{F}} \int a_{\lambda'} \varphi_{\lambda'} \mathrm{d}\lambda' \right) \mathrm{d}\tau = \int \varphi_\lambda^* \left(\int b_{\lambda'} \varphi_{\lambda'} \mathrm{d}\lambda' \right) \mathrm{d}\tau \tag{2-39}$$

$$\int a_{\lambda'} \underbrace{\int \varphi_\lambda^* \hat{\boldsymbol{F}} \varphi_{\lambda'} \mathrm{d}\tau}_{F_{\lambda'\lambda}} \mathrm{d}\lambda' = \int b_{\lambda'} \underbrace{\int \varphi_\lambda^* \varphi_{\lambda'} \mathrm{d}\tau}_{\delta(\lambda-\lambda')} \mathrm{d}\lambda' \tag{2-40}$$

$$\hat{\boldsymbol{F}}\psi_{\mathrm{A}} = \psi_{\mathrm{B}} \to \int F_{\lambda\lambda'} a_{\lambda'} \mathrm{d}\lambda' = b_\lambda \tag{2-41}$$

由于 a_λ、b_λ 分别为 ψ_{A} 和 ψ_{B} 态的波函数，$\hat{\boldsymbol{F}}\boldsymbol{a} = \boldsymbol{b}$。
通过对比可知，在 $\hat{O}$ 表象中，力学量 $\hat{\boldsymbol{F}}$ 相当于积分算符，即

$$\hat{\boldsymbol{F}}(\hat{O}\text{ 表象}) = \int F_{\lambda\lambda'} \mathrm{d}\lambda \tag{2-42}$$

$$F_{\lambda\lambda'} = \int \varphi_\lambda^* \hat{F} \varphi_{\lambda'} \mathrm{d}\tau \tag{2-43}$$

5. 算符的对易

(1) 对易的定义及性质

两个算符的对易式定义为

$$[\hat{A}, \hat{B}] \equiv \hat{A}\hat{B} - \hat{B}\hat{A}$$

显然，对易式有如下性质：

$$[\hat{A}, \hat{B}] = -[\hat{B}, \hat{A}]$$
$$[\hat{A}, \hat{B}+\hat{C}] = [\hat{A}, \hat{B}] + [\hat{A}, \hat{C}]$$
$$[c\hat{A}, \hat{B}] = c[\hat{A}, \hat{B}]$$
$$[\hat{C}, \hat{A}\hat{B}] = \hat{A}[\hat{C}, \hat{B}] + [\hat{C}, \hat{A}]\hat{B}$$

如果两个算符的对易式为零，则称这两个算符对易。一些重要的对易关系：

1) 坐标算符各分量彼此对易，即

$$[\hat{x}, \hat{y}] = [\hat{y}, \hat{x}] = [\hat{z}, \hat{x}] = 0$$

2) 动量算符各分量彼此对易，即

$$[\hat{p}_x, \hat{p}_y] = [\hat{p}_x, \hat{p}_z] = [\hat{p}_y, \hat{p}_z] = 0$$

3) 坐标与动量不同分量彼此对易，即

$$[\hat{x},\hat{p}_y]=[\hat{x},\hat{p}_z]=[\hat{y},\hat{p}_x]=\cdots=0$$

4）坐标与动量同分量对易关系式为

$$[\hat{x},\hat{p}_x]=[\hat{y},\hat{p}_y]=[\hat{z},\hat{p}_z]=\mathrm{i}\hbar$$

5）角动量算符的对易式遵循轮换关系，且角动量平方算符与任意分量对易，即

$$[\hat{L}_x,\hat{L}_y]=\mathrm{i}\hbar\hat{L}_z,[\hat{L}_y,\hat{L}_z]=\mathrm{i}\hbar\hat{L}_x,[\hat{L}_z,\hat{L}_x]=\mathrm{i}\hbar\hat{L}_y$$

$$[\hat{\boldsymbol{L}}^2,\hat{L}_{x,y,z}]=0$$

6）在球对称场中，有

$$[\hat{H},\hat{\boldsymbol{L}}^2]=[\hat{H},\hat{L}_{x,y,z}]=0$$

这是由于

$$\hat{H}=\frac{-\hbar^2}{2\mu r^2}\frac{\partial}{\partial r}\left(r^2\frac{\partial}{\partial r}\right)+\frac{1}{2\mu r^2}\hat{\boldsymbol{L}}^2+U(\boldsymbol{r}) \tag{2-44}$$

而角动量与 $\boldsymbol{r}$ 无关。

（2）对易的应用

定理：两个力学量有共同的、构成完备系的本征函数的充分必要条件是它们相互对易。举例如下：

1）$[\hat{\boldsymbol{L}}^2,\hat{L}_z]=0$，它们有共同的本征函数 $\mathrm{Y}_{lm}(\theta,\varphi)$，$\mathrm{Y}_{lm}(\theta,\varphi)$ 是正交、归一、完备的。在该态上测量 $\hat{\boldsymbol{L}}^2$ 及 $\hat{L}_z$，它们同时有确定值 $l(l+1)\hbar^2$ 及 $m\hbar$。

2）$[\hat{p}_x,\hat{p}_y]=[\hat{p}_x,\hat{p}_z]=[\hat{p}_y,\hat{p}_z]=0$，它们有共同的本征函数 $(2\pi\hbar)^{-\frac{3}{2}}\mathrm{e}^{\mathrm{i}\boldsymbol{p}\cdot\frac{\boldsymbol{r}}{\hbar}}$，它是正交、归一、完备的，在该态上测量 $\hat{p}_x$、$\hat{p}_y$、$\hat{p}_z$ 时均有确定值。

3）对氢原子有 $[\hat{H},\hat{\boldsymbol{L}}^2]=[\hat{H},\hat{L}_z]=[\hat{\boldsymbol{L}}^2,\hat{L}_z]=0$，三个力学量两两对易，因此它们有共同的正交、归一、完备的本征函数，在此共同的本征态中它们同时有确定值。

不确定性关系：如果两力学量 $\hat{F}$、$\hat{G}$ 不对易，并设 $[\hat{F},\hat{G}]=\mathrm{i}\hat{K}$，则有

$$\overline{(\Delta\hat{F})^2\ (\Delta\hat{G})^2}\geqslant\frac{\overline{K}^2}{4} \tag{2-45}$$

如坐标与动量算符 $[\hat{x},\hat{p}_x]=\mathrm{i}\hbar\rightarrow\hat{K}=\hbar$，则有

$$\overline{(\Delta x)^2\ (\Delta\hat{p}_x)^2}\geqslant\frac{\hbar^2}{4} \tag{2-46}$$

力学量平均值的守恒定律：如果某力学量算符 $\hat{F}$ 不显含时间，且其与哈密顿量算符 $\hat{H}$ 对易，那么该力学量平均值守恒，在量子力学中称该力学量为守恒量。

2.1.3　本征方程与波函数的特性

如果力学量算符 $\hat{O}$ 满足如下方程：

$$\hat{O}\varphi(\boldsymbol{r},t)=\lambda\varphi(\boldsymbol{r},t) \tag{2-47}$$

式中，λ 为常数。方程式（2-47）称为算符 $\hat{O}$ 的本征方程，φ 称为算符 $\hat{O}$ 的本征函数，λ 称为与 φ 相对应的 $\hat{O}$ 的本征值。作为量子力学的一项基本假定，满足本征方程的任何一个 λ 值可以认为是力学量 $\hat{O}$ 的可能取值，而 φ 则是 $\hat{O}$ 取确定值 λ 时的状态对应的波函数。如果只有某些特定分立数值才能满足本征方程，那么该力学量的取值就是量子化的，本征值构成分立谱。如果无限个连续取值的数值都可能满足本征方程，那么该力学量的取值就是连续

的，本征值构成连续谱。无论上述哪种情况，力学量算符的本征方程解出的全部本征值，就是相应力学量的可能取值。如果用测量仪器测量该力学量，即便每次测量的值不确定，但都是本征值之一。

1. 标量积

两个波函数 Ψ_1 与 Ψ_2 的标量积定义为

$$\int_{全空间} \Psi_1^*(\boldsymbol{r},t)\Psi_2(\boldsymbol{r},t)\mathrm{d}\tau$$

在函数空间中，两个函数的标量积相当于向量空间中两个向量的内积。两个波函数 Ψ_1 与 Ψ_2 如果有如下关系：

$$\int_{全空间} \Psi_1^*(\boldsymbol{r},t)\Psi_2(\boldsymbol{r},t)\mathrm{d}\tau=0 \tag{2-48}$$

则称两个波函数或者两个态 Ψ_1 与 Ψ_2 正交，相当于向量空间中两个向量相互正交或垂直。

如果两个态相同，即波函数 Ψ_1 与 Ψ_2 相等，则两个波函数的标量积可写为

$$\int_{全空间} \Psi_1^*(\boldsymbol{r},t)\Psi_1(\boldsymbol{r},t)\mathrm{d}\tau \tag{2-49}$$

如果波函数 Ψ_1 是归一化的，式（2-49）显然等于1。因此，作为一个函数系（完整函数系）中的任意两个波函数 Ψ_m 与 Ψ_n，它们的关系可以统一描述为

$$\int_{全空间} \Psi_m^*(\boldsymbol{r},t)\Psi_n(\boldsymbol{r},t)\mathrm{d}\tau=\delta_{mn} \tag{2-50}$$

式中，δ_{mn}为克罗内克符号，当 $m=n$ 时，$\delta_{mn}=1$；当 $m\neq n$ 时，$\delta_{mn}=0$。即当两个态相同时，该式描述其归一性，当两个态不同时，该式描述其正交性。

2. 波函数的特性

一般要求波函数 Ψ 具有单值、有限、连续三大特性，尽管从数学上讲并不严格，但是，这符合几乎所有实际情况。波函数的三大特性与其概率意义密切相关，单值、有限、连续保证了微观粒子观测概率的唯一、合理和连续性。另外，厄米算符的本征函数，构成正交、归一、完备的本征函数系，因此还具有正交、归一、完备三大特性。

根据厄米算符的性质，即厄米算符属于不同本征值的本征函数相互正交，可知本征值不同的两个本征函数正交，但是并没有说明本征值相同的两个本征函数是否正交。事实上，这种情况下一般不会一定正交，但是可以正交化处理。设厄米算符 $\hat{O}$ 的本征值的简并度是 f，也就是说有 f 个 $\hat{O}$ 的本征函数 $\varphi_1,\varphi_2,\cdots,\varphi_f$ 的本征值都是 λ，即 $\hat{O}\varphi_i=\lambda\varphi_i$（$i=1,2,\cdots,f$），把它们做线性叠加，可得

$$\psi_j=\sum_{i=1}^{f}A_{ji}\varphi_i \quad (j=1,2,\cdots,f) \tag{2-51}$$

并适当选取叠加系数 A_{ji} 以使它们相互正交，即 $\int\psi_j^*\psi_{j'}\mathrm{d}\tau=\delta_{jj'}$（$j,j'=1,2,\cdots,f$）。

需要特别指出的是，式（2-51）新函数仍是 $\hat{O}$ 的本征函数，本征值仍为 λ，否则上述正交化就失去了意义，因为上述处理的目的是要把本征函数正交化。因此，厄米算符不同的本征函数，无论它们的本征值是否相同，总可以认为它们是相互正交的。

当厄米算符的本征值构成分立谱时，其本征函数总可以通过式（2-52）体现归一化，即

$$\int \psi_j^* \psi_{j'} \mathrm{d}\tau = \delta_{jj'} \quad (j, j' = 1, 2, \cdots, f) \tag{2-52}$$

当厄米算符的本征值构成连续谱时，其本征函数可以“归一”到 δ 函数，即

$$\int \psi_\lambda^* \psi_{\lambda'} \mathrm{d}\tau = \delta(\lambda - \lambda') \tag{2-53}$$

综合上述两种情况，可以表述为厄米算符的本征函数有“归一”性，归一加引号表示连续谱时归一化的特殊约定形式。

例如，谐振子哈密顿量算符的本征函数（定态波函数）具有正交归一性，即：

$$\int_{-\infty}^{\infty} \psi_n^* \psi_{n'} \mathrm{d}x = \delta_{nn'} \tag{2-54}$$

$$\psi_n = N_n \mathrm{e}^{-\frac{\alpha^2 x^2}{2}} H_n(\alpha x) \tag{2-55}$$

又如，角动量平方算符 $\hat{\boldsymbol{L}}^2$ 与角动量 z 分量算符 $\hat{L}_z$ 的共同本征函数 Y_{lm} 有正交归一性，即

$$\int_0^{2\pi} \int_0^{\pi} \mathrm{Y}_{l'm'}^*(\theta, \varphi) \mathrm{Y}_{lm}(\theta, \varphi) \mathrm{d}\Omega = \delta_{ll'} \delta_{mm'} \tag{2-56}$$

再如，氢原子哈密顿量算符 $\hat{H}$ 的本征函数 ψ_{nlm} 有正交归一性，即

$$\int \psi_{nlm}^* \psi_{n'l'm'} \mathrm{d}\tau = \delta_{nn'} \delta_{ll'} \delta_{mm'} \tag{2-57}$$

$$\int_0^{2\pi} \int_0^{\pi} R_{nl} \mathrm{Y}_{lm}^* R_{n'l'} \mathrm{Y}_{l'm'} r^2 \sin\theta \mathrm{d}r \mathrm{d}\theta \mathrm{d}\varphi = \delta_{nn'} \delta_{ll'} \delta_{mm'} \tag{2-58}$$

本征函数系 $\{\varphi_n(\boldsymbol{r})\}$ 或 $\{\varphi_\lambda(\boldsymbol{r})\}$ 的完备性是指任意 $\boldsymbol{r}$ 的函数 $\psi(\boldsymbol{r})$ 都可以表示为该函数系的线性叠加，即

$$\psi = \sum_n c_n \varphi_n \quad \text{（本征值为分立谱）}$$

$$\psi = \int c_\lambda \varphi_\lambda \mathrm{d}\lambda \quad \text{（本征值为连续谱）}$$

例如，三角函数系 $\sin mx$、$\cos mx$（$m = 0, 1, 2, \cdots$）在 $[0, 2\pi]$ 区间构成完备系，任何一个函数均可表示为上述两类三角函数的线性组合，这就是著名的傅里叶分解的最终形式。如果去掉 $\cos mx$ 或 $\sin mx$，都会破坏其完备性。

再如多项式 x^n（$n = 0, 1, 2, \cdots$）构成完备系，任何一个函数均可表示为上述多项式的线性组合，这就是著名的泰勒展开式的最终形式。如果去掉任何一项 x^n，都会破坏其完备性。

力学量算符本征函数系正交、归一、完备的三大特性，与矢量空间中的坐标基矢非常相似，可以类比。以三维矢量空间为例，任意矢量 $\boldsymbol{f}$ 都可以表示为基矢 $\boldsymbol{i}$、$\boldsymbol{j}$、$\boldsymbol{k}$ 的线性叠加，即

$$\boldsymbol{f} = f_x \boldsymbol{i} + f_y \boldsymbol{j} + f_z \boldsymbol{k} = \sum_{i = x, y, z} f_i \boldsymbol{e}_i \tag{2-59}$$

这体现了其完备性。基矢 $\boldsymbol{i}$、$\boldsymbol{j}$、$\boldsymbol{k}$ 相互垂直且长度为 1，这体现了其正交归一性。因此函数空间中的某一波函数就像矢量空间中的某一矢量一样，而力学量的本征函数系就像坐标系的基矢一样。故选取某一力学量的本征函数系来表示波函数，就相当于在经典力学中选取一个坐标系来描述粒子的运动。

2.1.4 典型算符

1. 坐标算符

坐标算符的代换关系为 $\hat{\boldsymbol{r}}=\boldsymbol{r}$，坐标算符属于乘积型算符。

1）坐标算符为厄米算符。

2）坐标算符的本征方程为

$$\hat{\boldsymbol{r}}\varphi_{r'}(\boldsymbol{r})=r'\varphi_{\boldsymbol{r}'}(\boldsymbol{r}) \tag{2-60}$$

由于 $\hat{\boldsymbol{r}}=\boldsymbol{r}$ 且没有边界条件限制，所以

$$\varphi_{r'}(\boldsymbol{r})=\delta(\boldsymbol{r}-r') \tag{2-61}$$

本征值 r'连续取值，r'就是粒子坐标的可能取值，显然它是可以任意取值的，在这里用本征值 r'来标记本征函数 $\varphi_{\boldsymbol{r}'}$。因此坐标算符的本征值构成连续谱。

2. 动量算符

坐标算符的代换关系为 $\hat{\boldsymbol{p}}=-\mathrm{i}\hbar\boldsymbol{\nabla}$。

1）动量算符为厄米算符。

证明：

$$\int_{-\infty}^{\infty}\psi^*\hat{p}_x\varphi\mathrm{d}x=-\mathrm{i}\hbar\int_{-\infty}^{\infty}\psi^*\frac{\partial}{\partial x}\varphi\mathrm{d}x=-\mathrm{i}\hbar\left|_{-\infty}^{\infty}\psi^*\varphi+\mathrm{i}\hbar\int_{-\infty}^{\infty}\frac{\partial\psi^*}{\partial x}\varphi\mathrm{d}x\right. \tag{2-62}$$

波函数在无穷远处趋于 0，即

$$\int_{-\infty}^{\infty}\psi^*\hat{p}_x\varphi\mathrm{d}x=0+\int_{-\infty}^{\infty}\left(-\mathrm{i}\hbar\frac{\partial\psi}{\partial x}\right)^*\varphi\mathrm{d}x=\int_{-\infty}^{\infty}(\hat{p}_x\psi)^*\varphi\mathrm{d}x \tag{2-63}$$

2）动量算符的本征方程为

$$-\mathrm{i}\hbar\boldsymbol{\nabla}\psi_{\boldsymbol{p}}(\boldsymbol{r})=\boldsymbol{p}\psi_{\boldsymbol{p}}(\boldsymbol{r}) \tag{2-64}$$

这相当于

$$\begin{cases}-\mathrm{i}\hbar\dfrac{\partial}{\partial x}\psi_p(r)=p_x\psi_p(r)\\-\mathrm{i}\hbar\dfrac{\partial}{\partial y}\psi_p(r)=p_y\psi_p(r)\\-\mathrm{i}\hbar\dfrac{\partial}{\partial z}\psi_p(r)=p_z\psi_p(r)\end{cases} \tag{2-65}$$

其解为

$$\psi_{\boldsymbol{p}}(\boldsymbol{r})=A\mathrm{e}^{\mathrm{i}\boldsymbol{p}\cdot\frac{\boldsymbol{r}}{\hbar}} \tag{2-66}$$

如果无边界条件的限制，则本征值 $\boldsymbol{p}=(p_x,p_y,p_z)$ 可连续取值，本征值构成连续谱。

3）归一化常数 A 的确定。由于

$$\int_{\infty}|\psi_{\boldsymbol{p}}(\boldsymbol{r})|^2\mathrm{d}\tau=\infty \tag{2-67}$$

本征函数 $\psi_{\boldsymbol{p}}$ 无法按常规方法归一化，为此约定将其归一化到 δ 函数。由于

$$\int_{\infty}\psi_{\boldsymbol{p}'}^*(\boldsymbol{r})\psi_{\boldsymbol{p}}(\boldsymbol{r})\mathrm{d}\tau=|A|^2\int_{\infty}\mathrm{e}^{\mathrm{i}(\boldsymbol{p}-\boldsymbol{p}')\cdot\frac{\boldsymbol{r}}{\hbar}}\mathrm{d}\tau=|A|^2(2\pi\hbar)^3\delta(\boldsymbol{p}-\boldsymbol{p}') \tag{2-68}$$

所以可令

$$A=(2\pi\hbar)^{-\frac{3}{2}} \tag{2-69}$$

这样动量本征函数为

$$\psi_{\boldsymbol{p}}(\boldsymbol{r})=(2\pi\hbar)^{-\frac{3}{2}}\mathrm{e}^{\mathrm{i}\boldsymbol{p}\cdot\frac{\boldsymbol{r}}{\hbar}} \tag{2-70}$$

归一到 δ 函数，即

$$\int_{\infty}\psi_{\boldsymbol{p}'}^{*}(\boldsymbol{r})\psi_{\boldsymbol{p}}(\boldsymbol{r})\mathrm{d}\tau=\delta(\boldsymbol{p}-\boldsymbol{p}')=\delta(p_x-p_x')\delta(p_y-p_y')\delta(p_z-p_z') \tag{2-71}$$

这种归一化的方法对所有连续谱情况均适用，设此力学量的本征函数为 $\psi_\lambda(\boldsymbol{r})$，则有

$$\int_{\infty}\psi_{\lambda'}(\boldsymbol{r})\psi_{\lambda}(\boldsymbol{r})\mathrm{d}\tau=\delta(\lambda-\lambda') \tag{2-72}$$

3. 角动量算符

经典物理中，角动量 $\boldsymbol{L}$ 与坐标 $\boldsymbol{r}$ 和动量 $\boldsymbol{p}$ 的关系为

$$\boldsymbol{L}=\boldsymbol{r}\times\boldsymbol{p}$$

依据代换规则

$$\boldsymbol{r}\to\hat{\boldsymbol{r}},\quad \boldsymbol{p}\to-\mathrm{i}\hbar\nabla \tag{2-73}$$

角动量算符代换为

$$\hat{\boldsymbol{L}}=\boldsymbol{r}\times\hat{\boldsymbol{p}}=\boldsymbol{r}\times\frac{\hbar}{\mathrm{i}}\nabla=\begin{bmatrix}\boldsymbol{i}&\boldsymbol{j}&\boldsymbol{k}\\ x&y&z\\ \hat{p}_x&\hat{p}_y&\hat{p}_z\end{bmatrix}$$

$$\begin{cases}\hat{L}_x=y\hat{p}_z-z\hat{p}_y=\dfrac{\hbar}{\mathrm{i}}\left(y\dfrac{\partial}{\partial z}-z\dfrac{\partial}{\partial y}\right)\\ \hat{L}_y=z\hat{p}_x-x\hat{p}_z=\dfrac{\hbar}{\mathrm{i}}\left(z\dfrac{\partial}{\partial x}-x\dfrac{\partial}{\partial z}\right)\\ \hat{L}_z=x\hat{p}_y-y\hat{p}_x=\dfrac{\hbar}{\mathrm{i}}\left(x\dfrac{\partial}{\partial y}-y\dfrac{\partial}{\partial x}\right)\end{cases}$$

1）角动量算符是厄米算符。可以使用以下两个条件证明：①如果 $\hat{A}$、$\hat{B}$ 均为厄米算符，且 $\hat{A}\hat{B}=\hat{B}\hat{A}$，那么 $\hat{A}\hat{B}$ 也是厄米算符；②如果 $\hat{A}$、$\hat{B}$ 均为厄米算符，则算符 $\hat{A}\pm\hat{B}$ 也是厄米算符。

2）厄米算符的本征方程。角动量对应于转动，所以用球坐标表示角动量，应用起来比较方便。如图 2-1 所示，利用如下关系将角动量从直角坐标系变换到球坐标系：

$$\begin{cases}x=r\sin\theta\cos\varphi\\ y=r\sin\theta\sin\varphi\\ z=r\cos\theta\end{cases},\quad \begin{cases}r^2=x^2+y^2+z^2\\ \cos\theta=\dfrac{z}{r}\\ \tan\varphi=y/x\end{cases}$$

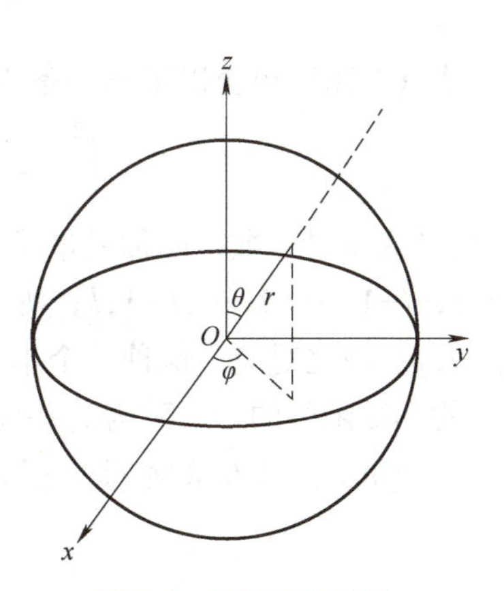

图 2-1　直角坐标系与球坐标系的对应关系

为了求出 $\dfrac{\partial}{\partial x}$、$\dfrac{\partial}{\partial y}$、$\dfrac{\partial}{\partial z}$ 在球坐标系中的表达式，需要导出 $\dfrac{\partial r}{\partial x}$、$\dfrac{\partial \theta}{\partial x}$、$\dfrac{\partial \varphi}{\partial x}$、$\dfrac{\partial r}{\partial y}$ 等在球坐标系中的表达式。不难求得

$$\begin{cases}\dfrac{\partial}{\partial x}=\sin\theta\cos\varphi\dfrac{\partial}{\partial r}+\dfrac{1}{r}\cos\theta\cos\varphi\dfrac{\partial}{\partial\theta}-\dfrac{\sin\varphi}{r\sin\theta}\dfrac{\partial}{\partial\varphi}\\ \dfrac{\partial}{\partial y}=\sin\theta\sin\varphi\dfrac{\partial}{\partial r}+\dfrac{1}{r}\cos\theta\sin\varphi\dfrac{\partial}{\partial\theta}-\dfrac{\cos\varphi}{r\sin\theta}\dfrac{\partial}{\partial\varphi}\\ \dfrac{\partial}{\partial z}=\cos\theta\dfrac{\partial}{\partial r}-\dfrac{1}{r}\sin\theta\dfrac{\partial}{\partial\theta}\end{cases}$$

把以上结果代入角动量的直角坐标系中的表达式，可得它们在球坐标系中的表达式为

$$\begin{cases}\hat{L}_x=\mathrm{i}\hbar\left(\sin\varphi\dfrac{\partial}{\partial\theta}+\mathrm{ctan}\theta\cos\varphi\dfrac{\partial}{\partial\varphi}\right)\\ \hat{L}_y=-\mathrm{i}\hbar\left(\cos\varphi\dfrac{\partial}{\partial\theta}-\mathrm{ctan}\theta\sin\varphi\dfrac{\partial}{\partial\varphi}\right)\\ \hat{L}_z=-\mathrm{i}\hbar\dfrac{\partial}{\partial\varphi}\\ \hat{\boldsymbol{L}}^2=\hat{L}_x^2+\hat{L}_y^2+\hat{L}_z^2=-\hbar^2\left[\dfrac{1}{\sin\theta}\dfrac{\partial}{\partial\theta}\left(\sin\theta\dfrac{\partial}{\partial\theta}\right)+\dfrac{1}{\sin^2\theta}\dfrac{\partial^2}{\partial\varphi^2}\right]\end{cases}$$

从角动量的表达式可见，各分量都与径向坐标 r 无关。

角动量平方算符的本征方程为

$$\hat{\boldsymbol{L}}^2\mathrm{Y}(\theta,\varphi)=\lambda\hbar^2\mathrm{Y}(\theta,\varphi) \tag{2-74}$$

即

$$-\hbar^2\left[\frac{1}{\sin\theta}\frac{\partial}{\partial\theta}\left(\sin\theta\frac{\partial}{\partial\theta}\right)+\frac{1}{\sin^2\theta}\frac{\partial^2}{\partial\varphi^2}\right]\mathrm{Y}(\theta,\varphi)=\lambda\hbar^2\mathrm{Y}(\theta,\varphi) \tag{2-75}$$

式（2-75）的解较为复杂，可查阅资料获取解答方法，这里只讨论结果，其解为球谐函数，即

$$\mathrm{Y}(\theta,\varphi)=\mathrm{Y}_{lm}(\theta,\varphi)=N_{lm}\mathrm{P}_l^{|m|}(\cos\theta)\mathrm{e}^{\mathrm{i}m\varphi}$$

式中，$\mathrm{P}_l^{|m|}(\cos\theta)$ 为缔和勒让德函数；N_{lm} 为归一化常数，且

$$N_{lm}=\left[\frac{(l-|m|)!(2l+1)}{(l+|m|)!4\pi}\right]^{\frac{1}{2}} \tag{2-76}$$

式（2-76）可由以下归一条件得到，即

$$\int_0^{2\pi}\mathrm{d}\varphi\int_0^{\pi}\mathrm{Y}_{lm}^*(\theta,\varphi)\mathrm{Y}_{lm}(\theta,\varphi)\sin\theta\mathrm{d}\theta=1 \tag{2-77}$$

式中，l 为角量子数；m 称磁量子数。对每一个给定的 l（$l=0,1,2,\cdots$），m 可取 $2l+1$ 个值，$m=-l,-l+1,-l+2,\cdots,l-1,l$。所以对 $\hat{\boldsymbol{L}}^2$ 的同一个本征值 $l(l+1)\hbar^2$，有 $2l+1$ 个本征函数 $\mathrm{Y}_{lm}(\theta,\varphi)$ 与之对应。这种一个本征值对应多个本征函数的情况称为本征值的简并，本征值简并的本征函数的个数称为简并度。

角动量 z 分量 $\hat{L}_z$ 的本征方程为

$$\hat{L}_z f(\varphi)=\lambda\hbar f(\varphi) \tag{2-78}$$

即

$$-\mathrm{i}\hbar\frac{\partial}{\partial\varphi}f(\varphi)=\lambda\hbar f(\varphi) \tag{2-79}$$

由此不难求出它的本征值和本征函数，结果发现 $Y_{lm}(\theta,\varphi)$ 是 $\hat{\boldsymbol{L}}^2$、$\hat{L}_z$ 的共同本征函数，即

$$\hat{L}_z Y_{lm}(\theta,\varphi)=-\mathrm{i}\hbar\frac{\partial}{\partial\varphi}N_{lm}P_l^{|m|}(\cos\theta)\mathrm{e}^{\mathrm{i}m\varphi}=m\hbar Y_{lm}(\theta,\varphi) \tag{2-80}$$

上述球谐函数满足正交归一性，即

$$\int_0^{2\pi}\mathrm{d}\varphi\int_0^{\pi}Y^*_{l'm'}(\theta,\varphi)Y_{lm}(\theta,\varphi)\sin\theta\mathrm{d}\theta=\delta_{ll'}\delta_{mm'} \tag{2-81}$$

球谐函数的具体形式可以查阅资料获得，即

$$Y_{00}=\frac{1}{\sqrt{4\pi}},\quad Y_{11}=-\sqrt{\frac{3}{8\pi}}\sin\theta\mathrm{e}^{\mathrm{i}\varphi},\quad Y_{10}=\sqrt{\frac{3}{4\pi}}\cos\theta,$$

$$Y_{1-1}=\sqrt{\frac{3}{8\pi}}\sin\theta\mathrm{e}^{\mathrm{i}\varphi},\quad Y_{22}=\sqrt{\frac{15}{32}}\sin^2\theta\mathrm{e}^{2\mathrm{i}\varphi},\cdots$$

$l=0$ 的态习惯称为 s（态），$l=1,2,3,\cdots$的态分别习惯称为 p,d,f,…态。

2.2　薛定谔方程与典型问题求解

2.2.1　薛定谔方程

1. 薛定谔方程的构成

物质波提出之后，需要寻找一个能描述物质波的波函数及描述波函数所遵循运动规律的方程。物理学家薛定谔借鉴平面波的形式描述了物质波，接着他又结合该平面波的具体形式和能量关系，构建出薛定谔方程。具体过程如下：具有确定动量的自由粒子的波函数为

$$\Psi=A\mathrm{e}^{\frac{\mathrm{i}(\boldsymbol{p}\cdot\boldsymbol{r}-Et)}{\hbar}}=A\mathrm{e}^{\frac{\mathrm{i}(p_x x+p_y y+p_z z-Et)}{\hbar}} \tag{2-82}$$

所以有

$$\frac{\partial^2\Psi}{\partial x^2}=-\frac{p_x^2}{\hbar^2}\Psi\rightarrow\nabla^2\Psi=-\frac{p^2}{\hbar^2}\Psi \tag{2-83}$$

另一方面有

$$\frac{\partial\Psi}{\partial t}=-\frac{\mathrm{i}}{\hbar}E\Psi \tag{2-84}$$

$$\mathrm{i}\hbar\frac{\partial\Psi}{\partial t}=E\Psi=\frac{\boldsymbol{p}^2}{2\mu}=\frac{1}{2\mu}(-\hbar^2\nabla^2\Psi) \tag{2-85}$$

于是得到自由粒子的薛定谔方程为（μ 为粒子质量）

$$\mathrm{i}\hbar\frac{\partial\Psi}{\partial t}=-\frac{\hbar^2}{2\mu}\nabla^2\Psi \tag{2-86}$$

利用方程式（2-86）可以进一步找出非自由粒子［在势场 $U(\boldsymbol{r})$ 中运动的粒子］的薛定谔方程。首先写出能量关系为

$$E=\frac{\boldsymbol{p}^2}{2\mu}+U(\boldsymbol{r},t) \tag{2-87}$$

所以有

$$E\Psi=\left[\frac{p^2}{2\mu}+U(r,t)\right]\Psi \tag{2-88}$$

然后做代换

$$E\rightarrow \mathrm{i}\hbar\frac{\partial}{\partial t},\quad p\rightarrow -\mathrm{i}\hbar\nabla$$

可得普遍情况下的薛定谔方程为

$$\mathrm{i}\hbar\frac{\partial \Psi(r,t)}{\partial t}=\left[\frac{-\hbar^2}{2\mu}\nabla^2+U(r,t)\right]\Psi(r,t) \tag{2-89}$$

多粒子体系的薛定谔方程为

$$\mathrm{i}\hbar\frac{\partial \Psi}{\partial t}=\left[\frac{-\hbar^2}{2\mu}\sum_{k=1}^{N}\nabla^2+U(r_1,r_2,\cdots,r_N)\right]\Psi \tag{2-90}$$

2. 概率流密度

在波函数 $\Psi(r,t)$ 所描述的态中，t 时刻在 r 附近的单位体积元中找到粒子的概率（概率密度）为

$$w(r,t)=|\Psi(r,t)|^2=\Psi^*(r,t)\Psi(r,t) \tag{2-91}$$

利用薛定谔方程和其复共轭方程，即

$$\mathrm{i}\hbar\frac{\partial \Psi(r,t)}{\partial t}=\left(\frac{-\hbar^2}{2\mu}\nabla^2+U\right)\Psi(r,t) \tag{2-92}$$

$$\mathrm{i}\hbar\frac{\partial \Psi^*(r,t)}{\partial t}=\left(\frac{-\hbar^2}{2\mu}\nabla^2+U\right)\Psi^*(r,t) \tag{2-93}$$

以及

$$\frac{\partial w(r,t)}{\partial t}=\Psi^*\frac{\partial \Psi}{\partial t}+\Psi\frac{\partial \Psi^*}{\partial t} \tag{2-94}$$

可得

$$\begin{aligned}\frac{\partial w}{\partial t}&=\Psi^*\frac{1}{\mathrm{i}\hbar}\left(-\frac{\hbar^2}{2\mu}\nabla^2+U\right)\Psi-\Psi\frac{1}{\mathrm{i}\hbar}\left(-\frac{\hbar^2}{2\mu}\nabla^2+U\right)\Psi^*\\&=\frac{\mathrm{i}\hbar}{2\mu}(\Psi^*\nabla^2\Psi-\Psi\nabla^2\Psi^*)\\&=\frac{\mathrm{i}\hbar}{2\mu}\nabla(\Psi^*\nabla\Psi-\Psi\nabla\Psi^*)\end{aligned}$$

定义概率流密度为

$$j=-\frac{\mathrm{i}\hbar}{2\mu}(\Psi^*\nabla\Psi-\Psi\nabla\Psi^*) \tag{2-95}$$

则有

$$\frac{\partial w}{\partial t}+\nabla\cdot j=0 \tag{2-96}$$

通过与流体力学连续性方程

$$\frac{\partial \rho}{\partial t}+\nabla\cdot j_{\mathrm{L}}=0 \tag{2-97}$$

对比，两者极为相似。流体力学中，$\boldsymbol{j}_{\mathrm{L}}$ 称为质量流密度，描写了质量的流动，因此，量子力学中，$\boldsymbol{j}$ 称为概率流密度，它描写了概率的流动。

设微观粒子质量为 m，电荷为 e，则有

$$w_m=\mu w=\mu\ |\psi|^2 \tag{2-98}$$

$$\boldsymbol{j}_\mu=\mu\boldsymbol{j}=-\frac{\mathrm{i}\hbar}{2}(\psi^*\nabla\psi-\psi\nabla\psi^*) \tag{2-99}$$

$$w_e=ew=e\ |\psi|^2 \tag{2-100}$$

$$\boldsymbol{j}_e=e\boldsymbol{j}=-e\frac{\mathrm{i}\hbar}{2\mu}(\psi^*\nabla\psi-\psi\nabla\psi^*) \tag{2-101}$$

式中，w_m、$\boldsymbol{j}_\mu$、w_e、$\boldsymbol{j}_e$ 分别为粒子的质量密度、质量流密度、电荷密度和电流密度。

2.2.2　定态薛定谔方程

1. 定态薛定谔方程的来源

在前述薛定谔方程中有一项势能函数，其中势能可能是时间相关的，也可能是时间无关的。当势能 $U(\boldsymbol{r})$ 与时间 t 无关时，可以把 $(\boldsymbol{r},t)$ 分离变量来简化薛定谔方程，令

$$\Psi(\boldsymbol{r},t)=\psi(\boldsymbol{r})f(t) \tag{2-102}$$

代入薛定谔方程

$$\mathrm{i}\hbar\frac{\partial\Psi(\boldsymbol{r},t)}{\partial t}=\left[\frac{-\hbar^2}{2\mu}\nabla^2+U(\boldsymbol{r})\right]\Psi(\boldsymbol{r},t) \tag{2-103}$$

两边除以 Ψ，可得

$$\frac{\mathrm{i}\hbar}{f(t)}\frac{\mathrm{d}f(t)}{\mathrm{d}t}=\left[-\frac{\hbar^2}{2\mu}\nabla^2\psi(\boldsymbol{r})+U(\boldsymbol{r})\psi(\boldsymbol{r})\right]\frac{1}{\psi(\boldsymbol{r})}$$

上式自变量不同，当两边为同一常数 E 时，才能恒等。所以有

$$\begin{cases}\dfrac{\mathrm{i}\hbar}{f(t)}\dfrac{\mathrm{d}f(t)}{\mathrm{d}t}=E\rightarrow f(t)=c\mathrm{e}^{-\mathrm{i}Et/\hbar}\\[2ex]\left[-\dfrac{\hbar^2}{2\mu}\nabla^2\psi(\boldsymbol{r})+U(\boldsymbol{r})\psi(\boldsymbol{r})\right]=E\psi(\boldsymbol{r})\end{cases} \tag{2-104}$$

所以薛定谔方程具有如下形式的特解，即

$$\Psi(\boldsymbol{r},t)=\psi(\boldsymbol{r})\mathrm{e}^{-\frac{\mathrm{i}Et}{\hbar}} \tag{2-105}$$

式中，$\Psi(\boldsymbol{r},t)$ 称为定态波函数。其中 $\psi(\boldsymbol{r})$ 是分离变量的第二个方程的解，仅包括波函数的空间部分，即

$$\left[-\frac{\hbar^2}{2\mu}\nabla^2+U(\boldsymbol{r})\right]\psi(\boldsymbol{r})=E\psi(\boldsymbol{r}) \tag{2-106}$$

式（2-106）又称定态薛定谔方程。其中等号左边的 $-\dfrac{\hbar^2}{2\mu}\nabla^2+U(\boldsymbol{r})$ 称为能量算符或哈密顿量算符，记为 $\hat{H}=-\dfrac{\hbar^2}{2\mu}\nabla^2+U(\boldsymbol{r})$，所以薛定谔方程和定态薛定谔方程又分别写为

$$i\hbar\frac{\partial\Psi}{\partial t}=\hat{H}\Psi \tag{2-107}$$

$$\hat{H}\psi = E\psi \tag{2-108}$$

2. 定态薛定谔方程的问题分类

（1）求体系所有可能的运动方式

这种情况下只需要求出定态薛定谔方程一组完备的特解 $\{\psi_n(x)\}$，其中的每一个特解 $\psi_1(x),\psi_2(x),\cdots$ 都代表了体系的一种可能的基本运动方式，而其他可能的运动方式可用这组特解的线性叠加来表示，即

$$\Psi(x,t) = \sum_n c_n\psi_n(x)\mathrm{e}^{-\frac{\mathrm{i}E_n t}{\hbar}} \tag{2-109}$$

（2）初值问题——由初值确定波函数随时间的变化

已知初始条件 $\Psi(\boldsymbol{r},t=0)=j(\boldsymbol{r})$，求 t 时刻的波函数 $\Psi(\boldsymbol{r},t)$。这类问题回答了体系 t 时刻究竟处于何种状态的问题。

以无限深势阱为例，它的任意解都可以表示为它的一组特解的线性叠加，即

$$\Psi(x,t) = \sum_n c_n \frac{1}{\sqrt{a}}\sin\frac{n\pi}{2a}(x+a)\mathrm{e}^{-\frac{\mathrm{i}E_n t}{\hbar}} \tag{2-110}$$

所以有

$$\Psi(x,0) = \sum_n c_n \frac{1}{\sqrt{a}}\sin\frac{n\pi}{2a}(x+a) = \varphi(x) \tag{2-111}$$

由此确定各 c_n。如

$$\Psi(x,0) = \frac{1}{2}\frac{1}{\sqrt{a}}\sin\frac{\pi}{2a}(x+a) + \frac{\sqrt{3}}{2}\frac{1}{\sqrt{a}}\sin\frac{2\pi}{2a}(x+a) \tag{2-112}$$

则有

$$\frac{1}{2}\frac{1}{\sqrt{a}}\sin\frac{\pi}{2a}(x+a) + \frac{\sqrt{3}}{2}\frac{1}{\sqrt{a}}\sin\frac{2\pi}{2a}(x+a) = \sum_n c_n\frac{1}{\sqrt{a}}\sin\frac{n\pi}{2a}(x+a) \tag{2-113}$$

对比得到系数为

$$c_1 = \frac{1}{2}$$

$$c_2 = \frac{\sqrt{3}}{2}$$

其他系数为

$$c_n = 0$$

因此有

$$\Psi(x,t) = \frac{1}{2\sqrt{a}}\sin\frac{\pi}{2a}(x+a)\mathrm{e}^{-\frac{\mathrm{i}E_1 t}{\hbar}} + \frac{\sqrt{3}}{2\sqrt{a}}\sin\frac{2\pi}{2a}(x+a)\mathrm{e}^{-\frac{\mathrm{i}E_2 t}{\hbar}} \tag{2-114}$$

2.2.3 一维无限深势阱问题

1. 问题描述与分析

设粒子在一维无限深势阱中运动，所谓一维无限深势阱，就是中间低、两边高的束缚态，且边缘的势能高度无限大，势阱中的粒子无论能量再高也无法逃出势阱。为了解答问

题，需要建立坐标系来描述势阱。建立坐标系的方法不唯一，这里选用对称性坐标系来描述，如图2-2所示，即设势阱宽度为$2a$，x轴置于势阱底部，y轴置于势阱中间位置，势函数显然可以用分段函数描述为

$$U(x)=\begin{cases}0, & |x|<a \\ \infty, & |x|>a\end{cases} \tag{2-115}$$

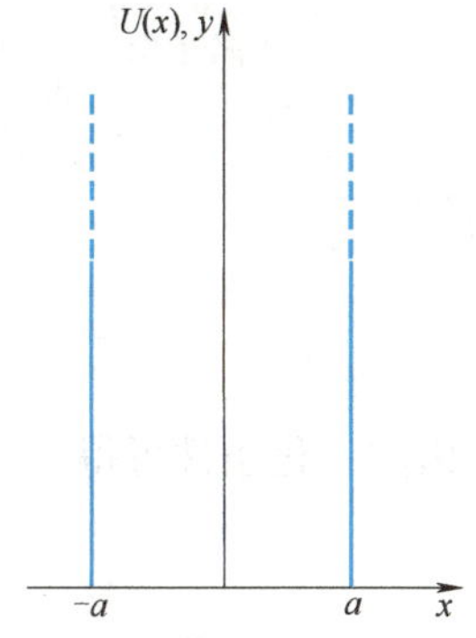

图2-2 一维无限深势阱的势函数分布

式中，U与t无关，所以是定态问题。又由于此势场使粒子无法跑到无穷远，所以只有束缚态解。由于势函数由分段函数来描述，波函数也应当分区求解，然后用波函数连续性条件，适当选择波函数中的有关常数，使各区的波函数连接在一起。

2. 问题求解

阱外：势能无限大，粒子无法到达，因此直接断定波函数$\psi=0$。

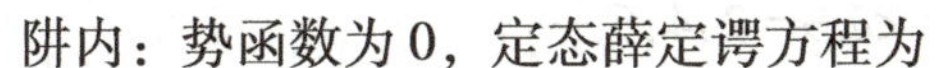

阱内：势函数为0，定态薛定谔方程为

$$-\frac{\hbar^2}{2\mu}\frac{d^2\psi}{dx^2}=E\psi, \quad |x|<a \tag{2-116}$$

由于解的性质与E的符号密切相关，分别讨论：

$E<0$时解为$e^{\pm\beta x}$（或它们的线性组合），在$x=\pm a$处不为0，不能满足波函数的连续性条件，所以解不存在。

因此$E\geqslant0$，此时令

$$k=\sqrt{\frac{2\mu E}{\hbar^2}}$$

所以有

$$\frac{d^2\psi}{dx^2}+k^2\psi=0 \quad |x|<a \tag{2-117}$$

根据微积分知识可知，波函数应当具有三角函数的形式，即$\psi=A\sin kx$或$\psi=B\cos kx$，为此通解形式为

$$\psi=A\sin kx+B\cos kx \tag{2-118}$$

待定系数A与B的可能性分为以下4种情况：

1）$A=0$且$B=0$，平庸解，不做讨论。

2）$A\neq0$且$B\neq0$，推出$\cos ka=0$且$\sin ka=0$，由三角函数知识可知，无解。

3）$A\neq0$且$B=0$，由ψ连续性条件推出$A\sin ka=0$，$ka=\frac{n\pi}{2}$（$n=2,4,6,\cdots$）。

4）$A=0$且$B\neq0$，由ψ连续性条件推出$B\cos ka=0$，$ka=\frac{n\pi}{2}$（$n=1,3,5,\cdots$）。

$$\psi(x=\pm a)=0 \tag{2-119}$$

由于

$$k=\sqrt{\frac{2\mu E}{\hbar^2}} \tag{2-120}$$

代入上面解出的结果，即 $ka=\frac{n\pi}{2}$，可得

$$\sqrt{\frac{2\mu E}{\hbar^2}}=\frac{n\pi}{2a} \tag{2-121}$$

可得

$$E_n=\frac{\pi^2\hbar^2}{8\mu a^2}n^2,\ n=1,2,3,\cdots \tag{2-122}$$

由归一化条件可得

$$A=B=\frac{1}{\sqrt{a}} \tag{2-123}$$

本问题有两类解，分别对应奇宇称、偶宇称解，即

$$\psi_n=\begin{cases}\frac{1}{\sqrt{a}}\sin\frac{n\pi}{2a}x, & |x|<a, x=2,4,6,\cdots \\ 0, & |x|\geqslant a\end{cases} \tag{2-124}$$

$$\psi_n=\begin{cases}\frac{1}{\sqrt{a}}\cos\frac{n\pi}{2a}x, & |x|<a, x=1,3,5,\cdots \\ 0, & |x|\geqslant a\end{cases} \tag{2-125}$$

根据三角函数的性质，这两类解可以合写为

$$\psi_n=\begin{cases}\frac{1}{\sqrt{a}}\sin\frac{n\pi}{2a}(x+a), & |x|<a, n=1,2,3,\cdots \\ 0, & |x|\geqslant a\end{cases} \tag{2-126}$$

3. 结果讨论

1）一维无限深势阱问题表明，量子化现象在量子力学中是非常自然的，它是定态薛定谔方程在束缚性边界条件下求解的必然结果。

2）从数学的角度来看，任何本征方程在一定的边界条件下求解，其本征值都只能取某些特殊的值，因而是不连续取值，即束缚定态会导致量子化结果。

3）能量量子数 n 的取值确定了体系的能量，即

$$E_n=\frac{\pi^2\hbar^2}{8\mu a^2}n^2 \tag{2-127}$$

故量子数和能量本征值一一对应，由于本征值与本征函数有对应关系，所以可以用量子数来确定本征函数，即能量量子数 n 唯一确定了体系的波函数。一般将最低能量状态称为基态，随着能量增加，其他态依次称为第一激发态、第二激发态等。

一维无限深势阱问题中，$n=1$ 对应基态，$n=2$ 对应第一激发态，等等。

2.2.4 一维线性谐振子问题

1. 问题描述与分析

在物理学和材料学中，包括分子振动、晶格振动、原子核表面振动、辐射场振动在内的振动问题是一类重要问题，这些振动可以展开为平衡位置附近的泰勒展开，即

$$U(x)=U(x_0)+\frac{\mathrm{d}U(x_0)}{\mathrm{d}x}(x-x_0)+\frac{1}{2}\frac{\mathrm{d}^2U(x_0)}{\mathrm{d}x^2}(x-x_0)^2+\cdots \tag{2-128}$$

由平衡位置的条件可得势函数一阶导数为零，势函数重选零点可以使常数项变为零，进一步作为初级近似可以把势函数用二次项来描述，这就是谐振子近似。微观世界的振动问题通常简化为谐振子势，三维球谐振子势的形式为 $U(\boldsymbol{r})=\frac{\mu\omega^2r^2}{2}$，一维线性谐振子势的形式为$\frac{1}{2}\mu\omega^2x^2$，如图 2-3 所示。由于势函数与时间无关，首先判定这是一个定态问题。其次，根据势函数符合中间低、两端高的特点，这是一个束缚态问题，预期会得到量子化结果。最后，作为定态问题的求解，波函数的时间部分是明确的，问题的核心在于波函数空间部分求解。

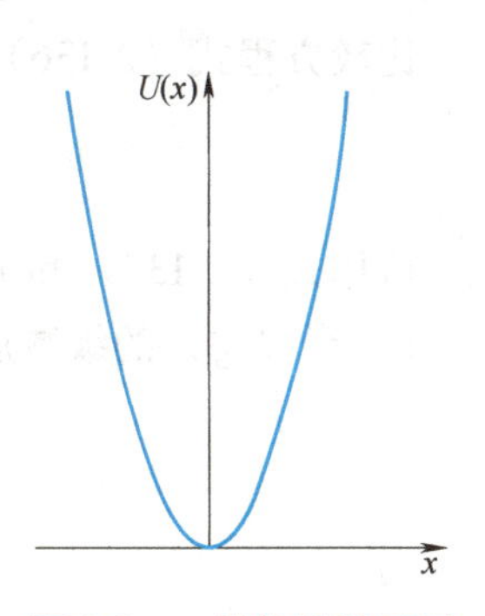

图 2-3　一维线性谐振子势函数分布

2. 问题求解

定态薛定谔方程形式为

$$-\frac{\hbar^2}{2\mu}\frac{\mathrm{d}^2\psi}{\mathrm{d}x^2}+\frac{1}{2}\mu\omega^2x^2\psi=E\psi \tag{2-129}$$

引入参量 $\xi\equiv\sqrt{\frac{\mu\omega}{\hbar}}x=\alpha x\left(\alpha=\sqrt{\frac{\mu\omega}{\hbar}}\right)$，并令 $\lambda=2E/(\hbar w)$，方程简化为

$$\frac{\mathrm{d}^2\psi}{\mathrm{d}\xi^2}+(\lambda-\xi^2)\psi=0 \tag{2-130}$$

当 $\xi=ax\rightarrow\infty$时，定态薛定谔方程的渐近形式为

$$\frac{\mathrm{d}^2\psi}{\mathrm{d}\xi^2}-\xi^2\psi=0 \quad\rightarrow\quad \psi_{(\text{渐近})}\sim \mathrm{e}^{\pm\frac{\xi^2}{2}} \tag{2-131}$$

无限远处，波函数必须趋近于 0，因此，舍去发散解，为保证波函数具有正确的渐近行为，ψ 写为

$$\psi=\mathrm{e}^{-\frac{\xi^2}{2}}H(\xi) \tag{2-132}$$

其中 $H(\xi)$ 为待定函数。

把式（2-132）代入方程式（2-128），可得

$$\frac{\mathrm{d}^2H}{\mathrm{d}\xi^2}-2\xi\frac{\mathrm{d}H}{\mathrm{d}\xi}+(\lambda-1)H=0 \tag{2-133}$$

用级数法求解 H，令

$$H(\xi)=\sum_{\nu=0}^{\infty}\alpha_\nu\xi^\nu \tag{2-134}$$

代入方程式（2-133），可得

$$\sum_{\nu=0}^{\infty}\nu(\nu-1)\alpha_\nu\xi^{\nu-2}-\sum_{\nu=0}^{\infty}(2\nu-\lambda+1)\alpha_\nu\xi^\nu=0 \tag{2-135}$$

式（2-135）中，等号左边第一项令 $\nu\rightarrow\nu+2$，可得

$$\sum_{\nu=0}^{\infty}(\nu+2)(\nu+1)\alpha_{\nu+2}\xi^{\nu}=\sum_{\nu=0}^{\infty}(2\nu-\lambda+1)\alpha_{\nu}\xi^{\nu} \tag{2-136}$$

比较方程式（2-136）两边同次幂的系数，可得递推公式为

$$\alpha_{\nu+2}=\frac{2\nu+1-\lambda}{(\nu+2)(\nu+1)}\alpha_{\nu} \tag{2-137}$$

可用式（2-137）和束缚态条件来确定级数的具体形式。

1）当 $H(\xi)$ 的级数展开式为无限项，不满足束缚态条件，这是因为

$$\frac{\alpha_{\nu+2}}{\alpha_{\nu}}=\frac{2\nu+1-\lambda}{(\nu+2)(\nu+1)}(\nu\to\infty)\to\frac{2}{\nu} \tag{2-138}$$

而

$$e^{\xi^2}=1+\frac{\xi^2}{1!}+\frac{\xi^4}{2!}+\cdots+\frac{\xi^{\nu}}{\left(\frac{\nu}{2}\right)!}+\frac{\xi^{\nu+2}}{\left(\frac{\nu}{2}+1\right)!}+\cdots \tag{2-139}$$

用 b_{ν} 表示其系数，则有

$$\frac{b_{\nu+2}}{b_{\nu}}=\frac{\left(\frac{\nu}{2}\right)!}{\left(\frac{\nu}{2}+1\right)!}(\nu\to\infty)\to\frac{2}{\nu} \tag{2-140}$$

ξ 很大时，$H(\xi)$ 的行为主要由其级数的高幂次项（ν 大的项）来决定，因此 $\xi\to\infty$ 时 $H(\xi)$ 与 e^{ξ^2} 一样发散，所以有

$$(\xi\to\infty)\psi=e^{-\frac{\xi^2}{2}}H(\xi)\sim e^{-\frac{\xi^2}{2}}e^{\xi^2}=e^{\frac{\xi^2}{2}}\to\infty \tag{2-141}$$

不符合波函数在无穷远处渐近为 0 的条件。

2）仅当 $H(\xi)$ 的级数展开式在某处截断，才可能得到束缚态解。由 $\frac{\alpha_{\nu+2}}{\alpha_{\nu}}=\frac{2\nu+1-\lambda}{(\nu+2)(\nu+1)}$ 可知，当 $\lambda=2n+1$（n 为奇数）且 $a_0=0$ 时，级数从 $\nu=n$ 项后有 $a_{n+2}=a_{n+4}=a_{n+6}=\cdots=0$，同时 $a_{n+1},a_{n+3},a_{n+5},\cdots$的项也为 0。

当 $\lambda=2n+1$（n 为偶数）且 $a_1=0$ 时，级数从 $\nu=n$ 项后有 $a_{n+2}=a_{n+4}=a_{n+6}=\cdots=0$，同时 $a_{n+1},a_{n+3},a_{n+5},\cdots$ 的项也为 0。

这样无限级数就变成了有限级数，再加上前面的幂指数因子，能保证波函数在无穷远处具有正确的渐近行为。

因此，波函数具有如下形式，即

$$\psi_n(\xi)=N_n e^{-\frac{\xi^2}{2}}H_n(\xi) \tag{2-142}$$

式中，$H_n(\xi)$ 为厄米多项式，其详细形式可通过查表获得。如 $H_0(\xi)=1$，$H_1(\xi)=2\xi$，$H_2(\xi)=4\xi^2-2$。

波函数中的 N_n 是归一化常数，可由归一化条件得出，即

$$N_n=\sqrt{\frac{\alpha}{\sqrt{\pi}2^n n!}} \tag{2-143}$$

由 $\lambda=2E/(h\omega)$（$\lambda=2n+1$）可得能量及波函数的形式为

$$E_n=\hbar\omega\left(n+\frac{1}{2}\right)\quad(n=0,1,2,\cdots)\tag{2-144}$$

$$\psi_n(x)=N_n\mathrm{e}^{-\frac{\alpha^2x^2}{2}}H_n(\alpha x)\tag{2-145}$$

从能量的形式可知，$\Delta E=E_n-E_{n-1}=\hbar\omega$，即谐振子的能谱是等间距的，在实验中根据能谱的这个特性，可以反过来判断被测体系有无谐振子的性质。

2.2.5　势垒贯穿问题

如果势函数曲线不是中间低、两边高的形式，即非束缚态，此时一般称势能为势垒。微观粒子与势垒相互作用时，会得到不同于宏观物理但同时也不同于束缚态的结果。如图 2-4 所示，设粒子从左方入射如下势垒：

$$U(x)=\begin{cases}U_0, & 0<x<a\\ 0, & x<0,x>a\end{cases}\tag{2-146}$$

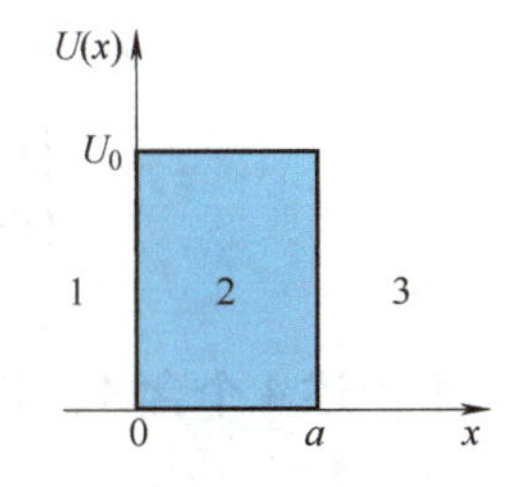

图 2-4　一维方势垒的势函数分布

根据势场的形状，可知不能形成束缚态，所以这是一个定态散射问题。其定态薛定谔方程为

$$\begin{cases}\dfrac{\mathrm{d}^2\psi}{\mathrm{d}x^2}+\dfrac{2\mu}{\hbar^2}E\psi=0, & \text{势垒外}\\ \dfrac{\mathrm{d}^2\psi}{\mathrm{d}x^2}+\dfrac{2\mu}{\hbar^2}(E-U_0)\psi=0, & \text{势垒内}\end{cases}\tag{2-147}$$

当 $E>U_0$ 时，令

$$k_1=\sqrt{\frac{2\mu E}{\hbar^2}},\quad k_2=\sqrt{\frac{2\mu(E-U_0)}{\hbar^2}}$$

方程式（2-147）变为

$$\begin{cases}\dfrac{\mathrm{d}^2\psi}{\mathrm{d}x^2}+k_1^2\psi=0, & \text{势垒外}\\ \dfrac{\mathrm{d}^2\psi}{\mathrm{d}x^2}+k_2^2\psi=0, & \text{势垒内}\end{cases}\tag{2-148}$$

由于 k_1、$k_2>0$，所以 1、2、3 区波函数的解为

$$\begin{cases}\psi_1=A\mathrm{e}^{\mathrm{i}k_1x}+A'\mathrm{e}^{-\mathrm{i}k_1x}, & x<0\\ \psi_2=B\mathrm{e}^{\mathrm{i}k_2x}+B'\mathrm{e}^{-\mathrm{i}k_2x}, & 0<x<a\\ \psi_3=C\mathrm{e}^{\mathrm{i}k_1x}+C'\mathrm{e}^{-\mathrm{i}k_1x}, & x>a\end{cases}\tag{2-149}$$

式（2-149）ψ 乘上时间因子 $\mathrm{e}^{-\frac{\mathrm{i}Et}{\hbar}}$ 即为定态波函数的叠加，即

$$\begin{cases}\Psi_1=\overrightarrow{A\mathrm{e}^{\mathrm{i}\left(k_1x-\frac{Et}{\hbar}\right)}}+\overleftarrow{A'\mathrm{e}^{-\mathrm{i}\left(k_1x+\frac{Et}{\hbar}\right)}}, & x<0\\ \Psi_2=\overrightarrow{B\mathrm{e}^{\mathrm{i}\left(k_2x-\frac{Et}{\hbar}\right)}}+\overleftarrow{B'\mathrm{e}^{-\mathrm{i}\left(k_2x+\frac{Et}{\hbar}\right)}}, & 0<x<a\\ \Psi_3=\overrightarrow{C\mathrm{e}^{\mathrm{i}\left(k_1x-\frac{Et}{\hbar}\right)}}+\overleftarrow{C'\mathrm{e}^{-\mathrm{i}\left(k_1x+\frac{Et}{\hbar}\right)}}, & x>a\end{cases}\tag{2-150}$$

式（2-150）每式的第一项是从左向右传播的平面波，第二项是从右向左传播的平面波。故 Ψ_1 的第一项为入射波，第二项为反射波。Ψ_3 的第一项为透射波，第二项则没有物理意义，因此 $C'=0$。

下面利用 $\Psi_1(x)$、$\frac{\mathrm{d}\Psi}{\mathrm{d}x}$的连续性把各区的波函数连接起来，即

$$\begin{cases}\psi_1(0)=\psi_2(0) \rightarrow A+A'=B+B' \\ \dfrac{\mathrm{d}\psi_1(0)}{\mathrm{d}x}=\dfrac{\mathrm{d}\psi_2(0)}{\mathrm{d}x} \rightarrow k_1A-k_1A'=k_2B-k_2B'\end{cases} \tag{2-151}$$

$$\begin{cases}\psi_2(a)=\psi_3(a) \rightarrow B\mathrm{e}^{\mathrm{i}k_2a}+B'\mathrm{e}^{-\mathrm{i}k_2a}=C\mathrm{e}^{\mathrm{i}k_1a} \\ \dfrac{\mathrm{d}\psi_2(a)}{\mathrm{d}x}=\dfrac{\mathrm{d}\psi_3(a)}{\mathrm{d}x} \rightarrow k_2B\mathrm{e}^{\mathrm{i}k_2a}-k_2B'\mathrm{e}^{-\mathrm{i}k_2a}=k_1C\mathrm{e}^{\mathrm{i}k_1a}\end{cases} \tag{2-152}$$

解上述 4 个含 A、A'、B、B'、C 的方程，可得

$$C=\frac{4k_1k_2\mathrm{e}^{-\mathrm{i}k_1a}}{(k_1+k_2)^2\mathrm{e}^{-\mathrm{i}k_2a}-(k_1-k_2)^2\mathrm{e}^{\mathrm{i}k_2a}}A \tag{2-153}$$

$$A'=\frac{2\mathrm{i}(k_1^2-k_2^2)\sin ak_2}{(k_1-k_2)^2\mathrm{e}^{\mathrm{i}k_2a}-(k_1+k_2)^2\mathrm{e}^{-\mathrm{i}k_2a}}A \tag{2-154}$$

式（2-153）、式（2-154）分别给出了透射波振幅与入射波振幅、反射波振幅与入射波振幅之间的关系。

由式（2-153）、式（2-154）可以求出它们之间的概率流密度之比。入射波概率流密度为

$$j_{入}=\frac{\mathrm{i}\hbar}{2\mu}\left[A\mathrm{e}^{\mathrm{i}k_1x}\frac{\mathrm{d}}{\mathrm{d}x}(A^*\mathrm{e}^{-\mathrm{i}k_1x})-A^*\mathrm{e}^{-\mathrm{i}k_1x}\frac{\mathrm{d}}{\mathrm{d}x}(A\mathrm{e}^{\mathrm{i}k_1x})\right]=\frac{\hbar k_1}{\mu}|A|^2 \tag{2-155}$$

同样可计算出透射波和反射波概率流密度，于是有

$$j_{入}=\frac{\hbar k_1}{\mu}|A|^2,\quad j_{透}=\frac{\hbar k_1}{\mu}|C|^2,\quad j_{反}=-\frac{\hbar k_1}{\mu}|A'|^2$$

定义透射系数 $D=j_{透}/j_{入}$、反射系数 $R=|j_{反}/j_{入}|$，所以有

$$D=\frac{|C|^2}{|A|^2}=\frac{4k_1^2k_2^2}{(k_1^2-k_2^2)^2\sin^2ak_2+4k_1^2k_2^2}<1 \tag{2-156}$$

$$R=\frac{|A'|^2}{|A|^2}=\frac{(k_1^2-k_2^2)^2\sin^2ak_2}{(k_1^2-k_2^2)^2\sin^2ak_2+4k_1^2k_2^2}<1 \tag{2-157}$$

显然 $R+D=1$。这说明入射粒子一部分穿过势垒，另一部分被势垒反射回去。

当 $E<U_0$ 时，仍然令 $k_1=\sqrt{\frac{2\mu E}{\hbar^2}}$，$k_2=\sqrt{\frac{2\mu(E-U_0)}{\hbar^2}}$，此时 k_2是纯虚数，可写为

$$k_2=\mathrm{i}k_3 \tag{2-158}$$

$$k_3=\sqrt{\frac{2\mu(U_0-E)}{\hbar^2}} \tag{2-159}$$

利用 $E>U_0$ 的结果，把其中的 k_2 换成 $\mathrm{i}k_3$，得到 $E<U_0$ 时的结果。于是有

$$C=\frac{2\mathrm{i}k_1k_3\mathrm{e}^{-\mathrm{i}k_1a}}{(k_1^2-k_3^2)\,\mathrm{sh}k_3a+2\mathrm{i}k_1k_3\mathrm{ch}k_3a}A \tag{2-160}$$

此时透射系数为

$$D=\frac{4k_1^2k_3^2}{(k_1^2+k_3^2)^2\mathrm{sh}^2k_3a+4k_1^2k_3^2}\neq 0 \tag{2-161}$$

式（2-161）表明，即使 $E<U_0$ 粒子仍然有可能透射到 $x>a$ 区。这种现象称为势垒贯穿或隧道效应。在经典力学中，$E<U_0$ 时，粒子不能通过势垒。如斜面上，当粒子能量 $E=mv^2/2<U_0=mgh$ 时，粒子就不能越过势垒到达其右方。量子体系与经典物理截然不同，此时粒子仍有可能穿过势垒。

2.2.6　氢原子问题

1. 简化氢原子模型

氢元素是元素周期表中的 1 号元素，氢原子是原子结构最简单的原子。物理学家玻尔曾经用一系列假设成功解释了光谱现象，但是这些假设并没有坚实的理论依据，所以玻尔的量子论被称为旧量子论。作为解决量子力学问题的重要工具，薛定谔方程当然可以用来精确求解氢原子问题。设电子 e 在正电荷 Ze 所产生的静止的库仑场中运动，令正电荷 Ze 在坐标原点，它产生的库仑势为 $U(r)=-\dfrac{Ze^2}{4\pi\varepsilon_0 r}$。其中 r 为电子到原子核 Ze 的距离。由于体系是球对称的（势能只与 r 有关），所以采用球坐标系更为方便，即

$$\hat{H}=\hat{T}+U(r)=\frac{-\hbar^2}{2\mu r^2}\frac{\partial}{\partial r}\left(r^2\frac{\partial}{\partial r}\right)+\frac{1}{2\mu r^2}\hat{L}^2-\frac{Ze^2}{4\pi\varepsilon_0 r} \tag{2-162}$$

定态薛定谔方程为

$$\frac{-\hbar^2}{2\mu r^2}\left[\frac{\partial}{\partial r}\left(r^2\frac{\partial}{\partial r}\right)-\frac{1}{\hbar^2}\hat{\boldsymbol{L}}^2\right]\psi-\frac{Ze^2}{4\pi\varepsilon_0 r}\psi=E\psi \tag{2-163}$$

（1）分离变量

令 $\psi(r,\theta,\varphi)=R(r)\mathrm{Y}(\theta,\varphi)$，代入定态薛定谔方程式（2-163），两边除以 ψ，可得

$$\frac{1}{R}\frac{\mathrm{d}}{\mathrm{d}r}\left(r^2\frac{\mathrm{d}R}{\mathrm{d}r}\right)+\frac{2\mu r^2}{\hbar^2}\left(E+\frac{Ze^2}{4\pi\varepsilon_0 r}\right)=\frac{1}{\mathrm{Y}\hbar^2}\hat{\boldsymbol{L}}^2\mathrm{Y}(\theta,\varphi) \tag{2-164}$$

方程式（2-164）等号左边只与 r 有关，而等号右边只与 θ、φ 有关，只有它们为同一常数 λ 时才可能恒等，所以有

$$\frac{1}{R}\frac{\mathrm{d}}{\mathrm{d}r}\left(r^2\frac{\mathrm{d}R}{\mathrm{d}r}\right)+\frac{2\mu r^2}{\hbar^2}\left(E+\frac{Ze^2}{4\pi\varepsilon_0 r}\right)=\lambda \tag{2-165}$$

$$\hat{\boldsymbol{L}}^2\mathrm{Y}(\theta,\varphi)=\lambda\hbar^2\mathrm{Y}(\theta,\varphi) \tag{2-166}$$

所以 Y 是 $\hat{\boldsymbol{L}}^2$ 的本征函数，$\lambda\hbar^2$ 是其本征值，即

$$\mathrm{Y}(\theta,\varphi)=\mathrm{Y}_{lm}(\theta,\varphi),\quad \lambda=l(l+1)$$

（2）束缚态条件

径向方程可写为

$$\frac{2}{r}\frac{\mathrm{d}R}{\mathrm{d}r}+\frac{\mathrm{d}^2R}{\mathrm{d}r^2}+\left[\frac{2\mu}{\hbar^2}\left(E+\frac{Ze^2}{4\pi\varepsilon_0 r}\right)-\frac{\lambda}{r^2}\right]R(r)=0 \tag{2-167}$$

当 $r\to\infty$ 时径向方程的渐近形式为

$$\frac{d^2R}{dr^2}+\frac{2\mu E}{\hbar^2}R=0 \tag{2-168}$$

仅当 $E<0$ 时，方程才有衰减的解 $R\sim e^{-kr}\left(k=\frac{\sqrt{2\mu(-E)}}{\hbar}\right)$。

(3) 解径向方程

径向方程可写为

$$\frac{1}{r^2}\frac{d}{dr}\left(r^2\frac{dR}{dr}\right)+\left[\frac{2\mu}{\hbar^2}\left(E+\frac{Ze^2}{4\pi\varepsilon_0 r}\right)-\frac{l(l+1)}{r^2}\right]R(r)=0 \tag{2-169}$$

引入 $u(r)=rR(r)$ 来化简径向方程，可得

$$\frac{d^2u}{dr^2}+\left[\frac{2\mu}{\hbar^2}\left(E+\frac{Ze^2}{4\pi\varepsilon_0 r}\right)-\frac{l(l+1)}{r^2}\right]u(r)=0 \tag{2-170}$$

为了简化进行代换，即

$$\begin{cases}\alpha=\dfrac{(8\mu\,|E|\,)^{\frac{1}{2}}}{\hbar}\\ \beta=\dfrac{2\mu Ze^2}{4\pi\varepsilon_0\alpha\hbar^2}=\dfrac{Ze^2}{4\pi\varepsilon_0\hbar}\left(\dfrac{\mu}{2\,|E|}\right)^{\frac{1}{2}}\end{cases} \tag{2-171}$$

对束缚态 $E<0$ 引入并进行代换 $\rho=\alpha r$，则径向方程变为

$$\frac{d^2u}{d\rho^2}+\left[\frac{\beta}{\rho}-\frac{1}{4}-\frac{l(l+1)}{\rho^2}\right]u=0 \tag{2-172}$$

(4) 根据无穷远处束缚态波函数的渐近形式求束缚态波函数应有的结构

当 $\rho=\alpha$、$r\to\infty$时，定态薛定谔方程的渐近形式为

$$\frac{d^2u}{d\rho^2}-\frac{1}{4}u=0 \tag{2-173}$$

舍去 $r\to\infty$ 时发散的解 $e^{\frac{\rho}{2}}$，可把 u 写为 $u=e^{-\frac{\rho}{2}}f(\rho)$ 的形式，其中 $f(\rho)$ 为待定函数。代入方程式（2-173），可得

$$\frac{d^2f}{d\rho^2}-\frac{df}{d\rho}+\left[\frac{\beta}{\rho}-\frac{l(l+1)}{\rho^2}\right]f=0 \tag{2-174}$$

(5) 级数法求解 f

令

$$f(\rho)=\sum_{\nu=0}^{\infty}b_\nu\rho^{s+\nu}\quad(b_0\neq0) \tag{2-175}$$

这里取常数 $s\geqslant1$ 保证径向波函数 $R(r)=\frac{u(r)}{r}=\frac{e^{-\frac{\alpha r}{2}}f(\alpha r)}{r}$ 在 $r=0$ 处不为∞。将多项式代入方程式（2-175），可得

$$\sum_{\nu=0}^{\infty}[(s+\nu)(s+\nu-1)-l(l+1)]b_\nu\rho^{s+\nu-2}=\sum_{\nu=0}^{\infty}(s+\nu-\beta)b_\nu\rho^{s+\nu-1} \tag{2-176}$$

方程式（2-176）等号左边分离出第一项，其余项令 $\nu\to\nu+1$，可得

$$\sum_{\nu=0}^{\infty}[(s+\nu+1)(s+\nu)-l(l+1)]b_{\nu+1}\rho^{s+\nu-1}+[s(s-1)-l(l+1)]b_0\rho^{s-2}$$
$$=\sum_{\nu=0}^{\infty}(s+\nu-\beta)b_\nu\rho^{s+\nu-1} \tag{2-177}$$

比较方程式（2-177）等号两边同次幂的系数，可得递推公式为

$$\begin{cases}s(s-1)-l(l+1)=0\\ b_{\nu+1}=\dfrac{s+\nu-\beta}{(s+\nu)(s+\nu+1)-l(l+1)}b_\nu\end{cases} \tag{2-178}$$

与谐振子类似，此无穷级数在 $r\to\infty$ 时，级数 $f(\rho)$ 与 e^ρ 有相同的发散行为，于是有

$$R(r)=\frac{u(r)}{r}=\frac{\alpha e^{-\frac{\rho}{2}}e^\rho f(\rho)}{\rho}=\frac{\alpha e^{-\frac{\rho}{2}}e^\rho}{\rho}\sim\frac{e^{\frac{\rho}{2}}}{\rho} \tag{2-179}$$

这与束缚态条件矛盾，因此仅当 $f(\rho)$ 的无穷级数在某处截断才可能得到束缚态解。由

$$b_{\nu+1}=\frac{s+\nu-\beta}{(s+\nu)(s+\nu+1)-l(l+1)}b_\nu \tag{2-180}$$

可知当 $\beta=s+n_r$（$n_r=0,1,2,\cdots$）时，级数从 $\nu=n_r$ 项后截断，即 $b_{n_r+1}=b_{n_r+2}=\cdots=0$。

（6）能量的确定

由 $s(s-1)-l(l+1)=0$ 可得 $s=l+1$，于是有

$$\beta=s+n_r=l+1+n_r\equiv n\quad(n_r=0,1,2,\cdots)$$

由于 $l=0,1,2,\cdots$，所以 $n=1,2,\cdots$。利用 $E<0$，$\beta=\dfrac{Ze^2}{4\pi\varepsilon_0\hbar}\left(\dfrac{\mu}{2|E|}\right)^{\frac{1}{2}}$，$\beta=n$，可得 $E_n=-\dfrac{\mu Z^2e^4}{32(\pi\varepsilon_0)^2\hbar^2n^2}$（$n=1,2,3,\cdots$）。

（7）波函数的确定根据

$$b_{\nu+1}=\frac{s+\nu-\beta}{(s+\nu)(s+\nu+1)-l(l+1)}b_\nu=\frac{l+1+\nu-n}{(\nu+1)(\nu+2l+2)}b_\nu \tag{2-181}$$

可知当给定 b_0 后，即可确定所有系数 b_ν，故可得

$$f(\rho)=b_0\rho^{l+1}\left[1-\frac{n-l-1}{1!(2l+2)}\rho+\frac{(n-l-1)(n-l-2)}{2!(2l+2)(2l+3)}\rho^2+\cdots+\right.$$
$$\left.(-1)^{n-l-1}\frac{(n-l-1)(n-l-2)\cdots1}{(n-l-1)!(2l+2)(2l+3)\cdots(n+1)}\rho^{n-l-1}\right]$$
$$=-b_0\frac{(2l+1)!(n-l-1)!}{[(n+l)!]^2}\rho^{l+1}L_{n+1}^{2l+1}(\rho) \tag{2-182}$$

式中，$L_{n+1}^{2l+1}(\rho)=\sum_{\nu=0}^{n-l-1}(-)^{\nu+1}\dfrac{[(n+l)!]^2}{(n-l-1-\nu)!(2l+1+\nu)!\nu!}\rho^\nu$ 为缔合拉盖尔多项式。所以，径向波函数为 $R_{nl}(r)=N_{nl}e^{-\frac{2Z}{na_0}}\left(\dfrac{2Z}{na_0}r\right)^l L_{n+1}^{2l+1}+1\left(\dfrac{2Z}{na_0}r\right)$。其中 $a_0=\dfrac{\hbar^2}{\mu e^2}$ 为所谓的氢原子第一玻尔轨道半径。

由归一化条件

$$\int_0^\infty \mathrm{d}r\int_0^{2\pi}\mathrm{d}\varphi\int_0^\pi |R_{nl}(r)\mathrm{Y}_{lm}(\theta,\varphi)|^2 r^2\sin\theta\mathrm{d}\theta=1 \tag{2-183}$$

和球谐函数 Y_{lm} 的正交归一性，可得$\int_0^\infty R_{nl}^2(r)r^2\mathrm{d}r=1$。由此可求出归一化常数为

$$N_{nl}=\left[\left(\frac{2Z}{na_0}\right)^3\frac{(n-l-1)!}{2n[(n+l)!]^3}\right]^{\frac{1}{2}} \tag{2-184}$$

径向波函数举例：

$$R_{10}(r)=\left(\frac{Z}{a_0}\right)^{\frac{3}{2}}2\mathrm{e}^{-\frac{Zr}{a_0}},\quad R_{20}(r)=\left(\frac{Z}{2a_0}\right)^{\frac{3}{2}}\left(2-\frac{Zr}{a_0}\right)\mathrm{e}^{-\frac{Zr}{2a_0}}$$

电子束缚定态波函数和能量为

$$\begin{cases}\psi_{nlm}(r,\theta,\varphi)=R_{nl}(r)\mathrm{Y}_{lm}(\theta,\varphi)\\ E_n=-\dfrac{\mu Z^2\mathrm{e}^4}{32(\pi\varepsilon_0)^2\hbar^2n^2}\\ n=1,2,\cdots,\quad l=0,1,2,\cdots,\quad m=-l,-l+1,\cdots,l\end{cases} \tag{2-185}$$

（8）能量简并度

能量仅由能量量子数 n 决定，而波函数要由量子数 n、l、m 决定。对给定的 n（能量给定），l、m 可取 $l=0,1,2,\cdots,n-1$；$m=-l,-l+1,\cdots,l$。所以共有 $\sum_{l=0}^{n-1}\sum_{m=-l}^{l}1=\sum_{l=0}^{n-1}(2l+1)=n^2$ 个定态波函数 ψ_{nlm}（所描写的态）有相同的能量 E_n，因此能量简并度为 n^2。

2. 真实氢原子模型

实际上，类氢原子中的原子核 Ze 是运动的，它所产生的库仑场在实验室系看来并不是静止的。方法是引入质心坐标和相对坐标来取代电子和原子核的坐标。设 $\boldsymbol{r}_1$、$\boldsymbol{r}_2$ 分别为电子和原子核的坐标，μ_1、μ_2分别为它们的质量，则两体薛定谔方程为

$$\mathrm{i}\hbar\frac{\partial\Psi(\boldsymbol{r}_1,\boldsymbol{r}_2,t)}{\partial t}=\left[-\frac{\hbar^2}{2\mu_1}\nabla_1^2-\frac{\hbar^2}{2\mu_2}\nabla_2^2+U(\boldsymbol{r}_1,\boldsymbol{r}_2)\right]\Psi \tag{2-186}$$

式中，$U(\boldsymbol{r}_1,\boldsymbol{r}_2)=U(|\boldsymbol{r}_1-\boldsymbol{r}_2|)$。引入质心坐标和相对坐标

$$\begin{cases}\boldsymbol{R}=(X,Y,Z)=\dfrac{\mu_1\boldsymbol{r}_1+\mu_2\boldsymbol{r}_2}{M}\\ \boldsymbol{r}=\boldsymbol{r}_1-\boldsymbol{r}_2\\ \boldsymbol{M}=\mu_1+\mu_2\end{cases} \tag{2-187}$$

为了对式（2-186）两体薛定谔方程进行式（2-187）的坐标变换，先进行如下计算：

$$\frac{\partial}{\partial x_1}=\frac{\partial X}{\partial x_1}\frac{\partial}{\partial X}+\frac{\partial x}{\partial x_1}\frac{\partial}{\partial x}=\frac{\mu_1}{M}\frac{\partial}{\partial X}+\frac{\partial}{\partial x},\quad \frac{\partial}{\partial x_2}=\frac{\partial X}{\partial x_2}\frac{\partial}{\partial X}+\frac{\partial x}{\partial x_2}\frac{\partial}{\partial x}=\frac{\mu_2}{M}\frac{\partial}{\partial X}-\frac{\partial}{\partial x}$$

$$\frac{\partial^2}{\partial {x_1}^2}=\left(\frac{\mu_1}{M}\frac{\partial}{\partial X}+\frac{\partial}{\partial x}\right)\left(\frac{\mu_1}{M}\frac{\partial}{\partial X}+\frac{\partial}{\partial x}\right),\quad x_1=\frac{MX+\mu_2x}{M},\quad x_2=\frac{MX-\mu_1x}{M}$$

$$\frac{\partial^2}{\partial {x_1}^2}=\frac{{\mu_1}^2}{M^2}\frac{\partial^2}{\partial X^2}+\frac{2\mu_1}{M}\frac{\partial^2}{\partial X\,\partial x}+\frac{\partial^2}{\partial x^2}$$

$$\frac{\partial^2}{\partial x_2{}^2}=\frac{\mu_2{}^2}{M^2}\frac{\partial^2}{\partial X^2}-\frac{2\mu_2}{M}\frac{\partial^2}{\partial X\,\partial x}+\frac{\partial^2}{\partial x^2}$$

$$-\frac{\hbar^2}{2\mu_1}\nabla_{x_1}^2-\frac{\hbar^2}{2\mu_2}\nabla_{x_2}^2=-\frac{\mu_1\hbar^2}{2M^2}\frac{\partial^2}{\partial X^2}-\frac{\hbar^2}{M}\frac{\partial^2}{\partial X\,\partial x}-\frac{\hbar^2}{2\mu_1}\frac{\partial^2}{\partial x^2}-\frac{\mu_2\hbar^2}{2M^2}\frac{\partial^2}{\partial X^2}+\frac{\hbar^2}{M}\frac{\partial^2}{\partial X\,\partial x}-\frac{\hbar^2}{2\mu_2}\frac{\partial^2}{\partial x^2}$$

$$=-\frac{\hbar^2}{2M}\frac{\partial^2}{\partial X^2}-\frac{(\mu_1+\mu_2)\hbar^2}{2\mu_1\mu_2}\frac{\partial^2}{\partial x^2}=-\frac{\hbar^2}{2M}\nabla_X^2-\frac{\hbar^2}{2\mu}\nabla_x^2$$

对 y、z 分量也有类似的结果。把以上结果代入两体薛定谔方程式（2-186）可得

$$\mathrm{i}\hbar\frac{\partial\Psi(\boldsymbol{R},\boldsymbol{r},t)}{\partial t}=\left[-\frac{\hbar^2}{2M}\nabla_{\boldsymbol{R}}^2-\frac{\hbar^2}{2\mu}\nabla_{\boldsymbol{r}}^2+U(r)\right]\Psi \tag{2-188}$$

式中，μ 为折合质量，$\mu=\dfrac{\mu_1\mu_2}{\mu_1+\mu_2}$。对（$\boldsymbol{R},\boldsymbol{r},t$）分离变量，令 $\Psi=\varphi(\boldsymbol{R})\psi(\boldsymbol{r})f(t)$，代入方程式（2-188）并两边除以 Ψ，可得

$$\frac{\mathrm{i}\hbar}{f(t)}\frac{\partial f}{\partial t}=\left[-\frac{\hbar^2}{2M\varphi(\boldsymbol{R})}\nabla_{\boldsymbol{R}}^2\varphi-\frac{\hbar^2}{2\mu\psi(\boldsymbol{r})}\nabla_{\boldsymbol{r}}^2\psi+U(\boldsymbol{r})\right] \tag{2-189}$$

式（2-189）等号左边只是 t 的函数，而等号右边只是 $\boldsymbol{R}$、$\boldsymbol{r}$ 的函数，仅当两边为同一常数 E_{total}时才能恒等。所以有

$$\frac{\mathrm{i}\hbar}{f(t)}\frac{\mathrm{d}f(t)}{\mathrm{d}t}=E_{\text{total}}\rightarrow f(t)=c\mathrm{e}^{-\frac{\mathrm{i}E_{\text{total}}t}{\hbar}} \tag{2-190}$$

$$-\frac{\hbar^2}{2M\varphi(\boldsymbol{R})}\nabla_{\boldsymbol{R}}^2\varphi-\frac{\hbar^2}{2\mu\psi(\boldsymbol{r})}\nabla_{\boldsymbol{r}}^2\psi+U(\boldsymbol{r})=E_{\text{total}} \tag{2-191}$$

式（2-191）等号左边第一项只与 $\boldsymbol{R}$ 有关，第二、三项只与 $\boldsymbol{r}$ 有关，为使此式对任意的 $\boldsymbol{R}$ 和 $\boldsymbol{r}$ 都成立，两者必为两个常数，且两常数之和为 E_{total}。令第二与第三项之和为常数 E，则有

$$\begin{cases}\left[-\dfrac{\hbar^2}{2\mu}\nabla_{\boldsymbol{r}}^2+U(\boldsymbol{r})\right]\psi(\boldsymbol{r})=E\psi(\boldsymbol{r})\\ -\dfrac{\hbar^2}{2M}\nabla_{\boldsymbol{R}}^2\varphi(\boldsymbol{R})=(E_{\text{total}}-E)\varphi(\boldsymbol{R})\end{cases} \tag{2-192}$$

式（2-192）第二个方程是质心运动方程，也即能量为 $E_{\text{total}}-E$ 的自由粒子的定态薛定谔方程。它表明类氢原子质心像自由粒子一样运动。

在氢原子中主要关注原子的内部运动，即电子相对于原子核的运动。它显然由式（2-192）中的相对运动方程来描述为

$$\left[-\frac{\hbar^2}{2\mu}\nabla_{\boldsymbol{r}}^2+U(\boldsymbol{r})\right]\psi(\boldsymbol{r})=E\psi(\boldsymbol{r}) \tag{2-193}$$

式（2-193）具有和电子在静止的库仑场中运动的方程相同的形式。只不过是把电子的质量 μ_1 换成折合质量 μ 而已。因此，可以利用式（2-185），直接得到类氢原子中电子相对（原子核的）运动波函数和能级为

$$\psi_{nlm}(r,\theta,\varphi)=R_{nl}(r)\mathrm{Y}_{lm}(\theta,\varphi) \tag{2-194}$$

$$E_n=-\frac{\mu Z^2e^4}{32(\pi\varepsilon_0)^2\hbar^2n^2}\quad(n=1,2,\cdots) \tag{2-195}$$

（1）电离能

电离能为 $E_{n=\infty}$ 和基态能量 E_1 之差，电离能是使基态的电子脱离原子核的束缚而需要提供给电子的（最小）能量。由

$$E_n=-\frac{\mu e^4}{32(\pi\varepsilon_0)^2\hbar^2n^2}\rightarrow E_\infty-E_1=\frac{\mu e^4}{32(\pi\varepsilon_0)^2\hbar^2}=\begin{cases}13.60\text{eV},\ \mu=\text{电子质量}\\13.597\text{eV},\ \mu=\text{折合质量}\end{cases}\tag{2-196}$$

$$\text{实验值}=13.598\text{eV}$$

可知理论值与实验值符合得很好。

（2）能谱和光谱

当电子从能量较高的状态跃迁到能量较低的状态时，多余的能量以光的形式辐射出来，经光谱仪把不同频率的光分色，即可在感光底片的不同位置上形成原子光谱。通过对原子光谱的分析，可获得原子结构的种种信息。由能量守恒和光子能量表达式可得

$$E_n-E_{n'}=h\nu\rightarrow\nu=\frac{E_n-E_{n'}}{h}\rightarrow\nu=\frac{\mu e^4}{64\pi^3\varepsilon_0^2\hbar^3}\left(\frac{1}{n'^2}-\frac{1}{n^2}\right)=Rc\left(\frac{1}{n'^2}-\frac{1}{n^2}\right)\tag{2-197}$$

式（2-197）与实验得到的经验公式（巴耳末公式）一致。其中

$$R=\frac{\mu e^4}{64\pi^3\varepsilon_0^2\hbar^3c}=10973731.1/\text{m}\tag{2-198}$$

$$R\ \text{实验值}=10973731/\text{m}\tag{2-199}$$

量子力学成功地解释了氢原子的光谱。

（3）电子在空间的概率分布

$$w_{nlm}(r,\theta,\varphi)\mathrm{d}\tau=|\psi_{nlm}(r,\theta,\varphi)|^2r^2\sin\theta\mathrm{d}r\mathrm{d}\theta\mathrm{d}\varphi\tag{2-200}$$

径向概率分布 $w_{nl}(r)$ 是以原子核为中心的 $r\rightarrow r+\mathrm{d}r$ 的球壳中找到电子的概率，即

$$w_{nl}(r)\mathrm{d}r=\int_0^{2\pi}\mathrm{d}\varphi\int_0^{\pi}\mathrm{d}\theta\ |R_{nl}(r)\mathrm{Y}_{lm}(\theta,\varphi)|^2r^2\sin\theta\mathrm{d}r=R_{nl}^2(r)r^2\mathrm{d}r\tag{2-201}$$

引入玻尔轨道半径的概念，它是指在基态找到电子概率最大的壳层半径（最概然半径）。

概率角分布为

$$w_{lm}(\theta)\mathrm{d}\Omega=\int_0^{\infty}r^2\mathrm{d}r\ |R_{nl}(r)\mathrm{Y}_{lm}(\theta,\varphi)|^2\sin\theta\mathrm{d}\theta\mathrm{d}\varphi\tag{2-202}$$

$$\begin{aligned}\mathrm{d}\Omega&=\sin\theta\mathrm{d}\theta\mathrm{d}\varphi\\&=|\mathrm{Y}_{lm}(\theta,\varphi)|^2\mathrm{d}\Omega\int_0^{\infty}R_{nl}^2(r)r^2\mathrm{d}r\\&=|\mathrm{Y}_{lm}(\theta,\varphi)|^2\mathrm{d}\Omega\\&=N_{lm}^2|P_l^{|m|}(\cos\theta)|^2\mathrm{d}\Omega\end{aligned}\tag{2-203}$$

$w_{lm}(\theta)$ 给出了在 (θ,φ) 方向的单位立体角内找到电子的概率。它显然与 n、φ 无关。

（4）角动量

由于 $\psi_{nlm}(r,\theta,\varphi)=R_{nl}(r)\mathrm{Y}_{lm}(\theta,\varphi)$ 不但是定态薛定谔方程的解，也是 $\hat{\boldsymbol{L}}^2$、$\hat{L}_z$ 的本征函数。

在 ψ_{nlm} 所描写的态中，角动量 $\hat{\boldsymbol{L}}^2$、$\hat{L}_z$ 有确定值，即它们的本征值分别为 $l(l+1)\hbar^2$、$m\hbar$。

（5）原子中的电流和磁矩

电子在原子中运动形成电流，电流密度为

$$\boldsymbol{j}_e=-e\boldsymbol{j}=e\frac{\mathrm{i}\hbar}{2\mu}(\psi^*\nabla\psi-\psi\nabla\psi^*) \tag{2-204}$$

若原子核对电子的作用是球对称的，即

$$\psi_{nlm}=R_{nl}(r)\mathrm{Y}_{lm}(\theta,\varphi) \tag{2-205}$$

在球坐标系中，有

$$\nabla=\boldsymbol{e}_r\frac{\partial}{\partial r}+\boldsymbol{e}_\theta\frac{1}{r}\frac{\partial}{\partial\theta}+\boldsymbol{e}_\varphi\frac{1}{r\sin\theta}\frac{\partial}{\partial\varphi} \tag{2-206}$$

$$j_{e_r}=\frac{\mathrm{i}\hbar e}{2\mu}\left(\psi_{nlm}^*\frac{\partial\psi_{nlm}}{\partial r}-\psi_{nlm}\frac{\partial\psi_{nlm}^*}{\partial r}\right)=0,\quad R_{nl}(r)\text{为实数} \tag{2-207}$$

$$j_{e_\theta}=\frac{\mathrm{i}\hbar e}{2\mu r}\left(\psi_{nlm}^*\frac{\partial\psi_{nlm}}{\partial\theta}-\psi_{nlm}\frac{\partial\psi_{nlm}^*}{\partial\theta}\right)=0,\quad p^{|m|}\cos\theta\text{为实数} \tag{2-208}$$

$$j_{e_\varphi}=\frac{\mathrm{i}\hbar e}{2\mu r\sin\theta}\left(\psi_{nlm}^*\frac{\partial\psi_{nlm}}{\partial\varphi}-\psi_{nlm}\frac{\partial\psi_{nlm}^*}{\partial\varphi}\right)=\frac{-\hbar em}{\mu r\sin\theta}|\psi_{nlm}|^2 \tag{2-209}$$

$$\psi_{nlm}=N_{lm}R_{nl}(r)p_l^{|m|}(\cos\theta)\mathrm{e}^{im\varphi}$$

这说明在 ψ_{nlm} 态中电流密度环绕 z 轴流动，形成了环电流。把空间划分为以 z 轴为中心的诸环行管之和，在一个环行管上（设其截面积为 $\mathrm{d}\sigma$）电流产生的磁矩为

$$\begin{aligned}\mathrm{d}M_z&=S\mathrm{d}I=Sj_{e_\varphi}\mathrm{d}\sigma\\&=\pi(r\sin\theta)^2j_{e_\varphi}\mathrm{d}\sigma\\&=\pi(r\sin\theta)^2\frac{-\hbar em}{\mu r\sin\theta}|\psi_{nlm}|^2\mathrm{d}\sigma\\&=\frac{-\hbar em}{2\mu}|\psi_{nlm}|^2 2\pi(r\sin\theta)\mathrm{d}\sigma\\&=\frac{-\hbar em}{2\mu}|\psi_{nlm}|^2\mathrm{d}\tau\end{aligned} \tag{2-210}$$

式中，$\mathrm{d}\tau$ 为环行管的体积。

电流分布在全空间，所以电流产生的总磁矩为各个环行管上的电流产生的磁矩之和（积分），即

$$M_z=\int\mathrm{d}M_z=\frac{-\hbar em}{2\mu}\int|\psi_{nlm}|^2\mathrm{d}\tau=\frac{-\hbar e}{2\mu}m=-M_{\mathrm{B}}m \tag{2-211}$$

式中，M_{B} 为玻尔磁子，且

$$M_{\mathrm{B}}=\frac{e\hbar}{2\mu}=9.274\times10^{-24}\mathrm{J/T}$$

由此可知原子的磁矩是量子化的（取值不连续），具体数值为玻尔磁子的 m 倍，因此量子数 m 为磁量子数。

2.3　复杂问题求解中的微扰方法

一维无限深势阱及一维线性谐振子都是可以严格求解薛定谔方程的例子，但是实际遇到的问题都很复杂，严格求解薛定谔方程通常都很困难，故常采用近似方法求解。微扰方法就

是一种常用的近似方法。它的主要思路是把一个不能严格求解的体系的 $\hat{H}$ 分成可以严格求解的主要部分 $\hat{H}_0$ 和一个小的微扰部分 $\hat{H}'$，即

$$\hat{H}=\hat{H}_0+\hat{H}'$$

把 $\hat{H}_0$ 的解作为初级近似，然后再用微扰项 $\hat{H}'$对初级近似进行修正。在量子理论中，微扰论不仅仅是一种近似计算方法，而且是一种仅有的系统性理论分析工具。微扰可以分为定态微扰和含时微扰，定态微扰又可分为非简并微扰和简并微扰。

2.3.1 非简并定态微扰

1. 问题分析

设体系的哈密顿量（不含 t）可以分解为

$$\hat{H}=\hat{H}_0(\text{主要部分})+\hat{H}'(\text{一阶小量})$$

并且 $\hat{H}_0$ 的本征方程为

$$\hat{H}_0\Psi_n^{(0)}=E_n^{(0)}\Psi_n^{(0)} \tag{2-212}$$

式中，$\Psi_n^{(0)}$ 和 $E_n^{(0)}$ 分别为 0 级近似波函数和 0 级近似能量，可以严格求解。

如果以上条件成立，则可以应用微扰论方法解薛定谔方程。

当 $\hat{H}'=0\to\hat{H}=\hat{H}_0$，$\hat{H}$ 的本征函数就是 $\hat{H}_0$ 的本征函数，即

$$\Psi_n=\Psi_n^{(0)}$$

当 $\hat{H}'\neq 0$ 时，$\hat{H}$ 的本征函数可以表示为 $\hat{H}_0$ 的本征函数的线性叠加，即

$$\Psi_n=\sum_m c_m\Psi_m^{(0)}\to\Psi_n^{(0)}+\sum_{m\neq n}c_m\Psi_m^{(0)} \tag{2-213}$$

所以微扰项 $\hat{H}'$使 $\hat{H}_0$ 的本征函数发生混合。在微扰的情况下，可以预计各 $|c_{m\neq n}|$ 很小。下面就用微扰论近似计算这种混合及能量的修正。

设

$$E_n=E_n^{(0)}+E_n^{(1)}+E_n^{(2)}+\cdots$$

$$\Psi_n=\Psi_n^{(0)}+\Psi_n^{(1)}+\Psi_n^{(2)}+\cdots$$

代入定态薛定谔方程可得

$$\begin{aligned}&(\hat{H}_0+\hat{H}')[\Psi_n^{(0)}+\Psi_n^{(1)}+\Psi_n^{(2)}+\cdots]\\&=[E_n^{(0)}+E_n^{(1)}+E_n^{(2)}+\cdots][\Psi_n^{(0)}+\Psi_n^{(1)}+\Psi_n^{(2)}+\cdots]\end{aligned} \tag{2-214}$$

比较方程两边同阶量，令它们相等，可得

一阶量
$$\hat{H}_0\Psi_n^{(0)}=E_n^{(0)}\Psi_n^{(0)} \tag{2-215}$$

二阶小量
$$[\hat{H}_0-E_n^{(0)}]\Psi_n^{(1)}=[E_n^{(1)}-\hat{H}']\Psi_n^{(0)} \tag{2-216}$$

三阶小量
$$[\hat{H}_0-E_n^{(0)}]\Psi_n^{(2)}=[E_n^{(1)}-\hat{H}']\Psi_n^{(1)}+E_n^{(2)}\Psi_n^{(0)} \tag{2-217}$$

式中，n 为待修正的那个定态的量子数。

2. 能量及波函数的修正

把二阶小量对应的式（2-216）两边左乘 $\Psi_n^{(0)*}\mathrm{d}\tau$ 做积分，可得

$$\int\Psi_n^{(0)*}[\hat{H}_0-E_n^{(0)}]\Psi_n^{(1)}\mathrm{d}\tau=E_n^{(1)}\int\Psi_n^{(0)*}\Psi_n^{(0)}\mathrm{d}\tau-\int\Psi_n^{(0)*}\hat{H}\Psi_n^{(0)}\mathrm{d}\tau \tag{2-218}$$

所以有

$$0=E_n^{(1)}-H'_{mn} \tag{2-219}$$

$$E_n^{(1)}=H'_{mn}=\int\Psi_n^{(0)*}\hat{H}\Psi_n^{(0)}\mathrm{d}\tau \tag{2-220}$$

把波函数的一级修正 $\Psi_n^{(1)}$ 表示为 $\hat{H}_0$ 的本征函数的线性叠加，即

$$\Psi_n^{(1)}=\sum_l{}'a_l^{(1)}\Psi_l^{(0)} \tag{2-221}$$

式中，求和符号的上标“′”表示 $l\neq n$。这是因为用 $\Psi_n^{(1)}$ 对 $\Psi_n^{(0)}$ 进行修正时，应加入后者所没有的成分，即与之正交的成分。

将

$$\Psi_n^{(1)}=\sum_l{}'a_l^{(1)}\Psi_l^{(0)} \tag{2-222}$$

代入

$$[\hat{H}_0-E_n^{(0)}]\Psi_n^{(1)}=[E_n^{(1)}-\hat{H}']\Psi_n^{(0)} \tag{2-223}$$

可得

$$[\hat{H}_0-E_n^{(0)}]\sum_l{}'a_l^{(1)}\Psi_l^{(0)}=E_n^{(1)}\Psi_n^{(0)}-\hat{H}'\Psi_n^{(0)} \tag{2-224}$$

把式（2-224）两边左乘 $\Psi_n^{(0)*}\mathrm{d}\tau$ 做积分（设 $m\neq n$），可得

$$\sum_l{}'a_l^{(1)}\int\Psi_m^{(0)*}\hat{H}_0\Psi_l^{(0)}\mathrm{d}\tau-E_n^{(0)}\sum_l{}'a_l^{(1)}\int\Psi_m^{(0)*}\Psi_l^{(0)}\mathrm{d}\tau$$

$$=E_n^{(1)}\int\Psi_m^{(0)*}\Psi_n^{(0)}\mathrm{d}\tau-\int\Psi_m^{(0)*}\hat{H}'\Psi_n^{(0)}\mathrm{d}\tau \tag{2-225}$$

所以有

$$\sum_l{}'E_l^{(0)}a_l^{(1)}\delta_{ml}-E_n^{(0)}\sum_l{}'a_l^{(1)}\delta_{ml}=0-H'_{mn} \tag{2-226}$$

$$[E_m^{(0)}-E_n^{(0)}]a_m^{(1)}=-H'_{mn}\quad(m\neq n) \tag{2-227}$$

$$[E_n^{(0)}-E_m^{(0)}]a_m^{(1)}=H'_{mn}\quad(m\neq n) \tag{2-228}$$

显然式（2-227）或式（2-228）对定态的简并和非简并微扰都是成立的。对非简并微扰，当 $m\neq n$ 时，有

$$E_m^{(0)}\neq E_n^{(0)}$$

所以有

$$a_m^{(1)}=\frac{H'_{mn}}{E_n^{(0)}-E_m^{(0)}}\quad(m\neq n) \tag{2-229}$$

所以波函数的一级修正为

$$\Psi_n^{(1)}=\sum_m{}'a_{lm}^{(1)}\Psi_m^{(0)}=\sum_m{}'\frac{H'_{mn}}{E_n^{(0)}-E_m^{(0)}}\Psi_m^{(0)}\quad(m\neq n) \tag{2-230}$$

将

$$\Psi_n^{(1)}=\sum_l{}'a_l^{(1)}\Psi_l^{(0)} \tag{2-231}$$

代入

$$[\hat{H}_0-E_n^{(0)}]\Psi_n^{(2)}=[E_n^{(1)}-\hat{H}']\Psi_n^{(1)}+E_n^{(2)}\Psi_n^{(0)} \tag{2-232}$$

可得

$$[\hat{H}_0-E_n^{(0)}]\Psi_n^{(2)}=[E_n^{(1)}-\hat{H}']\sum_l{}'a_l^{(1)}\Psi_l^{(0)}+E_n^{(2)}\Psi_n^{(0)} \tag{2-233}$$

把式（2-233）两边左乘 $\Psi_n^{(0)*}\mathrm{d}\tau$ 做积分，可得

$$\int\Psi_n^{(0)*}[\hat{H}_0-E_n^{(0)}]\Psi_n^{(2)}\mathrm{d}\tau$$

$$=E_n^{(1)}\sum_l{}'a_l^{(1)}\int\Psi_n^{(0)*}\Psi_l^{(0)}\mathrm{d}\tau-\sum_l{}'a_l^{(1)}\int\Psi_n^{(0)*}\hat{H}'\Psi_l^{(0)}\mathrm{d}\tau+E_n^{(2)}\int\Psi_n^{(0)*}\Psi_n^{(0)}\mathrm{d}\tau \tag{2-234}$$

$$0=E_n^{(1)}\sum_l{}'a_l^{(1)}\delta_{nl}-\sum_l{}'a_l^{(1)}E_n^{(0)}+E_n^{(2)} \tag{2-235}$$

$$0=0-\sum_l{}'a_l^{(1)}H'_{nl}+E_n^{(2)} \tag{2-236}$$

$$E_n^{(2)}=\sum_l{}'a_l^{(1)}H'_{nl}=\sum_l{}'\frac{H'_{ln}}{E_n^{(0)}-E_L^{(0)}}H'_{nl}=\sum_l{}'\frac{|H'_{nl}|^2}{E_n^{(0)}-E_l^{(0)}} \tag{2-237}$$

式（2-237）最后一步利用了厄米算符的矩阵元的性质，即

$$H'_{ln}=\int\Psi_l^{(0)*}\hat{H}'\Psi_n^{(0)}\mathrm{d}\tau=(H'_{nl})^* \tag{2-238}$$

考虑能量的二级修正及波函数的一级修正，可得

$$E_n=E_n^{(0)}+H'_{nn}+\sum_l{}'\frac{|H'_{nl}|^2}{E_n^{(0)}-E_l^{(0)}}+\cdots\quad(l\neq n) \tag{2-239}$$

$$\Psi_n=\Psi_n^{(0)}+\sum_l{}'\frac{H'_{ln}}{E_n^{(0)}-E_l^{(0)}}\Psi_i^{(0)}+\cdots\quad(l\neq n) \tag{2-240}$$

2.3.2 简并定态微扰

1. 问题分析

在无微扰时，体系的定态波函数（略去时间因子）就是 $\hat{H}_0$ 的本征函数 $\Psi_n^{(0)}$。而有微扰时，微扰项 $\hat{H}'$ 使 $\Psi_n^{(0)}$ 与 $\hat{H}_0$ 的其他本征函数发生混合，即

$$\Psi_n\to\Psi_n^{(0)}+\sum_l{}'a_l\Psi_l^{(0)}\quad(l\neq n) \tag{2-241}$$

在非简并微扰中，这种混合是在进行波函数一级修正时开始引入的，即

$$\Psi_n\approx\Psi_n^{(0)}+\Psi_n^{(1)}=\Psi_n^{(0)}+\sum_l{}'a_l{}^{(1)}\Psi_l^{(0)} \tag{2-242}$$

式中，$a_l{}^{(1)}$ 由下式确定，即

$$[E_n^{(0)}-E_l^{(0)}]a_l{}^{(1)}=H'_{ln}\quad(l\neq n) \tag{2-243}$$

在简并微扰中，尽管 $l\neq n$，但是仍有可能有

$$E_l^{(0)}=E_n^{(0)}$$

从而使混合系数$a_l{}^{(1)}$无法确定，即

$$[E_n^{(0)}-E_l^{(0)}]a_l{}^{(1)}=H'_{ln} \tag{2-244}$$

这样，当 $\hat{H}_0$ 待修正的本征值 $E_n^{(0)}$ 有简并时，微扰论无法在一阶修正中近似计算上述混合系数。解决的思路是把 $\hat{H}_0$ 简并度为 f 的本征函数记为 $\varphi_1^{(0)},\varphi_2^{(0)},\cdots,\varphi_k^{(0)}\cdots,\varphi_f^{(0)}$。其本征值都是 $E_n^{(0)}$，有微扰时，待修正的 $\varphi_k^{(0)}$ 可表示为

$$\varphi_k \rightarrow \varphi_k^{(0)} + \sum_l{}' a_l \Psi_l^{(0)} = \varphi_k^{(0)} + \sum_{l \neq k}^{f} a_l \varphi_l^{(0)} + \sum_l a_l \Psi_l^{(0)} \rightarrow \sum_{i=1}^{f} a_i \varphi_i^{(0)} + \sum_l a_l \Psi_l^{(0)} \quad (2\text{-}245)$$

所以

$$\varphi_k \rightarrow \sum_{i=1}^{f} a_i \varphi_i^{(0)} + \sum_l a_l \Psi_l^{(0)} \approx \sum_{i=1}^{f} a_i^{(0)} \varphi_i^{(0)} + \sum_l a_l^{(0)} \Psi_l^{(0)} \quad (2\text{-}246)$$

把能量与 $E_n^{(0)}$ 相等的 $\hat{H}_0$ 的其他的本征函数 $\varphi_i^{(0)}$ 在零级近似中就混合进来，能量不为 $E_n^{(0)}$ 的本征函数仍在一级近似波函数中混合。也就是说，取零级近似波函数为 $\varphi_1^{(0)}, \varphi_2^{(0)}, \cdots, \varphi_f^{(0)}$ 的混合：

$$\Psi_n^{(0)} = \sum_{j=1}^{f} a_j^{(0)} \varphi_j^{(0)} \quad (2\text{-}247)$$

显然有 f 个待定的零级近似波函数，故式（2-247）应写为

$$\Psi_{n_k}^{(0)} = \sum_{j=1}^{f} a_j^{(0)}(k) \varphi_j^{(0)} \quad (2\text{-}248)$$

换个角度讲，当 $\hat{H}_0$ 的本征值 $E_n^{(0)}$ 无简并时，其本征函数是唯一的，故它无争议地就是零级近似波函数。然而，当 $\hat{H}_0$ 的本征值 $E_n^{(0)}$ 有简并时，对应的本征函数不唯一，而是有 f 个本征函数，它们的线性叠加仍然是 $\hat{H}_0$ 的本征函数，所以对给定的本征值 $E_n^{(0)}$ 而言，$\hat{H}_0$ 不是只有一组（每组 f 个）本征函数，而是有无穷多组本征函数。一般的处理方法仍是把 $\hat{H}_0$ 的 f 个能量简并的本征函数的线性叠加作为零级近似波函数，即

$$\Psi_{n_k}^{(0)} = \sum_{j=1}^{f} a_j^{(0)}(k) \varphi_j^{(0)} \quad (2\text{-}249)$$

2. 能量修正

将

$$\Psi_n^{(0)} = \sum_{j=1}^{f} a_j^{(0)} \varphi_j^{(0)} \quad (2\text{-}250)$$

代入一阶量方程

$$[\hat{H}_0 - E_n^{(0)}] \Psi_n^{(1)} = [E_n^{(1)} - \hat{H}'] \Psi_n^{(0)} \quad (2\text{-}251)$$

把式（2-251）两边左乘 $\varphi_i^{(0)*} \mathrm{d}\tau$ 做积分，可得

$$\int \varphi_i^{(0)*} [\hat{H}_0 - E_n^{(0)}] \Psi_n^{(1)} \mathrm{d}\tau = \int \varphi_i^{(0)*} [E_n^{(1)} - \hat{H}'] \sum_{j=1}^{f} a_j^{(0)} \varphi_j^{(0)} \mathrm{d}\tau$$

$$0 = E_n^{(1)} \sum_{j=1}^{f} a_j^{(0)} \int \varphi_i^{(0)*} \varphi_j^{(0)} \mathrm{d}\tau - \sum_{j=1}^{f} a_j^{(0)} \int \varphi_i^{(0)*} \hat{H}' \varphi_j^{(0)} \mathrm{d}\tau$$

$$0 = E_n^{(1)} \sum_{j=1}^{f} a_j^{(0)} \delta_{ij} - \sum_{j=1}^{f} a_j^{(0)} H'_{ij}$$

$$\sum_{j=1}^{f} [H'_{ij} - E_n^{(1)} \delta_{ij}] a_j^{(0)} = 0$$

这是一个线性齐次方程组，有非 0 解的条件是它的系数行列式等于 0，即

$$\begin{vmatrix} H'_{11}-E_n^{(1)} & H'_{12} & \cdots & H'_{1f} \\ H'_{21} & H'_{22}-E_n^{(1)} & \cdots & H'_{2f} \\ \cdots & \cdots & \cdots & \cdots \\ H'_{f1} & H'_{f2} & \cdots & H'_{ff}-E_n^{(1)} \end{vmatrix}=0 \tag{2-252}$$

由此久期方程求出能量一级修正 $E_n^{(1)}$，它有 f 个解，即

$$E_n \approx E_n^{(0)}+E_n^{(1)} \tag{2-253}$$

2.3.3 含时微扰

1. 光的发射和吸收

原子对光的发射与吸收是原子体系与外电磁场相互作用所产生的现象。它包括两种情况：原子的受激辐射/吸收与原子的自发辐射。原子的辐射与吸收形成了原子的光谱，对光谱进行分析是获得原子内部信息的主要途径。光谱的观测和分析中有两个主要研究对象，即光谱线的频率和光谱线的强度。严格处理这类问题需要用量子电动力学，这里采用简化处理方法，即用量子力学处理原子体系，用经典电动力学处理光（电磁场）。

当光照射到原子上，对原子产生扰动，使原子发生跃迁，从而产生对光的辐射和吸收。故需要用含时微扰论处理。先考虑入射光为单色平面线偏振波的情况，有

$$\begin{cases} \boldsymbol{E}=\boldsymbol{E}_0\cos(\omega t-\boldsymbol{k}\cdot\boldsymbol{r}), & \boldsymbol{k}=\dfrac{2\pi n}{\lambda} \\ \boldsymbol{B}=\boldsymbol{k}_0\times\boldsymbol{E}, & \boldsymbol{k}_0=\dfrac{\boldsymbol{k}}{|\boldsymbol{k}|}=\boldsymbol{n} \end{cases} \tag{2-254}$$

式中，$\boldsymbol{n}$ 为平面电磁波的传播方向。外磁场可忽略，电场可看成是均匀场，以上两点近似合称偶极近似，即

$$\boldsymbol{E}=\boldsymbol{E}_0\cos\omega t$$

取光的偏振方向为 x 方向，所以微扰哈密顿量为

$$\hat{H}'=exE_0\cos\omega t=\frac{eE_0x}{2}(\mathrm{e}^{\mathrm{i}\omega t}+\mathrm{e}^{-\mathrm{i}\omega t}) \tag{2-255}$$

由周期性微扰公式，可得跃迁速率为

$$\omega_{k\to m}\approx\frac{\pi e^2}{2h^2}E_0^2\,|x_{mk}|^2\delta(\omega_{mk}\pm\omega) \tag{2-256}$$

自然界的光源一般发射的都是自然光，自然光的频率并非单一的，而是有一定的频率分布 $I(\omega)$，$I(\omega)\mathrm{d}\omega$ 是频率在 $\omega\to\omega+\mathrm{d}\omega$ 之间的电磁场的能量。由电动力学可得

$$I(\omega)=\overline{(E^2+B^2)}/8\pi=\overline{E^2}/4\pi \tag{2-257}$$

所以有

$$I(\omega)=\frac{1}{4\pi}\overline{E^2}=\frac{1}{4\pi}E_0^2\frac{1}{T}\int_0^T\cos^2\omega t\mathrm{d}t=\frac{1}{8\pi}E_0^2(\omega) \tag{2-258}$$

由于自然光含有各种频率，所以计算跃迁速率时，要对各种频率成分的贡献求和，即

$$\omega_{k\to m}\approx\frac{\pi e^2}{2h^2}|x_{mk}|^2\int E_0^2(\omega)\delta(\omega_{mk}\pm\omega)\mathrm{d}\omega$$
$$=\frac{\pi e^2}{2h^2}|x_{mk}|^2\int 8\pi I(\omega)\delta(\omega_{mk}\pm\omega)\mathrm{d}\omega$$
$$=\frac{4\pi^2e^2}{h^2}|x_{mk}|^2 I(|\omega_{mk}|) \tag{2-259}$$

自然光的偏振方向也是无规则的，可以认为是各向同性的。所以要对各种偏振方向求和，也就是对 x、y、z 三个方向的贡献求和再除以 3，即

$$\omega_{k\to m}\approx\frac{1}{3}\frac{4\pi^2e^2}{h^2}I(|\omega_{mk}|)(|x_{mk}|^2+|y_{mk}|^2+|z_{mk}|^2)=\frac{4}{3}\frac{\pi^2e^2}{h^2}|\boldsymbol{r}_{mk}|^2 I(|\omega_{mk}|) \tag{2-260}$$

仅当入射光含有 $|\omega_{mk}|$ 的成分时，才可能有 $k\to m$ 的跃迁发生。跃迁速率与入射光强度 $I(\omega)$ 成正比，与 $|\boldsymbol{r}_{mk}|^2$ 成正比，即

$$\boldsymbol{r}_{mk}=\int\varphi_m^*\boldsymbol{r}\varphi_k\mathrm{d}\tau \tag{2-261}$$

2. 选择定则

由于自发和受激跃迁概率都与 $|\boldsymbol{r}_{mk}|^2$ 成正比，所以若 $|\boldsymbol{r}_{mk}|=0$，则从初态 k 到态 m 的跃迁就不可能发生，此时称 $k\to m$ 的跃迁被禁戒，由此可导出跃迁的选择定则。

设原子中的电子在中心力场中运动，故其波函数可写为

$$\Psi_{nlm_l}=R_{nl}(r)\mathrm{Y}_{lm_l}(\theta,\varphi) \tag{2-262}$$

所以有

$$\boldsymbol{r}_{mk}=\int\Psi^*_{n'l'm_l'}\boldsymbol{r}\Psi_{nlm_l}\mathrm{d}\tau,\quad m=(n',l',m_l'),k=(n,l,m_l) \tag{2-263}$$

即

$$\begin{cases}x_{mk}=\int\Psi^*_{n'l'm_l'}x\Psi_{nlm_l}\mathrm{d}\tau\\ y_{mk}=\int\Psi^*_{n'l'm_l'}y\Psi_{nlm_l}\mathrm{d}\tau\\ z_{mk}=\int\Psi^*_{n'l'm_l'}z\Psi_{nlm_l}\mathrm{d}\tau\end{cases} \tag{2-264}$$

用球坐标系

$$\begin{cases}x=r\sin\theta\cos\varphi=r\sin\theta(\mathrm{e}^{\mathrm{i}\varphi}+\mathrm{e}^{-\mathrm{i}\varphi})/2\\ y=r\sin\theta\sin\varphi=r\sin\theta(\mathrm{e}^{\mathrm{i}\varphi}-\mathrm{e}^{-\mathrm{i}\varphi})/2\mathrm{i}\\ z=r\cos\theta\end{cases} \tag{2-265}$$

对 $|\boldsymbol{r}_{mk}|$ 的计算就归结为

$$\int_{r\sin\theta}^{r\cos\theta}\Psi^*_{n'l'm_l'}\mathrm{e}^{\pm\mathrm{i}\varphi}\Psi_{nlm_l}\mathrm{d}\tau=\int_0^\infty R_{n'l'}(\boldsymbol{r})R_{nl}(\boldsymbol{r})\boldsymbol{r}^2\mathrm{d}\boldsymbol{r}\int_{r\sin\theta}^{r\cos\theta}\mathrm{Y}^*_{l'm_l'}\mathrm{e}^{\pm\mathrm{i}\varphi}\mathrm{Y}_{lm_l}\mathrm{d}\Omega \tag{2-266}$$

利用球谐函数的性质，即

$$\begin{cases}\cos\theta\mathrm{Y}_{lm_l}=a_{lm_l}\mathrm{Y}_{l+1,m_l}+b_{lm_l}\mathrm{Y}_{l-1,m_l}\\ \mathrm{e}^{\pm\mathrm{i}\varphi}\sin\theta\mathrm{Y}_{lm_l}=\pm c_{lm_l}\mathrm{Y}_{l+1,m_l\pm1}\mp d_{lm_l}\mathrm{Y}_{l-1,m_l\pm1}\end{cases} \tag{2-267}$$

积分的角度部分正比于

$$\int Y^*_{l'm'_l} Y_{l\pm1,m_l} \mathrm{d}\Omega, \quad \int Y^*_{l'm'_l} Y_{l\pm1,m_l\pm1} \mathrm{d}\Omega$$

利用球谐函数的正交归一性可知，仅当 $l'=l\pm1$、$m'_l=m_l$、$m_l\pm1$ 时 $|\boldsymbol{r}_{mk}|$ 才不等于 0，即此时 k、m 两态之间才会有跃迁发生，否则跃迁就被禁戒。因此，选择定则也可写为

$$\Delta l=\pm1; \quad \Delta m_l=0,\pm1$$

此选择定则称为电偶极跃迁选择定则，它是在电偶极近似下得到的，只对波长远大于原子尺度的可见光的微扰成立，对波长较短的 X 射线此选择定则不适用，此时要考虑更高阶的近似。

2.4 自旋与全同性原理

2.4.1 自旋

1. 自旋的发现

在对氢原子的磁性研究中，研究人员发现了一个奇怪的现象，即人们所认为的零磁矩原子显示出了磁性行为，这就是斯特恩-盖拉赫实验。如图 2-5 所示，s 态的氢原子束（$l=m=0$）从 K 射出，通过不均匀磁场发生偏转，射到底片 P、P' 两处，照相底片出现两条分立的线。

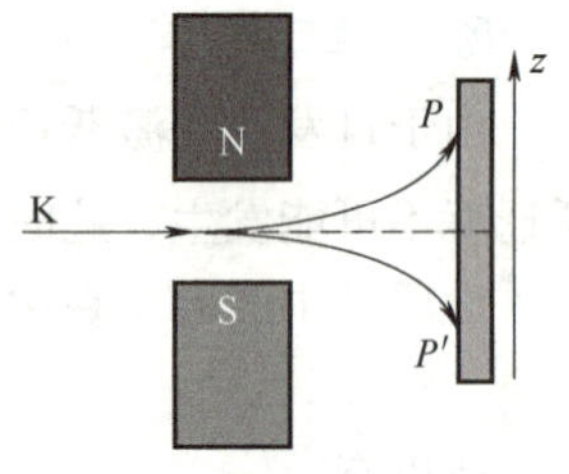

图 2-5 基态氢原子在磁场中的偏转情况

设氢原子磁矩为 $\boldsymbol{M}$，与 z 方向的磁场的夹角为 θ，则势能为

$$U=-\boldsymbol{M}\cdot\boldsymbol{B}=-MB_z\cos\theta=-M_zB_z \tag{2-268}$$

所以氢原子在 z 方向所受的磁力为

$$F_z=-\frac{\partial U}{\partial z}=M\frac{\partial B_z}{\partial z}\cos\theta \tag{2-269}$$

因此氢原子运动时在 z 方向发生偏转。

如果氢原子磁矩在空间中可以连续取向，则 $\cos\theta$ 的取值可从-1 变到 1，则偏转力 F_z 连续变化，因而底片也应该沿 z 方向连续感光。但实验发现，底片上只有两处感光，这说明原子的磁矩在磁场中只有两种取向。

上述实验现象在引入自旋之前是无法解释的，因为在当时的认知中，电子磁矩的来源仅限于轨道运动（或轨道角动量），而 s 态氢原子的轨道角动量为零。这一实验现象引发了研究人员对电子磁矩来源的深入思考：

1）氢原子中的电子有磁矩，而且磁矩并非源自轨道运动，而是另有来源。

2）角动量与磁矩成正比，这说明电子具有一种与其空间轨道运动无关的角动量。

3）电子新的角动量取值是不连续的。

2. 自旋的特性

为了解释电子磁矩的另一来源，乌仑贝克与古兹密特提出了关于电子运动和磁矩的假定：

1）电子具有固有的自旋角动量 $\boldsymbol{S}$，称作自旋。它在空间任何测量方向，如 z 方向上的投影只有两个取值，即

$$S_z = \pm\frac{\hbar}{2} \tag{2-270}$$

2）电子具有固有磁矩 $\boldsymbol{M}_s$，称作自旋磁矩。它与自旋角动量 $\boldsymbol{S}$ 仍是正比关系，但旋磁比是轨道运动旋磁比的 2 倍，即

$$\hat{\boldsymbol{M}} = -\frac{e}{\mu}\hat{\boldsymbol{S}} \tag{2-271}$$

需要注意的是：

1）尽管当时确实认为电子的自旋角动量是由电子的自转所产生的，因此赋予其自旋的名称，但是按照自转的物理图像，电子表面自转的线速度要超过光速，才能得到观测到的磁矩数值，这与相对论矛盾。现代物理的观点认为，电子的自旋与其质量、电量一样都是电子所固有的内禀属性。

2）电子自旋代表了一种独立于空间运动的新自由度，电子的自旋状态不能用空间坐标的波函数来表示。

3）由于自旋角动量与空间运动无关，当然不能定义为 $\hat{\boldsymbol{r}}\times\hat{\boldsymbol{p}}$，所以需要把角动量定义推广为

$$[\hat{J}_x, \hat{J}_y] = \mathrm{i}\hbar\hat{J}_z,\quad [\hat{J}_y, \hat{J}_z] = \mathrm{i}\hbar\hat{J}_x,\quad [\hat{J}_z, \hat{J}_x] = \mathrm{i}\hbar\hat{J}_y \tag{2-272}$$

2.4.2 简单塞曼效应

1. 问题分析与求解

1896 年，荷兰物理学家塞曼发现把产生光谱的光源置于足够强的磁场中，磁场作用于发光体，使光谱发生变化，一条谱线即会分裂成几条偏振化的谱线，这种现象称为塞曼效应。正常或简单塞曼效应是指 H 原子和 Li、Na 等碱金属原子（一个价电子）在强的均匀外磁场中光谱线一分为三的现象。

电子的轨道磁矩 $\boldsymbol{M}_L$ 和自旋磁矩 $\boldsymbol{M}_s$ 在外磁场 $\boldsymbol{B}$（取为 z 方向）的静磁能为

$$-(\hat{\boldsymbol{M}}_L+\hat{\boldsymbol{M}}_s)\cdot\boldsymbol{B} = -(\hat{M}_z+\hat{M}_{s_z})B = \frac{e}{2\mu}(\hat{L}_z+2\hat{S}_z)B \tag{2-273}$$

由于外磁场相对较强，所以可以忽略电子的自旋磁矩与轨道磁矩之间的相互作用，故定态薛定谔方程为

$$\left[-\frac{\hbar^2}{2\mu}\nabla^2+U(\boldsymbol{r})+\frac{eB}{2\mu}(\hat{L}_z+2\hat{S}_z)\right]\psi = E\psi \tag{2-274}$$

波函数可分离变量，即定态薛定谔方程的解为

$$\boldsymbol{\Psi} = \psi(\boldsymbol{r})\boldsymbol{\chi} = \psi(\boldsymbol{r})\begin{bmatrix}\boldsymbol{a}\\ \boldsymbol{b}\end{bmatrix} \tag{2-275}$$

将式（2-275）代入定态薛定谔方程，两边同除以 Ψ，可得

$$\frac{1}{\psi(\boldsymbol{r})}\left[-\frac{\hbar^2}{2\mu}\nabla^2+U(\boldsymbol{r})+\frac{eB}{2\mu}\hat{L}_z\right]\psi(\boldsymbol{r})+\frac{1}{\boldsymbol{\chi}}\frac{eB}{2\mu}2\hat{S}_z\boldsymbol{\chi} = E \tag{2-276}$$

式（2-276）的空间和自旋部分应各为常数才能成立，即

$$\begin{cases}\dfrac{1}{\psi(\boldsymbol{r})}\left[-\dfrac{\hbar^2}{2\mu}\nabla^2+U(\boldsymbol{r})+\dfrac{eB}{2\mu}\hat{L}_z\right]\psi(\boldsymbol{r}) = E'_{nl}\\ \dfrac{1}{\boldsymbol{\chi}}\dfrac{eB}{2\mu}2\hat{S}_z\boldsymbol{\chi} = \varepsilon\quad (E'_{nl}+\varepsilon = E)\end{cases} \tag{2-277}$$

$$\begin{cases}\left[-\frac{\hbar^2}{2\mu}\boldsymbol{\nabla}^2+U(\boldsymbol{r})+\frac{eB}{2\mu}\hat{L}_z\right]\psi(\boldsymbol{r})=E'_{nl}\psi(\boldsymbol{r})\\ \frac{eB}{\mu}\hat{S}_z\boldsymbol{\chi}=\varepsilon\boldsymbol{\chi}\quad(E'_{nl}+\varepsilon=E)\end{cases}\tag{2-278}$$

设 $\psi=R_{nl}(r)\mathrm{Y}_{lm}(\theta,\varphi)$ 是无外磁场无自旋时的方程

$$\left[-\frac{\hbar^2}{2\mu}\boldsymbol{\nabla}^2+U(\boldsymbol{r})\right]\psi(\boldsymbol{r})=E_{nl}\psi(\boldsymbol{r})\tag{2-279}$$

的解。把它代入有外磁场时的方程，可知它也是该方程的解，这是因为

$$\left[-\frac{\hbar^2}{2\mu}\boldsymbol{\nabla}^2+U(\boldsymbol{r})+\frac{eB}{2\mu}\hat{L}_z\right]\psi=E\psi+\frac{eB}{2\mu}m\hbar\psi=E'_{nl}\psi\tag{2-280}$$

因此，只要取 $E'_{nl}=E_{nl}+\frac{eB}{2\mu}m\hbar$，它就是该方程的解。

而分离变量时，所得到的自旋方程 $\frac{eB}{\mu}\hat{S}_z\boldsymbol{\chi}=\varepsilon\boldsymbol{\chi}$（$E'_{nl}+\varepsilon=E$）的解为

$$\boldsymbol{\chi}=\boldsymbol{\chi}_{\pm\frac{1}{2}}\tag{2-281}$$

$$\varepsilon=\pm\frac{eB}{2\mu}\hbar\tag{2-282}$$

故定态 $\boldsymbol{S}$ 方程的解为

$$\boldsymbol{\Psi}=\psi(\boldsymbol{r})\boldsymbol{\chi}=R_{nl}(r)\mathrm{Y}_{lm}(\theta,\varphi)\boldsymbol{\chi}_{\pm\frac{1}{2}}=R_{nl}(r)\mathrm{Y}_{lm}(\theta,\varphi)\begin{bmatrix}\mathbf{1}\\ \mathbf{0}\end{bmatrix}\tag{2-283}$$

和

$$R_{nl}(r)\mathrm{Y}_{lm}(\theta,\varphi)\begin{bmatrix}\mathbf{0}\\ \mathbf{1}\end{bmatrix}\tag{2-284}$$

$$E=E'_{nl}+\varepsilon=E_{nl}+\frac{eB}{2\mu}m\hbar\pm\frac{eB}{2\mu}\hbar=E_{nl}+\frac{eB}{2\mu}(m\pm1)\hbar\tag{2-285}$$

当无外磁场时，氢原子的能量只与 n 有关。对于碱金属，由于众多电子对核的库仑场有屏蔽作用，所以能量也与 l 有关，即 $E=E_{nl}$。

当有外磁场时，能量和 m 也有关，即能量简并被外磁场消除，而且能量也与体系的自旋状态有关，这是因为

$$E=E_{nlm,\pm\hbar/2}=E_{nl}+\frac{eB}{2\mu}(m\pm1)\hbar\tag{2-286}$$

体系的 $S_z=\hbar/2$ 时，能量公式有关项取+1；$S_z=-\hbar/2$ 时，能量公式有关项取−1。

2. 结果讨论

当有外磁场时，E_{nl}能级分裂成 $2l+3$ 条（$l\geqslant1$），但光谱线由于受到跃迁选择定则的限制，仅分裂成3条。有外磁场的原子在自发跃迁或受到光照射发生受激跃迁时发出辐射，形成光谱。两个态之间能否发生跃迁，由选择定则来确定。由于照射光的微扰 $\hat{H}'$ 不含自旋算符，故当初、末态的 S_z 不同时，跃迁矩阵元为0，即没有跃迁。即

$$H'_{mk}(t)=\int\varphi_m^*(\boldsymbol{r},S'_z)\hat{H}'\varphi_k(\boldsymbol{r},S_z)\,\mathrm{d}t\sim\delta_{S_zS'_z}$$

$$\varphi_k(\boldsymbol{r},S_z)=\psi(\boldsymbol{r})\chi_{\pm\frac{1}{2}}$$

设跃迁初、末态的能量分别为 $E_{n,l,m,\pm\frac{\hbar}{2}}$ 和 $E_{n',l',m',\pm\frac{\hbar}{2}}$，由于跃迁只发生在 S_z 相同的初、末态之间，即初、末态能量关系为

$$E_{n,l,m,\frac{\hbar}{2}}\rightarrow E_{n',l',m',\frac{\hbar}{2}} \tag{2-287}$$

和

$$E_{n,l,m,-\frac{\hbar}{2}}\rightarrow E_{n',l',m',-\frac{\hbar}{2}} \tag{2-288}$$

跃迁时辐射的光谱线频率为 ω_0，有

$$\begin{aligned}\omega &=\frac{E_{n',l',m',\frac{\hbar}{2}}-E_{n,l,m,\frac{\hbar}{2}}}{\hbar}\\ &=\frac{E_{n',l'}-E_{n,l}}{\hbar}+\frac{eB}{2\mu}(m'-m)\\ &=\omega_0+\frac{eB}{2\mu}\Delta m\\ &=\frac{E_{n',l',m',-\frac{\hbar}{2}}-E_{n,l,m,-\frac{\hbar}{2}}}{\hbar}\end{aligned} \tag{2-289}$$

式中，$\Delta m=m'-m$；ω_0 为无外磁场时的光谱线频率。

由跃迁选择定则可知，仅当 $\Delta m=m'-m=0$、±1，以及 $\Delta l=l'-l=\pm1$ 时，跃迁才会发生，所以有

$$\omega=\omega_0+\frac{eB}{2\mu c}\Delta m=\begin{cases}\omega_0\pm\dfrac{eB}{2\mu c} & (\Delta m=\pm1)\\ \omega_0 & (\Delta m=0)\end{cases} \tag{2-290}$$

这说明无外磁场时频率为 ω_0 的一条光谱线，在加入外磁场后将分裂成 3 条，即简单塞曼效应。简单塞曼效应跃迁示意图如图 2-6 所示。

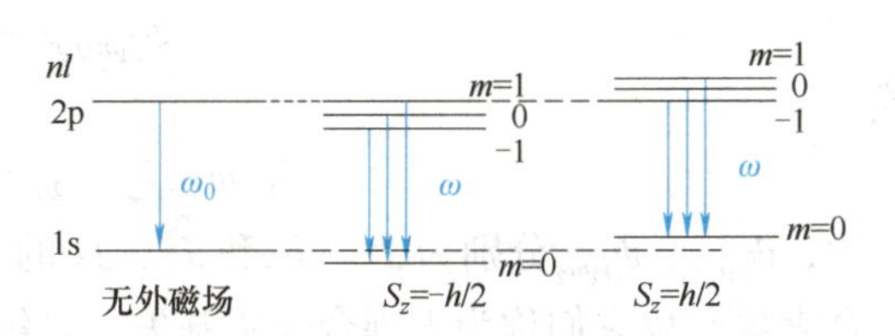

图 2-6　简单塞曼效应跃迁示意图

末态（1s 态）的 $n=1$，$l=m=0$，因而加上外磁场后，末态能级依自旋取值不同而分裂成 2 条，即

$$E_{10}+\frac{eB}{2\mu}(0\pm1)\hbar \tag{2-291}$$

初态的 $n=2$，$l=1$，$m=-1$、0、1，因而加上外磁场后，初态能级依自旋取值不同而各分裂成 3 条，即

$$E_{21}+\frac{eB}{2\mu c}(-1\pm1)\hbar,\quad E_{21}+\frac{eB}{2\mu c}(0\pm1)\hbar,\quad E_{21}+\frac{eB}{2\mu c}(1\pm1)\hbar \tag{2-292}$$

2.4.3　角动量耦合

1. 耦合理论

两个独立的角动量 $\hat{\boldsymbol{J}}_1$、$\hat{\boldsymbol{J}}_2$ 之和称为总角动量 $\hat{\boldsymbol{J}}$，即 $\hat{\boldsymbol{J}}=\hat{\boldsymbol{J}}_1+\hat{\boldsymbol{J}}_2$。

$\hat{J}_1$、$\hat{J}_2$ 相互独立，是指它们分别作用于不同自由度的波函数上，故有 $[\hat{J}_1,\hat{J}_2]=0$（代表 9 个对易式）。

例 1：$\hat{J}_1$、$\hat{J}_2$ 分别是同一个粒子的空间角动量和自旋角动量 $\hat{L}$ 和 $\hat{S}$。

例 2：$\hat{J}_1$、$\hat{J}_2$ 分别是两个不同粒子的空间角动量。

例 3：$\hat{J}_1$、$\hat{J}_2$ 分别是两个不同粒子的自旋角动量。

角动量是矢量算符，故 $\hat{J}$ 并非 $\hat{J}_1$、$\hat{J}_2$ 简单相加，故称为两个角动量的耦合。

性质 1：总角动量 $\hat{J}$ 仍然满足角动量对易关系式，即

$$[\hat{J}_x,\hat{J}_y]=\mathrm{i}\hbar\hat{J}_z,\quad [\hat{J}_y,\hat{J}_z]=\mathrm{i}\hbar\hat{J}_x,\quad [\hat{J}_z,\hat{J}_x]=\mathrm{i}\hbar\hat{J}_y$$

$$[\hat{J}^2,\hat{J}_x]=[\hat{J}^2,\hat{J}_y]=[\hat{J}^2,\hat{J}_z]=0$$

性质 2：$[\hat{J}^2,\hat{J}_1^2]=[\hat{J}^2,\hat{J}_2^2]=0$，$[\hat{J}_z,\hat{J}_1^2]=[\hat{J}_z,\hat{J}_2^2]=0$，$[\hat{J}_z,\hat{J}_{1z}]=[\hat{J}_z,\hat{J}_{2z}]=0$。

2. 基矢选择

（1）耦合表象基矢与无耦合表象基矢

一方面，由 $[\hat{J}^2,\hat{J}_1^2]=[\hat{J}^2,\hat{J}_2^2]=0$、$[\hat{J}_z,\hat{J}_1^2]=[\hat{J}_z,\hat{J}_2^2]=0$、$[\hat{J}_z,\hat{J}_{1z}]=[\hat{J}_z,\hat{J}_{2z}]=0$ 可知，$\hat{J}^2$、$\hat{J}_z$、$\hat{J}_1^2$、$\hat{J}_2^2$ 两两相互对易，故它们有共同的本征函数（本征态），记为 $\psi_{j_1,j_2,j,m}$ 或 $|j_1,j_2,j,m\rangle$，其中 j、m 为 $\hat{J}^2$、$\hat{J}_z$ 的量子数，j_1、j_2 分别为 $\hat{J}_1^2$、$\hat{J}_2^2$ 的量子数。以它们为基矢所建立的表象称为耦合表象，故它们称为耦合表象基矢。在这组基矢中，明显地出现总角动量的量子数 j、m。

另一方面，由

$$\begin{cases}[\hat{J}_1^2,\hat{J}_{1z}]=[\hat{J}_2^2,\hat{J}_{2z}]=0\\ [\hat{J}_1^2,\hat{J}_2^2]=[\hat{J}_{1z},\hat{J}_{2z}]=0\end{cases}\tag{2-293}$$

可知，$\hat{J}_1^2$、$\hat{J}_{1z}$、$\hat{J}_2^2$、$\hat{J}_{2z}$ 两两相互对易，它们也有共同的本征函数（本征态），记为

$$\psi_{j_1m_1j_2m_2}=\psi_{j_1m_1}\psi_{j_2m_2}\tag{2-294}$$

或

$$|j_1,m_1,j_2,m_2\rangle=|j_1,m_1\rangle|j_2,m_2\rangle\tag{2-295}$$

式中，$\psi_{j_1m_1}$、$\psi_{j_2m_2}$ 分别为 $\hat{J}_1^2$、$\hat{J}_{1z}$ 和 $\hat{J}_2^2$、$\hat{J}_{2z}$ 的本征函数。以它们为基矢所建立的表象称为无耦合表象，故它们称为无耦合表象基矢。这组基矢与总角动量的量子数 j、m 无关。在该组基矢所描写的态中，总角动量没有确定值。

（2）总角动量量子数 j、m 的取值范围

把 $\hat{J}_z=\hat{J}_{1z}+\hat{J}_{2z}$ 分别作用于耦合表象基矢和无耦合表象基矢，可得

$$m\psi_{j_1,j_2,j,m}=\sum_{m_1,m_2}S_{j_1m_1,j_2m_2}^{jm}(m_1+m_2)\psi_{j_1m_1}\psi_{j_2m_2}\tag{2-296}$$

利用无耦合表象基矢之间的独立性，不难证明 $m=m_1+m_2$。这说明当 m 给定时，叠加公式的求和指标 m_1、m_2 中只有一个是独立的。

下面讨论 j 的取值范围，即如果两个相加的角动量的平方量子数 j_1、j_2 已给定，总角动量的平方算符的量子数 j 的可能取值。如果按照经典物理中的矢量来类比，j_1、j_2 是角动量的平方量子数，它们给定了角动量 $\hat{J}_1$、$\hat{J}_2$ 的大小，但它们并没有限定这两个角动量的方向，因此总角动量大小的变化范围为从 $\left||\hat{J}_1|-|\hat{J}_2|\right|$ 连续变到 $|\hat{J}_1|+|\hat{J}_2|$。在量子力学中也有类似结果，只不过是总角动量的大小（平方）不是连续地变化而已。

总角动量平方量子数的最大值为

$$j_{max}=m_{max}=m_{1max}+m_{2max}=j_1+j_2 \tag{2-297}$$

总角动量平方量子数的最小值 j_{min} 确定过程相对复杂，它可由两组基矢的数相等的条件来得到。当 j_1、j_2 给定时，一方面无耦合表象基矢的数是 $(2j_1+1)(2j_2+1)$，另一方面耦合表象基矢的数为 $\sum_{j=j_{min}}^{j_{max}}(2j+1)$。显然，两者应当相等，最终解得 $j_{min}=|j_1-j_2|$。

所以两个相加的角动量 $\hat{\boldsymbol{J}}_1$、$\hat{\boldsymbol{J}}_2$ 的平方量子数 j_1、j_2 给定时，总角动量 $\hat{\boldsymbol{J}}=\hat{\boldsymbol{J}}_1+\hat{\boldsymbol{J}}_2$ 的平方量子数的取值范围是 $j=|j_1-j_2|,|j_1-j_2|+1,|j_1-j_2|+2,\cdots,j_1+j_2$。这个取值范围的式子称为角动量耦合的三角关系。

2.4.4　全同性原理

1. 波函数的交换对称性及对称化构造

质量、电荷、自旋等固有性质完全相同的粒子，称为全同粒子。在经典力学中虽然也有全同粒子，但由于可以通过运动轨道区分彼此，其全同性对粒子并没有特别影响。但是微观全同粒子则不同，因为没有轨道概念，所以它们具有不可区分性，其全同性会对微观粒子的运动状态产生重要影响。

全同性原理：交换两个全同粒子不改变全同粒子体系的状态。这里所说的交换两个粒子，是指交换它们的全部自由度的坐标，具体指交换其空间坐标 $\boldsymbol{r}$ 和自旋 S_z，简记为 $q=(\boldsymbol{r},S_z)$。

设 $\hat{P}_{ij}$ 为第 i 和第 j 个粒子的交换算符，由全同性原理可知全同粒子系的波函数最多改变一个常数因子，即

$$\hat{P}_{ij}\psi(\cdots q_i\cdots q_j\cdots)=\psi(\cdots q_j\cdots q_i\cdots)=\lambda\psi(\cdots q_i\cdots q_j\cdots) \tag{2-298}$$

$$(\hat{P}_{ij})^2\psi(\cdots q_i\cdots q_j\cdots)=\lambda^2\psi(\cdots q_i\cdots q_j\cdots) \tag{2-299}$$

而 $(\hat{P}_{ij})^2=1$，所以 $\lambda^2=1$，即 $\lambda=\pm1$。这说明全同粒子的波函数只能是交换对称的或反对称的。

其中波函数交换对称的全同粒子称为玻色子（Boson），波函数交换反对称的全同粒子称为费米子（Fermion），它们分别服从玻色-爱因斯坦统计和费米-狄拉克统计。实验表明：自旋平方量子数为整数或 0 的粒子为玻色子，如光子（$s=1$），Π 介子（$s=0$），α 粒子（$s=0$）等；自旋平方量子数为半整数的粒子为费米子，如电子（$s=1/2$），质子（$s=1/2$），中子（$s=1/2$）等。

定理：全同粒子体系的波函数的交换对称性不随时间而变。

定理：若 $\psi(\cdots q_i\cdots q_j\cdots)$ 是薛定谔方程的解，则交换后的 $\psi(\cdots q_j\cdots q_i\cdots)$ 也是薛定谔方程的解。对定态薛定谔方程此定理也成立，且两个解的能量相同。

以两个全同粒子的体系为例，解定态薛定谔方程

$$\hat{H}(q_1,q_2)\Phi(q_1,q_2)=E\Phi(q_1,q_2) \tag{2-300}$$

求出 $\Phi(q_1,q_2)$ 后，再将其对称化和反对称化，即

$$\psi_S(q_1,q_2)=\frac{\Phi(q_1,q_2)+\Phi(q_2,q_1)}{\sqrt{2}}\text{（玻色子）} \tag{2-301}$$

$$\psi_{\mathrm{A}}(q_1,q_2)=\frac{\Phi(q_1,q_2)-\Phi(q_2,q_1)}{\sqrt{2}}\text{（费米子）} \tag{2-302}$$

不难验证，$\psi_{\mathrm{S}}(q_1,q_2)$ 是交换对称的，符合玻色子的要求；$\psi_{\mathrm{A}}(q_1,q_2)$ 是交换反对称的，符合费米子的要求。

全同粒子体系问题是一个多体问题，一般十分复杂。在很多情况下可以把粒子间的相互作用当作微扰处理，作为初级近似，体系的哈密顿量中没有相互作用项。此时，全同粒子体系的波函数可以分离变量，用单粒子波函数的乘积来表示，即

$$\Phi(q_1,q_2)=\varphi_m(q_1)\varphi_n(q_2) \tag{2-303}$$

式（2-303）中波函数 Φ 一般而言既不是交换对称的，也不是交换反对称的，所以一般不能作为全同粒子系的波函数，此时需要把上述波函数对称化或反对称化。

1）两个全同粒子是玻色子，此时波函数要求是对称的，即

$$\psi_{\mathrm{S}}(q_1,q_2)=\frac{\Phi(q_1,q_2)+\Phi(q_2,q_1)}{\sqrt{2}}=\frac{\varphi_m(q_1)\varphi_n(q_2)+\varphi_m(q_2)\varphi_n(q_1)}{\sqrt{2}}\quad(m\neq n) \tag{2-304}$$

$$\psi_{\mathrm{S}}(q_1,q_2)=\varphi_m(q_1)\varphi_m(q_2)\quad(m=n) \tag{2-305}$$

式中，$\frac{1}{\sqrt{2}}$为归一化因子。

2）两个全同粒子是费米子，此时波函数要求是反对称的，即

$$\psi_{\mathrm{A}}(q_1,q_2)=\frac{\Phi(q_1,q_2)-\Phi(q_2,q_1)}{\sqrt{2}}=\frac{\varphi_m(q_1)\varphi_n(q_2)+\varphi_m(q_2)\varphi_n(q_1)}{\sqrt{2}}\quad(m\neq n) \tag{2-306}$$

2. 泡利不相容原理

对于费米子体系，根据其反对称性的波函数

$$\psi_{\mathrm{A}}(q_1,q_2)=\frac{\varphi_m(q_1)\varphi_n(q_2)+\varphi_m(q_2)\varphi_n(q_1)}{\sqrt{2}}\quad(m\neq n) \tag{2-307}$$

可知，若 $m=n$ 则 $\psi_{\mathrm{A}}=0$，这说明两个全同费米子不能处于相同的（单粒子）状态，这就是泡利不相容原理。泡利不相容原理是一个极为重要的自然规律，是理解原子中的电子壳层结构和元素周期律不可缺少的理论基础。

下面讨论波函数的空间部分和自旋部分可以分离变量的情况，从而进一步讨论全同粒子波函数自旋和空间部分交换对称性间的关系。此时，波函数可以写为空间部分和自旋部分的乘积，即

$$\Phi(q_1,\cdots,q_N)=\Phi(r_1,S_{1z},r_2,S_{2z},\cdots,r_N,S_{Nz})=\varphi(r_1,r_2,\cdots,r_N)\chi(S_{1z},S_{2z},\cdots,S_{Nz}) \tag{2-308}$$

对于玻色子体系，Φ 应交换对称，因而包括两种情况：φ 对 $\boldsymbol{r}$ 交换对称且 χ 对 S_z 交换对称；φ 对 $\boldsymbol{r}$ 交换反对称且 χ 对 S_z 交换反对称。

对于费米子体系，Φ 应交换反对称，也包括两种情况：φ 对 $\boldsymbol{r}$ 交换对称但 χ 对 S_z 交换反对称；φ 对 $\boldsymbol{r}$ 交换反对称但 χ 对 S_z 交换对称。

按照上述思路，首先构造出具有交换对称性和交换反对称性的空间波函数，然后构造出具有交换对称性和交换反对称性的自旋波函数，最后根据全同粒子体系的属性依据上述规则组合出总的波函数。

2.4.5 两电子体系

1. 两组基矢

电子的自旋基矢为$\boldsymbol{\chi}_{\pm\frac{1}{2}}(S_z)$，一个电子的任意自旋状态都可以表为它们的线性叠加，即

$$c_1\boldsymbol{\chi}_{\frac{1}{2}}(S_z)+c_2\boldsymbol{\chi}_{-\frac{1}{2}}(S_z) \tag{2-309}$$

但实际遇到的体系都包含两个电子，如氢分子、氦原子等体系，此时要表示两个电子的自旋状态就必须建立两个电子的自旋基矢。两电子体系的自旋基矢可以直接由每个电子的自旋基矢相乘得出，共 4 个自旋基矢，即

$$\boldsymbol{\chi}(S_{1z},S_{2z})=\begin{cases}\boldsymbol{\chi}_{\frac{1}{2}}(S_{1z})\boldsymbol{\chi}_{\frac{1}{2}}(S_{1z}),\boldsymbol{\chi}_{-\frac{1}{2}}(S_{1z})\boldsymbol{\chi}_{-\frac{1}{2}}(S_{2z})\\ \boldsymbol{\chi}_{\frac{1}{2}}(S_{1z})\boldsymbol{\chi}_{-\frac{1}{2}}(S_{2z}),\boldsymbol{\chi}_{-\frac{1}{2}}(S_{1z})\boldsymbol{\chi}_{\frac{1}{2}}(S_{2z})\end{cases} \tag{2-310}$$

两电子体系的任意自旋状态都可以表示为这 4 个基矢的线性叠加，然而这组基矢中的后两个没有明确的交换对称性，对于全同粒子体系，这样的基矢由于无法通过简单操作构造出具有明确对称性的总波函数，因而使用起来极为不便。

2. 自旋单态与自旋三重态的性质

为此可以利用线性叠加把它们对称化和反对称化，以得到有明确交换对称性的另一组基矢，即

$$\boldsymbol{\chi}_s^{(1)}=\boldsymbol{\chi}_{\frac{1}{2}}(S_{1z})\boldsymbol{\chi}_{\frac{1}{2}}(S_{2z}) \tag{2-311}$$

$$\boldsymbol{\chi}_s^{(2)}=\boldsymbol{\chi}_{-\frac{1}{2}}(S_{1z})\boldsymbol{\chi}_{-\frac{1}{2}}(S_{2z}) \tag{2-312}$$

$$\boldsymbol{\chi}_s^{(3)}=\frac{1}{\sqrt{2}}[\boldsymbol{\chi}_{\frac{1}{2}}(S_{1z})\boldsymbol{\chi}_{-\frac{1}{2}}(S_{2z})+\boldsymbol{\chi}_{\frac{1}{2}}(S_{2z})\boldsymbol{\chi}_{-\frac{1}{2}}(S_{1z})] \tag{2-313}$$

$$\boldsymbol{\chi}_{\mathrm{A}}=\frac{1}{\sqrt{2}}[\boldsymbol{\chi}_{\frac{1}{2}}(S_{1z})\boldsymbol{\chi}_{-\frac{1}{2}}(S_{2z})-\boldsymbol{\chi}_{\frac{1}{2}}(S_{2z})\boldsymbol{\chi}_{-\frac{1}{2}}(S_{1z})] \tag{2-314}$$

其中，前三个对两电子的自旋交换是对称的，而第四个对自旋交换是反对称的。自旋交换对称的三个基矢$\boldsymbol{\chi}_s^{(1)}$、$\boldsymbol{\chi}_s^{(2)}$、$\boldsymbol{\chi}_s^{(3)}$ 称为两电子体系的自旋三重态。自旋交换反对称的基矢$\boldsymbol{\chi}_{\mathrm{A}}$ 称为自旋单态。这组基矢也称为耦合表象基矢。

对于耦合表象的四个基矢而言，它们是总自旋角动量$\hat{\boldsymbol{S}}^2=(\hat{\boldsymbol{S}}_1+\hat{\boldsymbol{S}}_2)^2$，$\hat{S}_z=\hat{S}_{1z}+\hat{S}_{2z}$的共同本征态。其中自旋三重态对应的量子数分别为$s=1$，$M_z=1,0,-1$；自旋单态对应的量子数为$s=0$，$M_z=0$。

以$\boldsymbol{\chi}_{\mathrm{s}}^{(1)}$ 为例，有

$$\hat{S}_z\boldsymbol{\chi}_{\mathrm{s}}^{(1)}=(\hat{S}_{1z}+\hat{S}_{2z})\boldsymbol{\chi}_{\frac{1}{2}}(S_{1z})\boldsymbol{\chi}_{\frac{1}{2}}(S_{2z})=\hbar\boldsymbol{\chi}_s^{(1)} \tag{2-315}$$

$$\hat{\boldsymbol{S}}^2=(\hat{\boldsymbol{S}}_1+\hat{\boldsymbol{S}}_2)^2=\hat{\boldsymbol{S}}_1^2+\hat{\boldsymbol{S}}_2^2+\hat{\boldsymbol{S}}_1\cdot\hat{\boldsymbol{S}}_2=\frac{3\hbar^2}{4}+\frac{3\hbar^2}{4}+2(\hat{S}_{1x}\hat{S}_{2x}+\hat{S}_{1y}\hat{S}_{2y}+\hat{S}_{1z}\hat{S}_{2z}) \tag{2-316}$$

而在$\hat{S}_{1z}$表象中有

$$\hat{S}_{1x}\boldsymbol{\chi}_{\frac{1}{2}}(1)=\frac{\hbar}{2}\begin{bmatrix}0&1\\1&0\end{bmatrix}\begin{bmatrix}1\\0\end{bmatrix}=\frac{\hbar}{2}\begin{bmatrix}0\\1\end{bmatrix}=\frac{\hbar}{2}\boldsymbol{\chi}_{-\frac{1}{2}}(1) \tag{2-317}$$

$$\hat{S}_{1x}\boldsymbol{\chi}_{-\frac{1}{2}}(1)=\frac{\hbar}{2}\begin{bmatrix}0&1\\1&0\end{bmatrix}\begin{bmatrix}0\\1\end{bmatrix}=\frac{\hbar}{2}\begin{bmatrix}1\\0\end{bmatrix}=\frac{\hbar}{2}\boldsymbol{\chi}_{\frac{1}{2}}(1) \tag{2-318}$$

$$\hat{S}_{1y}\boldsymbol{\chi}_{\frac{1}{2}}(1)=\frac{\hbar}{2}\begin{bmatrix}0 & -\mathrm{i}\\ \mathrm{i} & 0\end{bmatrix}\begin{bmatrix}1\\0\end{bmatrix}=\frac{\mathrm{i}\hbar}{2}\begin{bmatrix}0\\1\end{bmatrix}=\frac{\mathrm{i}\hbar}{2}\boldsymbol{\chi}_{-\frac{1}{2}}(1) \tag{2-319}$$

$$\hat{S}_{1y}\boldsymbol{\chi}_{-\frac{1}{2}}(1)=\frac{\hbar}{2}\begin{bmatrix}0 & -\mathrm{i}\\ \mathrm{i} & 0\end{bmatrix}\begin{bmatrix}0\\1\end{bmatrix}=\frac{-\mathrm{i}\hbar}{2}\begin{bmatrix}1\\0\end{bmatrix}=\frac{-\mathrm{i}\hbar}{2}\boldsymbol{\chi}_{\frac{1}{2}}(1) \tag{2-320}$$

$$\hat{S}_{1z}\boldsymbol{\chi}_{\pm\frac{1}{2}}(1)=\frac{\hbar}{2}\boldsymbol{\chi}_{\pm\frac{1}{2}}(1) \quad (1)=(S_{1z}) \tag{2-321}$$

对 $\hat{\boldsymbol{S}}_2$ 的各分量也有类似的结果，即

$$\begin{aligned}\hat{\boldsymbol{S}}^2\boldsymbol{\chi}_{\mathrm{S}}^{(1)}&=\frac{3\hbar^2}{2}\boldsymbol{\chi}_{\mathrm{S}}^{(1)}+2[\hat{S}_{1x}\boldsymbol{\chi}_{\frac{1}{2}}(1)\hat{S}_{2x}\boldsymbol{\chi}_{\frac{1}{2}}(2)+\hat{S}_{1y}\boldsymbol{\chi}_{\frac{1}{2}}(1)\hat{S}_{2y}\boldsymbol{\chi}_{\frac{1}{2}}(2)+\hat{S}_{1z}\boldsymbol{\chi}_{\frac{1}{2}}(1)\hat{S}_{2z}\boldsymbol{\chi}_{\frac{1}{2}}(2)]\\&=\frac{3\hbar^2}{2}\boldsymbol{\chi}_{\mathrm{S}}^{(1)}+\frac{\hbar^2}{2}[\boldsymbol{\chi}_{-\frac{1}{2}}(1)\boldsymbol{\chi}_{-\frac{1}{2}}(2)-\boldsymbol{\chi}_{-\frac{1}{2}}(1)\boldsymbol{\chi}_{-\frac{1}{2}}(2)+\boldsymbol{\chi}_{\frac{1}{2}}(1)\boldsymbol{\chi}_{\frac{1}{2}}(2)]\\&=\frac{3\hbar^2}{2}\boldsymbol{\chi}_{\mathrm{S}}^{(1)}+\frac{\hbar^2}{2}\boldsymbol{\chi}_{\mathrm{S}}^{(1)}=2\hbar^2\boldsymbol{\chi}_{\mathrm{S}}^{(1)}=1(1+1)\hbar^2\boldsymbol{\chi}_{\mathrm{S}}^{(1)}\end{aligned}$$

$$\begin{aligned}\hat{S}_z\boldsymbol{\chi}_{\mathrm{S}}^{(1)}&=(\hat{S}_{1z}+\hat{S}_{2z})\boldsymbol{\chi}_{\frac{1}{2}}(1)\boldsymbol{\chi}_{\frac{1}{2}}(2)\\&=[\hat{S}_{1z}\boldsymbol{\chi}_{\frac{1}{2}}(1)]\boldsymbol{\chi}_{\frac{1}{2}}(2)+\boldsymbol{\chi}_{\frac{1}{2}}(1)\hat{S}_{1z}\boldsymbol{\chi}_{\frac{1}{2}}(2)\\&=\hbar\boldsymbol{\chi}_{\frac{1}{2}}(1)\boldsymbol{\chi}_{\frac{1}{2}}(2)\\&=1\cdot\hbar\boldsymbol{\chi}_{\mathrm{S}}^{(1)}\end{aligned} \tag{2-322}$$

$$\begin{aligned}\hat{\boldsymbol{S}}^2\boldsymbol{\chi}_{\mathrm{S}}^{(1)}&=\frac{3\hbar^2}{2}\boldsymbol{\chi}_{\mathrm{S}}^{(1)}+2[\hat{S}_{1x}\boldsymbol{\chi}_{\frac{1}{2}}(1)\hat{S}_{2x}\boldsymbol{\chi}_{\frac{1}{2}}(2)+\hat{S}_{1y}\boldsymbol{\chi}_{\frac{1}{2}}(1)\hat{S}_{2y}\boldsymbol{\chi}_{\frac{1}{2}}(2)+\hat{S}_{1z}\boldsymbol{\chi}_{\frac{1}{2}}(1)\hat{S}_{2z}\boldsymbol{\chi}_{\frac{1}{2}}(2)]\\&=\frac{3\hbar^2}{2}\boldsymbol{\chi}_{\mathrm{S}}^{(1)}+\frac{\hbar^2}{2}[\boldsymbol{\chi}_{-\frac{1}{2}}(1)\boldsymbol{\chi}_{-\frac{1}{2}}(2)-\boldsymbol{\chi}_{-\frac{1}{2}}(1)\boldsymbol{\chi}_{-\frac{1}{2}}(2)+\boldsymbol{\chi}_{\frac{1}{2}}(1)\boldsymbol{\chi}_{\frac{1}{2}}(2)]\\&=\frac{3\hbar^2}{2}\boldsymbol{\chi}_{\mathrm{S}}^{(1)}+\frac{\hbar^2}{2}\boldsymbol{\chi}_{\mathrm{S}}^{(1)}=2\hbar^2\boldsymbol{\chi}_{\mathrm{S}}^{(1)}=1(1+1)\hbar^2\boldsymbol{\chi}_{\mathrm{S}}^{(1)}\end{aligned}$$

因此，$\boldsymbol{\chi}_{\mathrm{S}}^{(1)}$ 是 $\hat{\boldsymbol{S}}^2$、$\hat{S}_z$ 的共同本征态，其本征值对应的量子数分别为 $s=1$，$M_s=1$。

同理不难验证，$\boldsymbol{\chi}_{\mathrm{S}}^{(2)}$ 是 $\hat{\boldsymbol{S}}^2$、$\hat{S}_z$ 的共同本征态，其本征值对应的量子数分别为 $s=1$，$M_s=0$。$\boldsymbol{\chi}_{\mathrm{S}}^{(3)}$ 是 $\hat{\boldsymbol{S}}^2$、$\hat{S}_z$ 的共同本征态，其本征值对应的量子数分别为 $s=1$，$M_s=-1$。$\boldsymbol{\chi}_{\mathrm{A}}$ 是 $\hat{\boldsymbol{S}}^2$、$\hat{S}_z$ 的共同本征态，其本征值对应的量子数分别为 $s=0$，$M_s=0$。

综上所述，从自旋的交换对称性来讲，前三个（自旋三重态）是交换对称的，第四个（自旋单态）是交换反对称的。从角动量耦合的角度来讲，四个基矢都是总自旋角动量 $\hat{\boldsymbol{S}}^2$、$\hat{\boldsymbol{S}}_z$ 的共同本征态。前三个对应的量子数都为 $s=1$，对应的 $\hat{S}_z$ 量子数分别为 $M_z=1,-1,0$，而第四个对应的量子数为 $s=0$，$M_z=0$。

量子力学是一门年轻的学科，它的历史不过百年，时至今日，依然还在继续发展。但是，量子力学的有效性已经被无数实验所证实。如今，它引领着人们对微观世界的深刻认识、指导着人们对新材料、新技术的开发应用。量子力学代表着目前人类对世界的最高认识水平，是人们认识世界、改造世界最有力的工具之一。同时，量子力学与经典力学同样都是擅长描述单体粒子或者少量多体粒子的。当面临大量粒子，同时又仅关注粒子的整体表现而对个体性质不太关心时，需要另一套系统性方法，这就是统计物理。

思　考　题

2.1　证明：若算符 $\hat{A}$、算符 $\hat{B}$ 都是厄米算符，且 $\hat{A}\hat{B}=\hat{B}\hat{A}$，则算符 $\hat{A}\hat{B}$ 是厄米算符。

2.2　证明：厄米算符的本征值是实数。

2.3　已知电子 A 处于 ψ_1 态，$\psi_1=\frac{1}{4}\psi_{421}+\frac{\sqrt{3}}{4}R_{31}\mathrm{Y}_{10}+aR_{42}\mathrm{Y}_{21}+\frac{1}{2}\psi_{321}$，电子 B 处于 ψ_2 态，$\psi_2=\frac{1}{2}\psi_{421}+\frac{1}{2}\psi_{42-1}+b\psi_{320}+c\psi_{31-1}$。

1）求电子 A 的力学量 L^2、L_z、M_z 的期望值。

2）计算 ψ_1 与 ψ_2 的内积。

2.4　设在 $\hat{\boldsymbol{H}}_0$ 表象中，$\hat{\boldsymbol{H}}$ 的矩阵表示为

$$\hat{\boldsymbol{H}}=\begin{bmatrix} E_1^{(0)}+g & a & b \\ a^* & E_2^{(0)} & c \\ b^* & c^* & E_3^{(0)} \end{bmatrix},\quad E_1^{(0)}<E_2^{(0)}<E_3^{(0)}$$

1）写出微扰矩阵。

2）用微扰论求各级能量的一级修正。

3）用微扰论求各级能量的二级修正。

2.5　一个质量为 m 的电子被限制在 $a\leqslant x\leqslant 2a$ 的一维无限深势阱中：

1）求 0 时刻的定态波函数。

2）写出两电子体系的自旋单态和自旋三重态波函数。

3）如果两个电子分别占据上述定态中的第二、第三激发态，且它们之间的相互作用和自旋轨道相互作用可以忽略，写出两电子体系的波函数。

第3章

统计物理

第2章应用量子力学对微观粒子的运动规律进行了描述。而微观粒子的运动行为与物质的宏观性质之间的关联需要通过同样作为理论物理学之一的统计物理学进行解答，如同一座连接微观粒子运动规律与宏观材料具体性能的桥梁。

提到统计物理，就不得不提及热力学，两者研究的都是热运动的规律及热运动对物质宏观性质的影响。这里所说的热运动，就是指组成物质的大量微观粒子的无规则运动；物质的宏观性质具体指描述物质系统状态的宏观物理量，包括压强、温度、熵、焓、热容、磁化强度、电导率等。不过，热力学是热运动的宏观理论。在热力学理论中，人们通过对热现象的观测、实验和分析，总结出热力学的基本规律，即热力学第一定律、第二定律和第三定律；同时应用数学方法，通过逻辑演绎可以得出物质各种宏观性质之间的关系、宏观过程进行的方向和限度等。

而统计物理则是热运动的微观理论。它从宏观物质系统是由大量微观粒子所构成这一事实出发，认为物质的宏观性质是大量微观粒子性质的集体表现、宏观物理量是微观量的统计平均值。统计物理的研究对象是由大量微观粒子组成的宏观物质系统，粒子数至少为6.02×10^{23}数量级。宏观物质系统可分为三类：①孤立系，与外界无物质和能量交换；②封闭系，与外界无物质交换，只有能量交换；③开放系，与外界既有物质交换，也有能量交换。统计物理学的任务就是对物质的微观结构做出某些假设后，应用统计物理学理论求得具体物质的特性。

由于理论基础和使用方法的不同，热力学和统计物理两种理论各有优缺点。热力学是无数经验的总结，具有高度的可靠性和普遍性。不过，由于从热力学理论得到的结论不直接依赖于物质的具体结构，因此它不可能得出某种特定材料的性质，也不能解释涨落现象；而统计物理仅仅通过微观粒子的运动状态和模型假设就可以推导出具体材料的宏观性质，其理论预测结果往往能够得到实验观测结果的验证。李政道先生曾说过："我认为统计物理是最为完美的科目，因为它的基本假设是简单的，而它的应用是广泛的。"当然，统计物理学由于对物质的微观结构所做出的往往只是简化的模型假设，所得的理论结果也就往往具有一定的近似性。

本章的统计物理内容，从粒子运动状态的经典和量子描述出发，暂时不考虑粒子之间的相互作用，经由系统微观状态的经典和量子描述，得到分布和微观状态的概念，进而引出三分布（玻尔兹曼分布、玻色分布和费米分布），然后以固体材料热容（c_V）的求解为线索，逐一介绍基于三分布的统计理论：①玻尔兹曼统计，分别通过经典的能量均分定理和量子的

爱因斯坦模型求解 c_V；②玻色统计，玻恩对 c_V 的研究和德拜模型；③费米统计，考虑自由电子贡献的索末非模型。值得注意的是，严谨而完整的统计物理则需要用到考虑了粒子之间相互作用的系综理论，还包含涨落和非平衡态的统计理论等内容。本章的最后几节将对这些内容进行简要介绍。

3.1 全同近独立粒子的分布

统计物理学的观点认为，物质的宏观性质是大量微观粒子运动的平均效果，宏观物理量是相应的微观物理量的统计平均值。所谓微观物理量，就是表征系统微观粒子运动状态的物理量。所以，要对微观物理量求统计平均值，就必须知道系统有多少个微观运动状态。

由于系统是由大量微观粒子组成的，首先需要描述微观粒子的微观运动状态，然后在此基础上介绍系统微观运动状态的描述方法。值得注意的是，无论粒子还是系统的微观运动状态，都存在经典和量子两种描述方法：如果粒子遵从经典力学的运动规律，对粒子运动状态的描述称为经典描述；如果粒子遵从量子力学的运动规律，对粒子运动状态的描述称为量子描述。

3.1.1 粒子运动状态的描述

1. 经典描述

经典力学：粒子在任一时刻的力学运动状态可由粒子的 r 个广义坐标 $q_1,q_2,\cdots,q_r$ 和相应的 r 个广义动量 $p_1,p_2,\cdots,p_r$ 在该时刻的数值确定，粒子的能量 ε 是广义坐标和广义动量的函数，即

$$\varepsilon=\varepsilon(q_1,q_2,\cdots,q_r;p_1,p_2,\cdots,p_r) \tag{3-1}$$

为了形象地描述粒子的微观运动状态，用 $q_1,q_2,\cdots,q_r;p_1,p_2,\cdots,p_r$ 共 $2r$ 个变量为直角坐标，构成一个 $2r$ 维空间，称为 $\boldsymbol{\mu}$ 空间。粒子在某一时刻的力学运动状态（$q_1,q_2,\cdots,q_r;p_1,p_2,\cdots,p_r$）可用 $\boldsymbol{\mu}$ 空间的一个点表示。当粒子的运动状态随时间改变时，代表点相应地在 $\boldsymbol{\mu}$ 空间中运动，描画出一条轨道。

（1）自由粒子的运动状态经典描述

自由粒子在三维空间运动时，粒子的自由度 $r=3$，任一时刻的力学运动状态表示为

$$p_x=m\dot{x},\quad p_y=m\dot{y},\quad p_z=m\dot{z} \tag{3-2}$$

$$\varepsilon=\frac{1}{2m}({p_x}^2+{p_y}^2+{p_z}^2) \tag{3-3}$$

当粒子以一定的动量在容器中运动时，粒子运动状态代表的轨道是平行于 x 轴的一条直线，如图 3-1 所示。

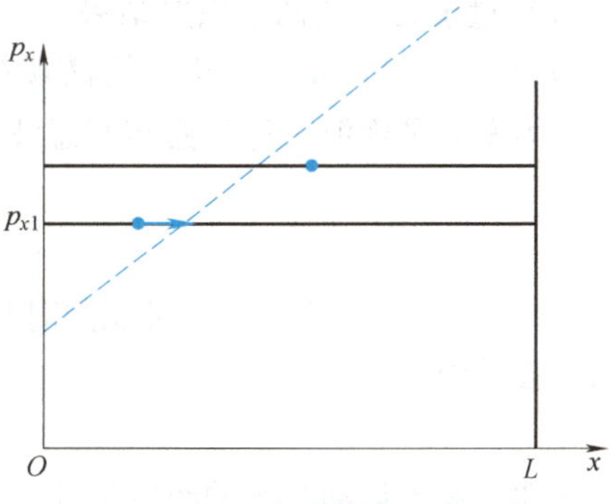

图 3-1 一维自由粒子运动状态

（2）线性谐振子的运动状态经典描述

在一定条件下，分子内原子的振动，晶体中原子或离子在其平衡位置附近的振动都可看作简谐振动，对于自由度为 1 的线性谐振子，有

$$r=1,\quad p=m\dot{x}$$

$$\varepsilon=\frac{p^2}{2m}+\frac{A}{2}x^2=\frac{p^2}{2m}+\frac{1}{2}m\omega^2x^2,\quad \omega=\sqrt{\frac{A}{m}} \tag{3-4}$$

式中，x、p 为直角坐标系构成的一个二维空间，空间的一个点表示任一时刻的运动状态。

对式（3-4）整理可得

$$\frac{p^2}{2m\varepsilon}+\frac{x^2}{2\varepsilon/m\omega^2}=1 \tag{3-5}$$

即当振子的运动状态随时间变化时，代表点为其确定的椭圆，如图 3-2 所示。

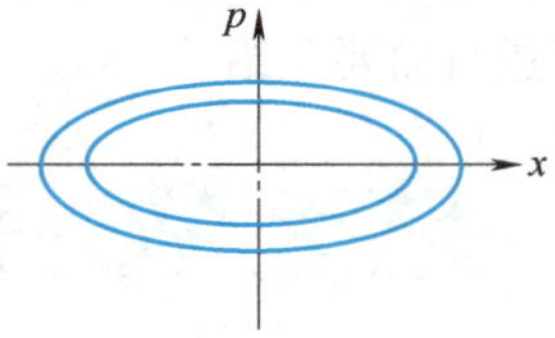

图 3-2　线性谐振子运动状态

（3）自由转子的运动状态经典描述

对于自由转子，质点的自由度为 2，转子的任一时刻力学运动状态可由球坐标系中的两个角坐标确定。如图 3-3 所示，相应的广义动量为 p_θ 和 p_φ，且

$$\begin{cases}p_\theta=mr^2\dot{\theta}\\ p_\varphi=mr^2\sin^2\theta\dot{\varphi}\\ \varepsilon=\dfrac{1}{2I}\left(p_\theta{}^2+\dfrac{1}{\sin^2\theta}p_\varphi{}^2\right)\end{cases} \tag{3-6}$$

式中，I 为转子的转动惯量，$I=mr^2$。

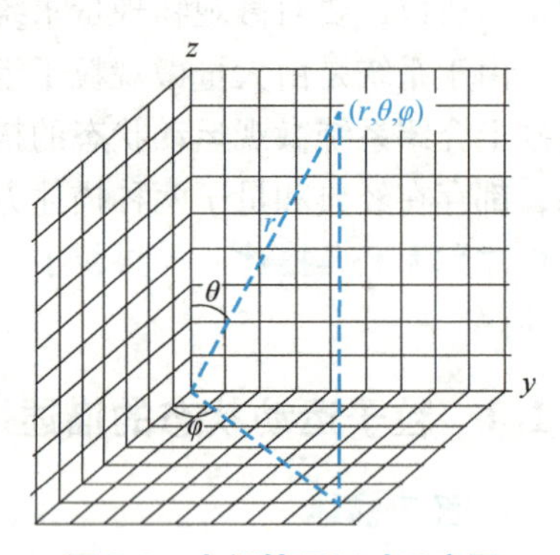

图 3-3　空间转子运动示意图

对式（3-6）整理可得

$$\frac{p_\theta{}^2}{2I\varepsilon}+\frac{p_\varphi{}^2}{2I\varepsilon\sin^2\theta}=1 \tag{3-7}$$

以 θ、φ、p_θ、p_φ 为轴的 4 维 $\boldsymbol{\mu}$ 空间，任一时刻的运动状态可用 $\boldsymbol{\mu}$ 空间的一个点表示。当能量不变时，代表点在 $\boldsymbol{\mu}$ 空间中描画出一个能量曲面。该能量曲线面在动量空间的投影是一个椭圆。

2. 量子描述

（1）量子力学的两个重要结果

1）德布罗意关系。对于一切微观粒子（能量为 ε，动量为 $\boldsymbol{p}$），它联系着圆频率为 ω、波矢量为 $\boldsymbol{k}$ 的平面波，称为德布罗意波，即

$$\begin{aligned}\varepsilon&=\hbar\omega\\ \boldsymbol{p}&=\hbar\boldsymbol{k}\end{aligned} \tag{3-8}$$

2）测不准关系。粒子不可能同时具有确定的动量和坐标，即微观粒子的运动不是轨道运动，表示为

$$\Delta q\Delta p\approx h \tag{3-9}$$

已知在粒子运动状态的经典描述中，粒子在某一时刻力学的运动状态（q,p）可用 $\boldsymbol{\mu}$ 空间中的一个代表点表示。如果还要用坐标 q 和动量 p 构成的 $\boldsymbol{\mu}$ 空间描述粒子的运动状态，则由于测不准关系，它的一个运动状态就不能用一个点表示。对于自由度为 1 的粒子，其 Δq 与 Δp 的乘积应该就是 $\boldsymbol{\mu}$ 空间中的一个体积元，即

$$\Delta\omega=\Delta q\Delta p\approx h \tag{3-10}$$

对于自由度为 r 的粒子，每个自由度的坐标和动量的不确定值 Δq_i 和 Δp_i 分别满足测不准关系

$$\Delta q_i \cdot \Delta p_i \approx h \tag{3-11}$$

则

$$\Delta q_1 \cdots \Delta q_r \Delta p_1 \cdots \Delta p_r \approx h^r \tag{3-12}$$

因此，对于自由度为 r 的粒子，每一个可能的状态对应于 $\boldsymbol{\mu}$ 空间中体积为 h^r 的一个体积元。不同的运动状态只是对应于 $\boldsymbol{\mu}$ 空间的不同位置的体积元 h^r。粒子的一个运动状态在 $\boldsymbol{\mu}$ 空间中所占的体积元 h^r 称为相格，$\boldsymbol{\mu}$ 空间也称子相宇。这样，粒子的一个量子态在子相宇中不是占据一个代表点，而是占据一个体积为 h^r 的相格。

（2）粒子运动状态的量子描述

在量子力学中微观粒子的运动状态称为量子态，用波函数 $\boldsymbol{\Psi}(\boldsymbol{r},t)$ 来描述，处于特定条件下的粒子的量子态又可由一组特定的量子数来表征，这组量子数的数目等于粒子自由度数，量子数的不同取值对应于不同的量子态。量子力学中粒子的运动状态的变化遵从薛定谔方程，即

$$\mathrm{i}\hbar \frac{\partial \psi}{\partial t} = \hat{H}\psi \tag{3-13}$$

当粒子的哈密顿量不显含时间时，其波函数可分离变量

$$\Psi(x,y,z,t) = \psi(x,y,z)\mathrm{e}^{-\frac{\mathrm{i}}{\hbar}Et}$$

此时满足定态薛定谔方程

$$\hat{H}\varphi = E\varphi = \left(-\frac{\hbar^2}{2m}\nabla^2 + V\right)\varphi \tag{3-14}$$

解式（3-14）可得在势场 V 作用下粒子一系列可能的运动状态，即各量子态。

1）自由粒子的量子态描述。假设粒子在三维 $L\times L\times L$ 立方体中运动，此时

$$\psi_{\boldsymbol{p}}(\boldsymbol{r}) = \frac{1}{L^{\frac{3}{2}}}\mathrm{e}^{\frac{\mathrm{i}}{\pi}\boldsymbol{p}\cdot\boldsymbol{r}} = \frac{1}{L^{\frac{3}{2}}}\mathrm{e}^{\mathrm{i}2\pi(n_x x + n_y y + n_z z)} \tag{3-15}$$

其能量的可能值为

$$\varepsilon = \frac{1}{2m}(p_x^2 + p_y^2 + p_z^2) = \frac{2\pi^2\hbar^2}{m}\left(\frac{n_x^2}{L^2} + \frac{n_y^2}{L^2} + \frac{n_z^2}{L^2}\right) \tag{3-16}$$

动量的可能值为

$$\begin{cases} p_x = \dfrac{2\pi\hbar}{L}n_x, & n_x = 0, \pm 1, \pm 2, \cdots \\ p_y = \dfrac{2\pi\hbar}{L}n_y, & n_y = 0, \pm 1, \pm 2, \cdots \\ p_z = \dfrac{2\pi\hbar}{L}n_z, & n_z = 0, \pm 1, \pm 2, \cdots \end{cases} \tag{3-17}$$

自由粒子是三维运动，故表征粒子运动状态的量子数是 3 个，即 n_x、n_y、n_z，由上述 ε 的公式可知各能级的简并度为

$$\omega_0 = 1, \quad \omega_1 = 6, \quad \omega_2 = 12, \cdots$$

2）线性谐振子量子态的描述。线性谐振子满足定态薛定谔方程

$$-\frac{\hbar^2}{2m}\frac{\mathrm{d}^2}{\mathrm{d}x^2}\psi(x)+\frac{1}{2}m\omega^2x^2\psi(x)=E\psi(x) \tag{3-18}$$

其能量的可能值为

$$E_n=\left(n+\frac{1}{2}\right)\hbar\omega,\quad n=0,1,2,\cdots \tag{3-19}$$

式中，n 为表征线性谐振子的运动状态的量子数，由于线性谐振子的自由度为1，所以其量子态 $\psi_n(\alpha x)$ 和能级 E_n 都只要一个量子数 n 表征就足够，且一个能级仅有一个量子态，所以线性谐振子能级是非简并的。

3）空间转子的量子态描述。对于空间转子

$$\begin{cases}\hat{H}=\dfrac{\hat{l}^2}{2I}=-\dfrac{\hbar^2}{2I}\left[\dfrac{1}{\sin\theta}\dfrac{\partial}{\partial\theta}\left(\sin\theta\dfrac{\partial}{\partial\theta}\right)+\dfrac{1}{\sin^2\theta}\dfrac{\partial^2}{\partial\varphi^2}\right]\\ \hat{H}\psi=E\psi\\ \hat{L}^2\psi=2IE\psi\end{cases} \tag{3-20}$$

其本征解为

$$\begin{cases}\varepsilon_l=\dfrac{\hbar^2}{2I}l(l+1),\quad l=0,1,2,\cdots\\ \psi=\mathrm{Y}_{lm}(\theta,\varphi),\quad m=0,\pm1,\pm2,\cdots,\pm l\end{cases} \tag{3-21}$$

式中，l、m 为表征空间转子运动状态的量子数，由于空间转子的自由度数 $r=2$，故表征量子态的量子数的个数也为2。并且由式（3-21）可知，决定能级大小的量子数只有一个 l，因而对应于一个能级 ε_l 还可以有 $2l+1$ 个不同的量子态 $\mathrm{Y}_{lm}(\theta,\varphi)$，即转子能级为 $2(l+1)$ 度简并，即能级简并度为 $\omega_l=2l+1$。

3. 半经典近似

（1）半经典近似的概念

在知道每个分立的量子态，以及在子相宇中占据着一个体积为 h^r 的相格后，可以把整个子相宇看成是由许多体积为 h^r 的相格垒成的大空间，也就是说把原来经典的连续的 $\boldsymbol{\mu}$ 空间改造为相格式的量子化的 $\boldsymbol{\mu}$ 空间，从而使每一个量子态与一个相格相对应。这种处理虽然承认了量子粒子的状态是一些分立的量子态，但还是离不开用坐标 q 和动量 p 去描述粒子的微观运动状态，因而这种处理是一种半经典近似的处理，不是一种彻底的量子力学处理。但这种处理在统计物理中很实用，也很形象。

例 3-1 求微观粒子在一个大的体积元或有限的体积元 $\Delta\omega_l$ 内有多少个微观状态？

解： 如图 3-4 所示，一个大的体积元或有限的体积元 $\Delta\omega_l$ 内所含的量子态数（相格数）为 $\dfrac{\Delta\omega_l}{h^r}$，对于三维自由粒子，$r=3$，所以 $h^r=h^3$。

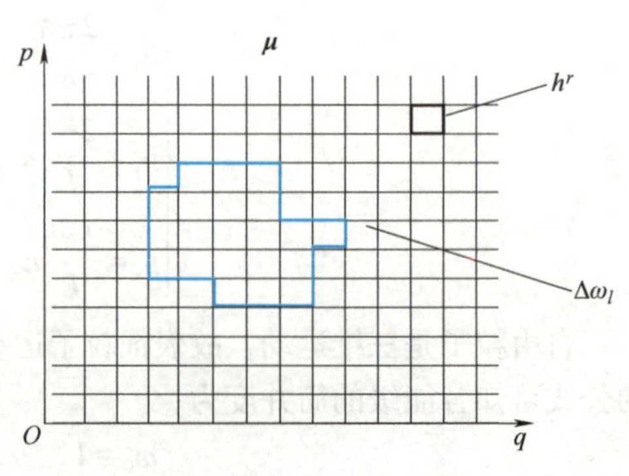

图 3-4 $\boldsymbol{\mu}$ 空间和相格

在体积 V 内，$\boldsymbol{\mu}$ 空间体积元为

$$\Delta\omega=\mathrm{d}x\mathrm{d}y\mathrm{d}z\mathrm{d}p_x\mathrm{d}p_y\mathrm{d}p_z \tag{3-22}$$

由于给定了体积，即

$$\sum \mathrm{d}x\mathrm{d}y\mathrm{d}z=V \tag{3-23}$$

$\Delta\omega$ 可记为

$$\Delta\omega=V\mathrm{d}p_x\mathrm{d}p_y\mathrm{d}p_z \tag{3-24}$$

所以量子态数（相格数）为$\dfrac{V\mathrm{d}p_x\mathrm{d}p_y\mathrm{d}p_z}{h^3}$。

这个过程就运用了半经典近似的理论。

（2）半经典近似的适用条件

由式（3-10）和式（3-12）的测不准原理

$$\Delta q\Delta p\approx h$$

$$\Delta q_1\cdots\Delta q_r\Delta p_1\cdots\Delta p_r\approx h^r$$

可以证明：只要对量子数足够大的量子态，每个分立的量子态在子相宇中占据着体积为 h^r 的一个相格的结论是正确的，就可以用半经典近似处理问题。

3.1.2　系统微观运动状态的描述

首先介绍两种简单的系统：由全同的粒子组成的系统，即具有完全相同的属性（相同的质量、电荷、自旋等）的同类粒子组成的系统；由近独立的粒子组成的系统，指系统中粒子之间的相互作用很弱，相互作用的平均能量远小于单个粒子的平均能量，因而可以忽略粒子之间相互作用的势能项。该系统的能量可近似表示为

$$E=\sum_{i=1}^{N}\varepsilon_i \tag{3-25}$$

1. 经典描述

对于近独立子系组成的体系，每个粒子的能量只是该粒子的 r 个广义坐标和 r 个广义动量的函数，与其他粒子的坐标和动量无关。因而可以用 $2r$ 个独立变量 $q_1,\cdots,q_r,p_1,\cdots,p_r$ 为直角坐标构成一个 $2r$ 维空间，称为 $\boldsymbol{\mu}$ 空间或子相宇。引入子相宇后，N 个近独立子系组成的体系在某一时刻 t 的微观运动状态可以用子相宇中 N 个代表点的分布来表示。当体系的微观状态发生变化时，体系在子相宇中的 N 个代表点的位置亦发生相应的变化，见表 3-1。

表 3-1　运动状态的对应关系

空　间	维　数	体系的运动状态	体系运动状态变化时	适　用
子相宇 $\boldsymbol{\mu}$ 空间	$2r$	N 个点的分布 （图：t，$\boldsymbol{\mu}$，p，O，q）	N 个代表点的位置分布发生变化 （图：t，$\boldsymbol{\mu}$，p，O，q → t，$\boldsymbol{\mu}$，p，O，q）	仅适用近独立子系组成的体系

在经典力学中描述粒子微观运动状态时称该粒子为经典粒子，其特点是轨道运动、原则上可以被跟踪、可以分辨。一个运动状态（q_i,p_i）只能有 1 个粒子。所以对于全同的经典粒子组成的系统来说，当两个粒子的位置交换后，可以认为系统的力学运动状态是不同的。

2. 量子描述Ⅰ：定域系统

在量子力学中描述粒子微观运动状态时称该粒子为量子粒子，其特点是非轨道运动、不

可分辨。即微观粒子全同性原理：在量子物理中，全同粒子是不可分辨的，在含有多个全同粒子的系统中，将任何一对全同粒子加以对换，不改变整个系统的微观运动状态。

如图 3-5 所示，当全同粒子的波函数完全不重叠时，全同粒子是可分辨的，这时粒子称为定域粒子。如晶体中的原子或离子都定域在各自的平衡位置附近做微振动。它们的波函数不会重叠。这时由于它们的波函数不重叠，可以用粒子的位置来区分粒子。

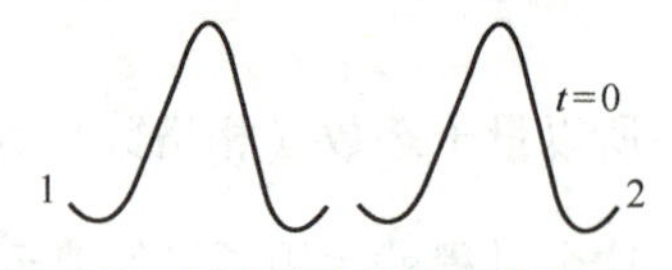

图 3-5　定域系统的波函数示意图

这种由定域粒子组成的体系称为定域系统。对于定域系统，要确定体系的微观状态数就要求确定每一个粒子处在哪些量子态，体系内任一个粒子的量子态发生变化就会导致体系微观运动状态的改变。

例 3-2　设系统由两个粒子组成，粒子的个体量子态有 3 个。如果粒子是定域子系统，有哪些可能的微观状态？

解： 设有 A、B 两个粒子（注意一个量子态上能容纳的粒子数不受限制），而又已知每个粒子的量子态有 3 个。由表 3-2 可知，共有 9 种不同的微观状态。

表 3-2　定域系统的微观状态

量子态 1	量子态 2	量子态 3
A	B	
B	A	
	A	B
	B	A
A		B
B		A
AB		
	AB	
		AB

3. 量子描述Ⅱ：非定域系统

如图 3-6 所示，当全同粒子的波函数重叠时，全同粒子是不可分辨的，这时粒子称为非定域粒子，简称非定域子。这种由非定域粒子组成的系统称为非定域系统。

对于非定域系统，若要确定体系的微观运动状态，由于粒子不可分辨，不能确切知道哪个粒子处在哪个量子态，而只能确定每个量子态上各有多少个粒子。

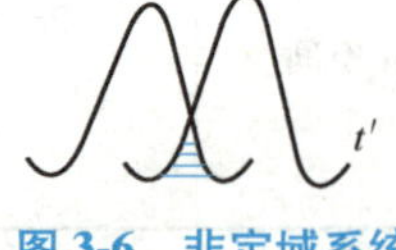

图 3-6　非定域系统的波函数示意图

自然界微观粒子可以分为两类，即玻色子和费米子。玻色子指自旋量子数都是整数或零的基本粒子，由玻色子或由偶数个费米子构成的复合粒子也是玻色子。费米子指自旋量子数都是半整数的基本粒子，或由奇数个费米子构成的复合粒子。相应的，由玻色子构成的系统称为玻色系统，不遵从泡利不相容原理；由费米子构成的系统称为费米系统，遵从泡利不相容原理。

例 3-3　设系统由两个粒子组成，粒子的个体量子态有 3 个。如果粒子分别是玻色子和费米子，系统有哪些可能的微观状态？

解： 1）玻色系统。粒子不可分辨，每个量子态所容纳的粒子数不受限制，即 A=B。玻色系统的微观状态见表 3-3，共有 6 种不同的微观状态。

表 3-3　玻色系统的微观状态

量子态 1	量子态 2	量子态 3
A	A	
	A	A
A		A
AA		
	AA	
		AA

2）费米系统。粒子不可分辨，每个量子态所容纳的粒子数最多为 1，即 AA 这种情况是不存在的。费米系统的微观状态见表 3-4，共有 3 种不同的微观状态。

表 3-4　费米系统的微观状态

量子态 1	量子态 2	量子态 3
A	A	
	A	A
A		A

3.1.3　分布和微观状态数

以上讨论对系统微观状态的描述，其目的在于求出反映系统宏观性质的物理量。宏观物理量是相应的微观物理量对系统所有可能的微观运动状态的统计平均值。由数学统计知识可知，只要知道各个微观状态出现的概率，就可以用统计方法求出微观量的统计平均值。

1. 等概率原理

19 世纪 70 年代，玻尔兹曼提出了著名的等概率原理，即对于处在平衡状态的孤立系统，系统的各个微观状态出现的概率是相等的。等概率原理是导出各种分布的基础。

平衡状态是指孤立系统经过足够长的时间将会到达的状态：系统的各个宏观性质在长时间内不发生任何变化。孤立系统要求：①无能量 E、质量 m 的交换；②宏观条件能量 E、粒子数 N、体积 V 不发生变化，严格来说 $\frac{\Delta E}{E} \ll 1$。

2. 分布与微观状态的区别

对于大量全同和近独立的粒子组成的孤立系统，具有确定的能量 E、粒子数 N 和体积 V。粒子在各能级上的分布可以描述为

能级

$$\varepsilon_1, \varepsilon_2, \cdots, \varepsilon_l, \cdots$$

简并度

$$\omega_1, \omega_2, \cdots, \omega_l, \cdots$$

粒子数

$$a_1, a_2, \cdots, a_l, \cdots$$

用 $\{a_l\}$ 表示 N 个粒子在各个能级上的分布，则分布 $\{a_l\}$ 必须满足

$$\begin{cases} \sum_l a_l = N \\ \sum_l \varepsilon_l a_l = E \end{cases} \tag{3-26}$$

用 Ω 表示与 $\{a_l\}$ 分布对应的系统微观状态数，在给定的宏观条件下，分布不是唯一的。与分布对应的微观状态数 Ω 也是不确定的，每个微观状态出现的概率为$\frac{1}{\Omega}$。分布和微观状态是两个不同的概念，微观状态是等概率的，分布不是等概率的。

3. 给定分布下的微观状态数

一旦知道粒子在各个能级上的个数，就可以利用数学方法方便地求出与这一分布对应的系统的可能微观状态数。通常用 Ω 表示与 $\{a_l\}$ 分布对应的系统微观状态数，则有

$$\Omega_{总} = \Omega_1 + \Omega_2 + \cdots + \Omega_l + \cdots$$

（1）定域粒子系统

对于定域粒子组成的系统，粒子可以分辨，每个量子态容纳的粒子数不限，第 1 个粒子 ω_l，第 2 个粒子 $\omega_l, \cdots$，第 a_l 个粒子 ω_l，则 a_l 个粒子 ω_l 量子态占据方式共有 ${\omega_l}^{a_l}$种。所以 $a_1, a_2, \cdots, a_l$ 个粒子占据能级 $\varepsilon_1, \varepsilon_2, \cdots, \varepsilon_l$。

以上各个量子态占据方式共有$\prod_l {\omega_l}^{a_l}$种。由于定域粒子可以分辨，粒子交换导致系统总状态数应乘以因子$\frac{N!}{\prod_l a_l!}$。所以对于定域系统，与 $\{a_l\}$ 分布对应的微观状态数为

$$\Omega_{M \cdot B} = \frac{N!}{\prod_l a_l!} \prod_l {\omega_l}^{a_l} \tag{3-27}$$

（2）玻色系统

对于玻色系统，粒子不可分辨，不遵从泡利不相容原理，即每一个量子态能容纳粒子数不限。与 $\{a_l\}$ 分布对应的微观状态数为

$$\Omega_{B \cdot E} = \prod_l \frac{(\omega_l + a_l - 1)!}{a_l!(\omega_l - 1)!} \tag{3-28}$$

（3）费米系统

对于费米系统，粒子不可分辨，遵从泡利不相容原理，即每一个量子态仅能容纳一个粒子。与 $\{a_l\}$ 分布对应的微观状态数为

$$\Omega_{F \cdot D} = \prod_l \frac{\omega_l!}{a_l!(\omega_l - a_l)!} \tag{3-29}$$

如果在玻色或费米系统中，任一能级 ε_l（对所有的 l）上的粒子数均远小于该能级的量

子态数，即

$$\frac{a_l}{\omega_l} \ll 1 \tag{3-30}$$

此时有

$$\begin{aligned}
\Omega_{B \cdot E} &= \prod_l \frac{(\omega_l + a_l - 1)!}{a_l!(\omega_l - a_l)!} \\
&= \prod_l \frac{(\omega_l + a_l - 1)(\omega_l + a_l - 2)\cdots\omega_l(\omega_l - 1)!}{a_l!(\omega_l - a_l)!} \\
&= \prod_l \frac{(\omega_l + a_l - 1)(\omega_l + a_l - 2)\cdots\omega_l}{a_l!} \\
&= \prod_l \frac{\omega_l{}^{a_l}}{a_l!} = \frac{\Omega_{M \cdot B}}{N!}
\end{aligned}$$

$$\Omega_{F \cdot D} = \cdots = \frac{\Omega_{M \cdot B}}{N!} \tag{3-31}$$

4. 非简并性条件

非简并性条件为

$$\frac{a_l}{\omega_l} \ll 1 \quad 或 \quad f_s \ll 1 \tag{3-32}$$

式中，f_s 为能级上一个量子态的平均粒子数。这说明各能级上大多数量子态均未被占据，或平均而言处在各量子态上的粒子数远小于1。

在非简并性条件下，对于玻色系统，也可以证明

$$\Omega_{B \cdot E} = \prod_l \frac{(\omega_l + a_l - 1)!}{a_l!(\omega_l - 1)!} \approx \frac{\Omega_{M \cdot B}}{N!} \tag{3-33}$$

即当满足非简并性条件时，不论玻色系统还是费米系统，与一个分布 $\{a_l\}$ 相对应的微观状态数都近似等于定域系统的微观状态数除以 $N!$。

例 3-4 假定一个系统包含两个无相互作用的全同非定域玻色子，可能的单粒子能级有两个（ε_1 和 ε_2），每个能级的简并度均为2。试问：系统可能的分布有几种？微观状态数总共有多少种？

解： 系统可能的分布见表3-5。

表3-5 系统可能的分布

分　布	能级 ε_1 上粒子数	能级 ε_2 上粒子数
第一种	1	1
第二种	2	
第三种	0	2

微观状态数分别如下：

1）第一种分布对应的微观状态见表3-6。

表 3-6　第一种分布对应的微观状态

能级 ε_1		能级 ε_2	
量子态 1	量子态 2	量子态 3	量子态 4
A		A	
A			A
	A	A	
	A		A

2）第二种分布对应的微观状态见表 3-7。

表 3-7　第二种分布对应的微观状态

能级 ε_1		能级 ε_2	
量子态 1	量子态 2	量子态 3	量子态 4
A	A		
AA			
	AA		

3）第三种分布对应的微观状态见表 3-8。

表 3-8　第三种分布对应的微观状态

能级 ε_1		能级 ε_2	
量子态 1	量子态 2	量子态 3	量子态 4
		A	A
		AA	
			AA

3.1.4　玻尔兹曼分布、玻色分布和费米分布

3.1.3 节求出了与系统中大量粒子分布 $\{a_l\}$ 对应的 Ω。由于等概率原理，每一个可能的微观状态出现的概率相同，所以微观状态数最多的分布出现的概率将最大，称为最概然分布。本节将推导玻尔兹曼系统、玻色系统和费米系统的最概然分布，即玻尔兹曼分布、玻色分布和费米分布。

1. 玻尔兹曼分布

定域粒子处在平衡状态的孤立系统的最概然分布，称为麦克斯韦-玻尔兹曼分布或玻尔兹曼分布。下面对玻尔兹曼分布 $\{a_l\}$ 中，能级 ε_l 上 a_l 的具体表达式进行求解。

首先，对式（3-27）取自然对数并进行整理，可得

$$\ln\Omega = \ln N! - \sum_l \ln a_l ! + \sum_l a_l \ln\omega_l \tag{3-34}$$

由斯特林公式，对于 $m \gg 1$ 的整数，有

$$\ln m! = m(\ln m - 1) \tag{3-35}$$

所以有

$$\ln\Omega = N\ln N - \sum_l a_l \ln a_l + \sum_l a_l \ln\omega_l \tag{3-36}$$

对于一种分布，实际上 a_l 在变化，令 a_l 有 δa_l 的变化，则 $\ln\Omega$ 有 δa_l 的变化，且定域系统中粒子的最概然分布是使 Ω 为极大的分布。使 $\ln\Omega$ 为极大的条件为

$$\begin{aligned} \delta\ln\Omega &= -\sum_l \delta a_l \ln a_l - \sum_l \delta a_l + \sum_l \delta a_l \ln\omega_l = 0 \\ \delta\ln\Omega &= -\sum_l \ln\left(\frac{a_l}{\omega_l}\right)\delta a_l = 0 \end{aligned} \tag{3-37}$$

由于宏观条件要求

$$\sum_l \delta a_l = \delta N = 0, \quad \sum_l \varepsilon_l \delta a_l = \delta E = 0 \tag{3-38}$$

应用数学中拉格朗日未定乘子 α 和 β 进行求解，可得

$$a_l = \omega_l e^{-\alpha-\beta\varepsilon_l} \tag{3-39}$$

式中，a_l 为定域系统中处于能级 ε_l 上的粒子个数。处在一个量子态上的平均粒子数应该是相同的，处在能量为 ε_s 量子态的平均粒子数 f_s 为

$$f_s = e^{-\alpha-\beta\varepsilon_s} \tag{3-40}$$

α、β 由两个宏观条件确定，即

$$\begin{aligned} N &= \sum_l \omega_l e^{-\alpha-\beta\varepsilon_l} = \sum_s \overline{f_s} = \sum_s e^{-\alpha-\beta\varepsilon_s} \\ E &= \sum_l \varepsilon_l \omega_l e^{-\alpha-\beta\varepsilon_l} = \sum_s \varepsilon_s e^{-\alpha-\beta\varepsilon_s} \end{aligned} \tag{3-41}$$

对以上推导过程进行以下补充说明。

要使 $\ln\Omega$ 取得极大值，则 $\delta^2\ln\Omega$ 必须小于 0，下面对其进行证明。

因为

$$\delta\ln\Omega = -\sum_l \ln\left(\frac{a_l}{\omega_l}\right)\delta a_l = 0 \tag{3-42}$$

所以

$$\delta^2\ln\Omega = -\sum_l \frac{(\delta a_l)^2}{a_l} \tag{3-43}$$

由于 $a_l>0$，则 $\delta^2\ln\Omega$ 恒小于 0。

已知在给定的宏观条件下（N、E、V 给定），分布不是唯一的，体系可以有许多种分布。而玻尔兹曼分布只是其中出现概率最大的分布，当然它对应的微观状态数最大。这个微观状态数与体系处在平衡态时所有可能的微观状态数差别极大。

为了说明这一点，将玻尔兹曼分布的微观状态数 Ω 与跟它有偏离 δa_l（$l=1,2,\cdots$）的另外一个分布的微观状态数 $\Omega+\Delta\Omega$ 进行比较。将 $\ln(\Omega+\Delta\Omega)$ 展开为

$$\ln(\Omega+\Delta\Omega) = \ln\Omega + \delta\ln\Omega + \frac{1}{2}\delta^2\ln\Omega + \cdots \tag{3-44}$$

代入式（3-42）和式（3-43），可得

$$\ln(\Omega+\Delta\Omega)=\ln\Omega-\frac{1}{2}\sum_{l}\frac{(\delta a_l)^2}{a_l} \tag{3-45}$$

取一个较小的偏离，假设$\dfrac{\delta a_l}{a_l}\approx 10^{-5}$，则

$$\ln\frac{\Omega+\Delta\Omega}{\Omega}=-\frac{1}{2}\sum_{l}\frac{(\delta a_l)^2}{a_l}a_1\approx-\frac{1}{2}\times 10^{-10}N$$

对于$N\approx 10^{23}$的宏观系统，可得$\dfrac{\Omega+\Delta\Omega}{\Omega}\approx e^{-\frac{1}{2}\times 10^{13}}$。

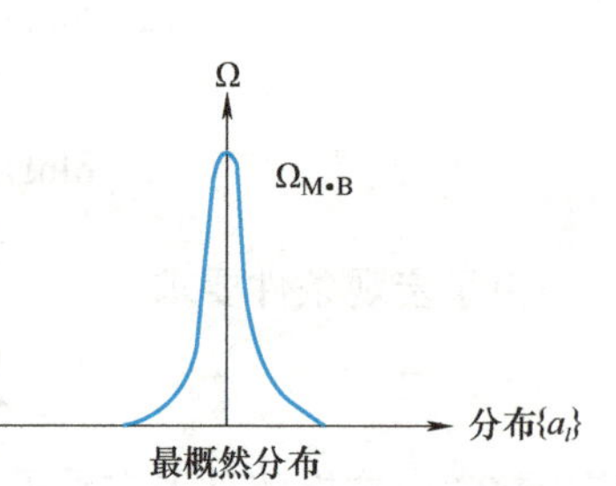

图 3-7　最概然分布

由以上推导和图 3-7 可知，平衡状态下，一个孤立系统的玻尔兹曼分布所对应的最概然分布 $\Omega_{M\cdot B}$ 非常接近 $\Omega_{总}$，即 $\Omega_{M\cdot B}\approx\Omega_{总}$。

2. 玻色分布和费米分布

玻色/费米系统的最概然分布称为玻色/费米分布。仿照玻尔兹曼系统的求解过程，对分布的表达式进行求解。

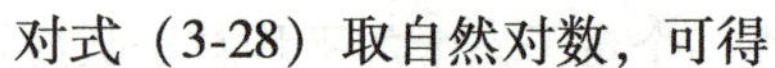

对式（3-28）取自然对数，可得

$$\ln\Omega=\sum_{l}\left[\ln(\omega_l+a_l-1)!-\ln a_l!-\ln(\omega_l-1)!\right] \tag{3-46}$$

假设 $a_l\gg 1$，$\omega_l\gg 1$，可得

$$\omega_l+a_l-1\approx\omega_l+a_l,\quad \omega_l-1\approx\omega_l$$

由式（3-35），可得

$$\ln\Omega=\sum_{l}\left[(\omega_l+a_l)\ln(\omega_l+a_l)-a_l\ln a_l-\omega_l\ln\omega_l\right] \tag{3-47}$$

令

$$\delta\ln\Omega=\sum_{l}\left[\ln(\omega_l+a_l)-\ln a_l\right]\delta a_l=0$$

应用数学中拉格朗日未定乘子 α 和 β 进行求解，可得玻色分布为

$$a_l=\frac{\omega_l}{e^{\alpha+\beta\varepsilon_s}-1} \tag{3-48}$$

同理，对于费米系统的最概然分布——费米分布，有

$$a_l=\frac{\omega_l}{e^{\alpha+\beta\varepsilon_s}+1} \tag{3-49}$$

α、β 可由式（3-41）确定，即

$$\begin{cases}\displaystyle\sum_{l}\frac{\omega_l}{e^{\alpha+\beta\varepsilon_l}\pm 1}=\sum_{l}\frac{1}{e^{\alpha+\beta\varepsilon_s}\pm 1}=N\\ \displaystyle\sum_{l}\frac{\varepsilon_l\omega_l}{e^{\alpha+\beta\varepsilon_l}\pm 1}=\sum_{l}\frac{\varepsilon_s}{e^{\alpha+\beta\varepsilon_s}\pm 1}=E\end{cases} \tag{3-50}$$

3. 三种分布的关系

玻尔兹曼分布为

$$a_l=\frac{\omega_l}{e^{\alpha+\beta\varepsilon_l}}$$

玻色分布和费米分布为

$$a_l=\frac{\omega_l}{e^{\alpha+\beta\varepsilon_l}\pm 1}$$

若 $e^{\alpha}\gg 1$ 或 $\frac{a_l}{\omega_l}=\frac{1}{e^{\alpha+\beta\varepsilon_l}}\ll 1$，即任一量子态上的粒子数远小于 1，则有

$$a_l=\frac{\omega_l}{e^{\alpha+\beta\varepsilon_l}\pm 1}\rightarrow a_l=\frac{\omega_l}{e^{\alpha+\beta\varepsilon_l}}$$

即当非简并性条件满足时，玻色分布和费米分布可过渡到玻尔兹曼分布，三种分布具有共同形式。

3.2 玻尔兹曼统计

前面介绍了微观粒子在各个能级上的分布 $\{a_l\}$，那么就可以利用统计的办法求出宏观物理量。

3.2.1 宏观物理量的统计表达式

1. 配分函数

为了方便求取宏观物理量，引入函数 Z_1，即

$$Z_1=\sum_l \omega_l e^{-\beta\varepsilon_l} \tag{3-51}$$

式中，Z_1 为粒子配分函数。配分函数具有特性函数的性质，在适当选择独立变量的情况下，只要知道一个热力学函数，就可以完全确定一个均匀系的平衡性质。

配分函数 Z_1 与概率函数 ρ 的关系为

$$\begin{cases}\rho_l=\dfrac{a_l}{N}=\dfrac{\omega_l e^{-\alpha-\beta\varepsilon_l}}{N}=\dfrac{1}{Z_1}\omega_l e^{-\beta\varepsilon_l}, & \sum\rho_l=1\\[2ex] \rho_s=\dfrac{f_s}{N}=\dfrac{e^{-\alpha-\beta\varepsilon_s}}{N}=\dfrac{1}{Z_1}e^{-\beta\varepsilon_s}, & \sum\rho_s=1\end{cases} \tag{3-52}$$

2. 定域系统宏观量的统计表达式

定域系统和满足经典极限条件的玻色/费米系统都遵从玻尔兹曼分布。

(1) 内能 U 的统计表达式

内能 U 是粒子热运动的能量总和，可表示为

$$U=\sum_l a_l\varepsilon_l=\sum_l \varepsilon_l\omega_l e^{-\alpha-\beta\varepsilon_l} \tag{3-53}$$

由于

$$N=e^{-\alpha}\sum_l \omega_l e^{-\beta\varepsilon_l}=e^{-\alpha}Z_1 \tag{3-54}$$

可得

$$U = e^{-\alpha}\sum_l \varepsilon_l\omega_l e^{-\beta\varepsilon_l} = e^{-\alpha}\left(-\frac{\partial}{\partial\beta}\sum_l \omega_l e^{-\beta\varepsilon_l}\right) = \frac{N}{Z_1}\left(-\frac{\partial}{\partial\beta}Z_1\right) = -N\frac{\partial}{\partial\beta}\ln Z_1 \tag{3-55}$$

（2）广义作用力 Y 的统计表达式

系统在准静态过程中的微功为 $đW=Y\mathrm{d}y$，其中 y 为外参量，Y 为广义作用力。

广义作用力表达式为 $Y=\frac{\mathrm{d}E}{\mathrm{d}y}$，由于粒子的能量是外参量的函数，作用到一个粒子上的广义作用力可表示为 $\frac{\mathrm{d}\varepsilon_l}{\mathrm{d}y}$，作用到系统上的广义作用力可表示为

$$\begin{aligned} Y &= \sum_l a_l\frac{\partial\varepsilon_l}{\partial y} \\ &= \sum_l \frac{\partial\varepsilon_l}{\partial y}\omega_l e^{-\alpha-\beta\varepsilon_l} = e^{-\alpha}\left(-\frac{1}{\beta}\frac{\partial}{\partial y}\sum_l \omega_l e^{-\beta\varepsilon_l}\right) \\ &= \frac{N}{Z_1}\left(-\frac{1}{\beta}\frac{\partial}{\partial y}Z_1\right) = -\frac{N}{\beta}\frac{\partial}{\partial y}\ln Z_1 \end{aligned} \tag{3-56}$$

一个常见的特例为

$$p=\frac{N}{\beta}\frac{\partial}{\partial V}\ln Z_1 \tag{3-57}$$

（3）热量 Q 的统计表达式

在无穷小的准静态过程中，外参量改变 $\mathrm{d}y$ 时，外界对系统所做的功为

$$đW = Y\mathrm{d}y = \mathrm{d}y\sum\frac{\partial\varepsilon_l}{\partial y}a_l = \sum_l a_l d\varepsilon_l \tag{3-58}$$

对内能 U 求全微分，可得

$$đU = \sum_l a_l d\varepsilon_l + \sum_l \varepsilon_l da_l \tag{3-59}$$

式中，第一项为粒子分布不变时由于能级改变而引起的内能变化；第二项为粒子能级不变时由于分布改变而引起的内能变化。与外界对系统做功的表达式比较，第一项为在准态过程中外界对系统所做的功；第二项为在准态过程中系统从外界吸收的热量，它等于粒子能级不变而粒子在其能级上重新分布所增加的内能，即

$$đQ = \sum_l \varepsilon_l da_l \tag{3-60}$$

由上述讨论可知，没有与 Q 对应的微观量，$đQ$ 不是全微分，只是一个无穷小量。

（4）熵 S 的统计表达式

由热力学第二定律，$đQ$ 存在积分因子 $\frac{1}{T}$，即

$$\frac{1}{T}đQ = \frac{1}{T}(\mathrm{d}U - Y\mathrm{d}y) = \mathrm{d}S \tag{3-61}$$

代入内能 U 和广义作用力 Y 的统计表达式，可得

$$đQ=dU-Ydy=-Nd\left(\frac{\partial mE_1}{\partial\beta}\right)+\frac{N}{\beta}\frac{\partial mE_1}{\partial y}dy \tag{3-62}$$

用β乘式（3-62），可得

$$\beta(dU-Ydy)=-N\beta d\left(\frac{\partial mZ_1}{\partial\beta}\right)+N\frac{\partial mZ_1}{\partial y}dy \tag{3-63}$$

式中，Z_1为β、y的函数，所以有

$$d\ln Z_1=\frac{\partial mZ_1}{\partial\beta}d\beta+\frac{\partial mZ_1}{\partial y}dy \tag{3-64}$$

整理可得

$$\beta(dU-Ydy)=Nd\left(\ln Z_1-\beta\frac{\partial}{\partial\beta}\ln Z_1\right) \tag{3-65}$$

从式（3-65）可以看出，β也是$đQ$的积分因子，即

$$\beta=\frac{1}{kT} \tag{3-66}$$

可以证明，k为一个常数，即玻尔兹曼常数为

$$k=\frac{R}{N_0}=\frac{8.314}{6.02\times10^{23}}\text{J/K}=1.381\times10^{-23}\text{J/K}$$

式中，R为普适气体常数。

结合以上推导，可得

$$dS=Nkd\left(\ln Z_1-\beta\frac{\partial}{\partial\beta}\ln Z_1\right) \tag{3-67}$$

对式（3-67）积分可得

$$S=Nk\left(\ln Z_1-\beta\frac{\partial}{\partial\beta}\ln Z_1\right) \tag{3-68}$$

（5）自由能F的统计表达式

由热力学公式

$$\begin{aligned}F&=U-TS\\&=-N\frac{\partial}{\partial\beta}\ln Z_1-TNk\left(\ln Z_1-\beta\frac{\partial}{\partial\beta}\ln Z_1\right)\\&=-NkT\ln Z_1\end{aligned} \tag{3-69}$$

3. 玻尔兹曼关系

对$N=e^{-\alpha}Z_1$取对数，可得

$$\ln Z_1=\ln N+\alpha \tag{3-70}$$

代入熵的表达式式（3-68），可得

$$S=k(N\ln N+\alpha N+\beta E)=k\left[N\ln N+\sum_l(\alpha+\beta\varepsilon_l)a_l\right] \tag{3-71}$$

由

$$a_l=\omega_l e^{-\alpha-\beta\varepsilon_l}\rightarrow\alpha+\beta\varepsilon_l=\ln\frac{\omega_l}{a_l} \tag{3-72}$$

代入式（3-71），可得

$$S=k\left[N\ln N+\sum_l a_l\ln\omega_l-\sum_l a_l\ln a_l\right] \tag{3-73}$$

$$S=k\ln\Omega \tag{3-74}$$

即系统在某个宏观状态的熵等于玻尔兹曼常数 k 乘相应微观状态数的对数。式（3-74）称为玻尔兹曼关系。Ω 本来是与最概然分布（玻尔兹曼分布）对应的系统的微观状态，但可以认为是系统所有可能分布的量的微观状态数。熵是系统混乱度的量度，由玻尔兹曼关系，Ω 越大，S 就越大。所以二者联系到一起，宏观系统的微观状态数越多，它的混乱度就越大，熵也越大。

4. 满足非简并条件的非定域系统

本节在定域系统的条件下求取了各个宏观物理量的统计表达式。对于满足非简并条件的非定域系统，可以证明内能 U、广义力 Y 的统计表达式都是适用的。但非定域系统的微观状态数 $\Omega=\dfrac{\Omega_{M\cdot B}}{N!}$，所以需要对熵和自由能 F 的统计表达式做一定的修正，即

$$\begin{cases}S=k\ln\dfrac{\Omega_{M\cdot B}}{N!}\\ S=Nk\left(\ln Z_1-\beta\dfrac{\partial}{\partial\beta}\ln Z_1\right)-k\ln N!\\ F=-NkT\ln Z_1+kT\ln N!\end{cases} \tag{3-75}$$

3.2.2 经典的玻尔兹曼统计

1. 经典近似条件

当粒子的能级非常密集，任意两个相邻能级的能量差 $\Delta\varepsilon$ 都远小于 kT，即 $\dfrac{\Delta\varepsilon}{kT}\ll 1$ 时，量子统计和经典统计的实质区别消失，量子统计可以过渡到经典统计。

（1）玻尔兹曼分布的经典表达式近似

玻尔兹曼分布的经典表达式近似为

$$a_l=\omega_l e^{-\alpha-\beta\varepsilon_l}\rightarrow e^{-\alpha-\beta\varepsilon_l}\frac{\Delta\omega_l}{h^r} \tag{3-76}$$

（2）给定宏观条件下 $\{a_l\}$ 分布的描述

微元

$$\Delta\omega_1,\Delta\omega_2,\cdots,\Delta\omega_l,\cdots$$

能量

$$\varepsilon_1,\varepsilon_2,\cdots,\varepsilon_l,\cdots$$

粒子数

$$a_1,a_2,\cdots,a_l,\cdots$$

简并度

$$\frac{\Delta\omega_1}{h^r},\frac{\Delta\omega_2}{h^r},\cdots,\frac{\Delta\omega_l}{h^r},\cdots$$

则与 $\{a_l\}$ 对应的系统的微观状态数经典表达式为

$$\Omega_{\mathrm{M.B}}=\frac{N!}{\Pi_l a_l}\Pi_l\left(\frac{\Delta\omega_l}{h^r}\right)^{a_l} \tag{3-77}$$

(3) 配分函数的经典表达式

由式（3-52）可得配分函数的经典表达式为

$$Z_1=\sum_l \mathrm{e}^{-\beta\varepsilon_l}\frac{\Delta\omega_l}{h^r} \tag{3-78}$$

式（3-78）用经典理论的广义坐标和广义动量的积分表示为

$$\begin{aligned}Z_1&=\int \mathrm{e}^{-\beta\varepsilon_l}\frac{\mathrm{d}\omega}{h^r}\\&=\int\cdots\int \mathrm{e}^{-\beta\varepsilon(q,p)}\frac{\mathrm{d}q_1\cdots\mathrm{d}q_r\mathrm{d}p_1\cdots\mathrm{d}p_r}{h^r}\end{aligned} \tag{3-79}$$

当 $\Delta\omega_l$ 取得足够小，可得配分函数的积分形式。

关于经典近似对经典统计结果的影响，由于量子统计和经典统计的区别在于对微观状态的描述不同，亦即 a_l、$\{a_l\}$、$\Omega_{\mathrm{M.B}}$和 Z_1 不同，但统计原理是一致的，因此宏观物理量公式不变。玻尔兹曼分布经典表达式中的 h^r 将与配分函数 Z_1 所含的 h^r 相互消去，其结果与纯粹经典统计结果一致，即经典统计中不能出现 h，它是量子力学（统计）中特有的常数。关于系统的熵，在纯粹的经典描述中，粒子的微观运动状态连续变化，无法统计微观状态数 Ω，不可能引入微观状态数的概念；然而，引入微观状态的概念后，得到的熵中含有一待定的可加常数，不是绝对熵。但根据量子统计得到的熵不含有一待定的可加常数，它是绝对熵，也就是说绝对熵是量子力学的结果。

2. 能量均分定理

能量均分定理：对于处在温度为 T 的热力学平衡状态的经典系统，粒子能量 ε 中每一个平方项的平均值等于$\frac{1}{2}kT$。以下为应用举例。

(1) 单原子分子气体经典系统

由于单原子分子只有平动，系统能量表达式为

$$\varepsilon=\frac{1}{2m}(p_x^2+p_y^2+p_z^2)$$

由能量均分定理，可得分子平均能量为

$$\bar{\varepsilon}=\frac{3}{2}kT$$

则系统的内能和定容热容为

$$U=\frac{3}{2}NkT$$

$$C_V=\frac{\mathrm{d}U}{\mathrm{d}T}=\frac{3}{2}Nk$$

如果气体为理想气体，则有

$$C_p-C_V=Nk$$

$$C_p = \frac{5}{2}Nk$$

$$\gamma = \frac{C_p}{C_V} = 1.667$$

其中 C_p 为定压热容。经典理论值与实验结果符合较好。

(2) 双原子分子气体经典系统

双原子分子气体系统的能量表达式为

$$\varepsilon = \frac{1}{2m}(p_x^2 + p_y^2 + p_z^2) + \frac{1}{2I}\left(p_\theta^2 + \frac{1}{\sin^2\theta}p_r^2\right) + \left[\frac{1}{2\mu}p_r^2 + U(r)\right] \tag{3-80}$$

由能量均分定理，可得分子平均能量为

$$\bar{\varepsilon} = \frac{5}{2}kT$$

则系统的内能和定容热容为

$$U = \frac{5}{2}NkT$$

$$C_V = \frac{5}{2}Nk$$

若为理想气体系统，则有

$$C_p = \frac{7}{2}Nk$$

$$\gamma = 1.40$$

除了低温下的氢气（H_2），其他气体的理论值与实验结果都符合较好。

例 3-5 前面已经在经典统计下用能量均分定理求出了双原子分子气体的 C_V，试用经典统计通过求配分函数，再求热力学量的方法求 C_V。

解： 系统的能量表达式为

$$\varepsilon = \frac{1}{2M}(p_x^2 + p_y^2 + p_z^2) + \frac{1}{2I}\left(p_\theta^2 + \frac{1}{\sin^2\theta}p_\psi^2\right) + \frac{1}{2\mu}(p_r^2 + \mu^2\omega^2 r^2) \tag{3-81}$$

$$\begin{cases} M = m_1 + m_2 \\ \mu = \dfrac{m_1 m_2}{m_1 + m_2} \end{cases} \tag{3-82}$$

配分函数为

$$Z_1 = Z_1^t Z_1^v Z_1^r$$

$$Z_1 = \int \cdots \int e^{-\beta(q,p)} \frac{dq_1 \cdots dq_r dp_1 \cdots dp_r}{h^r}$$

$$Z_1^t = \int e^{-\frac{\beta}{2m}(p_x^2 + p_y^2 + p_z^2)} \frac{dxdydzdp_x dp_y dp_z}{h^3}$$

$$Z_1^v = \int e^{-\frac{\beta}{2\mu}(p_r^2 + \mu\omega^2 r)} \frac{dp_r dr}{h}$$

$$Z_1^r=\int e^{-\frac{\beta}{2I}\left(p_\theta^2+\frac{1}{\sin^2\theta}p_\psi^2\right)}\frac{dp_\theta dp_\psi d\theta d\psi}{h^2}$$

对各配分函数进行积分，可得

$$\begin{cases}Z_1^t=V\left(\dfrac{2\pi M}{h^2\beta}\right)^{\frac{3}{2}}\\ Z_1^v=\dfrac{2\pi}{h\beta\omega}\\ Z_1^r=\dfrac{8\pi^2 I}{h^2\beta}\end{cases}\tag{3-83}$$

各自对系统内能和比定容热容的贡献为

$$\begin{cases}U^t=\dfrac{3}{2}NkT\\ U^v=NkT\\ U^r=NkT\end{cases}\tag{3-84}$$

$$\begin{cases}C_V^t=\dfrac{3}{2}Nk\\ C_V^v=Nk\\ C_V^r=Nk\end{cases}\tag{3-85}$$

式（3-84）、式（3-85）与经典统计能量均分定理得到的结果一致。

3. 气体热力学函数的经典统计

对于单原子分子理想气体，一般气体是非定域系统，满足非简并条件$\frac{a_l}{\omega_l}\ll 1$，因而遵从玻尔兹曼分布，计算表明，在宏观大小的容器内，自由粒子的平均能量是准连续的。如自由粒子在一维容器（$L=10^{-2}$m）运动，任意两能量差$\Delta\varepsilon_{n\lambda}/\varepsilon_{n\lambda}\approx 10^{-8}$。

关于单原子分子理想气体的配分函数，由配分函数的经典表达式，可得

$$\begin{aligned}Z_1&=\int\cdots\int e^{-\beta\varepsilon(q,p)}\frac{dq_1\cdots dq_r dp_1\cdots dp_r}{h^r}\\&=\frac{1}{h^3}\int\cdots\int e^{-\frac{\beta}{2m}(p_x^2+p_y^2+p_z^2)}dxdydzdp_xdp_ydp_z\\&=\frac{1}{h^3}\int dxdydz\int_{-\infty}^{+\infty}e^{-\frac{\beta}{2m}p_x^2}dp_x\int_{-\infty}^{+\infty}e^{-\frac{\beta}{2m}p_y^2}dp_y\int_{-\infty}^{+\infty}e^{-\frac{\beta}{2m}p_z^2}dp_z\end{aligned}$$

$$Z_1=V\left(\frac{2\pi m}{\beta h^2}\right)^{\frac{3}{2}}\tag{3-86}$$

由配分函数计算气体的内能为

$$U=-N\frac{\partial}{\partial\beta}\ln Z_1=\frac{3N}{2\beta}=\frac{3}{2}NkT\tag{3-87}$$

即在温度 T 时，单原子分子无规则运动平均能量为$\frac{3}{2}kT$，与实验结果相符。

理想气体的物态方程为

$$p=\frac{N}{\beta}\frac{\partial}{\partial V}\ln Z=\frac{NkT}{V} \tag{3-88}$$

气体是非定域系统，则气体系统的熵由式（3-75）可得

$$S=Nk\left(\ln Z_1-\beta\frac{\partial}{\partial\beta}\ln Z_1\right)-k\ln N!$$

将式（3-87）代入上式，化简可得

$$S=\frac{3}{2}NkT+Nk\ln\frac{V}{N}+\frac{3}{2}Nk\left(\frac{5}{3}+\ln\frac{2\pi mk}{h^2}\right) \tag{3-89}$$

接下来讨论气体满足非简并性条件的要求，由式（3-54）可得

$$N=\sum_l a_l,\quad N=e^{-\alpha}\sum_l\omega_l e^{-\beta\varepsilon_l}=e^{-\alpha}Z_1$$

即

$$e^{\alpha}=\frac{V}{N}\left(\frac{2\pi mkT}{h^2}\right)^{\frac{3}{2}} \tag{3-90}$$

由式（3-90）可以看出，N/V 越小、气体越稀薄、温度 T 越高、分子质量 m 越大，非简并条件越容易满足。

4. 固体热容研究

固体中的原子在其平衡位置附近做微振动。假设各原子在其平衡位置的振动为相互独立的简谐振动，原子质量为 m，动量为 p，圆频率为 ω，坐标为 q。

原子在一个自由度上的能量为

$$\varepsilon=\frac{1}{2m}p^2+\frac{1}{2}m\omega^2q^2 \tag{3-91}$$

由能量均分定理，每个原子都有 3 个自由度，温度为 T 时，一个原子的平均能量为

$$\bar{\varepsilon}=3kT$$

系统的内能和比定容热容为

$$U=3NkT$$

$$C_V=3Nk$$

为了比较理论与实验结果，需要使用热力学公式

$$C_p-C_V=\frac{TVa^2}{k} \tag{3-92}$$

在室温、高温范围内，实验结果与式（3-92）符合较好，但是在低温范围，实验发现固体的比定容热容随温度降低得很快，当温度趋近绝对零度时，比定容热容也趋于零，理论与实验结果差别较大，如图 3-8 所示。

如果固体材料是金属，则在金属中存在自由电子，如果将能量均分定理应用于自由电子，则自由电子的热容将与离子振动的热容具有相同数量级。然而，实验结果表明，在 3K 以上自由电子的热容与离子振动的热容相比可以忽略不计。这也是经典理论不能解释的。

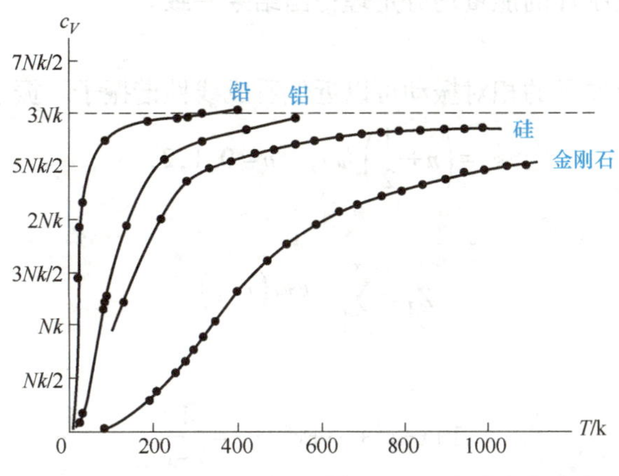

图 3-8 几种金属与非金属的 c_V 随温度的变化曲线

3.2.3 量子的玻尔兹曼统计

1. 气体热容的量子统计

前面利用经典统计讨论了单原子分子和双原子分子理想气体的热容，所得结果与实验结果基本相符，但也有几个问题没有得到合理解释：①原子中的电子对气体的热容为什么没有贡献？②双原子分子的振动为什么对热容没有贡献？③低温下氢气的热容的实验结果与经典统计结果为什么不符合？

以双原子分子为例，不考虑电子的运动，双原子的能量为

$$\varepsilon=\varepsilon^t+\varepsilon^v+\varepsilon^r \tag{3-93}$$

配分函数为

$$Z_1=\sum_l \omega_l e^{-\beta\varepsilon_l}=\sum_{t,v,r}\omega^t e^{-\beta\varepsilon^t}\omega^v e^{-\beta\varepsilon^v}\omega^r e^{-\beta\varepsilon^r}=Z_1^t Z_1^v Z_1^r \tag{3-94}$$

内能和热容可以表示为平动、振动和转动项之和，即

$$U=-N\frac{\partial}{\partial\beta}\ln Z_1=-N\frac{\partial}{\partial\beta}(\ln Z_1^t+\ln Z_1^v+\ln Z_1^r)=u^t+u^v+u^r \tag{3-95}$$

$$C_V=C_V^t+C_V^v+C_V^r \tag{3-96}$$

（1）平动项

由于单原子理想气体满足经典近似条件，对双原子或多原子可看作质心的平动，也满足经典近似。

配分函数为

$$Z_1=V\left(\frac{2\pi m}{\beta h^2}\right)^{\frac{3}{2}}$$

则粒子平动对系统内能和热容的贡献为

$$U=-N\frac{\partial}{\partial\beta}\ln Z_1^t=\frac{3N}{2\beta}=\frac{3}{2}NkT \tag{3-97}$$

$$C_V^t=\frac{3}{2}Nk \tag{3-98}$$

上述结果与由经典统计的能量均分定理得出结果一致。

(2) 振动项

双原子分子中两个原子的相对振动可以近似看成线性谐振子。振子的能级为

$$\varepsilon_n=\left(n+\frac{1}{2}\right)\hbar\omega,\quad n=0,1,2,\cdots$$

配分函数为

$$Z_1^v=\sum_{n=0}^{\infty}\mathrm{e}^{-\beta\hbar\omega\left(n+\frac{1}{2}\right)} \tag{3-99}$$

由数学公式

$$1+x+x^2+\cdots+x^n+\cdots=\frac{1}{1-x} \tag{3-100}$$

可得

$$Z_1=\frac{\mathrm{e}^{-\frac{\beta\hbar\omega}{2}}}{1-\mathrm{e}^{-\beta\hbar\omega}} \tag{3-101}$$

同上求解方式，所以粒子振动对系统内能和热容的贡献为

$$U^v=\frac{N\hbar\omega}{2}+\frac{N\hbar\omega}{\mathrm{e}^{\beta\hbar\omega}-1} \tag{3-102}$$

$$C_V^v=Nk\left(\frac{\theta_v}{T}\right)^2\frac{\mathrm{e}^{\frac{\theta_v}{T}}}{(\mathrm{e}^{\frac{\theta_v}{T}}-1)^2} \tag{3-103}$$

引入振动特征温度 θ_v，使得

$$k\theta_v=\hbar\omega \tag{3-104}$$

θ_v 可由实验测定。

对于一般气体，常温下 $T\ll\theta_v$，则内能和热容为

$$U^v=\frac{Nk\theta_v}{2}+Nk\theta_v\mathrm{e}^{-\frac{\theta_v}{T}} \tag{3-105}$$

$$C_V^v=Nk\left(\frac{\theta_v}{T}\right)^2\mathrm{e}^{-\frac{\theta_v}{T}} \tag{3-106}$$

由式（3-105）、式（3-106）可以看出，当温度趋于0时，C_V^v 接近0，且在常温范围，双原子分子的振动能级间距 $\hbar\omega$ 远大于 kT，振子取得 $\hbar\omega$ 的能量而跃迁到激发态的概率是极小的，因此平均而言，几乎全部振子都冻结在基态。当气体温度升高时，它们也几乎不吸取能量。从量子统计来看，前面利用能量均分定理讨论气体 C_V 时，假设振动自由度不参与能量均分是合理的。

高温时，$T\gg\theta_v$，则有

$$\mathrm{e}^{\frac{\theta_E}{T}}-1\approx\frac{\theta_E}{T}$$

所以有

$$C_V=Nk \tag{3-107}$$

即此时振动的能级可以近似看成连续的。

(3) 转动项

1) 异核双原子分子 (CO、HCl、NO 等) 转动。由量子力学的结果，转动能级为

$$\varepsilon^r = \frac{j(j+1)\hbar^2}{2I}, \quad j=0,1,2,\cdots \tag{3-108}$$

$$Z_1^r = \sum_{j=0}^{\infty}(2j+1)\mathrm{e}^{-\frac{j(j+1)\hbar^2}{2I}} \tag{3-109}$$

引入转动特征温度 θ_r，θ_r 由实验测定，使

$$\frac{\hbar^2}{2I} = k\theta_r \tag{3-110}$$

可得

$$Z_1^r = \sum_{j=0}^{\infty}(2j+1)\mathrm{e}^{-\frac{\theta_r}{T}j(j+1)} \tag{3-111}$$

对于一般的双原子分子气体，常温下 $T \gg \theta_r$，配分函数的求和可以用积分代替。

令 $x=j(j+1)$，式 (3-111) 可化为积分形式为

$$Z_1^r = \int_0^{\infty}\mathrm{e}^{-\frac{\theta_r}{T}x}\mathrm{d}x = \frac{2I}{\beta\hbar^2}, \quad x=j(j+1) \tag{3-112}$$

所以粒子转动对系统内能和热容的贡献为

$$U = -N\frac{\partial}{\partial\beta}\ln Z_1^r = NkT \tag{3-113}$$

$$C_V^r = Nk \tag{3-114}$$

量子统计的结果与经典统计下能量均分定理的结果一致，表示经典近似条件适用。

2) 同核双原子分子 (H_2、O_2、N_2 等)。转动考虑到微观粒子全同性对分子转动状态的影响，同核双原子分子与异核双原子分子的转动配分函数 Z_1^r 略有不同。尽管如此，在其 Z_1^r 的表达式中，转动特征温度与温度比值的负数 ($-\theta_r/T$) 仍处于自然常数 e 的指数位置上。因此，与异核双原子分子的情况类似，$T \gg \theta_r$ 时，量子统计与经典统计的结果一致，其转动热容部分就是 $C_V^r = Nk$；$T \ll \theta_r$ 时，其 C_V^r 会随温度的降低而趋于零。对于氢分子而言，由于其转动惯量小，从而拥有比较高的转动特征温度，见表 3-9，$\theta_r = 85.4\text{K}$。所以，当温度降至室温以下时，实验测得氢气的热容出现明显的下降趋势。

表 3-9 由光谱分析得到的气体分子转动惯量

分 子	θ_r/K	分 子	θ_r/K
H_2	85.4	CO	2.77
N_2	2.86	NO	2.42
O_2	2.70	HCL	15.1

此外，一般情况下可以不考虑电子对气体热容的贡献。这是因为通常情况下电子的激发态能量与最低能态能量之差为 1~10eV，即 10^{-19}~10^{-18}J 数量级，相应的特征温度为 10^4~10^5K。在一般温度下，热运动不足以使电子取得足够的能量而跃迁到激发态，因此电子冻结在基态，对热容没有贡献。

2. 爱因斯坦模型

前面用经典统计研究固体的比定容热容 C_V，发现在低温范围理论计算与实验结果不符合，表明经典近似条件不再适用，所以还必须重新回到量子统计研究固体热容 C_V。1906年，爱因斯坦首先把能量量子化的概念用于研究固体热容。为了方便地写出配分函数 Z_1，爱因斯坦首先提出固体中原子的热运动模型，做出 3 个假设：固体中 N 个原子的热运动可以看作 $3N$ 个振子的振动；它们都具有相同的频率 ω；不考虑振子之间相互作用的贡献。

振子的能级为

$$\varepsilon_n=\left(n+\frac{1}{2}\right)\hbar\omega,\quad n=0,1,2,\cdots$$

粒子配分函数为

$$Z_1=\sum_l \omega_l \mathrm{e}^{-\beta\varepsilon_l}=\sum_s \mathrm{e}^{-\beta\varepsilon_s}=\sum_{n=0}^{\infty}\mathrm{e}^{-\beta\left(n+\frac{1}{2}\right)\omega} \tag{3-115}$$

同样的，由式（3-100）可以推导出配分函数为

$$Z_1=\frac{\mathrm{e}^{-\frac{\beta\hbar\omega}{2}}}{1-\mathrm{e}^{-\beta\hbar\omega}} \tag{3-116}$$

所以系统的内能和热容为

$$U=-3N\frac{\partial}{\partial\beta}\ln Z_1=3N\frac{\hbar\omega}{2}+\frac{3N\hbar\omega}{\mathrm{e}^{\beta\hbar\omega}-1} \tag{3-117}$$

$$C_V=\left(\frac{\partial U}{\partial T}\right)_V=3Nk\left(\frac{\hbar\omega}{kT}\right)^2\frac{\mathrm{e}^{\frac{\hbar\omega}{kT}}}{\left(\mathrm{e}^{\frac{\hbar\omega}{kT}}-1\right)^2} \tag{3-118}$$

引入爱因斯坦特征温度 θ_E，满足

$$k\theta_E=\hbar\omega \tag{3-119}$$

所以有

$$C_V=3Nk\left(\frac{\theta_E}{T}\right)^2\frac{\mathrm{e}^{\frac{\theta_E}{T}}}{\left(\mathrm{e}^{\frac{\theta_E}{T}}-1\right)^2} \tag{3-120}$$

高温时，$T\gg\theta_E$，$\mathrm{e}^{\frac{\theta_E}{T}}-1\approx\frac{\theta_E}{T}$，则有

$$C_V=3Nk\left(\frac{\theta_E}{T}\right)^2\frac{\mathrm{e}^{\frac{\theta_E}{T}}}{\left(\mathrm{e}^{\frac{\theta_E}{T}}-1\right)^2}=3Nk \tag{3-121}$$

式（3-121）与经典统计（经典近似）下的能量均分定理结果一致，这是因为当 $T\gg\theta_E$ 时，能级间距 $\Delta\varepsilon=\hbar\omega=k\theta_E\ll kT$，忽略能量量子化效应，可以使用经典近似的方式进行计算。

低温时，$T\ll\theta_E$，$\mathrm{e}^{\frac{\theta_E}{T}}-1\approx\mathrm{e}^{\frac{\theta_E}{T}}$，则有

$$C_V=3Nk\left(\frac{\theta_E}{T}\right)^2\frac{\mathrm{e}^{\frac{\theta_E}{T}}}{\left(\mathrm{e}^{\frac{\theta_E}{T}}-1\right)^2}=3Nk\left(\frac{\theta_E}{T}\right)^2\mathrm{e}^{-\frac{\theta_E}{T}} \tag{3-122}$$

当温度 T 趋于0时，比定容热容 C_V 也趋于0，与实验结果相符，此时量子统计是正确的，经典统计不再适用。当 $T \ll \theta_E$ 时，能级间距 $\Delta\varepsilon = \hbar\omega = k\theta_E \gg kT$，如图3-9所示，能级间距较大，振子取得一份量子化的能量 $\hbar\omega$，从基态跃迁到激发态的概率很小，温度升高时，振子由于 $\Delta\varepsilon$ 较大，也不吸收热量，因此对 C_V 无贡献。

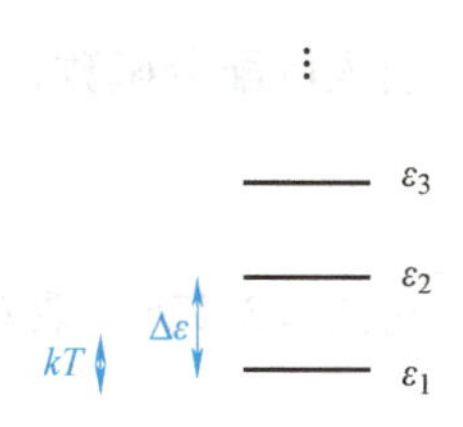

图3-9 能级分布示意图

以上利用爱因斯坦理论定性解释了固体热容。图3-10为金属银的热容爱因斯坦模型和实验数据的对比示意图。

由图3-10也可以看出，爱因斯坦模型也存在一些问题，实验测得 C_V 随 T 趋于零较爱因斯坦模型更慢，表明爱因斯坦假设存在问题，虽然利用了量子统计，但模型过于简化，并未考虑振子间的相互作用和振子频率的差异。

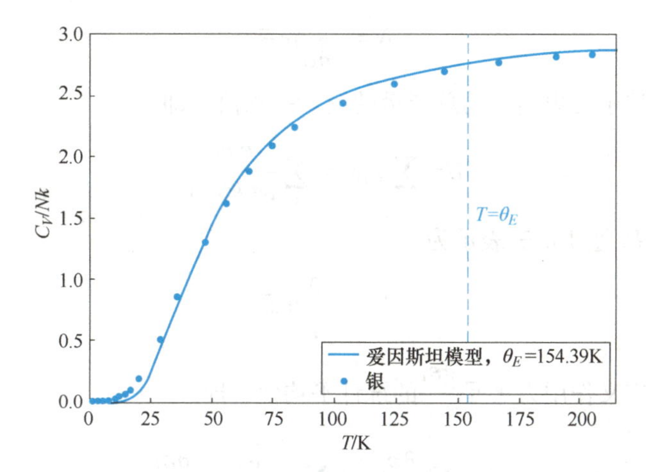

图3-10 金属银的热容爱因斯坦模型和实验数据的对比示意图

3.3 玻色统计和费米统计

3.3.1 玻色统计和费米统计的宏观物理量公式

一般而言，满足非简并条件

$$e^{\alpha} = \frac{V}{N}\left(\frac{2\pi mkT}{h^2}\right)^{\frac{3}{2}} \gg 1 \tag{3-123}$$

或

$$n\lambda^3 = \frac{N}{V}\left(\frac{h^2}{2\pi mkT}\right)^{\frac{3}{2}} \ll 1 \tag{3-124}$$

的气体称为非简并气体，不论是由玻色子还是费米子构成，都可以用玻尔兹曼分布处理。

不满足上述非简并条件的气体称为简并气体，需要分别用玻色分布或费米分布处理。微观粒子全同性原理带来的量子统计关联对简并气体的宏观性质将产生决定性的影响，使玻色气体和费米气体的性质迥然不同。本节将推导玻色系统和费米系统热力学量的统计表达。

1. 玻色系统

玻色系统的平均总粒子数为

$$\overline{N}=\sum_{l}a_{l}=\sum_{l}\frac{\omega_{l}}{e^{\alpha+\beta\varepsilon_{l}}-1} \tag{3-125}$$

引入巨配分函数，其定义为

$$\varXi=\prod_{l}\varXi_{l}=\prod_{l}(1-e^{-\alpha-\beta\varepsilon_{l}})^{-\omega_{l}} \tag{3-126}$$

对式（3-126）取对数，可得

$$\ln\varXi=-\sum_{l}\omega_{l}\ln(1-e^{-\alpha-\beta\varepsilon_{l}}) \tag{3-127}$$

系统的平均总粒子数 $\overline{N}$ 可通过 $\ln\varXi$ 表示为

$$\overline{N}=-\frac{\partial}{\partial\alpha}\ln\varXi \tag{3-128}$$

内能是系统中粒子无规则运动总能量的统计平均值，即

$$U=\sum_{l}\varepsilon_{l}a_{l}=\sum_{l}\frac{\varepsilon_{l}\omega_{l}}{e^{\alpha+\beta\varepsilon_{l}}-1} \tag{3-129}$$

类似地，可将 U 通过 $\ln\varXi$ 表示为

$$U=-\frac{\partial}{\partial\beta}\ln\varXi \tag{3-130}$$

外界对系统的广义作用力 Y 是$\dfrac{\partial\varepsilon_{l}}{\partial y}$的统计平均值，即

$$Y=\sum_{l}\frac{\partial\varepsilon_{l}}{\partial y}a_{l}=\sum_{l}\frac{\omega_{l}}{e^{\alpha+\beta\varepsilon_{l}}-1}\frac{\partial\varepsilon_{l}}{\partial y} \tag{3-131}$$

可将 Y 通过 $\ln\varXi$ 表示为

$$Y=-\frac{1}{\beta}\frac{\partial}{\partial y}\ln\varXi \tag{3-132}$$

式（3-132）的一个重要特例为

$$p=\frac{1}{\beta}\frac{\partial}{\partial V}\ln\varXi \tag{3-133}$$

由式（3-128）~式（3-132）可得

$$\beta\left(dU-Ydy+\frac{\alpha}{\beta}d\overline{N}\right)=-\beta d\left(\frac{\partial\ln\varXi}{\partial\beta}\right)+\frac{\partial\ln\varXi}{\partial y}dy-\alpha d\left(\frac{\partial\ln\varXi}{\partial\alpha}\right) \tag{3-134}$$

注意：上面引入的 $\ln\varXi$ 是 α、β、y 的函数，其全微分为

$$d\ln\varXi=\frac{\partial\ln\varXi}{\partial\alpha}d\alpha+\frac{\partial\ln\varXi}{\partial\beta}d\beta+\frac{\partial\ln\varXi}{\partial y}dy \tag{3-135}$$

故有

$$\beta\left(dU-Ydy+\frac{\alpha}{\beta}d\overline{N}\right)=d\left(\ln\varXi-\alpha\frac{\partial}{\partial\alpha}\ln\varXi-\beta\frac{\partial}{\partial\beta}\ln\varXi\right) \tag{3-136}$$

式中，β 为 $\mathrm{d}U-Y\mathrm{d}y+\dfrac{\alpha}{\beta}\mathrm{d}\overline{N}$的积分因子。

对于开系，$\mathrm{d}U-Y\mathrm{d}y-\mu\mathrm{d}\overline{N}$有积分因子$\dfrac{1}{T}$，使得

$$\frac{1}{T}(\mathrm{d}U-Y\mathrm{d}y-\mu\mathrm{d}\overline{N})=\mathrm{d}S \tag{3-137}$$

比较可得

$$\begin{cases}\beta=\dfrac{1}{kT}\\ \alpha=-\dfrac{\mu}{kT}\end{cases} \tag{3-138}$$

所以有

$$\mathrm{d}S=k\mathrm{d}\left(\ln\Xi-\alpha\frac{\partial}{\partial\alpha}\ln\Xi-\beta\frac{\partial}{\partial\beta}\ln\Xi\right) \tag{3-139}$$

积分可得

$$S=k\left(\ln\Xi-\alpha\frac{\partial}{\partial\alpha}\ln\Xi-\beta\frac{\partial}{\partial\beta}\ln\Xi\right)=k(\ln\Xi+\alpha\overline{N}+\beta U) \tag{3-140}$$

将式（3-127）代入式（3-140），可得

$$S=k\ln\Omega \tag{3-141}$$

式（3-141）就是众所周知的玻尔兹曼关系，它给出了熵与微观状态数的关系。

2. 费米系统

对于费米系统，只要将巨配分函数改为

$$\Xi=\prod_l\Xi_l=\prod_l(1+\mathrm{e}^{-\alpha-\beta\varepsilon_l})^{\omega_l} \tag{3-142}$$

对式（3-142）取对数，可得

$$\ln\Xi=\sum_l\omega_l\ln(1+\mathrm{e}^{-\alpha-\beta\varepsilon_l}) \tag{3-143}$$

前面得到的热力学量的统计表达式完全适用。由此可知，如果已知粒子的能级和能级的简并度，并将式（3-127）或（3-143）的求和计算出来，就可以求得巨配分函数的对数作为α、β、y的函数，再由式（3-128）、式（3-130）和式（3-140）求得理想玻色（费米）系统的基本热力学函数，从而确定系统的全部平衡性质。所以 $\ln\Xi$ 是以 α、β、y（对简单系统即 T_δ、V_γ、μ）为自然变量的特性函数。对于开系的热力学基本方程，以 T、V、μ 为自然变量的特性函数是巨热力势 $J=U-TS-\overline{N}\mu$。可得巨热力势 J 与巨配分函数的关系为

$$J=-kT\ln\Xi \tag{3-144}$$

在许多实际问题中，给定的宏观参量是 N、T、V，需要将热力学函数表达为 N、T、V 的函数。在求得 $\ln\Xi$ 作为 α、T、V 的函数后，令 $\overline{N}=N$，可以得到 $N=\overline{N}(\alpha、T、V)$，即得到 α 与 $n=\dfrac{N}{V}$、T 的隐函数关系。在 α 或 n、T 的不同数值范围，需要做不同的近似才能得到热力学函数作为 N、T、V 的函数的近似表达，也可以直接利用式（3-123）和式（3-129）求得化学势和内能作为 N、T、V 的函数的近似表达，再进而求其他热力学函数。

3.3.2 声子气体系统

1. 玻恩对固体热容的研究

固体中讨论的热容一般指定容热容 C_V，在热力学中有

$$C_V=\left(\frac{\partial \overline{E}}{\partial T}\right)_V \tag{3-145}$$

式中，$\overline{E}$ 为固体的平均内能。固体热容主要有两部分贡献：一部分来源于晶格热振动，称为晶格热容；另一部分来源于电子的热运动，称为电子热容。除非在很低温度下，电子热运动的贡献往往很小。本节只讨论晶格热容，有关电子热容的内容将在粒子运动状态的描述中讨论。

根据经典统计理论的能量均分定理，每一个简谐振动的平均能量为 $k_B T$，k_B 为玻尔兹曼常数。若固体中有 N 个原子，则有 $3N$ 个简谐振动模，则总的平均能量 $\overline{E}=3Nk_BT$，比定容热容 $C_V=3Nk_B$，即热容是一个与温度和材料性质无关的常数，这就是杜隆-珀蒂定律。高温时，这条定律与实验数据符合得很好，但在低温时，热容不再保持为常数，而是随温度下降 C_V 很快趋向于零。为了解决这一矛盾，爱因斯坦发展了普朗克的量子假说，第一次提出了量子的热容量理论，这项成就在量子理论发展中占有重要地位。

根据量子理论，各个简谐振动的能量本征值是量子化的，为

$$\left(n_j+\frac{1}{2}\right)\hbar\omega_j \tag{3-146}$$

式中，n_j 为整数。把晶体看成一个热力学系统，在简谐近似下各简正坐标 $Q_i(i=1,2,\cdots,3N)$ 所代表的振动是相互独立的，因而可以认为这些振子构成近独立的子系，直接写出它们的统计平均能量为

$$\overline{E}_j(T)=\frac{1}{2}\hbar\omega_j+\frac{\sum\limits_{n_j} n_j\hbar\omega_j \mathrm{e}^{-\frac{n\hbar\omega_j}{k_BT}}}{\sum\limits_{n_j}\mathrm{e}^{-\frac{n\hbar\omega_j}{k_BT}}} \tag{3-147}$$

令 $\beta=\dfrac{1}{k_BT}$，式（3-147）可以写为

$$\overline{E}_j(T)=\frac{1}{2}\hbar\omega_j-\frac{\partial}{\partial\beta}\ln\sum_{\pi_j}\mathrm{e}^{-n\beta\hbar\omega_j} \tag{3-148}$$

式（3-148）对数中的连加式是一个几何级数，简单求和可得

$$\sum_j \mathrm{e}^{-\pi\beta\hbar\omega_j}=\frac{1}{1-\mathrm{e}^{-\beta\hbar\omega_j}} \tag{3-149}$$

将式（3-149）代入式（3-148），可得

$$\overline{E}_j(T)=\frac{1}{2}\hbar\omega_j+\frac{\hbar\omega_j\mathrm{e}^{-\beta\hbar\omega_j}}{1-\mathrm{e}^{-\beta\omega_j}}=\frac{1}{2}\hbar\omega_j+\frac{\hbar\omega_j}{\mathrm{e}^{\beta\hbar\omega_j}-1} \tag{3-150}$$

式中，第一项为常数，一般称为零点能；第二项为平均热能。式（3-150）对 T 求微商得到晶格热容为

$$\frac{\mathrm{d}\overline{E}_j(T)}{\mathrm{d}T}=k_\mathrm{B}\frac{\left(\frac{\hbar\omega_j}{k_\mathrm{B}T}\right)^2\mathrm{e}^{\frac{\hbar\omega_j}{k_\mathrm{B}T}}}{\left(\mathrm{e}^{\frac{\hbar\omega_j}{k_\mathrm{B}T}}-1\right)^2} \tag{3-151}$$

式（3-151）与经典理论值 k_B 比较，区别在于量子理论值与振动频率有关。

对于高温极限情况，$k_\mathrm{B}T \gg \hbar\omega_j$，即 $\hbar\omega_j/k_\mathrm{B}T \ll 1$，将（3-151）中的指数按 $\hbar\omega_j/k_\mathrm{B}T$ 的级数展开，可得

$$\frac{\mathrm{d}\overline{E}_j(T)}{\mathrm{d}T}=k_\mathrm{B}\frac{\left(\frac{\hbar\omega_j}{k_\mathrm{B}T}\right)^2\left(1+\frac{\hbar\omega_j}{k_\mathrm{B}T}+\cdots\right)}{\left[\frac{\hbar\omega_j}{k_\mathrm{B}T}+\frac{1}{2}\left(\frac{\hbar\omega_j}{k_\mathrm{B}T}\right)^2+\cdots\right]^2}\approx k \tag{3-152}$$

式（3-152）与经典理论值一致。这个结果在量子理论基础上说明了在较高温度时杜隆-珀替定律成立的原因。这一结论是容易想到的，因为当振子的能量远远大于量子的能量（$\hbar\omega$）时，量子化的效应就可以忽略。

对于 $k_\mathrm{B}T \ll \hbar\omega$ 的低温极限情况，忽略（3-151）分母中的1，可得

$$\frac{\mathrm{d}\overline{E}_j(T)}{\mathrm{d}T}\approx k_\mathrm{B}\left(\frac{\hbar\omega_j}{k_\mathrm{B}T}\right)\mathrm{e}^{-\hbar\omega/k_\mathrm{B}T} \quad k_\mathrm{B}T\ll\hbar\omega_j \tag{3-153}$$

其中，由于$-\frac{\hbar\omega_j}{k_\mathrm{B}T}$为很大的负值，振子对热容的贡献十分小。可以看出，根据量子理论，当 $T\to 0\mathrm{K}$ 时，晶体热容将趋于零。从物理上来看，由于振动能级是量子化的，在 $k_\mathrm{B}T\ll\hbar\omega_j$ 时，振动被冻结在基态，很难被热激发，因而对热容的贡献趋于零。上面分析了频率为 ω_j 的振子对热容的贡献，晶体中包含 $3N$ 个简谐振动，总能量为

$$\overline{E}(T)=\sum_{j=1}^{3N}\overline{E}_j(T) \tag{3-154}$$

总热容为

$$C_V=\sum_{j=1}^{3N}C_V^j=\sum_{j=1}^{3N}\frac{\mathrm{d}\overline{E}_j(T)}{\mathrm{d}T} \tag{3-155}$$

式（3-155）表明，只要知道晶格的各简正振动的频率，就可以直接写出晶格的热容。对于具体晶体，计算出 $3N$ 个简正频率往往十分复杂。一般讨论时，常采用简化的爱因斯坦模型及德拜模型。

爱因斯坦模型对晶格振动采用了很简单的假设，假设晶格中各原子的振动可以看作是相互独立的，所有原子都具有同一频率 ω_0。这样，考虑到每个原子可以沿三个方向振动，共有 $3N$ 个频率为 ω_0 的振动，由式（3-151）直接可得

$$C_V=3Nk_\mathrm{B}\frac{\left(\frac{\hbar\omega_0}{k_\mathrm{B}T}\right)^2\mathrm{e}^{\frac{\hbar\omega_0}{k_\mathrm{B}T}}}{\left(\mathrm{e}^{\frac{\hbar\omega_0}{k_\mathrm{B}T}}-1\right)^2} \tag{3-156}$$

比较式（3-156）和一个晶体的热容实验值时，可以适当选定 ω_0 使理论值与实验值尽可能符合。

2. 固体热容的德拜模型

在晶格热容理论的进一步发展中，德拜提出的理论获得了很大的成功。爱因斯坦把固体中各原子的振动看作是相互独立的，因而 $3N$ 个振动频率是相同的，这显然是一个过于简单的假设。固体中原子之间存在着很强的相互作用，一个原子不可能孤立地振动而不带动邻近原子。已知晶格振动采取格波的形式，它们的频率值不完全相同，而是呈一定分布。德拜模型与爱因斯坦模型的主要区别在于德拜模型考虑了频率分布。德拜对晶格做了一个很简单的近似模型，得到了近似的频率分布函数。如果不从原子理论而是从宏观力学的角度来看，晶体就是弹性介质，德拜就是把晶格当作弹性介质来处理的。德拜模型既合理但也有它的局限性。

弹性介质的振动模就是弹性力学中熟知的弹性波。德拜具体分析的是各向同性的弹性介质。在这种情况下，对于一定的波矢 $\boldsymbol{q}$，有一个纵波

$$\omega = c_l q \tag{3-157}$$

和两个独立的横波

$$\omega = c_i q \tag{3-158}$$

式（3-157）和式（3-158）表明，纵波和横波具有不同的波速 c_l 和 c_i。在德拜模型中，各种不同波矢 $\boldsymbol{q}$ 的纵波和横波构成了晶格的全部振动模。

由于边界条件，波矢 $\boldsymbol{q}$ 并不是任意的。与前面讨论格波时类似，根据周期性边界条件，允许的 q 值在 $\boldsymbol{q}$ 空间形成均匀分布的点子，在体积元 $\mathrm{d}k=\mathrm{d}k_x\mathrm{d}k_y\mathrm{d}k_z$ 中的点子数 n 为

$$n = \frac{V}{(2\pi)^3}\mathrm{d}k \tag{3-159}$$

式中，V 为所考虑的晶体的体积。式（3-159）实际上表明，$V/(2\pi)^3$ 是均匀分布 q 值的密度。q 虽然不能取任意值，但由于 V 是一个宏观的体积，允许的 q 值在 $\boldsymbol{q}$ 空间是十分密集的，可以看作准连续分布的振动，一般把包含在 $\omega \sim \omega+\mathrm{d}\omega$ 内的振动模数表示为

$$\Delta n = g(\omega)\Delta\omega \tag{3-160}$$

式中，$g(\omega)$ 为振动的频率分布函数或振动模的态密度函数，它具体概括了一个晶体中振动模频率的分布状况，由于振动模的热容只取决于它的频率，即

$$C_V = k_B \frac{\left(\dfrac{\hbar\omega}{k_B T}\right)^2 \mathrm{e}^{\frac{\hbar\omega}{k_\gamma T}}}{\left(\mathrm{e}^{\frac{\hbar\omega}{k_B T}}-1\right)^2} \tag{3-161}$$

根据频率分布函数可以直接写出晶体的热容为

$$C_V(T) = k_B \int \frac{\left(\dfrac{\hbar\omega}{k_B T}\right)^2 \mathrm{e}^{\frac{\hbar\omega}{k_B T}}}{\left(\mathrm{e}^{\frac{\hbar\omega}{k_B T}}-1\right)^2} g(\omega)\mathrm{d}\omega \tag{3-162}$$

由式（3-157）~式（3-159）很容易求出德拜模型的频率分布函数。先考虑纵波，在 $\omega \sim \omega+\mathrm{d}\omega$ 内的纵波，波数为

$$q = \frac{\omega}{c_l} \to q+\mathrm{d}q = \frac{\omega+\mathrm{d}\omega}{c_l} \tag{3-163}$$

在 $\boldsymbol{q}$ 空间中占据着半径为 q、厚度为 $\mathrm{d}q$ 的球壳。从球壳体积 $4\pi q^2\mathrm{d}q$ 和 $\boldsymbol{q}$ 的分布密度

$V/(2\pi)^3$，可得纵波数为

$$\frac{V}{(2\pi)^3}4\pi q^2 \mathrm{d}q = \frac{V}{2\pi^2 c_l^3}\omega^2 \mathrm{d}\omega \tag{3-164}$$

类似地可写出横波数为

$$2\times\left(\frac{V}{2\pi^2 c_i^2}\omega^2 \mathrm{d}\omega\right) \tag{3-165}$$

其中考虑了同一个 $\boldsymbol{q}$ 有两个独立的横波。加起来得到总的频率分布函数为

$$g(\omega) = \frac{3V}{2\pi^2 \bar{c}^3}\omega^2 \tag{3-166}$$

其中

$$\frac{1}{\bar{c}^3} = \frac{1}{3}\left(\frac{1}{c_l^3} + \frac{1}{c_i^3}\right) \tag{3-167}$$

根据式（3-166）频率分布函数计算热容，还有一个重要的问题必须解决。根据弹性理论，ω 可取从 $0\sim\infty$的任意值，对应于从无限长的波到任意短的波（$q=0\to\infty$，或 $\lambda=\infty\to0$），而对 $g(\omega)$ 的积分

$$\int_0^{\infty} g(\omega)\mathrm{d}\omega \tag{3-168}$$

显然将发散，换句话说，振动模数是无限的。从抽象的连续介质模型看，得到这样的结果是理所当然的，因为理想的连续介质包含无限的自由度。然而，实际晶体是由原子组成的，如果晶体包含 N 个原子，自由度只有 $3N$ 个。这个矛盾集中地表现出德拜模型的局限性。容易想到，对于波长远远大于微观尺度（如原子间距，原子相互作用的力程）时，德拜的宏观处理方法应当是适用的，然而，当波长已短到和微观尺度可比，以至更短时，宏观模型必然会导致很大的偏差以致完全错误。德拜采用一个简单的办法来解决以上的矛盾：即假设 ω 大于某一 ω_{m} 的短波实际上是不存在的，ω_{m} 以下的振动都可以应用弹性波的近似，ω_{m} 则根据自由度确定为

$$\int_0^{\omega_{\mathrm{m}}} g(\omega)\mathrm{d}\omega = \frac{3V}{2\pi^2 \bar{c}^3}\int_0^{\omega_{\mathrm{m}}} \omega^2 \mathrm{d}\omega = 3N \tag{3-169}$$

或

$$\omega_{\mathrm{m}} = \bar{c}\left[6\pi^2\left(\frac{N}{V}\right)\right]^{\frac{1}{3}} \tag{3-170}$$

将德拜频率分布函数式（3-166）代入比定容热容公式（3-162），可得

$$C_V(T) - \frac{3k_{\mathrm{B}}V}{2\pi^2 \bar{c}^3} - \int_0^{\omega_{\mathrm{m}}} \frac{\left(\frac{\hbar\omega}{k_{\mathrm{B}}T}\right)^2 \mathrm{e}^{\frac{\hbar\omega}{k_{\mathrm{B}}T}}}{\left(\mathrm{e}^{\frac{\hbar\omega}{k_{\mathrm{B}}T}}-1\right)^2}\omega^2 \mathrm{d}\omega \tag{3-171}$$

用（3-167）还可以把系数用 ω_{m} 表示，则有

$$C_V(T) = 9R\left(\frac{1}{\omega_{\mathrm{m}}}\right)^3 \int_0^{\omega_{\mathrm{m}}} \frac{\left(\frac{\hbar\omega}{k_{\mathrm{B}}T}\right)^2 \mathrm{e}^{\frac{\hbar\omega}{k_{\mathrm{B}}T}}}{\left(\mathrm{e}^{\frac{\hbar\omega}{k_{\mathrm{B}}T}}-1\right)^2}\omega^2 \mathrm{d}\omega$$

$$=9R\left(\frac{kT}{\hbar\omega_m}\right)^3\int_0^{\frac{\hbar\omega_m}{kT}}\frac{\xi^4 e^{\xi}}{(e^{\xi}-1)^2}\frac{\xi^4 e^{\xi}}{(e^{\xi}-1)^2}d\xi \tag{3-172}$$

式中 R 为气体常数，$R=Nk_B$，$\xi=\hbar\omega/k_BT$。德拜热容函数中只包含一个参数 ω_m，而且，如果以

$$\Theta_D=\frac{\hbar\omega_m}{k_B} \tag{3-173}$$

为单位来计量温度，德拜热容即为一个普适的函数，即

$$C_V\left(\frac{T}{\Theta_D}\right)=9R\left(\frac{T}{\Theta_D}\right)^3\int_0^{\frac{\Theta_D}{T}}\frac{\xi^4 e^{\xi}}{(e^{\xi}-1)^2}d\xi \tag{3-174}$$

式中，Θ_D 为德拜温度。所以按照德拜理论，一种晶体，它的热容特征完全由它的德拜温度确定。Θ_D 可以根据实验的热容值来确定，使理论的 C_V 和实验值尽可能符合。德拜理论提出后相当长一段时期曾认为与实验值相当精确地符合，但是，随着低温测量技术的发展，越来越暴露出德拜理论与实验值间仍存在显著的偏离。一个常用的比较理论与实验的方法是在各不同温度下使得理论函数 $C_V(T/\Theta_D)$ 与实验值相等，即

$$C_V\left(\frac{T}{\Theta_D}\right)=(C_V)_{实} \tag{3-175}$$

从而确定 Θ_D。假若德拜理论精确地成立，各温度下确定的 Θ_D 都应是同一个值，但实验证实不同温度下得到的 θ_D 值是不同的。这种情况可以表示为一个 $\Theta_D(T)$ 函数，它偏离恒定值的情况具体表现出德拜理论的局限性。德拜热容的低温极限是特别有意义的。根据前面的分析，在一定的温度 T 下，$\hbar\omega\gg k_BT$ 的振动模对热容几乎没有贡献，热容主要来自 $\hbar\omega\approx k_BT$ 的振动模。所以在低温极限，热容取决于最低频率的振动，这些正是波长最长的弹性波。前面已经指出，当波长远远大于微观尺度时，德拜的宏观近似是成立的。因此，德拜理论在低温的极限是严格正确的。在低温极限，德拜热容公式可写为

$$C_V\left(\frac{T}{\Theta_D}\right)\to 9R\left(\frac{T}{\Theta_D}\right)^3\int_0^{\infty}\frac{\xi e^{\xi}}{(e^{\xi}-1)^2}d\xi=\frac{12\pi^4}{15}R\left(\frac{T}{\Theta_D}\right)^3 \quad T\to 0K \tag{3-176}$$

式（3-176）表明 C_V 与 T^3 成比例，常称为德拜 T^3 定律。但是实际上 T^3 定律一般只适用于大约 $T<\frac{1}{30}\Theta_D$ 的范围。

德拜温度 Θ_D 可以粗略地指示出晶格振动频率的数量级。一般 Θ_D 都是几百开，较多晶体的 Θ_D 为 200~400K，相当于 $\omega_m\approx10^{13}/s$。但是一些弹性模量大、密度低的晶体，如金刚石、Be、B，Θ_D 高达 1000K 以上，这一点是容易理解的。因为在这种情况下，弹性波速很大，因此，根据式（3-170）将有高的振动频率 ω_m 和德拜温度 Θ_D，这样的固体在一般温度下热容低于经典理论值。

3.3.3 金属材料中的自由电子气体（索末菲模型）

前面讨论了玻色气体，现在转而讨论费米气体的特性。如前所述，当气体满足非简并条件 $e^{\alpha}\gg1$ 或 $n\lambda^3\ll1$ 时，不论是由玻色子还是费米子组成的气体，都同样遵从玻尔兹曼分布。弱简并的情形初步显示了二者的差异。本节以金属中的自由电子气体为例，讨论强简并 $e^{\alpha}\ll1$

或 $n\lambda^3 \gg 1$ 情形下费米气体的特性。

原子结合成金属后，价电子脱离原子可在整个金属内运动，形成共有电子。失去价电子后的原子成为离子，在空间形成规则的点阵。初步近似中把共有电子看作在金属内部做自由运动的近独立粒子。金属的高电导率和高热导率说明金属中自由电子的存在。但如果将经典统计的能量均分定理应用于自由电子，一个自由电子对金属的热容将有 $\frac{3}{2}k$ 的贡献，这是与实际不符的。实验发现，除在极低温度下，金属中自由电子的热容与离子振动的热容相比较可以忽略。这是经典统计理论遇到的又一困难。1928 年，索末菲（Sommerfeld）根据费米分布成功地解决了这个问题。

首先说明金属中的自由电子形成强简并的费米气体。以铜为例，铜的密度为 $8.9\times 10^3\text{kg/m}^3$，相对原子质量为 63，如果一个铜原子贡献一个自由电子，则 $n=\frac{8\times9}{63}N_A=8.5\times 10^{28}/\text{m}^3$。电子的质量为 $9.1\times10^{-31}\text{kg}$，故

$$n\lambda^3=\frac{N}{V}\left(\frac{h^2}{2\pi mkT}\right)^{\frac{3}{2}}=\frac{3.54\times10^7}{T^{\frac{3}{2}}} \tag{3-177}$$

在 $T=300\text{K}$ 时，$n\lambda^3=3400$。该数值很大，说明金属中的自由电子形成强简并的费米气体。

根据费米分布，温度 T 时处在能量为 ε 的一个量子态上的平均电子数为

$$f=\frac{1}{\mathrm{e}^{\frac{\varepsilon-\mu}{kT}}+1} \tag{3-178}$$

考虑到电子自旋在其动量方向的投影有两个可能值，在体积 V 内，在 $\varepsilon\sim\varepsilon+\mathrm{d}\varepsilon$ 的能量范围内，电子的量子态数为

$$D(\varepsilon)\mathrm{d}\varepsilon=\frac{4\pi V}{h^3}(2m)^{\frac{3}{2}}\varepsilon^{\frac{1}{2}}\mathrm{d}\varepsilon \tag{3-179}$$

所以在体积 V 内，在 $\varepsilon\sim\varepsilon+\mathrm{d}\varepsilon$ 的能量范围内，平均电子数为

$$\frac{4\pi V}{h^3}(2m)^{\frac{3}{2}}\frac{\varepsilon^{\frac{1}{2}}\mathrm{d}\varepsilon}{\mathrm{e}^{\frac{\varepsilon-\mu}{kT}}+1} \tag{3-180}$$

在给定电子数 N、温度 T 和体积 V 时，化学势 μ 由

$$\frac{4\pi V}{h^3}(2m)^{\frac{3}{2}}\int_0^{\infty}\frac{\varepsilon^{\frac{1}{2}}\mathrm{d}\varepsilon}{\mathrm{e}^{\frac{-\varepsilon\mu}{kT}}+1}=N \tag{3-181}$$

确定。由式（3-181）可知，μ 是温度 T 和电子密度 N/V 的函数。

现在讨论 $T=0\text{K}$ 时电子的分布。以 $\mu(0)$ 表示 0K 时电子气体的化学势，由（3-178）可知，$T=0\text{K}$ 时，有

$$\begin{cases} f=1, & \varepsilon<\mu(0) \\ f=0, & \varepsilon>\mu(0) \end{cases} \tag{3-182}$$

式（3-182）的意义是 $T=0\text{K}$ 时，在 $\varepsilon<\mu(0)$ 的每一量子态上平均电子数为 1，在 $\varepsilon>\mu(0)$ 的每一量子态上平均电子数为 0。这是因为在 0K 时电子将尽可能占据能量最低的状

态，但泡利不相容原理限制每一量子态最多只能容纳一个电子，因此电子从 $\varepsilon=0$ 的状态起依次填充至 $\mu(0)$ 止。$\mu(0)$ 是 0K 时电子的最大能量，由

$$\frac{4\pi V}{h^3}(2m)^{\frac{3}{2}}\int_0^{\mu(0)}\varepsilon^{\frac{1}{2}}\mathrm{d}\varepsilon=N \tag{3-183}$$

确定。将式（3-183）积分，可解得 $\mu(0)$ 为

$$\mu(0)=\frac{\hbar^2}{2m}\left(3\pi^2\frac{N}{V}\right)^{\frac{2}{3}} \tag{3-184}$$

$\mu(0)$ 也常称为费米能级。令 $\mu(0)=\frac{p_{\mathrm{F}}^2}{2m}$，可得

$$p_{\mathrm{F}}=(3\pi^2 n)^{\frac{1}{3}}\hbar \tag{3-185}$$

式中，p_{F} 为 0K 时电子的最大动量，称为费米动量。相应的，速率 $v_{\mathrm{F}}=\frac{p_{\mathrm{F}}}{m}$ 称为费米速率。现在对 $\mu(0)$ 的数值做一个估计。由式（3-185）可知，$\mu(0)$ 取决于电子气体的数密度 n。根据前面给出的数据，计算得到铜的 $\mu(0)=1.12\times10^{-18}\mathrm{J}$ 或 7.0eV。定义费米温度 $kT_{\mathrm{F}}=\mu(0)$，可得铜的 $T_{\mathrm{F}}=8.2\times10^4\mathrm{K}$，远高于通常考虑的温度，说明 $\mu(0)$ 的数值是很大的。0K 时电子气体的内能为

$$U(0)=\frac{4\pi V}{h^3}(2m)^{\frac{3}{2}}\int_0^{\mu(0)}\varepsilon^{\frac{3}{2}}\mathrm{d}\varepsilon=\frac{3N}{5}\mu(0) \tag{3-186}$$

由此可知，0K 时电子的平均能量为 $\frac{3}{5}\mu(0)$。0K 时电子气体的压强为

$$p(0)=\frac{2}{3}\frac{U(0)}{V}=\frac{2}{5}n\mu(0) \tag{3-187}$$

根据前面的数据，可得 0K 时铜的电子气体的压强为 $3.8\times10^{10}\mathrm{Pa}$。这是一个极大的数值。它是泡利不相容原理和电子气体具有高密度的结果，常称为电子气体的简并压。巨大的简并压在金属中被电子与离子的静电吸力所补偿。

由上可知，与理想玻色气体在绝对零度下粒子全部处于能量、动量为零的状态且压强为零完全不同，费米气体在绝对零度下具有很高的平均能量、动量，并产生很大的压强。两种气体在绝对零度下的微观状态虽然完全不同，但却是完全确定的。由玻尔兹曼关系 $S=k\ln\Omega$ 可知，两种气体在绝对零度下熵都为零，符合热力学第三定律的要求。下面讨论 $T>0$ 时金属中自由电子的分布。由式（3-178）可知

$$\begin{cases} f>\frac{1}{2}, & \varepsilon<\mu \\ f=\frac{1}{2}, & \varepsilon=\mu \\ f<\frac{1}{2}, & \varepsilon>\mu \end{cases} \tag{3-188}$$

式（3-188）表明，$T>0$ 时，在 $\varepsilon<\mu$ 的每一量子态上平均电子数大于 1/2，在 $\varepsilon=\mu$ 的每一量子态上平均电子数为 1/2，在 $\varepsilon>\mu$ 的每一量子态上平均电子数小于 1/2。注意到函数

$e^{\frac{\varepsilon-\mu}{kT}}$按指数规律随$\varepsilon$变化，实际上只在$\mu$附近量级为$kT$的范围内，电子的分布与$T=0\text{K}$时的分布有差异。这是因为在0K时电子占据了从0到$\mu(0)$的每一个量子态，温度升高时由于热激发，电子有可能跃迁到能量较高的未被占据的状态去。但处在低能态的电子要跃迁到未被占据的状态，必须吸取很大的热运动能量，这样的可能性极小。所以绝大多数状态的占据情况实际上并不改变，只在μ附近数量级为kT的能量范围内占据情况发生改变。

顺便提及，既然在$kT\ll\mu(0)$即$T\ll T_F$的情形下，电子气体的分布与0K时的分布差异不大，$\mu(T)$与$\mu(0)$十分接近，在$kT\ll\mu(0)$的情形下，恒有$e^{-\frac{\mu}{kT}}\ll1$。因此费米气体的强简并条件$e^{-\frac{\mu}{kT}}\ll1$也往往表示为$T\ll T_F$。

由$T>0$时电子的分布可知，只有能量在μ附近、量级为kT范围内的电子对热容有贡献。据此可以粗略估计电子气体的热容。以$N_{有效}$表示能量在μ附近、kT范围内对热容有贡献的有效电子数，则有

$$N_{有效}\approx\frac{kT}{\mu}N \tag{3-189}$$

将能量均分定理用于有效电子，每一有效电子对热容的贡献为$\frac{3}{2}kT$，则金属中自由电子对热容的贡献为

$$C_V=\frac{3}{2}Nk\left(\frac{kT}{\mu}\right)=\frac{3}{2}Nk\frac{T}{T_F} \tag{3-190}$$

由前面对铜的估计可知，在室温范围内$T/T_F\approx1/270$。所以在室温范围内，金属中自由电子对热容的贡献远小于经典理论值。与离子振动的热容相比，电子的热容可以忽略不计。下面对自由电子气体的热容进行定量计算。电子数N满足

$$N=\frac{4\pi V}{h^3}(2m)^{\frac{3}{2}}\int_0^\infty\frac{\varepsilon^{\frac{1}{2}}\mathrm{d}\varepsilon}{e^{\frac{\varepsilon-\mu}{kT}}+1} \tag{3-191}$$

式（3-191）确定了自由电子气体的化学势。电子气体的内能U为

$$U=\frac{4\pi V}{h^3}(2m)^{\frac{3}{2}}\int_0^\infty\frac{\varepsilon^{\frac{3}{2}}\mathrm{d}\varepsilon}{e^{\frac{\varepsilon-\mu}{kT}}+1} \tag{3-192}$$

式（3-191）、式（3-192）的积分都可写为

$$I=\int_0^\infty\frac{\eta(\varepsilon)}{e^{\frac{\varepsilon-\mu}{kT}}+1}\mathrm{d}\varepsilon \tag{3-193}$$

式中，$\eta(\varepsilon)$分别为$C\varepsilon^{1/2}$和$C\varepsilon^{3/2}$，C为常数且$C=\frac{4\pi V}{h^3}(2m)^{3/2}$。首先计算积分式。式（3-193）做变数变换$\varepsilon-\mu=kTx$，可得

$$\begin{aligned}I&=\int_{-\frac{\mu}{kT}}^\infty\frac{\eta(\mu+kTx)}{e^x+1}kT\mathrm{d}x\\&=kT\int_0^{\frac{\mu}{kT}}\frac{\eta(\mu-kTx)}{e^{-x}+1}\mathrm{d}x+kT\int_0^\infty\frac{\eta(\mu+kTx)}{e^x+1}\mathrm{d}x\end{aligned} \tag{3-194}$$

式（3-194）等号右边第一项中，令

$$\frac{1}{e^{-x}+1}=1-\frac{1}{e^{x}+1} \tag{3-195}$$

可得

$$I=\int_{0}^{\mu}\eta(\varepsilon)\,d\varepsilon+kT\int_{0}^{\infty}\frac{\eta(\mu+kTx)-\eta(\mu-kTx)}{e^{x}+1}dx \tag{3-196}$$

式（3-194）等号右边第二项已把积分上限取作∞，这是因为$\mu/kT\gg1$，而且因为被积函数分母中的 e^{x} 因子使对积分的贡献主要来自 x 小的范围，可将被积函数的分子展开为 x 的幂级数，只取到 x 的一次项，即

$$\begin{aligned}I&=\int_{0}^{\mu}\eta(\varepsilon)\,d\varepsilon+2(kT)^{2}\eta'(\mu)\int_{0}^{\infty}\frac{x}{e^{x}+1}dx+\cdots\\&=\int_{0}^{\mu}\eta(\varepsilon)\,d\varepsilon+\frac{\pi^{2}}{6}(kT)^{2}\eta'(\mu)+\cdots\end{aligned} \tag{3-197}$$

因此，式（3-191）和式（3-192）可表示为

$$\begin{cases}N=\dfrac{2}{3}C\mu^{\frac{3}{2}}\left[1+\dfrac{\pi^{2}}{8}\left(\dfrac{kT}{\mu}\right)^{2}\right]\\U=\dfrac{2}{5}C\mu^{\frac{5}{2}}\left[1+\dfrac{5\pi^{2}}{8}\left(\dfrac{kT}{\mu}\right)^{2}\right]\end{cases} \tag{3-198}$$

由式（3-198）可得

$$\mu=\left(\frac{3N}{2C}\right)^{\frac{2}{3}}\left[1+\frac{\pi^{2}}{8}\left(\frac{kT}{\mu}\right)^{2}\right]^{-\frac{2}{3}} \tag{3-199}$$

当 $T\to0$ 时，$\mu(0)=\left(\dfrac{3N}{2C}\right)^{2/3}$。式（3-199）等号右边第二项很小，可以在第二项中用 $kT/\mu(0)$ 代替 kT/μ 可得

$$\begin{aligned}\mu&=\mu(0)\left\{1+\frac{\pi^{2}}{8}\left[\frac{kT}{\mu(0)}\right]^{2}\right\}^{-\frac{2}{3}}\\&\approx\mu(0)\left\{1-\frac{\pi^{2}}{12}\left[\frac{kT}{\mu(0)}\right]^{2}\right\}\end{aligned} \tag{3-200}$$

将式（3-200）代入式（3-198），近似可得

$$\begin{aligned}U&=\frac{2}{5}C\mu(0)^{\frac{5}{2}}\left\{1-\frac{\pi^{2}}{12}\left[\frac{kT}{\mu(0)}\right]^{2}\right\}^{\frac{5}{2}}\times\left\{1+\frac{5\pi^{2}}{8}\left[\frac{kT}{\mu(0)}\right]^{2}\right\}\\&=\frac{3}{5}N\mu(0)\left\{1+\frac{5}{12}\pi^{2}\left[\frac{kT}{\mu(0)}\right]^{2}\right\}\end{aligned} \tag{3-201}$$

式（3-201）给出了自由电子气体的内能。由此可得电子气体的定容热容为

$$C_{V}=\left(\frac{\partial U}{\partial T}\right)_{V}=Nk\frac{\pi^{2}kT}{2\mu(0)}=\gamma_{0}T \tag{3-202}$$

式（3-202）与前面粗略分析的结果只有系数的差异。

如前所述，在常温范围内电子的热容远小于离子振动的热容。但在低温范围内，离子振动的热容按 T^{3} 随温度而减小；电子热容与 T 成正比，减小比较缓慢。所以，在足够低的温度下，电子热容将大于离子振动的热容而成为对金属热容的主要贡献。计及电子和离子振动

的热容，低温下金属的定容热容可表示为

$$C_V=\gamma T+AT^3 \tag{3-203}$$

金属的共有电子近似看作在金属内部做自由运动的近独立粒子。由于离子在空间排列的周期性，离子在金属中产生一个周期性势场，实际上电子在该周期场中运动，离子的热振动对电子的运动也产生影响，电子之间又存在库仑相互作用，更深入地描述金属中电子的运动相当复杂，这里只做粗略的介绍。为了分析电子间库仑作用的影响，将金属中的正离子用均匀的正电荷背景代替，以保持金属的电中性。由于每一电子都要排斥其他电子，在每一电子周围将出现等效的正电荷，对电子产生屏蔽作用，使电子间的库仑长程作用力变为短程的屏蔽作用力。因此可以将电子近似看作近独立粒子，遵从费米分布。不过这时所说的电子已经不是通常意义上的裸电子，而是正电荷云围绕的一种准粒子，称为准电子。准电子与电子存在一一对应的关系。不过它的质量不再是裸电子的质量 m，而是有效质量 m^*。周期场和离子振动也改变了电子的质量。式（3-202）中的 γ_0 与电子质量 m 成正比，人们试图将 m 修正为考虑上述各种影响后的有效质量 m^*来解释 γ 与 γ_0 的差异。

3.4 系综理论和非平衡态统计简介

3.4.1 系综理论

1. 微正则系综

3.3 节讨论了系统微观（力学）运动状态的描述及其随时间的变化。统计物理学研究的是系统在给定宏观条件下的宏观性质。如果研究的是一个孤立系统，给定的宏观条件就是具有确定的粒子数 N、体积 V 和能量 E。

实际上，系统通过其表面分子不可避免地与外界发生作用，使孤立系统的能量不是具有确定的数值 E，而是在 E 附近的一个狭窄的范围内，或者说在 $E\sim E+\Delta E$ 之间。对于宏观系统，表面分子数远小于总分子数，因此系统与外界的相互作用是弱的，$|\Delta E|/E\ll 1$。然而这微弱的相互作用对系统微观状态的变化却产生了巨大的影响。系统从某一初态出发沿正则方程确定的轨道运动，经过一定时间后，外界的作用使系统跃迁到 $E\sim E+\Delta E$ 内的另一状态而沿正则方程确定的另一轨道运动。这样的过程不断发生，使系统的微观状态发生极其复杂的变化。因此，在给定的宏观条件下，不可能肯定系统在某一时刻一定处在或者一定不处在某个微观状态，而只能确定系统在某一时刻处在各个微观状态的概率。宏观量是相应微观量在一切可能的满足给定宏观条件的微观状态上的平均值。

在经典理论中，可能的微观运动状态在相空间构成一个连续分布。以 $\mathrm{d}\Omega=\mathrm{d}q_1\cdots\mathrm{d}q_f\mathrm{d}p_1\cdots\mathrm{d}p_f$ 表示相空间的一个体积元，为书写简便，将 $q_1,\cdots,q_f$；$p_1,\cdots,p_f$ 简记为 q、p，则在时刻 t 系统的微观状态处在 $\mathrm{d}\Omega$ 内的概率可以表示为 $\rho(q,p,t)$，$\rho(q,p,t)$ 称为分布函数，满足规一化条件

$$\int\rho(q,p,t)\,\mathrm{d}\Omega=1 \tag{3-204}$$

式（3-204）表示微观状态处在相空间各区域的概率总和为 1。当微观状态处在 $\mathrm{d}\Omega$ 范围内时，微观量 B 的数值为 $B(q,p)$。微观量 B 在一切可能的微观状态上的平均值为

$$\overline{B}(t)=\int B(q,p)\rho(q,p,t)\mathrm{d}\Omega \tag{3-205}$$

$\overline{B}(t)$ 就是与微观量 B 相应的宏观物理量。

为了形象地表述式（3-205）所给出的统计平均值，设想有大量结构完全相同的系统，处在相同的宏观条件下，这大量系统的集合称为统计系综。可以想见，在统计系综所包含的大量系统中，在时刻 t 运动状态处在 $\mathrm{d}\Omega$ 范围内的系统数将与 $\rho(q,p,t)$ 成正比。如果在时刻 t，从统计系综中任意选取一个系统，这个系统的状态处在 $\mathrm{d}\Omega$ 范围内的概率为 $\rho(q,p,t)\mathrm{d}\Omega$。这样，式（3-205）可以理解为微观量 B 在统计系综上的平均值，称为系综平均值。同样在量子理论中，在给定的宏观条件下，系统可能的微观状态也是大量的。以指标 $s=1,2,\cdots$ 标志系统各个可能的微观状态，用 $\rho_s(t)$ 表示在时刻 t 系统处在状态 s 的概率。$\rho_s(t)$ 称为分布函数，满足规一化条件

$$\sum_s \rho_s(t)=1 \tag{3-206}$$

以 B_s 表示微观量 B 在量子态 s 上的数值，微观量 B 在一切可能的微观状态上的平均值为

$$\overline{B}(t)=\sum_s \rho_s(t)B_s \tag{3-207}$$

$\overline{B}(t)$ 是与微观量 B 相应的宏观物理量。式（3-205）和式（3-207）给出了宏观量与微观量的关系。具体地根据式（3-205）或式（3-207）求宏观量时，必须知道系综分布函数 ρ。确定分布函数 ρ 是系综理论的根本问题。

下面讨论处在平衡状态的孤立系统的系综分布函数。对于能量在 $E\sim E+\Delta E$ 之间的孤立系统，它显然不可能处在这能量范围之外的微观状态，但在 $E\sim E+\Delta E$ 的能量范围内，系统可能的微观状态仍然是大量的，需要确定系统在这些微观状态上的概率分布。平衡状态下系统的宏观量不随时间改变。由式（3-206）可知，ρ 必不显含时间，即 $\frac{\partial\rho}{\partial t}=0$。根据刘维尔定理，$\frac{\partial\rho}{\partial t}=0$ 要求

$$\sum_i\left[\frac{\partial\rho}{\partial q_i}\frac{\partial H}{\partial p_i}-\frac{\partial\rho}{\partial p_i}\frac{\partial H}{\partial q_i}\right]=0 \tag{3-208}$$

容易看出，如果 ρ 是通过哈密顿量 H 作为 q、p 的函数，即 $\rho=\rho[H(q,p)]$，式（3-208）即可得到满足。

因此，对于能量在 $E\sim E+\Delta E$ 之间的孤立系统，其平衡状态的系综分布函数具有以下形式：

$$\begin{cases}\rho(q,p)=\text{常数}, & E\leqslant H(q,p)\leqslant E+\Delta E\\ \rho(q,p)=0, & H(q,p)<E, E+\Delta E<H(q,p)\end{cases} \tag{3-209}$$

式（3-209）意味着系统的微观状态出现在 $E\sim E+\Delta E$ 之间相等体积的概率相等，称为等概率原理，也称微正则分布。式（3-209）是等概率原理的经典表达式。等概率原理的量子表达式为

$$\rho_s=\frac{1}{\Omega} \tag{3-210}$$

式中，Ω 为在 $E\sim E+\Delta E$ 能量范围内系统可能的微观状态数。由于 Ω 个状态出现的概率都相等，所以每个状态出现的概率是 $1/\Omega$。

如果把经典统计理解为量子统计的经典极限，对于含有 N 个自由度为 r 的全同粒子的系统，在能量 $E\sim E+\Delta E$ 范围内系统的微观状态数为

$$\Omega=\frac{1}{N!h^{N_r}}\int_{E\leqslant H(q,p)\leqslant E+\Delta E}\mathrm{d}\Omega \tag{3-211}$$

式（3-211）的积分给出了相空间中能壳 $E\leqslant H(q,p)\leqslant E+\Delta E$ 的体积。由于系统的一个微观状态对应于相空间中大小为 h^{N_r} 的相格，为了得到微观状态数，应将能壳的体积除以 h^{N_r}；根据微观粒子全同性原理，粒子的交换不引起新的微观状态，在式（3-211）积分给出的能壳体积中，N 个粒子交换所产生的 $N!$ 个相格实际是系统的同一微观状态，再除以 $N!$ 才得到能壳 $E\sim E+\Delta E$ 中的微观状态数。如果系统含有多种不同的粒子，第 i 种粒子的自由度为 r_i、粒子数为 N_i，则应将式（3-211）推广为

$$\Omega=\frac{1}{\prod_i N_i!h^{N_ir_i}}\int_{E\leqslant H(q,p)\leqslant E+\Delta E}\mathrm{d}\Omega \tag{3-212}$$

等概率原理是平衡态统计物理的基本假设，由于它的推论与实际相符，其正确性得到肯定。前面介绍的最概然分布理论和本节介绍的系综理论都以等概率原理为基础。不过前者认为宏观量是微观量在最概然分布下的数值，后者则认为宏观量是微观量在给定宏观条件下一切可能的微观状态上的平均值。显然，如果相对涨落很小，即

$$\frac{\overline{B^2}-(\overline{B})^2}{(\overline{B})^2}\ll 1 \tag{3-213}$$

概率分布必然是具有非常陡的极大值的分布函数，微观量的最概然值和平均值是相等的。后续将会看到，相对涨落是 $1/N$ 的量级。因此对于宏观系统，两种统计方法得到的统计平均值是相同的。

2. 正则系统

3.3 节讨论了处在平衡态的孤立系统的分布函数——微正则分布。实际中往往需要研究具有确定粒子数 N、体积 V 和温度 T 的系统。本节讨论具有确定的 N、V、T 值的系统的分布函数，即正则分布。

具有确定的 N、V、T 值的系统可设想为与大热源接触而达到平衡的系统。由于系统与热源间存在热接触，二者可以交换能量，因此系统可能的微观状态可具有不同的能量值。由于热源很大，交换能量不会改变热源的温度。在两者建立平衡后，系统将与热源具有相同的温度。

系统与热源合起来构成一个复合系统。该复合系统是一个孤立系统，具有确定的能量。假设系统和热源的作用很弱，复合系统的总能量 $E^{(0)}$ 可表示为系统的能量 E 和热源的能量 E_r 之和，即

$$E+E_r=E^{(0)} \tag{3-214}$$

既然热源很大，必有 $E\ll E^{(0)}$。

当系统处在能量为 E_s 的状态 s 时，热源可处在能量为 $E^{(0)}-E_s$ 的任何一个微观状态。以 $\Omega_r[E^{(0)}-E_s]$ 表示能量为 $E^{(0)}-E_s$ 的热源的微观状态数，则当系统处在状态 s 时，复合

系统可能的微观状态数为 $\Omega_r\left[E^{(0)}-E_s\right]$。复合系统是一个孤立系统，在平衡状态下，它的每一个可能的微观状态出现的概率相等。所以，系统处在状态 s 的概率 ρ_s 与 $\Omega_r\left[E^{(0)}-E_s\right]$ 成正比，即

$$\rho_s \propto \Omega_r\left[E^{(0)}-E_s\right] \tag{3-215}$$

如前所述，Ω_r 是极大的数，它随 E 的增大而增加得极为迅速。在数学处理上，讨论变化较为缓慢的 $\ln\Omega_r$ 较为方便。由于 $S_r=k\ln\Omega_r$，相当于讨论热源的熵函数。既然 $E_s/E^{(0)}\ll 1$，可将 $\ln\Omega_t$ 展开为 E_s 的幂级数，取前两项可得

$$\begin{aligned}\ln\Omega_r\left[E^{(0)}-E_s\right]&=\ln\Omega_r\left[E^{(0)}\right]+\left(\frac{\partial\ln\Omega_r}{\partial E}\right)(-E_s) \\ &=\ln\Omega_r\left[E^{(0)}\right]-\beta E_s\end{aligned} \tag{3-216}$$

根据式（3-215）和式（3-216）

$$\beta=\left(\frac{\partial\ln\Omega_r}{\partial E_r}\right)_{E_r=E^{(0)}}=\frac{1}{kT} \tag{3-217}$$

式中，T 为热源的温度。系统与热源既已达到热平衡，T 也就是系统的温度。式（3-216）等号右边第一项对系统来说是一个常量，即

$$\rho_s \propto \mathrm{e}^{-\beta E_s} \tag{3-218}$$

将 ρ 规一化，有

$$\rho_s=\frac{1}{Z}\mathrm{e}^{-\beta E} \tag{3-219}$$

式（3-219）给出了具有确定的粒子数 N、体积 V 和温度 T 的系统处在微观状态 s 上的概率。其中 Z 为配分函数，可表示为

$$Z=\sum_s \mathrm{e}^{-\beta E_s} \tag{3-220}$$

式中，$\sum\limits_s$ 为对粒子数为 N、体积为 V 的系统的所有微观状态求和。这里再强调，根据微观粒子的全同性原理，交换任意两个全同粒子并不构成系统的新的微观状态。在对 s 求和时要注意这一点。

注意：式（3-219）中，系统处在微观状态 s 的概率只与状态 s 的能量 E_s 有关。如果以 $E_l(l=1,2,\cdots)$ 表示系统的各个能级，Ω_l 表示能级 E_l 的简并度，则系统处在能级 E_l 的概率可表示为

$$\rho_l=\frac{1}{Z}\Omega_l\mathrm{e}^{-\beta E_l} \tag{3-221}$$

配分函数 Z 也可表示为

$$Z=\sum_l \Omega_l\mathrm{e}^{-\beta E_l} \tag{3-222}$$

式中 $\sum\limits_l$ 为对粒子数为 N、体积为 V 的系统的所有能级求和。

式（3-219）和式（3-221）是正则分布的量子表达式。正则分布的经典表达式为

$$\rho(q,p)\mathrm{d}\Omega=\frac{1}{N!h^{Nr}}\frac{\mathrm{e}^{-\beta E(q,p)}}{Z}\mathrm{d}\Omega \tag{3-223}$$

其中，配分函数 Z 为

$$Z=\frac{1}{N!h^{N_r}}\int \mathrm{e}^{-\beta E(q,p)}\mathrm{d}\Omega \tag{3-224}$$

3. 巨正则系统

以上讨论了具有确定的粒子数 N、体积 V 和温度 T 的系统的分布函数——正则分布。在有些实际问题中，系统的粒子数 N 不具有确定值。如与热源和粒子源接触而达到平衡的系统，系统与源不仅可以交换能量，而且可以交换粒子，因此在系统的各个可能的微观状态中，其粒子数和能量可具有不同的数值。由于源很大，交换能量和粒子不会改变源的温度和化学势，达到平衡后系统将与源具有相同的温度和化学势。下面讨论具有确定的体积 V、温度 T 和化学势 μ 的系统的分布函数——巨正则分布。

系统和源合起来构成一个复合系统。该复合系统是孤立系统，具有确定的粒子数 $N^{(0)}$ 和能量 $E^{(0)}$。以 E 和 E_r 表示系统和源的能量，N 和 N_r 表示系统和源的粒子数。假设系统和源的互作用很弱，有

$$\begin{cases}E+E_r=E^{(0)}\\ N+N_r=N^{(0)}\end{cases} \tag{3-225}$$

既然源很大，必有 $E\ll E^{(0)}$，$N\ll N^{(0)}$。当系统处在粒子数为 N、能量为 E_s 的微观状态 s 时，源可处在粒子数为 $N^{(0)}-N$、能量为 $E^{(0)}-E_s$ 的任何一个微观状态。以 $\Omega_r[N^{(0)}-N,E^{(0)}-E_s]$ 表示粒子数为 $N^{(0)}-N$、能量为 $E^{(0)}-E_s$ 的源的微观状态数，则当系统具有粒子数 N、处在微观状态 s 时，复合系统的微观状态数为 $\Omega_r[N^{(0)}-N,E^{(0)}-E_s]$。复合系统是孤立系统，在平衡状态下它的每一个可能的微观状态数出现的概率是相等的。所以，系统具有粒子数 N、处在微观状态 s 的概率 ρ_{N_s} 与 $\Omega_r[N^{(0)}-N,E^{(0)}-E_s]$ 成正比，即

$$\rho_{N_s}\propto\Omega_r[N^{(0)}-N,E^{(0)}-E_s] \tag{3-226}$$

对 Ω_r 取对数，按 N_r 和 E_t 展开，只取前两项，有

$$\begin{aligned}\ln\Omega_r[N^{(0)}-N,E^{(0)}-E_s]&=\ln\Omega_r[N^{(0)},E^{(0)}]+\left(\frac{\partial\ln\Omega_r}{\partial N_r}\right)_{N_r=N^{(0)}}(-N)+\left(\frac{\partial\ln\Omega_r}{\partial E_r}\right)_{E_r=E^{(0)}}(-E_s)\\&=\ln\Omega_r[N^{(0)},E^{(0)}]-\alpha N-\beta E_s\end{aligned} \tag{3-227}$$

根据微正则分布的热力学公式，

$$\begin{cases}\alpha=\left(\dfrac{\partial\ln\Omega_r}{\partial N_r}\right)_{N_r=N^{(0)}}=-\dfrac{\mu}{kT}\\ \beta=\left(\dfrac{\partial\ln\Omega_r}{\partial E_r}\right)_{E_t=E^{(0)}}=\dfrac{1}{kT}\end{cases} \tag{3-228}$$

式中，T、μ 分别为源的温度和化学势。由于系统与源达到平衡，T 和 μ 也即系统的温度和化学势。式（3-227）等式右边第一项仅与源有关，对系统而言是一个常量，所以

$$\rho_{N_s}\propto\mathrm{e}^{-\alpha N-\beta E_s} \tag{3-229}$$

将分布函数归一化，可得

$$\rho_{N_s}=\frac{1}{\Xi}\mathrm{e}^{-\alpha N-\beta E} \tag{3-230}$$

式中，Ξ 为巨配分函数，其定义为

$$\Xi = \sum_{N=0}^{\infty} \sum_{s} \mathrm{e}^{-\alpha N-\beta E_s} \tag{3-231}$$

式（3-226）给出了具有确定的体积 V、温度 T 和化学势 μ 的系统处在粒子数为 N、能量为 E_s 的微观状态 s 上的概率。式（3-231）包括两重求和，在某一粒子数 N 下，对系统所有可能的微观状态求和（计及微观粒子全同性原理的要求），而粒子数 N 则可以取 $0\sim\infty$中的任何数值；再对所有可能的粒子数求和。式（3-230）为巨正则分布的量子表达式。巨正则分布的经典表达式为

$$\rho_N \mathrm{d}q\mathrm{d}p = \frac{1}{N!h^{N_r}} \frac{\mathrm{e}^{-\alpha N-\beta E(q,p)}}{\Xi} \mathrm{d}\Omega \tag{3-232}$$

式中巨配分函数 Ξ 为

$$\Xi = \sum_{N} \frac{\mathrm{e}^{-\alpha N}}{N!h^{N_r}} \int \mathrm{e}^{-\beta E(q,p)} \mathrm{d}\Omega \tag{3-233}$$

3.4.2 非平衡态统计

1. 玻尔兹曼方程的近似弛豫

平衡态是热运动的一种特殊状态。为了更深刻地认识热运动的规律，以及在许多重要的实际问题中物质系统处在非平衡态，需要研究非平衡态的统计理论。在研究平衡态时，根据普遍的论据就可以求得分布函数，进而求得微观量的统计平均值。建立非平衡态统计理论则要困难得多。从 19 世纪麦克斯韦、玻尔兹曼的工作开始，非平衡态统计理论的发展经历了艰难而缓慢的历程，目前已取得了许多重要的成就，成为当前理论物理发展的前沿之一。作为基础课程，本书仅限于介绍气体动理学理论。气体动理学的传统研究对象是稀薄气体，目前广泛应用于固体物理、等离子体物理和天体物理等领域。

宏观热现象最重要的特征是它的不可逆性，如处在非平衡态的孤立系统会自发地趋于平衡态。非平衡态统计理论要对趋向平衡的不可逆性提供统计的解释，并分析平衡态得以建立的条件。处在非平衡态的系统，其各部分往往具有不同的密度、速度和温度，因而会发生诸如物质、动量和能量的输运过程。对于偏离平衡不远的情形，根据实验结果已经建立了输运过程的现象性理论。非平衡统计理论要导出这些现象性规律，并将现象性理论中出现的输运系数与物质的微观结构联系起来。

基础物理介绍了输运过程的初级理论。初级理论根据分子碰撞和自由程的概念对过程进行分析，能够半定量地阐明过程的基本特征，但数值结果不够准确。在统计物理中，需要求出非平衡态分布函数，由非平衡态分布函数求微观量的统计平均值。为此，首先要导出非平衡态分布函数所遵从的方程。这个方程称为玻尔兹曼积分微分方程，简称玻尔兹曼方程或玻氏积分微分方程。导出玻尔兹曼方程时需要详细计算分子碰撞引起的分布函数的变化率。本节将引入一个参量——弛豫时间，来表征分布函数的碰撞变化率，由此得到的方程称为玻尔兹曼方程的弛豫时间近似。如前所述，当气体分子的平均热波长远小于分子间的平均距离，即

$$\frac{h}{\sqrt{2\pi mkT}}\left(\frac{N}{V}\right)^{\frac{1}{3}} \ll 1 \tag{3-234}$$

时可以将分子看作经典粒子。在不考虑分子的内部结构时可以用坐标和动量描述它的微观运动状态，即

$$f(\boldsymbol{r},\boldsymbol{v},t)\,\mathrm{d}\tau\mathrm{d}\omega \tag{3-235}$$

式（3-235）表示在时刻 t 位于体积元 $\mathrm{d}\tau=\mathrm{d}x\mathrm{d}y\mathrm{d}z$ 和速度间隔 $\mathrm{d}\omega=\mathrm{d}v_x\mathrm{d}v_y\mathrm{d}v_z$ 内的分子数。所取的 $\mathrm{d}\tau\mathrm{d}\omega$ 从微观上看应足够大，使其中含有大量分子，但从宏观上看又足够小，使其可看作宏观的点。这显然是可以做到的。如取 $\mathrm{d}\tau$ 为 $10^{-9}\,\mathrm{cm}^3$，从宏观上看这无疑可认作一点，但在标准状态下，其中仍然含有 10^{10} 个分子。式（3-235）给出的分子数是 $\mathrm{d}\tau\mathrm{d}\omega$ 内分子数的统计平均值。

经过时间 $\mathrm{d}t$ 后，在时刻 $t+\mathrm{d}t$ 位于同一体积元 $\mathrm{d}\tau$ 和速度间隔 $\mathrm{d}\omega$ 内的分子数将变为

$$f(\boldsymbol{r},\boldsymbol{v},t+\mathrm{d}t)\,\mathrm{d}\tau\mathrm{d}\omega \tag{3-236}$$

取 $\mathrm{d}t$ 足够小，做泰勒展开，只取前两项，可得

$$\left[f(\boldsymbol{r},\boldsymbol{v},t)+\frac{\partial f}{\partial t}\mathrm{d}t\right]\mathrm{d}\tau\mathrm{d}\omega \tag{3-237}$$

式（3-237）与式（3-236）相减可得在时间 $\mathrm{d}t$ 内 $\mathrm{d}\tau\mathrm{d}\omega$ 内分子数的增加为

$$\frac{\partial f}{\partial t}\mathrm{d}t\mathrm{d}\tau\mathrm{d}\omega \tag{3-238}$$

式中，$\frac{\partial f}{\partial t}$为分布函数随时间的变化率。分布函数随时间变化有两个原因：一个原因是分子的运动，分子具有的速度使其位置随时间改变，当存在外场时，分子具有的加速度使分子的速度随时间改变，两者都引起 $\mathrm{d}\tau\mathrm{d}\omega$ 内分子数的改变；另一个原因是分子相互碰撞引起分子速度的改变，使 $\mathrm{d}\tau\mathrm{d}\omega$ 内的分子数发生改变。

首先计算由于运动引起的 $\mathrm{d}\tau\mathrm{d}\omega$ 内分子数的变化。以 x、y、z、v_x、v_y、v_z 为直角坐标构成一个六维空间。六维空间的体积元 $\mathrm{d}\tau\mathrm{d}\omega$ 以 6 对平面 $(x,x+\mathrm{d}x),(y,y+\mathrm{d}y),\cdots,(v_z,v_z+\mathrm{d}v_z)$ 为边界。要计算在 $\mathrm{d}t$ 时间内，由于运动引起 $\mathrm{d}\tau\mathrm{d}\omega$ 内分子数的变化，需要计算在 $\mathrm{d}t$ 时间内有多少分子通过这 6 对平面。先考虑在 $\mathrm{d}t$ 时间内通过 x 平面中的“面积” $\mathrm{d}A=\mathrm{d}y\mathrm{d}z\mathrm{d}v_x\mathrm{d}v_y\mathrm{d}v_z$ 进入 $\mathrm{d}\tau\mathrm{d}\omega$ 内的分子数。这些分子必位于以 $\mathrm{d}A$ 为底、以 $x'\mathrm{d}t$ 为高的柱体内。柱体内的分子数为

$$(fx')_x\mathrm{d}t\mathrm{d}A \tag{3-239}$$

式（3-239）为在 $\mathrm{d}t$ 时间内通过 x 平面中的“面积” $\mathrm{d}A$ 进入 $\mathrm{d}\tau\mathrm{d}\omega$ 的分子数。同样，在 $\mathrm{d}t$ 时间内通过 $x+\mathrm{d}x$ 平面而走出 $\mathrm{d}\tau\mathrm{d}\omega$ 的分子数为

$$(fx')_{x+\mathrm{d}x}\mathrm{d}t\mathrm{d}A=\left[(fx')_x+\frac{\partial}{\partial x}(fx')\mathrm{d}x\right]\mathrm{d}t\mathrm{d}A \tag{3-240}$$

式（3-240）与式（3-239）相减，得到通过一对平面 x 和 $x+\mathrm{d}x$ 进入 $\mathrm{d}\tau\mathrm{d}\omega$ 的净分子数为

$$-\frac{\partial}{\partial x}(fx^*)\mathrm{d}x\mathrm{d}t\mathrm{d}A=-\frac{\partial}{\partial x}(fx^*)\mathrm{d}t\mathrm{d}\tau\mathrm{d}\omega \tag{3-241}$$

根据类似的讨论，可得在 $\mathrm{d}t$ 时间内通过一对平面 v_x 和 $v_x+\mathrm{d}v_x$ 进入 $\mathrm{d}\tau\mathrm{d}\omega$ 的分子数为

$$-\frac{\partial}{\partial v_x}(f\dot{v}_x)\,\mathrm{d}t\mathrm{d}\tau\mathrm{d}\omega \tag{3-242}$$

在 $\mathrm{d}t$ 时间内，通过 6 对平面进入 $\mathrm{d}\tau\mathrm{d}\omega$ 内的分子数为

$$-\left[\frac{\partial}{\partial x}(fv_x)+\frac{\partial}{\partial y}(fv_y)+\frac{\partial}{\partial z}(fv_z)+\frac{\partial}{\partial v_x}(fv_x)+\frac{\partial}{\partial v_y}(fv_y)+\frac{\partial}{\partial v_z}(fv_z)\right]\mathrm{d}t\mathrm{d}\tau\mathrm{d}\omega \quad (3\text{-}243)$$

式（3-243）即为在 $\mathrm{d}t$ 时间内，由于运动引起的 $\mathrm{d}\tau\mathrm{d}\omega$ 内分子数的变化。分子的坐标 $\boldsymbol{r}$ 与其速度 $\boldsymbol{v}$ 是相互独立的变量。设作用于一个分子的外力为 $m\boldsymbol{F}(mX,mY,mZ)$，$m$ 是分子的质量。由牛顿第二定律可得

$$\begin{cases}\dot{v}_x=X\\ \dot{v}_y=Y\\ \dot{v}_z=Z\end{cases} \quad (3\text{-}244)$$

在一般问题中所遇到的外力是重力或电磁力。重力与速度无关。当分子带有电荷 e、处在电磁场中时，分子所受的洛伦兹力为

$$m\boldsymbol{F}=e(\boldsymbol{\varepsilon}+\boldsymbol{v}\times B) \quad (3\text{-}245)$$

洛伦兹力与速度有关，但 x 方向的分力 X 与 x 方向的速度 v_x 无关。因而 $\dot{v}_x$ 与 v_x 无关。在以后的讨论中，假设 F 满足

$$\frac{\partial X}{\partial v_x}+\frac{\partial Y}{\partial v_y}+\frac{\partial Z}{\partial v_z}=0 \quad (3\text{-}246)$$

显然，重力和电磁力都满足这个条件。在此条件下，式（3-243）可简化为

$$-\left[v_x\frac{\partial f}{\partial x}+v_y\frac{\partial f}{\partial y}+v_z\frac{\partial f}{\partial z}+X\frac{\partial f}{\partial v_x}+Y\frac{\partial f}{\partial v_y}+Z\frac{\partial f}{\partial v_z}\right]\mathrm{d}t\mathrm{d}\tau\mathrm{d}\omega \quad (3\text{-}247)$$

亦即由于运动引起的分布函数的变化率为

$$-\left[v_x\frac{\partial f}{\partial x}+v_y\frac{\partial f}{\partial y}+v_z\frac{\partial f}{\partial z}+X\frac{\partial f}{\partial v_x}+Y\frac{\partial f}{\partial v_y}+Z\frac{\partial f}{\partial v_z}\right] \quad (3\text{-}248)$$

本节对此只做现象性的讨论。分子的碰撞是非常频繁的，它使系统首先在各宏观小的区域内建立平衡。系统在整体上达到平衡则要通过诸如扩散、热传导等缓慢得多的过程才能实现。这种速率上的差别可以引入局域平衡的概念进行解释。假设平衡状态下分子遵从麦克斯韦-玻尔兹曼分布，则局域平衡的分布函数仍可表示为

$$f^{(0)}=n\left(\frac{m}{2\pi kT}\right)^{\frac{3}{2}}\mathrm{e}^{-\frac{m}{2kT}(v-v_0)^2} \quad (3\text{-}249)$$

式中，n、T、v_0 等可以是坐标 $\boldsymbol{r}$ 和时间 t 的缓变函数。当分布函数 f 与局域平衡的分布函数 $f^{(0)}$ 存在偏离 $f-f^{(0)}$ 时，分子碰撞将使偏离迅速减小。假设分子碰撞引起偏离的碰撞变化率与偏离成正比，即

$$\left[\frac{\partial}{\partial t}(f-f^{(0)})\right]_c=-\frac{f-f^{(0)}}{\tau_0} \quad (3\text{-}250)$$

式中，$1/\tau_0$ 为比例常数，τ_0 具有时间的量纲。式（3-250）积分可得

$$f(t)-f^{(0)}=[f(0)-f^{(0)}]\mathrm{e}^{-\frac{t}{\tau_0}} \quad (3\text{-}251)$$

式（3-251）表明，碰撞使分布函数对局域平衡分布函数的偏离经时间 τ_0 后减少为初始偏离的 e^{-1}。τ_0 称为局域平衡的弛豫时间，一般是 v 的函数，进一步简化可假设 τ_0 是常量，以 $\bar{\tau}_0$ 表示，相当于对 τ_0 取某种平均值。τ_0 与分子在两次连续碰撞之间所经历的平均自由时间具有相同的量级。

由式（3-248）和式（3-250）可得

$$\frac{\partial f}{\partial t}+v_x\frac{\partial f}{\partial x}+v_y\frac{\partial f}{\partial y}+v_z\frac{\partial f}{\partial z}+X\frac{\partial f}{\partial v_x}+Y\frac{\partial f}{\partial v_y}+Z\frac{\partial f}{\partial v_z}=-\frac{f-f^{(0)}}{\tau_0} \tag{3-252}$$

式（3-252）是玻尔兹曼方程的弛豫时间近似。对于定态，$\frac{\partial f}{\partial t}=0$。由式（3-252）可得

$$v_x\frac{\partial f}{\partial x}+v_y\frac{\partial f}{\partial y}+v_z\frac{\partial f}{\partial z}+X\frac{\partial f}{\partial v_x}+Y\frac{\partial f}{\partial v_y}+Z\frac{\partial f}{\partial v_z}=-\frac{f-f^{(0)}}{\tau_0} \tag{3-253}$$

下面将讨论式（3-253）的应用。

2. 金属材料的电导率

下面应用玻尔兹曼方程的弛豫时间近似讨论金属中自由电子的导电问题。设在金属内部存在一个恒定且均匀的沿 z 方向的电场。实验发现，电流密度 J_z 与电场 E_z 成正比，即

$$J_z=\sigma E_z \tag{3-254}$$

式中，σ 为金属的电导率。式（3-254）称为欧姆定律。以 f 表示单位体积内动量为 p 的一个量子态上的平均电子数，则单位体积内速度间隔 $\mathrm{d}\omega$ 内的平均电子数为

$$f\frac{2m^3}{h^3}\mathrm{d}\omega \tag{3-255}$$

式中，因子 2 是考虑到电子自旋的两个可能取向而引入的。电流密度 J_z 等于在单位时间内通过单位截面积的电子数乘以电子所携带的电荷$-e$，即

$$J_z=(-e)\int fv_z\frac{2m^3\mathrm{d}\omega}{h^3} \tag{3-256}$$

如果不存在外电场 E_z，f 就是通常的费米分布，以 $f^{(0)}$ 表示为

$$f^{(0)}=\frac{1}{\mathrm{e}^{\beta\left(\frac{p^2}{2m}-\mu\right)}+1} \tag{3-257}$$

如果将式（3-257）代入式（3-256），由于被积函数是 v_z 的奇函数，积分得 $J_z=0$。这表明，当不存在外电场时金属内部没有宏观的电流，与实际相符。

存在外电场时，定态下电子的分布函数 f 由方程式（3-253）确定。在所讨论的情形下，式（3-253）可简化为

$$-\frac{\mathrm{e}E_z}{m}\frac{\partial f}{\partial v_z}=-\frac{f-f^{(0)}}{\tau_0} \tag{3-258}$$

假设外电场很弱，f 对 $f^{(0)}$ 的偏离很小，可将 f 表示为

$$f=f^{(0)}+f^{(1)} \tag{3-259}$$

式中，$f^{(1)}\ll f^{(0)}$。将式（3-259）代入式（3-258），只保留一级小量，可得

$$\frac{\mathrm{e}E_z}{m}\frac{\partial f^{(0)}}{\partial v_z}=\frac{f^{(1)}}{\tau_0} \tag{3-260}$$

因此有

$$f=f^{(0)}+\frac{\mathrm{e}E_z}{m}\tau_0\frac{\partial f^{(0)}}{\partial v_z} \tag{3-261}$$

将式（3-261）代入式（3-256），第一项 $f^{(0)}$ 代入后积分为零，故得

$$J_z = -\frac{e^2 E_z}{m}\int \tau_0 v_z \frac{\partial f^{(0)}}{\partial v_z}\frac{2m^3 d\omega}{h^3} \tag{3-262}$$

对于费米分布，$\frac{\partial f^{(0)}}{\partial v_z}$仅在 $\varepsilon \approx \mu$ 附近不为零。这意味着，仅 $\varepsilon \approx \mu$ 附近的电子对电导率有贡献。因此可以在式（3-262）中令 τ_0 等于 $\varepsilon \approx \mu$ 处的 τ_0 值，以 τ_F 表示，可得

$$J_z = -\frac{e^2 E_z}{m}\tau_F \int v_z \frac{\partial f^{(0)}}{\partial v_z}\frac{2m^3 d\omega}{h^3} \tag{3-263}$$

利用分部积分，可得

$$\begin{aligned}\int_{-\infty}^{+\infty} v_z \frac{\partial f^{(0)}}{\partial v_z} dv_s &= [f^{(0)} v_z]_{-\infty}^{+\infty} - \int_{-\infty}^{+\infty} f^{(0)} dv_z \\ &= -\int_{-\infty}^{+\infty} f^{(0)} dv_z\end{aligned} \tag{3-264}$$

$$J_z = \frac{e^2 E_z}{m}\tau_F \int f^{(0)} \frac{2m^3 d\omega}{h^3} = \frac{ne^2\tau_F}{m}E_z \tag{3-265}$$

式（3-265）与式（3-254）比较，可得

$$\sigma = \frac{ne^2\tau_F}{m} \tag{3-266}$$

式中，n 为单位体积内的自由电子数。

要得到进一步的结果，需要详细分析电子所遭受的碰撞以求出 τ_F，这里只根据式（3-266）做定性的讨论。在高温下，自由电子在金属中主要受离子振动的散射（声子的散射）。以 l_F 和 v_F 分别表示 $\varepsilon \approx \mu$ 附近电子的自由程和速率，可得

$$l_F = \tau_F v_F \tag{3-267}$$

式中，v_F 对温度仅有微弱的依赖关系。如果用爱因斯坦模型描述离子的振动，在高温$\frac{\hbar\omega}{kT} \ll 1$条件下，声子密度 $n(\omega)$ 可近似为

$$n(\omega) \sim \frac{1}{e^{\frac{\hbar\omega}{kT}} - 1} \sim \frac{kT}{\hbar\omega} \tag{3-268}$$

电子的自由程与声子密度 $n(\omega)$ 成反比，因而与温度 T 成反比。由式（3-266）可知金属的电导率与温度 T 成反比，即

$$\sigma \propto \frac{1}{T} \tag{3-269}$$

这个温度依赖关系与高温下的实验结果符合。

思　考　题

3.1　试证明，对于玻色或费米统计，玻尔兹曼关系成立，即 $S = k\ln\Omega$。

3.2　求弱简并理想费米（玻色）气体的压强和熵。

3.3　在极低温下，为什么德拜模型与实验相符？

3.4 证明在正则分布中熵可表示为 $S=-k\sum_{s}\rho_s\ln\rho_s$，其中 $\rho_s=\frac{1}{Z}\mathrm{e}^{-\beta E_s}$ 是系统处在能量为 E_s 的状态 s 的概率。

3.5 以 τ 表示分子在两次碰撞之间所经历的平均时间，以 $P(t)$ 表示一个分子在时间 t 内未受碰撞的概率，以 $\omega\mathrm{d}t$ 表示该分子在 $t\sim t+\mathrm{d}t$ 内与其他分子发生碰撞的概率，试证明：$P(t)=\mathrm{e}^{-\omega t}$。

第 4 章

晶格振动

晶体中的格点表示原子的平衡位置，晶格振动便是指原子在格点附近的振动。晶格振动的研究最早是从晶体热学性质开始的。热运动在宏观性质上最直接的表现就是热容量。19 世纪根据经典统计规律得出的杜隆-珀替定律（每摩尔固体有 $3N$ 个振动自由度，按能量均分定律，每个自由度平均热能为 kT，则摩尔热容量为 $3Nk=3R$）是把热容量和原子振动具体联系起来的一个重要成就。但是，19 世纪大量的实验研究已经表明，杜隆-珀替定律虽然在室温和更高的温度对固体基本上是适合的，然而在较低的温度，固体的热容量开始随温度降低而不断下降。为了解决这一矛盾，爱因斯坦发展了普朗克的量子假说，第一次提出了量子热容量理论，得出热容量在低温范围下降，并在 $T\to 0\text{K}$ 时趋于 0 的结论，这项在量子理论发展中占有重要地位的成就，对于原子振动的研究也有重要的影响。量子理论的热容量值和经典理论值不同，它与原子振动的具体频率有关，从而推动了对固体原子振动进行具体的研究。

后续的研究确立了晶格振动采取格波的形式。本章主要介绍格波的概念，并在晶格振动理论的基础上扼要介绍晶体的宏观热学性质。

研究晶格振动的意义远不限于热学性质。晶格振动是研究固体宏观性质和微观过程的重要基础。对晶体的电学性质、光学性质、超导电性、磁性、结构相变等一系列物理问题，晶格振动都有着很重要的作用。

4.1 简谐近似与简正坐标

从经典力学的观点，晶格振动是一个典型的小振动问题。凡是力学体系自平衡位置发生微小偏移，该力学体系的运动都是小振动。下面将系统地回顾处理小振动问题的理论方法和主要结果，作为研究晶格振动的理论基础。

如果晶体包含 N 个原子，平衡位置为 $\boldsymbol{R}_n$，偏离平衡位置的位移矢量为 $\boldsymbol{\mu}_n(t)$，则原子的位置 $\boldsymbol{R}'_n(t)=\boldsymbol{R}_n+\boldsymbol{\mu}_n(t)$。在处理小振动问题时，往往选用与平衡位置的偏离为宗量。把位移矢量 $\boldsymbol{\mu}_n$ 用分量表示，N 个原子的位移矢量共有 $3N$ 个分量，写为 $\boldsymbol{\mu}_i(i=1,2,\cdots,3N)$。$N$ 个原子体系的势能函数可以在平衡位置附近展开成泰勒级数为

$$V=V_0+\sum_{i=1}^{3N}\left(\frac{\partial V}{\partial \mu_i}\right)_0\mu_i+\frac{1}{2}\sum_{i,j=1}^{3N}\left(\frac{\partial^2 V}{\partial \mu_i\partial \mu_j}\right)_0\mu_i\mu_j+\text{高阶项} \tag{4-1}$$

式中，下标 0 表示平衡位置时所具有的值。可以设 $V_0=0$，且有

$$\left(\frac{\partial V}{\partial \mu_i}\right)_0=0 \tag{4-2}$$

略去二阶以上的高阶项，可得

$$V=\frac{1}{2}\sum_{i,j=1}^{3N}\left(\frac{\partial^2 V}{\partial \mu_i \partial \mu_j}\right)_0 \mu_i \mu_j \tag{4-3}$$

体系的势能函数只保留至$\boldsymbol{\mu}_i$的二次方程，称为简谐近似。处理小振动问题一般都取简谐近似，对于一个具体的物理问题是否可以采用简谐近似，要看在简谐近似条件下得到的理论结果是否与实验相一致。在处理热传导、热膨胀等问题时就需要考虑高阶项的作用，称为非谐作用。

N个原子体系的动能函数为

$$T=\frac{1}{2}\sum_{i=1}^{3N} m_i \dot{\mu}_i^2 \tag{4-4}$$

为了使问题简化，引入所谓简正坐标$Q_1, Q_2, \cdots, Q_{3N}$。简正坐标与原子的位移坐标μ_i之间通过正交变换相联系，即

$$\sqrt{m_i}\mu_i=\sum_{j=1}^{3N} a_{ij} Q_j \tag{4-5}$$

引入简正坐标的目的是为了使系统的势能函数和动能函数具有简单的形式，即化为平方项之和而无交叉项（μ_i前乘以$\sqrt{m_i}$可以使结果的形式更简洁），可得

$$T=\frac{1}{2}\sum_{i=1}^{3N} \dot{Q}_i^2 \tag{4-6}$$

$$V=\frac{1}{2}\sum_{i=1}^{3N} \omega_i^2 Q_i^2 \tag{4-7}$$

由于动能函数T是正定的，根据线性代数的理论，总可以找到这样的线性变换，使动能和势能函数同时化为平方项之和。势能系数为正值，这里写为ω_i^2，表明原来原子在格点上是一稳定的平衡状态。采用分析力学的一般方法，由动能和势能公式可以直接写出拉格朗日函数$L=T-V$，得到正则动量为

$$p_i=\frac{\partial L}{\partial \dot{Q}_i}=\dot{Q}_i \tag{4-8}$$

并写出哈密顿量为

$$H=\frac{1}{2}\sum_{i=1}^{3N}(p_i^2+\omega_i^2 Q_i^2) \tag{4-9}$$

应用正则方程可得

$$\ddot{Q}_i+\omega_i^2 Q_i=0,\quad i=1,2,\cdots,3N \tag{4-10}$$

这是$3N$个相互无关的方程，表明各简正坐标描述独立的简谐振动，其中任意简正坐标的解为

$$Q_i=A\sin(\omega_i t+\delta) \tag{4-11}$$

式中，ω_i为振动的圆频率，$\omega_i=2\pi\nu_i$，原子的位移坐标和简正坐标间存在着正交变换关系，即式（4-5）。当只考察某一个Q_j的振动时，式（4-5）化为

$$\mu_i=\frac{a_{ij}}{\sqrt{m_i}}A\sin(\omega_j t+\delta) \tag{4-12}$$

式（4-12）表明，一般情况下一个简正振动并不是表示某一个原子的振动，而是表示整个晶体所有原子都参与的振动，而且它们的振动频率相同。由简正坐标所代表的体系中所有原子一起参与的共同振动，常常称为一个振动模。

根据经典力学写出的哈密顿量式（4-9），可以直接用来作为量子力学分析的出发点，只需要把 p_i 和 Q_i 看作量子力学中的正则共轭算符，按照一般的方法，把 p_i 写成 $-\mathrm{i}\hbar\frac{\partial}{\partial Q_i}$，得到波动方程为

$$\left[\sum_{i=1}^{3N}\frac{1}{2}\left(-\hbar^2\frac{\partial^2}{\partial Q_i^2}+\omega_i^2Q_i^2\right)\right]\psi(Q_1,Q_2,\cdots,Q_{3N})=E\psi(Q_1,Q_2,\cdots,Q_{3N}) \tag{4-13}$$

显然方程式（4-13）表示一系列相互独立的简谐振子，对于其中每个简正坐标，有

$$\frac{1}{2}\left[-\hbar^2\frac{\partial^2}{\partial Q_i^2}+\omega_i^2Q_i^2\right]\varphi(Q_i)=\varepsilon_i\varphi(Q_i) \tag{4-14}$$

谐振子方程的解为

$$\varepsilon_i=\left(n_i+\frac{1}{2}\right)\hbar\omega_i \tag{4-15}$$

$$\varphi_{n_i}(Q_i)=\sqrt{\frac{\omega}{\hbar}}\exp\left(-\frac{\xi^2}{2}\right)H_{n_i}(\xi) \tag{4-16}$$

式中，ξ 为厄密多项式，$\xi=\sqrt{\frac{\omega}{\hbar}}Q_i$，而系统的本征态为

$$E=\sum_{i=1}^{3N}\varepsilon_i=\sum_{i=1}^{3N}\left(n_i+\frac{1}{2}\right)\hbar\omega_i \tag{4-17}$$

$$\psi(Q_1,Q_2,\cdots,Q_{3N})=\prod_{i=1}^{3N}\varphi_{n_i}(Q_i) \tag{4-18}$$

由上所述，只要能找到该体系的简正坐标或振动模，问题即可解决。

4.2　一维单原子链

晶格具有周期性，因而晶格的振动模具有波的形式，称为格波。格波和一般连续介质波有共同的波的特征，但也有它不同的特点。下面讨论的一维单原子链是学习格波的典型例子，它的振动既简单可解，又能较全面地表现格波的基本特点。

如图 4-1 所示，一维单原子链可以看作是一个最简单的晶格，在平衡时相邻原子距离为 a（即原胞体积为 a^3），每个原胞内含一个原子，质量为 m，原子限制在沿链的方向运动，偏离格点的位移用 $\cdots,\mu_{n-1},\mu_n,\mu_{n+1},\cdots$ 表示。另外，还假设只有近邻原子间存在相互作用，互作用能一般可以表示为

$$v(a+\delta)=v(a)+\frac{1}{2}\beta\delta^2+\text{高阶项} \tag{4-19}$$

式中，δ 为对平衡距离 a 的偏离。一般小振动近似相互作用能保留到 δ^2 项，即简谐近似，相邻原子间的作用力为

$$F=-\frac{\mathrm{d}v}{\mathrm{d}\delta}\approx-\beta\delta \tag{4-20}$$

式（4-20）表明存在于相邻原子间的是正比于相对位移的弹性回复力。

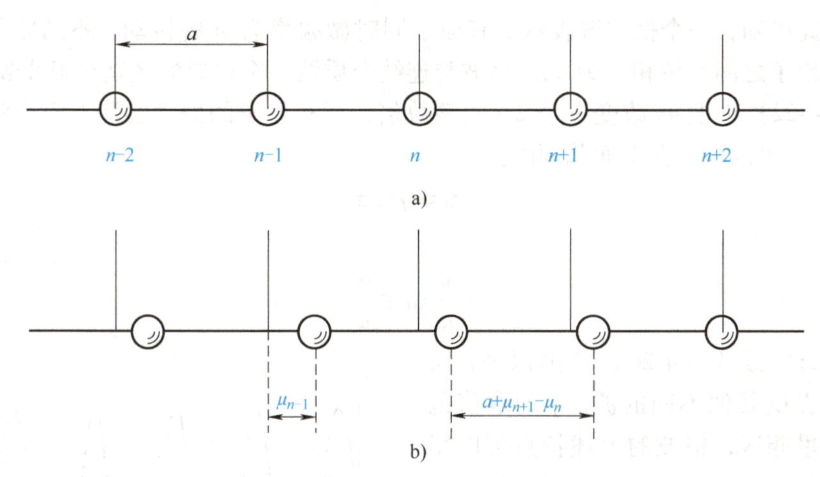

图 4-1　一维单原子链

首先根据牛顿定理用直接解运动方程的方法，求解链的振动模，这与根据分析力学原理引入简正坐标是等效的，然后再说明二者之间的关系。考查图 4-1a 第 n 个原子的运动方程，它受到左、右两个近邻原子对它的作用力。其中左边第 $n-1$ 个原子与它的相对位移 $\delta=\mu_n-\mu_{n-1}$，作用力 $F=-\beta(\mu_n-\mu_{n-1})$；右边第 $n+1$ 个原子与它的相对位移 $\delta=\mu_{n+1}-\mu_n$，作用力 $F=-\beta(\mu_{n+1}-\mu_n)$，考虑到两个力的作用方向相反，可得

$$\begin{aligned} m\mu_n &=\beta(\mu_{n+1}-\mu_n)-\beta(\mu_n-\mu_{n-1}) \\ &=\beta(\mu_{n+1}+\mu_{n-1}-2\mu_n) \end{aligned} \tag{4-21}$$

每个原子对应有一个方程，若原子链有 N 个原子，则有 N 个方程，式（4-21）实际上代表着 N 个联立的线性齐次方程。

下面验证方程具有格波形式的解，即

$$\mu_{n_q}=A\mathrm{e}^{\mathrm{i}(\omega t-naq)} \tag{4-22}$$

式中，ω、A 为常数。由于是线性齐次方程，可以用复数形式的解，其实部或虚部都代表方程的实解。代入方程式（4-21），有

$$\begin{aligned} m(\mathrm{i}\omega)^2A\mathrm{e}^{\mathrm{i}(\omega t-naq)} &=\beta\{A\mathrm{e}^{\mathrm{i}[\omega t-(n+1)aq]}+A\mathrm{e}^{\mathrm{i}[\omega t-(n-1)aq]}-2A\mathrm{e}^{\mathrm{i}(at-naq)}\}-m\omega^2 \\ &=\beta(\mathrm{e}^{-\mathrm{i}aq}+\mathrm{e}^{\mathrm{i}aq}-2) \\ &=2\beta(\cos aq-1) \end{aligned}$$

$$\omega^2=\frac{2\beta}{m}(1-\cos aq)=\frac{4\beta}{m}\sin^2\left(\frac{1}{2}aq\right) \tag{4-23}$$

式（4-23）与 n 无关，表明 N 个联立的方程都归结为同一个方程。也就是说，只要 ω 与 q 之间满足式（4-23）的关系，式（4-22）就表示联立方程的解。通常把 ω 与 q 之间的关系称为色散关系。

下面讨论解式（4-22）的物理意义，它与一般连续介质波

$$A\mathrm{e}^{\mathrm{i}\left(\omega t-2\pi\frac{x}{\lambda}\right)}=A\mathrm{e}^{\mathrm{i}(\omega t-qx)} \tag{4-24}$$

有完全类似的形式。其中 ω 为波的圆频率，λ 为波长，$q=\dfrac{2\pi}{\lambda}$为波数。区别在于连续介质波中 x 表示空间任意一点，而在解式（4-22）中只取 na 格点的位置，这是一系列呈周期性排列的点。由此可知，一个格波解表示所有原子同时做频率为 ω 的振动，不同原子之间有位相差，相邻原子之间的位相差为 aq。格波与连续介质波一个重要的区别在于波数 q 的含义，如果在式（4-22）中把 aq 改变一个 2π 的整数倍，所有原子的振动实际上完全没有任何不同，这表明 aq 可以限制在下面范围内：

$$-\pi<aq\leqslant\pi \tag{4-25}$$

或

$$-\frac{\pi}{a}<q\leqslant\frac{\pi}{a} \tag{4-26}$$

式（4-25）或式（4-26）范围以外的 q 值，并不能提供其他不同的波。q 的取值范围常称为布里渊区，格波的上述特点可以用图 4-2 来说明。

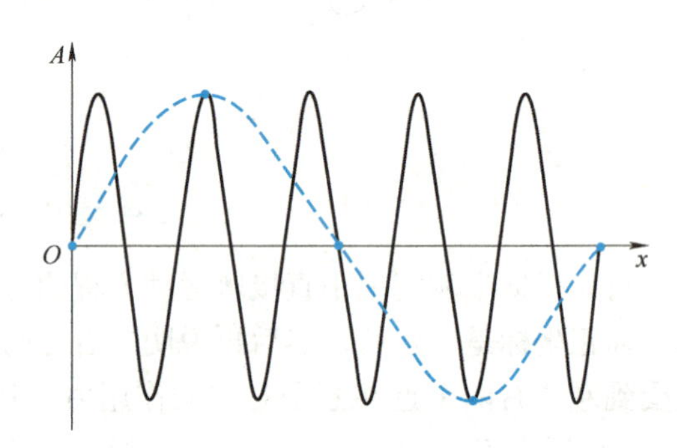

图 4-2　格波 q 的不唯一性图示

为了便于图示，把每个原子的位移画在垂直链的方向，虚线表示把原子振动看成 $q=\dfrac{\pi}{2a}$（即波长 $\lambda=4a$）的波，实线表示完全相同的原子振动，同样可以当作是 $q=\dfrac{5\pi}{2a}$ $\left(\text{即波长 }\lambda=\dfrac{4}{5}a\right)$的波，二者 aq 相差 2π。按前一种方式，两相邻原子振动位相差为$\dfrac{\pi}{2}$，后一种方式相当于认为它们的位相差为$\left(2\pi+\dfrac{\pi}{2}\right)$，效果完全一样。

前面所考虑的运动方程实际上只适用于无穷长的链，因为，所有的原子都假设有相同的运动方程式（4-21），而一个有限的链两端的原子显然应和内部的原子有所不同。例如，在只有近邻作用时，最两端的两个原子只受到一个近邻的作用，因此，它们将有与其他原子形式不同的运动方程。虽然仅少数原子运动方程不同，但由于所有原子的方程都是联立的，具体解方程就复杂得多。为了避免这种情况，玻恩-卡曼（Born-von Karman）提出了如图 4-3 所示包含 N 个原胞的环状链作为一个有限链的模型，它包含有限数目的原子，却保持所有原胞完全等价。式（4-21）运动方程仍旧适用，如果 N 很大使环半径很大，沿环的运动仍旧可以看作直线运动，与以前的区别只在于必须考虑到链的循环性，也就是，原胞的数增加 N，振动情况必须复原。由格波解式（4-22）的形式可知，这等于要求

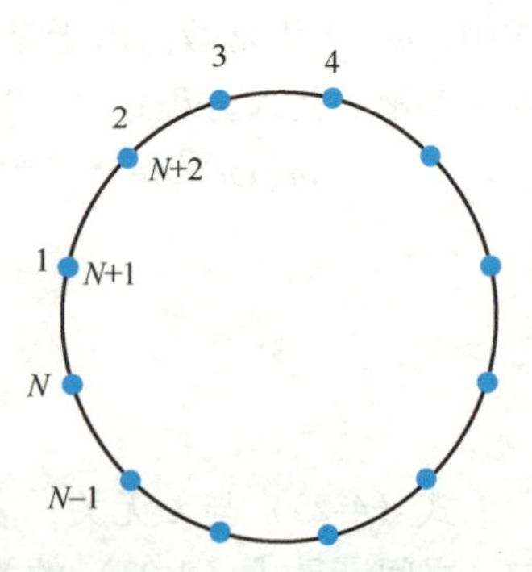

图 4-3　一维单原子链的玻恩-卡曼边界条件

$$e^{-i(Naq)}=1 \tag{4-27}$$

或

$$q=\frac{2\pi}{Na}h \tag{4-28}$$

式中，h 取整数。前面指出，q 的取值范围为 $-\frac{\pi}{a}\sim\frac{\pi}{a}$，式（4-28）中的 h 只能取 $-\frac{N}{2}\sim\frac{N}{2}$，一共有 N 个不同的值。所以，由 N 个原胞组成的链，q 可以取 N 个不同的值，每个 q 对应一个格波，共有 N 个不同的格波。N 就是一维单原子链的自由度数，这表明已经得到链的全部振动模。

玻恩-卡曼模型相当于要求一个有限链头尾相衔接，起着一个边界条件的作用，实际上，用这个模型并未改变运动方程的解，而只是对解提出一定的条件，见式（4-27），称为玻恩-卡曼边界条件，或称为周期性边界条件。

这里对式（4-23）做两点讨论。表面上看一个 q 应对应 $\pm\omega(q)$ 两个频率，其实，由于 ω 是 q 的偶函数，只需要取式（4-23）的正根，这是因为由 q 和 $-\omega(q)$ 确定的解与由 $-q$ 和 $\omega(q)=\omega(-q)$ 确定的解是同一个解。因此，式（4-23）可以写为

$$\omega=2\sqrt{\frac{\beta}{m}}\left|\sin\frac{1}{2}aq\right| \tag{4-29}$$

图 4-4 为一维单原子链的 $\omega-q$ 函数曲线。由于格波的特性，q 取值为 $-\frac{\pi}{a}\sim\frac{\pi}{a}$，由于周期性边界条件，$q$ 的允许值为这一区间中均匀分布的 N 个点。

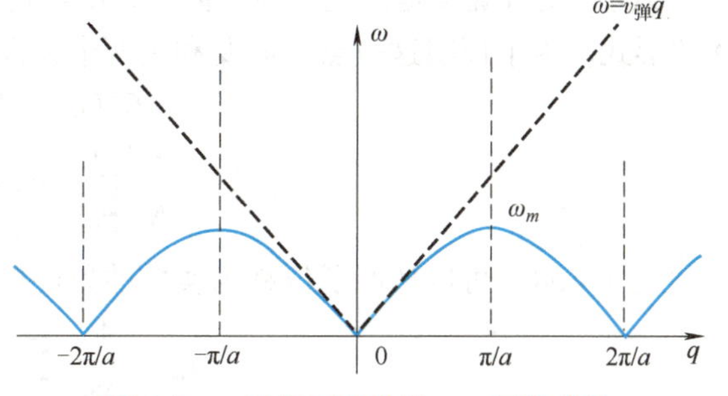

图 4-4 一维单原子链的 ω-q 函数曲线

当 $q\ll\frac{\pi}{a}$，相当于波长 $\lambda\gg a$，由图 4-4 可以看出，ω 正比于 q，即

$$\omega=\left(a\sqrt{\frac{\beta}{m}}\right)|q| \tag{4-30}$$

这类似于连续介质波的情况。如果注意到相邻原子相对位移为 δ 时，相对伸长为 δ/a，相互作用力可以写为

$$\beta\delta=\beta a\left(\frac{\delta}{a}\right) \tag{4-31}$$

式中，βa 为链的伸长模量，而且有 m/a 为一维单原子链的线密度（即把一维单原子链看成连续的弹性链时的质量密度）。故

$$c=a\sqrt{\frac{\beta}{m}}=\sqrt{\frac{\beta a}{\frac{m}{a}}}=\left(\frac{伸长模量}{密度}\right)^{1/2} \tag{4-32}$$

式中，c 为当把原子链看成弹性链时弹性波的波速。这当然不是巧合，当波长很大时，可以把晶格看成连续介质，也就是说得到的长波极限正是链的弹性波。

理论上根据牛顿定律用直接解运动方程的方法求链的振动模，与根据分析力学原理引入简正坐标是等效的。最后以一维单原子链为例讨论二者之间的关系。前面得到一维单原子链

的本征解为$\mu_{n_q}=A_q e^{i(\omega_q t-naq)}$，表示第$q$个格波引起第$n$个原子的位移。而原子的总位移为所有格波的叠加，即

$$\mu_n=\sum_q \mu_{n_q}=\sum_q A_q e^{i(\omega_q t-naq)} \tag{4-33}$$

将式（4-33）变换形式，写为

$$\mu_n=\frac{1}{\sqrt{Nm}}\sum_q Q(q)e^{-inaq} \tag{4-34}$$

则有

$$Q(q)=\sqrt{Nm}A_q e^{i\omega_q t} \tag{4-35}$$

与式（4-5）类比，可得

$$\sqrt{m}\mu_n=\frac{1}{\sqrt{N}}\sum_q e^{-inaq}Q(q) \tag{4-36}$$

式中，$Q(q)$为简正坐标，表示格波的振幅，而线性变换（因为是复数形式的解，线性变换为幺正变换）系数为

$$a_{nq}=\frac{1}{\sqrt{N}}e^{-inaq} \tag{4-37}$$

$Q(q)$是否确实是简正坐标，需要证明经过式（4-36）变换后，动能和势能都具有平方和的形式。为了证明这一点，需要利用两个关系式

$$Q^*(q)=Q(-q) \tag{4-38}$$

$$\frac{1}{N}\sum_{n=0}^{N-1}e^{ina(q-q')}=\delta_{qq'} \tag{4-39}$$

式（4-38）可以从原子位移为实数的条件得到，因为

$$\mu_n=\frac{1}{\sqrt{Nm}}\sum_q Q(q)e^{-inaq} \tag{4-40}$$

也可写为

$$\mu_n=\frac{1}{\sqrt{Nm}}\sum_{-q} Q(-q)e^{inaq} \tag{4-41}$$

若把式（4-40）两端取复共轭，可得

$$\mu_n^*=\frac{1}{\sqrt{Nm}}\sum_q Q^*(q)e^{inaq} \tag{4-42}$$

因为μ_n为实数，$\mu_n=\mu_n^*$，比较式（4-41）与式（4-42），可得

$$Q(-q)=Q^*(q)$$

式（4-39）实际上是线性变换系数的正交条件，当$q=q'$时，式（4-39）显然是正确的。当$q\neq q'$时，令$q-q'=s$。注意到$q=\frac{h}{Na}2\pi$，h为整数，有

$$\frac{1}{N}\sum_{n=0}^{N-1}e^{inas}=\frac{1}{N}\sum_{n=0}^{N-1}(e^{ias})^n=\frac{1-e^{iNas}}{1-e^{ias}}=\frac{1-e^{iNa\frac{h}{Na}2\pi}}{1-e^{2\pi ih/N}}=0 \tag{4-43}$$

式（4-39）得以证明。

下面利用式（4-38）、式（4-39）两个关系式化简系统动能和位能的表达式。

动能的表达式为

$$
\begin{aligned}
T &= \frac{1}{2}m \sum_{n} \dot{\mu}_n^2 \\
&= \frac{1}{2}m \frac{1}{Nm}\sum_{n}\left[\sum_{q}\dot{Q}(q)\mathrm{e}^{-\mathrm{i}naq}\right]\left[\sum_{q'}\dot{Q}(q')\mathrm{e}^{-\mathrm{i}naq'}\right] \\
&= \frac{1}{2}\sum_{qq'}\dot{Q}(q)\dot{Q}(q')\left[\frac{1}{N}\sum_{n}\mathrm{e}^{-\mathrm{i}na(q+q')}\right] \\
&= \frac{1}{2}\sum_{q}\dot{Q}(q)\dot{Q}(-q) \\
&= \frac{1}{2}\sum_{q}\dot{Q}(q)\dot{Q}^*(q) = \frac{1}{2}\sum_{q}|\dot{Q}(q)|^2
\end{aligned}
\tag{4-44}
$$

势能的表达式为

$$
\begin{aligned}
U &= \frac{1}{2}\beta\sum_{n}(\mu_n - \mu_{n-1})^2 \\
&= \frac{1}{2}\beta\sum_{n}\frac{1}{Nm}\left[\sum_{q}Q(q)\mathrm{e}^{-\mathrm{i}naq}(1-\mathrm{e}^{\mathrm{i}aq})\right]\left[\sum_{q'}Q(q')\mathrm{e}^{-\mathrm{i}naq'}(1-\mathrm{e}^{\mathrm{i}aq'})\right] \\
&= \frac{\beta}{2m}\sum_{qq'}Q(q)(1-\mathrm{e}^{\mathrm{i}aq})Q(q')(1-\mathrm{e}^{\mathrm{i}aq'})\left[\frac{1}{N}\sum_{n}\mathrm{e}^{-\mathrm{i}na(q+q')}\right] \\
&= \frac{\beta}{2m}\sum_{q}Q(q)(1-\mathrm{e}^{\mathrm{i}aq})Q(-q)(1-\mathrm{e}^{-\mathrm{i}aq}) \\
&= \sum_{q}Q(q)Q^*(q)\frac{\beta}{2m}(2-2\cos aq) \\
&= \frac{1}{2}\sum_{q}\omega_q^2 Q(q)Q^*(q) = \frac{1}{2}\sum_{q}\omega_q^2\,|Q(q)|^2
\end{aligned}
\tag{4-45}
$$

可以看出，$Q(q)$ 确实是系统复数形式的简正坐标。也可以写出实数形式的简正坐标，令

$$
Q(q) = \frac{1}{\sqrt{2}}[a(q) + \mathrm{i}b(q)]
\tag{4-46}
$$

式中，$a(q)$、$b(q)$ 分别为其实部和虚部，则有

$$
Q^*(q) = Q(-q) = \frac{1}{\sqrt{2}}[a(q) - \mathrm{i}b(q)]
$$

代入式（4-44）可得

$$
T = \frac{1}{2}\sum_{q>0}[\dot{a}^2(q) + \dot{b}^2(q)]
\tag{4-47}
$$

代入式（4-45）可得

$$
U = \frac{1}{2}\sum_{q>0}\omega_q^2[a^2(q) + b^2(q)]
\tag{4-48}
$$

可见 $a(q)$、$b(q)$ 即为实数形式的简正坐标。

如前所述，一旦找出简正坐标，直接可以过渡到量子理论。每一个简正坐标对应一个谐振子方程，波函数是以简正坐标为宗量的谐振子波函数，能量本征值为

$$\varepsilon_{nq}=\left(n+\frac{1}{2}\right)\hbar\omega_q \tag{4-49}$$

总之，由 N 个原子组成的一维单原子链，其振动模为 N 个格波，在简谐近似下格波相互独立，格波的振幅对应系统的简正坐标，按量子理论每种简正振动的能级是量子化的，能量激发的单元是 $\hbar\omega_q$。

以上结论可以用声子的“语言”来表述，声子就是指格波的量子，它的能量等于 $\hbar\omega_q$。一个格波，也就是一种振动模，称为一种声子；当这种振动模处于 $\left(n_q+\frac{1}{2}\right)\hbar\omega_q$ 本征态时，称为有 n_q 个声子，n_q 为声子数；当电子（或光子）与晶格振动相互作用时，交换能量以 $\hbar\omega_q$ 为单元，若电子从晶格获得 $\hbar\omega_q$ 能量，称为吸收一个声子，若电子给晶格 $\hbar\omega_q$ 能量，称为发射一个声子。利用声子的“语言”来描述晶格振动不仅可以使表述简化，而且有深刻的理论意义。声子不是真实的粒子，称为准粒子，它反映的是晶格原子集体运动状态的激发单元。多体系统集体运动的激发单元，常称为元激发，在固体中有很多种类型的元激发，处理这些元激发的理论方法相类似，声子是一种典型的元激发。

4.3 一维双原子链

一维双原子链可以看作最简单的复式晶格，即每个原胞含 2 个不同的原子 P 和 Q，如图 4-5 所示。在平衡时相邻原子距离用 a 表示，P、Q 的质量分别用 m 和 M 表示。原子限制在沿链的方向运动，偏离格点的位移用$\cdots,\mu_{2n},\mu_{2n+1},\cdots$表示。仍假设只有相邻原子间存在相互作用，互作用能取简谐近似，类比一维单原子链的情况，可以得到原子的运动方程为

$$\begin{cases}\text{P 原子：} m\ddot{\mu}_{2n}=-\beta(2\mu_{2n}-\mu_{2n+1}-\mu_{2n-1})\\ \text{Q 原子：} M\ddot{\mu}_{2n+1}=-\beta(2\mu_{2n+1}-\mu_{2n+2}-\mu_{2n})\end{cases} \tag{4-50}$$

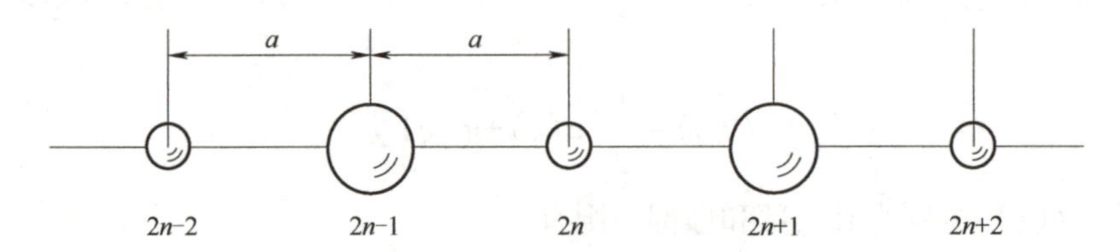

图 4-5　一维双原子链

式（4-50）是两个典型的运动方程。当原子链包含 N 个原胞（即有 N 个 P 原子和 N 个 Q 原子）时，它实际代表 $2N$ 个方程的联立方程组。该方程组的格波解形式为

$$\begin{cases}\mu_{2n}=A\mathrm{e}^{\mathrm{i}[\omega t-(2na)q]}\\ \mu_{2n+1}=B\mathrm{e}^{\mathrm{i}[\omega t-(2n+1)aq]}\end{cases} \tag{4-51}$$

把解式（4-51）代入运动方程式（4-50），除去共同的指数因子后，可得

$$\begin{cases}-m\omega^2A=\beta(\mathrm{e}^{-\mathrm{i}aq}+\mathrm{e}^{\mathrm{i}aq})B-2\beta A\\ -M\omega^2B=\beta(\mathrm{e}^{-\mathrm{i}aq}+\mathrm{e}^{\mathrm{i}aq})A-2\beta B\end{cases} \tag{4-52}$$

式（4-52）与 n 无关，表明所有联立方程对于格波形式的解式（4-51）都归结为同一对方程。式（4-52）可以看作以 A、B 为未知数的线性齐次方程，即

$$\begin{cases}(m\omega^2-2\beta)A+2\beta\cos aqB=0\\2\beta\cos aqA+(M\omega^2-2\beta)B=0\end{cases}\tag{4-53}$$

式（4-53）的有解条件为

$$\begin{vmatrix}m\omega^2-2\beta & 2\beta\cos aq\\2\beta\cos aq & M\omega^2-2\beta\end{vmatrix}=mM\omega^4-2\beta(m+M)\omega^2+4\beta^2\sin^2 aq=0\tag{4-54}$$

式（4-54）可以看作决定 ω^2 的方程，从而得到两个 ω^2 值为

$$\omega^2\left\langle\begin{matrix}\omega_+^2\\\omega_-^2\end{matrix}\right.=\beta\frac{m+M}{mM}\left\{1\pm\left[1-\frac{4mM}{(m+M)^2}\sin^2 aq\right]^{1/2}\right\}\tag{4-55}$$

把 ω_+^2 和 ω_-^2 代回式（4-53），可以求出相应的 A 和 B 的解为

$$\begin{cases}\left(\dfrac{B}{A}\right)_+=-\dfrac{m\omega_+^2-2\beta}{2\beta\cos aq}\\\left(\dfrac{B}{A}\right)_-=-\dfrac{m\omega^2-2\beta}{2\beta\cos aq}\end{cases}\tag{4-56}$$

由格波解式（4-51）可知相邻原胞之间（原胞为 $2a$）的位相差为 $2aq$，所谓相邻原胞之间的位相差应理解为相邻原胞 P 原子（或者 Q 原子）之间的位相差。同样，如果把 $2aq$ 改变 2π 的整数倍，所有原子的振动实际上完全没有任何不同，这表明 q 的取值只需限制为

$$\begin{cases}-\pi<2aq\leqslant\pi\\-\dfrac{\pi}{2a}<q\leqslant\dfrac{\pi}{2a}\end{cases}\tag{4-57}$$

式（4-57）范围就是一维双原子链的布里渊区，在这个范围内任意的波数 q 有两个格波解，它们的频率为式（4-55）所给出的 ω_+^2 和 ω_-^2，与一般波的解一样，格波解可以有任意的振幅和位相，但是两种原子振动的振幅比和位相差是确定的，并由式（4-56）决定。仍采用周期性边界条件

$$N(2aq)=2\pi h,\ h=\text{整数}$$

即

$$q=\frac{h}{2Na}2\pi\tag{4-58}$$

由于 q 的取值范围为 $-\dfrac{\pi}{2a}\sim\dfrac{\pi}{2a}$，所以式（4-58）中的 h 只能取 $-\dfrac{N}{2}\sim\dfrac{N}{2}$，一共有 N 个不同取值。所以，由 N 个原胞组成的一维双原子链，q 可以取 N 个不同的值，每个 q 对应两个解，总共有 $2N$ 个不同的格波，数目正好等于链的自由度，这表明已得到链的全部振动模。

图 4-6 为根据式（4-55）画出的不同 q 的格波频率 ω_+ 和 ω_-。属于 ω_+ 的格波称为光学波，属于 ω_- 的格波称为声学波。$q\approx0$ 的长波在许多实际问题中具有特别重要的作用，光学波和声学波的命名也主要是根据它们在长波极限的性质。下面着重讨论长波极限。

先讨论声学波 ω_- 在长波极限的情形。由式（4-55）可以看出，当 $q\to0$ 时，$\omega_-\to0$，正如图 4-6 所示。当 q 很小时，有

$$\frac{4mM}{(m+M)^2}\sin^2 aq \approx \frac{4mM}{(m+M)^2}(aq)^2 \ll 1$$

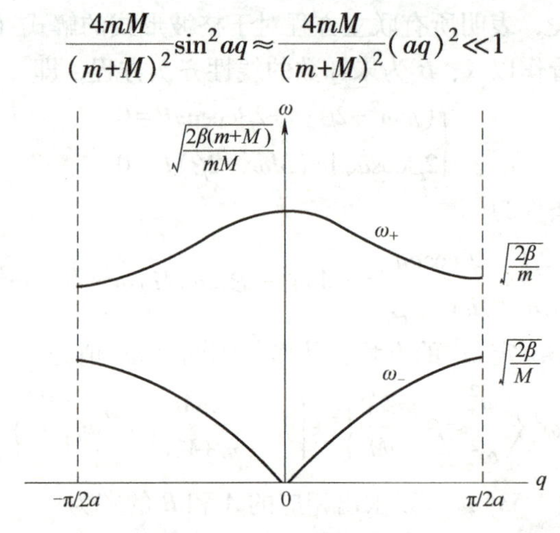

图 4-6　声学波和光学波

把式（4-55）中根式对 q^2 展开，可得

$$\omega_-^2 \approx \frac{2\beta}{m+M}(aq)^2$$

或

$$\omega_- \approx a\sqrt{\frac{2\beta}{m+M}}q \tag{4-59}$$

式（4-59）表明，对于长声学波，频率正比于波数，长声学波就是把一维链看作连续分质时的弹性波，这也就是为什么称 ω_- 支为声学波的原因。对于长声学波，当 $q \to 0$ 时 $\omega_- \to 0$，因此

$$\left(\frac{B}{A}\right)_- \to 1 \tag{4-60}$$

式（4-60）表明，在长声学波时，原胞中两种原子的运动是完全一致的，振幅和位相都没有差别。

对于长光学波，当 $q \to 0$ 时，频率趋于有限值，即

$$\omega_+ \to \sqrt{\frac{2\beta}{\frac{mM}{m+M}}} \tag{4-61}$$

将式（4-61）代入式（4-56），并令 $\cos aq \to 1$，可得

$$\left(\frac{B}{A}\right)_+ \to -\frac{m}{M} \tag{4-62}$$

当 $q \to 0$ 时，由式（4-51）可知，同一种原子具有相同的位相，所以每一种原子（P 原子或 Q 原子）形成的格子像一个刚体一样整体地振动。式（4-62）表明，在 $q \to 0$ 时，两种原子振动有完全相反的位相，长光学波的极限实际上是 P 和 Q 两个格子的相对振动，振动中保持它们的质心不变，如图 4-7 所示。

m　M　m　M　m　M　m　M

图 4-7　光学波的长波极限

离子晶体中的长光学波有特别重要的作用，因为不同离子间的相对振动产生一定的电偶极矩，从而可以与电磁波相互作用。具体分析证明如下：对于单声子过程的一级谱，电磁波只和波数相同的格波相互作用，如果它们具有相同的频率就可以发生共振，如图 4-8 所示，把光波的 ω-q 关系和格波画在同一图中，代表光波的直线与代表光学波的曲线的交点对应于它们共振的情况，代表长声学波的直线的斜率 c 为弹性波速度，仅仅是光波直线斜率 c_0（光速）的约 $1/10^5$，所以，图 4-8 中光波直线应当十分陡峻，难以和纵轴区分，为了便于辨认，示意图中把它画得较倾斜。这种情况表明，与光波共振的将是 $q\approx 0$ 的长光学波。实际晶体的长光学波的 $\omega_+(0)$ 在 $10^{13}\sim10^{14}$/s 的范围，对应于远红外的光波。离子晶体中光学波的共振能够引起对远红外光在 $\omega\approx\omega_+$ 附近的强烈吸收，这是红外光谱学中一个重要的效应。正是因为长光学波的这种特点，ω_+ 的格波支称为光学波。

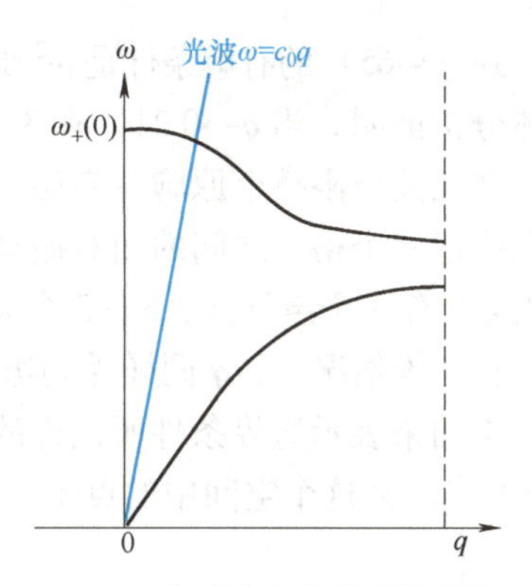

图 4-8　电磁波和光学波的共振

4.4　三维晶格的振动

双原子链模型已较全面地表现了晶格振动的基本特征，本节简单地以对比双原子链的方法来说明三维晶格的振动。

考虑原胞含有 n 个原子的复式晶格，n 个原子的质量为 $m_1, m_2, \cdots, m_n$。原胞以 $l(l_1 l_2 l_3)$ 标志，表明它位于格点

$$\boldsymbol{R}(l)=l_1\boldsymbol{a}_1+l_2\boldsymbol{a}_2+l_3\boldsymbol{a}_3$$

原胞中各原子的位置用

$$R\begin{pmatrix}l\\1\end{pmatrix},R\begin{pmatrix}l\\2\end{pmatrix},\cdots,R\begin{pmatrix}l\\n\end{pmatrix}$$

表示，偏离格点的位移则写为

$$\mu\begin{pmatrix}l\\1\end{pmatrix},\mu\begin{pmatrix}l\\2\end{pmatrix},\cdots,\mu\begin{pmatrix}l\\n\end{pmatrix}$$

与双原子链的情形一样，可以写出一个典型原胞中原子的运动方程为

$$m_k\ddot{\mu}_\alpha\begin{pmatrix}l\\k\end{pmatrix}=-\beta\mu_\alpha\begin{pmatrix}l\\k\end{pmatrix}+\cdots \tag{4-63}$$

式中，k 为原胞中的各原子，取值为 $1,2,\cdots,n$；α 代表原子的三个位移分量，方程右端为原子位移的线性齐次函数。方程解的形式和一维完全相似，可以写为

$$\mu\begin{pmatrix}l\\k\end{pmatrix}=A_k\mathrm{e}^{\mathrm{i}\left[\omega t-R\begin{pmatrix}l\\k\end{pmatrix}q\right]} \tag{4-64}$$

式中，指数函数表示各种原子的振动都具有共同的平面波的形式；$\boldsymbol{q}$ 为其波矢，即 $|q|$ 为波数，$\boldsymbol{q}$ 的方向为波传播的方向。$A_1(A_{1x},A_{1y},A_{1z}),A_2(A_{2x},A_{2y},A_{2z}),\cdots$ 可以是复数，表示各原子的位移分量的振幅和位相可以有区别。式（4-64）实际上表示了三维晶格格波的一般形

式。同样可以证明，将式（4-64）代入式（4-63）后，可得以 $A_{1x},A_{1y},A_{1z},\cdots,A_{nx},A_{ny},A_{nz}$ 为未知数的 $3n$ 个线性齐次联立方程为

$$m_k\omega^2A_{k\alpha}=\sum_{k'\beta}C_{\alpha\beta}\begin{pmatrix}q\\k,k'\end{pmatrix}A_{k'\beta} \tag{4-65}$$

式（4-65）的有解条件是 ω^2 的一个 $3n$ 次方程式，从而给出了 $3n$ 个解 $\omega_j(j=1,2,\cdots,3n)$。具体分析证明，当 $q\to0$ 时，有 3 个解 $\omega_j\propto q$，且对这三个解 $A_1,A_2,\cdots,A_n$ 趋于相同。也就是说，在长波极限整个原胞一齐移动。这三个解实际上与弹性波相合。另外 $3n-3$ 个解的长波极限描述 n 个格子之间的相对振动，并具有有限的振动频率。所以在三维晶格中，对一定的波矢 $\boldsymbol{q}$，有 3 个声学波、$3n-3$ 个光学波，或者说有 3 支声学波、$3n-3$ 支光学波。

在三维情况下，$\boldsymbol{q}$ 同样受到边界条件的限制，只能取某些值而不是任意的。通常引入所谓 $\boldsymbol{q}$ 空间来表示边界条件所允许的 q 值，这就是说，把 $\boldsymbol{q}$ 看作空间矢量，而边界条件允许的 q 值将表示为这个空间中的点子。$\boldsymbol{q}$ 空间以倒矢量 $\boldsymbol{b}_1$、$\boldsymbol{b}_2$、$\boldsymbol{b}_3$ 为基矢，即 $\boldsymbol{q}$ 写为

$$\boldsymbol{q}=x_1\boldsymbol{b}_1+x_2\boldsymbol{b}_2+x_3\boldsymbol{b}_3 \tag{4-66}$$

的形式。仍采用玻恩-卡曼边界条件，在三维情况下可表示为

$$\begin{cases}\boldsymbol{\mu}(\boldsymbol{R}_l+N_1\boldsymbol{a}_1)=\boldsymbol{\mu}(\boldsymbol{R}_l)\\\boldsymbol{\mu}(\boldsymbol{R}_l+N_2\boldsymbol{a}_2)=\boldsymbol{\mu}(\boldsymbol{R}_l)\\\boldsymbol{\mu}(\boldsymbol{R}_l+N_3\boldsymbol{a}_3)=\boldsymbol{\mu}(\boldsymbol{R}_l)\end{cases} \tag{4-67}$$

式中，$\boldsymbol{a}_1$、$\boldsymbol{a}_2$、$\boldsymbol{a}_3$ 为晶格基矢；N_1、N_2、N_3 为沿三个基矢方向的原胞数，显然有晶体总原胞数 $N=N_1N_2N_3\cdot\mu(R_l)$，表示 $\boldsymbol{R}_l$ 格点上原胞的位移（可以是 k 中任何一类原子的位移）。边界条件表明沿着 $\boldsymbol{a}_i$ 方向，原胞的标数增加 $N_i(i=1,2,3)$，振动情况必须相同。式（4-67）边界条件要求

$$\begin{cases}\boldsymbol{q}\cdot N_1\boldsymbol{a}_1=h_12\pi, & x_1=\dfrac{h_1}{N_1}\\[2ex]\boldsymbol{q}\cdot N_2\boldsymbol{a}_2=h_22\pi, & x_2=\dfrac{h_2}{N_2}\\[2ex]\boldsymbol{q}\cdot N_3\boldsymbol{a}_3=h_32\pi, & x_3=\dfrac{h_3}{N_3}\end{cases} \tag{4-68}$$

式中，h_1、h_2、h_3 为整数。代入式（4-66）可得

$$\boldsymbol{q}=\frac{h_1}{N_1}\boldsymbol{b}_1+\frac{h_2}{N_2}\boldsymbol{b}_2+\frac{h_3}{N_3}\boldsymbol{b}_3 \tag{4-69}$$

式（4-69）表示 $\boldsymbol{q}$ 空间均匀分布的点子，每个点子占据的 $\boldsymbol{q}$ 空间体积为

$$\frac{\boldsymbol{b}_1}{N_1}\cdot\left(\frac{\boldsymbol{b}_2}{N_2}\times\frac{\boldsymbol{b}_3}{N_3}\right)=\frac{1}{N}\times\text{倒格子原胞的体积}$$

考虑倒格子原胞的体积与正格子原胞的体积之间的关系，可得边界条件允许的 $\boldsymbol{q}$ 在 $\boldsymbol{q}$ 空间均匀分布的密度为

$$\text{分布密度}=\frac{1}{\dfrac{\boldsymbol{b}_1}{N_1}\cdot\left(\dfrac{\boldsymbol{b}_2}{N_2}\times\dfrac{\boldsymbol{b}_3}{N_3}\right)}=\frac{Nv_0}{(2\pi)^3}=V/(2\pi)^3 \tag{4-70}$$

式中，V 为晶体的体积。注意：$\boldsymbol{q}$ 空间体积的量纲实际上是体积量纲。

从原子振动考查，$\boldsymbol{q}$ 的作用只在于确定不同原胞之间振动位相的联系，具体表现在式（4-64）中的位相因子 $e^{-i\boldsymbol{R}(l)\cdot\boldsymbol{q}}$，如果 $\boldsymbol{q}$ 改变一个倒格子矢量 $\boldsymbol{G}_n=n_1\boldsymbol{b}_1+n_2\boldsymbol{b}_2+n_3\boldsymbol{b}_3$（$n_1$、$n_2$、$n_3$ 为整数），则由于 $\boldsymbol{R}(l)\cdot\boldsymbol{G}_n=2\pi(l_1n_1+l_2n_2+l_3n_3)$ 是 2π 的整数倍，并不影响上述位相因子，这表示为了得到所有不同的格波，也只需要考虑一定范围的 q 值，如可以只考虑一个倒格子原胞中的 q 值。

图 4-9 为一个倒格子的二维示意图，可以把平行四边形原胞选为 q 的取值范围，对其他 q 值在指定的原胞内总存在一个对应的 q，它们之间只相差一个 G_n，因而对格波的描述没有任何区别。由于边界条件允许的 q 分布密度为 $V/(2\pi)^3$，因此不同 q 的总数应为（倒格子原胞体积）$\times V/(2\pi)^3=N$，与晶体中包含的原胞数目相同。对于每个 q 有 3 个声学波、$3n-3$ 个光学波，所以不同的格波的总数为 $N(3+3n-3)=3nN$，正好等于晶体 Nn 个原子的自由度。这表明上述格波已概括了晶体的全部振动模。

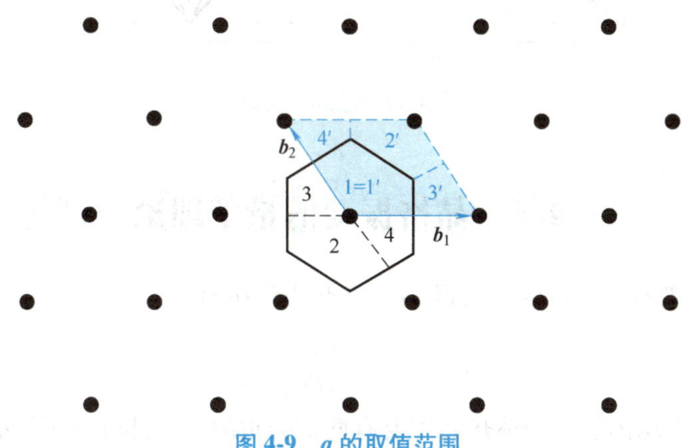

图 4-9　q 的取值范围

但是，把 q 的取值范围选为上述倒格子原胞并不是最方便的，通常选为第一布里渊区（也称简约布里渊区）。做由原点出发的各倒格子矢量的垂直平面，由这些平面所围成的最小体积就是第一布里渊区。图 4-9 也示意的画出了第一布里渊区，可以证明第一布里渊区的体积等于倒格子原胞的体积（图中示意的标出）。第一布里渊区具有环绕原点更为对称的优点。

$\omega_j(q)$ 作为 q 的函数称为晶格振动谱，或称格波的色散关系。它可以通过实验方法测量得到，也可以根据原子间相互作用力的模型从理论上进行计算。由理论与实验比较，获得对相互作用力的认识。共价晶体、离子晶体、金属晶体、分子晶体等由于它们的原子间相互作用力有着不同的特点，因而在格波的谱上也有相应的特征。下面举几个典型的例子。三维晶格中 $\boldsymbol{q}$ 为矢量，在作图时总是固定 $\boldsymbol{q}$ 的方向，一般选典型的对称轴的方向，分别画出 $\boldsymbol{q}$ 沿不同方向时 $\omega_j(\boldsymbol{q})$ 的变化。三维晶格还需要考虑原子位移方向与格波传播方向之间的关系，若 $\boldsymbol{q}$ 沿着晶体的一个对称轴，晶体绕这个轴转 $\frac{\pi}{2}$ 或 $\frac{\pi}{3}$、$\frac{2}{3}\pi$ 是对称操作时纵波原子位移平行于波的传播方向，横波原子位移垂直于波的传播方向，而且包括两个频率的简并的波。通常用 TA 表示横声学波，LA 表示纵声学波，TA 表示横光学波，LO 表示纵光学波。

图 4-10 为硅的格波谱，由于金刚石结构中每个原胞含有两个原子，因而存在纵光学波和横光学波（TA、TO 是两重简并的波）。可以看出，长声学波极限纵波与横波有不同的波速，长光学波极限纵波与横波有相同的频率。

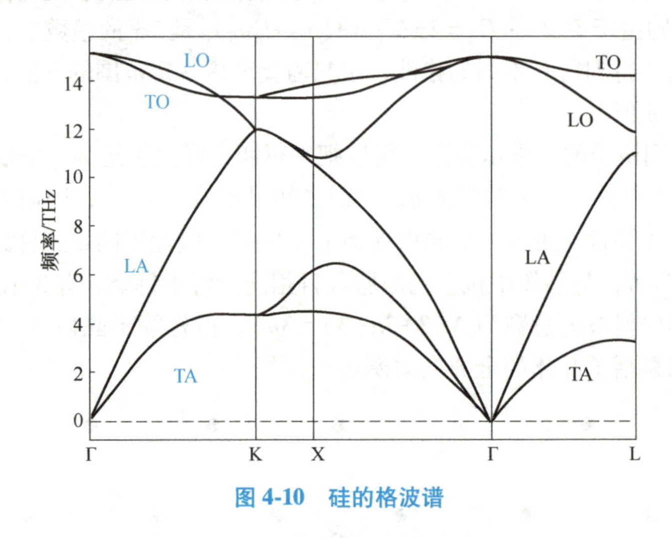

图 4-10　硅的格波谱

4.5　晶格振动的量子理论

固体中讨论的热容一般指定容热容 C_V，在热力学中有

$$C_V=\left(\frac{\partial \overline{E}}{\partial T}\right)_V \tag{4-71}$$

式中，$\overline{E}$ 为固体的平均内能。固体热容主要有两部分贡献：一部分来源于晶格热振动，称为晶格热容；另一部分来源于电子的热运动，称为电子热容。除非在很低温度下，电子热运动的贡献往往很小。本章节仅讨论晶格热容。

根据经典统计理论的能量均分定理，每一个简谐振动的平均能量为 k_BT，k_B 为玻尔兹曼常数。若固体中有 N 个原子，则有 $3N$ 个简谐振动模，则总的平均能量 $\overline{E}=3Nk_BT$，定容热容 $C_V=3Nk_B$，即热容是一个与温度和材料性质无关的常数，这就是杜隆-珀替定律。高温时杜隆-珀替定律与实验符合得很好，但在低温时，热容量不再保持为常数，而是随温度下降 C_V 很快趋向于零，如图 4-11 所示。

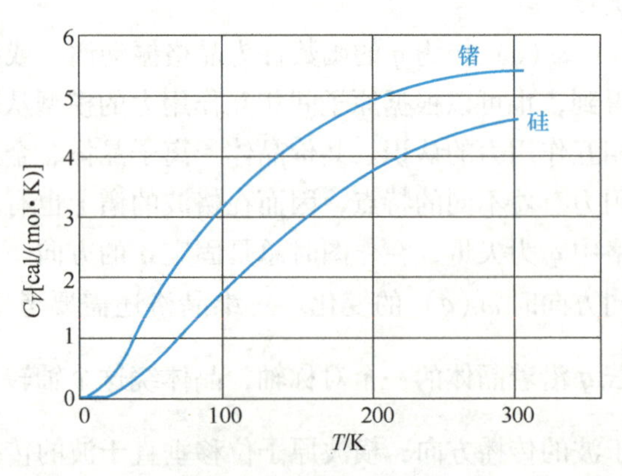

图 4-11　低温下晶格热容下降

为了解决这一矛盾，爱因斯坦发展了普朗克的量子假说，第一次提出了量子的热容量理论，这项成就在量子理论发展中占有重要地位。

根据量子理论，各个简谐振动的能量本征值是量子化的，为 $\left(n_j+\frac{1}{2}\right)\hbar\omega_j$，$n_j$ 为整数。把晶体看作一个热力学系统，在简谐近似下

各简正坐标 $Q_j(i=1,2,\cdots,3N)$ 所代表的振动是相互独立的，因而可以认为这些振子构成近独立的子系，直接写出它们的统计平均能量为

$$\overline{E}_j(T)=\frac{1}{2}\hbar\omega_j+\frac{\sum_{n_j} n_j\hbar\omega_j \mathrm{e}^{-n_j\hbar\omega_j/k_BT}}{\sum_{n_j} \mathrm{e}^{-n_j\hbar\omega_j/k_BT}} \tag{4-72}$$

令 $\beta=\frac{1}{k_BT}$，式（4-72）可以写为

$$\overline{E}_j(T)=\frac{1}{2}\hbar\omega_j-\frac{\partial}{\partial\beta}\ln\sum_{n_j}\mathrm{e}^{-n\beta\hbar\omega_j} \tag{4-73}$$

对数中的连加式是一个几何级数，简单求和为

$$\sum_{n_j}\mathrm{e}^{-n\beta\hbar\omega_j}=\frac{1}{1-\mathrm{e}^{-\beta\hbar\omega_j}} \tag{4-74}$$

代入式（4-73）可得

$$\overline{E}_j(T)=\frac{1}{2}\hbar\omega_j+\frac{\hbar\omega_j\mathrm{e}^{-\beta\hbar\omega_j}}{1-\mathrm{e}^{-\beta\hbar\omega_j}}=\frac{1}{2}\hbar\omega_j+\frac{\hbar\omega_j}{\mathrm{e}^{\beta\hbar\omega_j}-1} \tag{4-75}$$

式中，第一项为常数，一般称为零点能；第二项表示平均热能。

式（4-75）对 T 求微商，可得对热容的贡献为

$$\frac{\mathrm{d}\overline{E}_j(T)}{\mathrm{d}T}=k_B\frac{\left(\frac{\hbar\omega_j}{k_BT}\right)^2\mathrm{e}^{\hbar\omega_j/k_BT}}{(\mathrm{e}^{\hbar\omega_j/k_BT}-1)^2} \tag{4-76}$$

式（4-76）与经典理论值 k_B 比较，首先的区别在于量子理论值与振动频率有关。

对于 $k_BT\gg\hbar\omega_j$，即 $\hbar\omega_j/k_BT\ll1$，把式（4-76）中指数按 $\hbar\omega_j/k_BT$ 的级数展开，可得

$$\frac{\mathrm{d}\overline{E}_j(T)}{\mathrm{d}T}=k_B\frac{\left(\frac{\hbar\omega_j}{k_BT}\right)^2\left(1+\frac{\hbar\omega_j}{k_BT}+\cdots\right)}{\left[\frac{\hbar\omega_j}{k_BT}+\frac{1}{2}\left(\frac{\hbar\omega_j}{k_BT}\right)^2+\cdots\right]^2}\approx k \tag{4-77}$$

式（4-77）与经典理论值一致。这个结果在量子理论基础上说明了在较高温度时杜隆-珀替定律成立的原因。这一结论是容易想到的，因为当振子的能量远远大于能量的量子（$\hbar\omega$）时，量子化的效应就可以近似忽略。在 $k_BT\ll\hbar\omega_j$ 的极端情形下，忽略式（4-76）分母中的1，可得

$$\frac{\mathrm{d}\overline{E}_j(T)}{\mathrm{d}T}\approx k_B(\hbar\omega_j/k_BT)^2\mathrm{e}^{-\hbar\omega_j/k_BT},\ k_BT\ll\hbar\omega_j \tag{4-78}$$

由于指数因子的 $-\hbar\omega_j/k_BT$ 为很大的负值，振子对热容量的贡献将十分小。可以看出根据量子理论，当 $T\to0\mathrm{K}$ 时，晶体的热容将趋于0。

上面分析了频率为 ω_j 的振子对热容量的贡献，晶体中包含有 $3N$ 个简谐振动，总能量为

$$\overline{E}(T)=\sum_{j=1}^{3N}\overline{E}_j(T) \tag{4-79}$$

总热容为

$$C_V = \sum_{j=1}^{3N} C_V^j = \sum_{j=1}^{3N} \frac{\mathrm{d}\overline{E}_j(T)}{\mathrm{d}T} \tag{4-80}$$

上述结果表明，只要知道晶格的各简正振动的频率，就可以直接写出晶格的热容，对于具体晶体，计算出 $3N$ 个简正频率往往是十分复杂的。

1. 爱因斯坦模型

爱因斯坦对晶格振动采用了很简单的假设，他假设晶格中各原子的振动可以看作相互独立的，所有原子都具有同一频率 ω_0。这样，考虑到每个原子可以沿三个方向振动，共有 $3N$ 个频率为 ω_0 的振动，由式（4-80）可得

$$C_V = 3Nk_{\mathrm{B}} \frac{(\hbar\omega_0/k_{\mathrm{B}}T)^2 \mathrm{e}^{\hbar\omega_0/k_{\mathrm{B}}T}}{(\mathrm{e}^{\hbar\omega_0/k_{\mathrm{B}}T}-1)^2} \tag{4-81}$$

用式（4-81）和一个晶体的热容实验值比较时，可以适当选定 ω_0 使理论值与实验值尽可能符合。确定后的 ω_0 称为爱因斯坦频率，令 $\hbar\omega_0 = k_{\mathrm{B}}\theta_{\mathrm{E}}$，$\theta_{\mathrm{E}}$ 称为爱因斯坦温度。利用 θ_{E} 可使式（4-81）简化为

$$C_V = 3Nk_{\mathrm{B}} \left(\frac{\theta_{\mathrm{E}}}{T}\right)^2 \frac{\mathrm{e}^{\theta_{\mathrm{E}}/T}}{(\mathrm{e}^{\theta_{\mathrm{E}}/T}-1)^2} \tag{4-82}$$

这是一个约化温度（T/θ_{E}）的普适函数，不同材料的区别在于 θ_{E} 不同。图 4-12 为金刚石的晶格热容实验值（圆圈）与爱因斯坦模型 $C_V(T)$ 曲线。

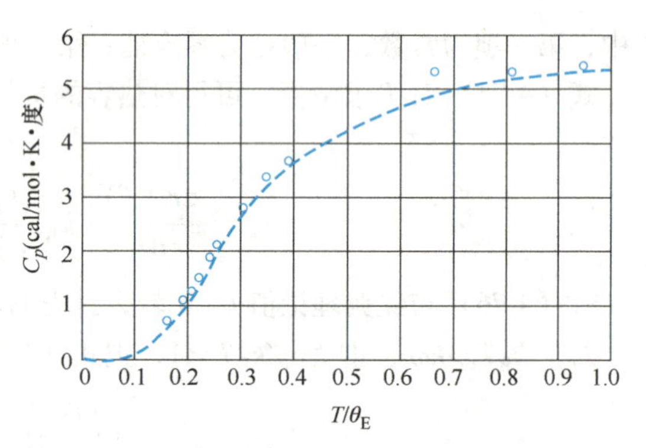

图 4-12 爱因斯坦理论值和实验值比较

（圆点为金刚石实验值，

温度取 $\omega_0/\hbar = 1320\mathrm{K}$ 为单位）

当 $T \gg \theta_{\mathrm{B}}$ 时，由式（4-82）可得 $C_V = 3Nk_{\mathrm{B}}$，恰为经典理论结果，符合实际；当 $T \ll \theta_{\mathrm{E}}$ 时，由式（4-82）可得

$$C_V(T) \doteq 3Nk_{\mathrm{B}} \left(\frac{\theta_{\mathrm{E}}}{T}\right)^2 \mathrm{e}^{-\theta_{\mathrm{E}}/T} \tag{4-83}$$

当 $T \to 0$ 时，$C_V(T)$ 将以指数形式很快趋于零。$C_V(T) \xrightarrow{r\to 0} 0$ 的结果解决了长期困扰物理学的一个疑难问题，是量子论的一次胜利，这正是爱因斯坦模型的重大历史意义。但是 $C_V(T)$ 以指数形式趋于零，与实验（$C_V \sim T^3$）相比太快，这是该模型的基本缺点，其根源在于对频谱采取了过分的简化。

2. 德拜模型

在晶格热容理论的进一步发展中，德拜提出的理论获得了很大的成功。爱因斯坦把固体中各原子的振动看作相互独立显然是一个过于简单的假设。固体中原子之间存在着很强的相互作用，一个原子不可能孤立地振动而不带动邻近原子。考虑晶格的振动必须从整个晶体作为一个紧密相关的整体出发。实际上，根据经典的小振动理论，在原来原子坐标和简正坐标间存在着正交变换，即

$$\sqrt{m_i}\, u_i = \sum_{j=1}^{3N} a_{ij} q_j \tag{4-84}$$

当只有某一个 q_j 在振动时，即

$$q_i = A\sin(\omega_j t+\delta) \tag{4-85}$$

式（4-84）化为

$$u_i = \frac{a_{ij}}{\sqrt{m_i}} A\sin(\omega_j t+\delta) \tag{4-86}$$

式（4-86）表明，一般一个简正振动并不是表示某一个原子的振动，而是表示整个晶体所有的原子（$i=1,\cdots,N$）都参与的振动，而且它们的振动频率相同。由简正坐标所代表的、体系中所有原子一起参与的共同振动，常常称为一个振动模。

德拜正是通过分析晶格的振动模来计算热容的，但是，他对晶格采取了一个很简单的近似模型。如果不从原子理论而是从宏观力学的角度来看，晶体就是一个弹性介质，德拜也是把晶格当作一个弹性介质来处理的。德拜模型既有它的合理性也有它的局限性。

弹性介质的振动模就是弹性力学中熟知的弹性波。德拜具体分析的是各向同性的弹性介质。在这种情况下，对一定的波矢 $\boldsymbol{k}$（矢量的大小仅表示波数，矢量的方向表示波的传播方向），有一个纵波

$$\omega = 2\pi\nu = \frac{2\pi c_{/\!/}}{\lambda} = 2\pi c_{/\!/} \boldsymbol{k} \tag{4-87}$$

和两个独立的横波

$$\omega = 2\pi\nu = \frac{2\pi c_{\perp}}{\lambda} = 2\pi c_{\perp} \boldsymbol{k} \tag{4-88}$$

式（4-87）和式（4-88）表明，纵波和横波具有不同的波速 $c_{/\!/}$ 和 $c_{\perp}$。在德拜模型中，各种不同波矢 $\boldsymbol{k}$ 的纵波和横波，构成了晶格的全部振动模。

由于边界条件，波矢 $\boldsymbol{k}$ 并不是任意的。从一维的例子最容易了解这一点：一根弹性弦，设想两端是固定的情况，满足边界条件的解便是节点在两端的驻波，弦长 L 必须是半波长 $\lambda/2$ 的整倍数，即

$$\frac{L}{\lambda/2} = n \tag{4-89}$$

式中，n 为整数。换句话说，$k=\dfrac{1}{\lambda}$只能取$\dfrac{1}{2L}$的倍数。

在三维情形下 $\boldsymbol{k}$ 同样受到边界条件的限制，只能取某些值而不是任意的。引入所谓 $\boldsymbol{k}$ 空间来表示边界条件所允许的 k 值，也就是说，把 $\boldsymbol{k}$ 看作空间的矢量，而边界条件允许的 k 值将表示为这个空间中的点子，平面示意图如图 4-13 所示。具体的分析证明见第 5 章，允许的 k 值在 k 空间形成均匀分布的点，在一个体元 $\mathrm{d}\boldsymbol{k}=\mathrm{d}k_x\mathrm{d}k_y\mathrm{d}k_z$ 中，点数为

$$\frac{V}{(2\pi)^3}\mathrm{d}\boldsymbol{k} \tag{4-90}$$

式中，V 为所考虑的晶体的体积。式（4-90）实际上表明，$\dfrac{V}{(2\pi)^3}$是均匀分布的 $\boldsymbol{k}$ 值的密度。由于 $\boldsymbol{k}$ 的量纲是长度的倒数，因此，k 空间中的密度具有体积的量纲。

$\boldsymbol{k}$ 虽然不能取任意值，但由于 V 是一个宏观的体积，允许的 $\boldsymbol{k}$ 值在反空间十分密集，可以看作是准连续的，根据式（4-87）、式（4-88），纵波、横波频率的取值也同样将是准连续的。对于这样准连续分布的振动，可以一般地把包含在 $\omega\sim\omega+\mathrm{d}\omega$ 内的振动模数写为

$$\Delta n = f(\omega)\Delta\omega \tag{4-91}$$

式中，$f(\omega)$ 为振动的频谱，它具体概括了一个晶体中振动模频率的分布状况。

由于振动模的热容只取决于它的频率，即

$$k\frac{(\hbar\omega/kT)^2 e^{k\omega/kT}}{(e^{k\omega/kT}-1)^2} \tag{4-92}$$

根据频谱可以直接写出晶体的比定容热容为

$$C_V(T) = k\int\frac{(\hbar\omega/kT)^2 e^{\hbar\omega/kT}}{(e^{k\omega/kT}-1)^2}f(\omega)\mathrm{d}\omega \tag{4-93}$$

根据式（4-87）~式（4-90）很容易求出德拜模型的频谱。先考虑纵波。在 $\omega \sim \omega+\mathrm{d}\omega$ 内的纵波，波数为

$$k = \frac{\omega}{2\pi c_{/\!/}} \rightarrow k + \mathrm{d}k = \frac{\omega+\mathrm{d}\omega}{2\pi c_{/\!/}} \tag{4-94}$$

在 $\boldsymbol{k}$ 空间中占据着半径为 k、厚度为 $\mathrm{d}k$ 的球壳，如图 4-13 所示。从球壳体积 $4\pi k^2\mathrm{d}k$，和 $\boldsymbol{k}$ 的分布密度 V，可得纵波数为

$$4\pi Vk^2\mathrm{d}k = \frac{V}{2\pi^2 c_{/\!/}^3}\omega^2\mathrm{d}\omega \tag{4-95}$$

类似地可写出横波数为

$$2\times\left(\frac{V}{2\pi^2 c_{\perp}^3}\omega^2\mathrm{d}\omega\right) \tag{4-96}$$

考虑同一个 $\boldsymbol{k}$ 有两个独立的横波，加起来可得总的频谱分布为

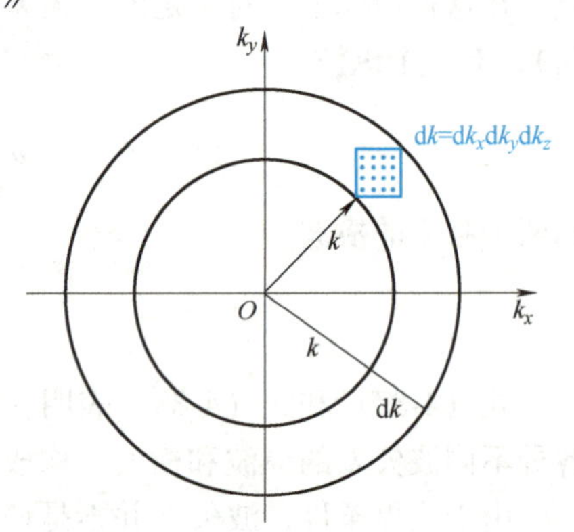

图 4-13　振动膜在 $\boldsymbol{k}$ 空间的分布

$$f(\omega) = \frac{3V}{2\pi^2\bar{c}^3}\omega^2 \tag{4-97}$$

其中

$$\frac{1}{\bar{c}^3} = \frac{1}{3}\left(\frac{1}{c_{/\!/}^3} + \frac{2}{c_{\perp}^3}\right) \tag{4-98}$$

根据以上频谱计算热容，还有一个重要的问题必须解决。根据弹性理论，ω 可以取 0~∞的任意值，对应从无限长的波到任意短的波（$k=0\rightarrow\infty$ 或 $\lambda=\infty\rightarrow 0$）。对式（4-97）积分，可得

$$\int_0^{\infty} f(\omega)\mathrm{d}\omega \tag{4-99}$$

显然将发散，换句话说，振动模的数是无限的。从抽象的连续介质模型看，得到这样的结果是理所当然的，因为理想的连续介质包含无限的自由度。然而，实际晶体是由原子组成的，如果晶体包含 N 个原子，自由度只有 $3N$ 个。这个矛盾集中地体现了德拜模型的局限性。容易想到，对于波长远远大于微观尺度（如原子间距，原子相互作用的力程）时，德拜的宏观处理方法应当是适用的，然而，当波长已短到和微观尺度可比，甚至更短时，宏观模型必然会导致很大的偏差以致完全错误。德拜采用一个很简单的办法来解决以上矛盾：假设 ω 大于某一 ω_m 的短波实际上是不存在的，而对 ω_m 以下的振动都可以用弹性波近似，则 ω_m

根据自由度确定为

$$\int_0^{\omega_m} f(\omega)\,d\omega = \frac{3V}{2\pi^2\bar{c}^3}\int_0^{\omega_m}\omega^2 d\omega = 3N \tag{4-100}$$

或

$$\omega_m = \bar{c}\left[6\pi^2\left(\frac{N}{V}\right)\right]^{1/3} \tag{4-101}$$

将德拜频谱分布式（4-97）代入比定容热容公式式（4-93），可得

$$C_V(T) = \frac{3kV}{2\pi^2\bar{c}^{-3}}\int_0^{\omega_m}\frac{(\hbar\omega/kT)^2 e^{k\omega/kT}}{(e^{k\omega/kT}-1)^2}\omega^2 d\omega \tag{4-102}$$

应用式（4-101）还可以把系数用 ω_m 表示，则有

$$\begin{aligned} C_V(T) &= 9R\left(\frac{1}{\omega_m}\right)^3\int_0^{\omega_m}\frac{(\hbar\omega/kT)^2 e^{k\omega/kT}}{(e^{k\omega/kT}-1)^2}\omega^2 d\omega \\ &= 9R\left(\frac{kT}{\hbar\omega_m}\right)^3\int_0^{k\omega_m/kT}\frac{\xi^4 e^{\xi}}{(e^{\xi}-1)^2}d\xi \end{aligned} \tag{4-103}$$

式（4-103）已假设为 1mol，R 为气体常数，$R=Nk$；$\xi=\hbar\omega/kT$。

注意：德拜热容函数中只包含一个参数 ω_m，并且如果以

$$\omega_D = \frac{\hbar\omega_m}{k} \tag{4-104}$$

作为单位来计量温度，德拜比定容热容即为一个普适的函数，即

$$C_V(T/\Theta_D) = 9R\left(\frac{T}{\Theta_D}\right)^3\int_0^{\Theta_D/T}\frac{\xi^4 e^{\xi}d\xi}{(e^{\xi}-1)^2} \tag{4-105}$$

式中，Θ_D 为德拜温度。所以按照德拜理论，一种晶体的热容特征完全由它的德拜温度确定。Θ_D 可以根据实验热容值来确定，以使理论值和实验值尽可能符合。图 4-14 为 $C_V(T/\Theta_D)$ 的曲线及与某些晶体实验热容值（适当选取 Θ_D）的比较。

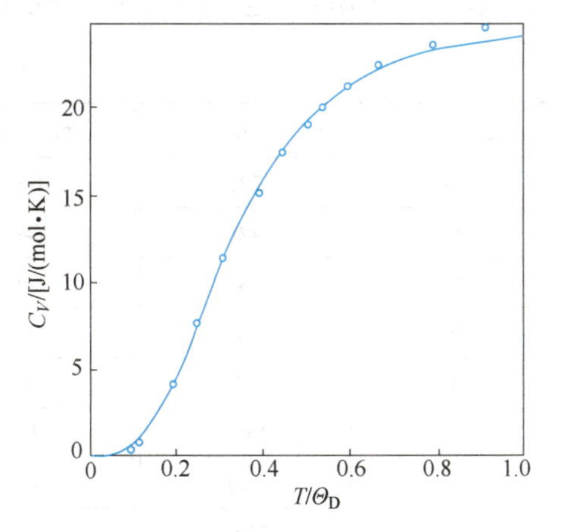

图 4-14 德拜理论值与实验值比较
（实验点是镱的测量值）

德拜理论提出后相当长一段时期中曾认为与实验相当精确地符合，但随着更低温度下测量的发展，越来越暴露出德拜理论值与实际间仍存在显著的偏离。一个常用的比较理论值和实验值的方法是在各个不同温度令理论函数 $C_V(T/\Theta_D)$ 与实验值相等，即

$$C_V(T/\Theta_D) = (C_V)_{实验}$$

从而确定 Θ_D。假设德拜理论精确地成立，各温度下确定的 Θ_D 都应是同一个值。

但实验证实不同温度下得到的 Θ_D 是不同的。这种情况可以表示为一个 $\Theta_D(T)$ 函数，它偏离恒定值的情况具体表现出德拜理论的局限性。图 4-15 为金属铟的德拜温度随温度的变化。

德拜热容的低温极限特别有意义。根据 4.4 节，在一定的温度 T，$\hbar\omega \gg KT$ 的振动模对

热容几乎没有贡献，热容主要来自 $\hbar\omega<KT$ 的振动模。所以在低温极限，热容取决于最低频率的振动，这些正是波长最长的弹性波。前面已经指出，当波长远远大于微观尺度时，德拜的宏观近似是成立的。因此，德拜理论在低温极限是严格正确的。在低温极限，德拜比定容热容公式可写为

$$
\begin{aligned}
C_V(T/\Theta_D) &\to 9R\left(\frac{T}{\Theta_D}\right)^3\int_0^\infty \frac{\xi^4 e^\xi}{(e^\xi-1)^2}d\xi \\
&= \frac{12\pi^4}{15}R\left(\frac{T}{\Theta_D}\right)^3 \quad (T\to 0K)
\end{aligned}
\tag{4-106}
$$

式（4-106）表明 C_V 与 T^3 成比例，常称为德拜 T^3 定律。但实际上 T^3 定律一般只适用于 $T<\frac{1}{30}\Theta_D$ 的范围，也就是热力学温度约 280K 以下的极低温范围，相当于图 4-15 中 $\Theta_D(T)$ 曲线接近纵轴的水平切线。

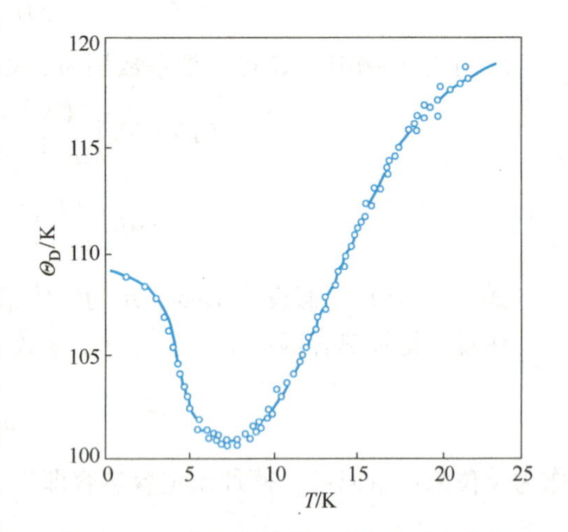

图 4-15　金属铟的德拜温度随温度的变化

德拜温度 Θ_D 可以粗略地指示出晶格振动频率的数量级。固体元素的德拜温度见表 4-1。一般晶体的 Θ_D 为几百开，较多晶体的 Θ_D 为 200～400K，相当于 $\omega_m \approx 10^{13}/s$。但一些弹性模量大、密度低的晶体，如金刚石、Be、B，Θ_D 高达 1000K 以上，这是因为在这种情况下弹性波速很大，因此根据式（4-101），将有高的振动频率和德拜温度。这样的固体在一般温度下的热容远低于经典值。

表 4-1　固体元素的德拜温度

元　素	Θ_D	元　素	Θ_D	元　素	Θ_D
Ag	225	Ga	320	Pb	274
Al	428	Ge	374	Pt	240
As	282	Gd	200	Sb	211
Au	165	Hg	71.9	Si	645
B	1250	In	108	Sn（灰）	260
Be	1440	K	91	Sn（白）	200
Bi	119	Li	344	Ta	240
金刚石	2230	La	142	Th	163
Ca	230	Mg	400	Ti	420
Cd	209	Mn	410	Tl	78.5
Co	445	Mo	450	V	380
Cr	630	Na	158	W	400
Cu	343	Ni	450	Zn	327
Fe	470	Pb	105	Zr	291

4.6 晶格振动模式密度

为了准确地求出晶格热容及它与温度的变化关系，必须用较精确的方法计算出晶格振动的模式密度，也称频率分布函数。原则上，只要知道了晶格振动谱 $\omega_j(q)$，就知道了各个振动模的频率，模式密度函数 $g(\omega)$ 也将被确定。但是，一般来说，ω 与 q 之间的关系复杂，除非在一些特殊情况下，否则得不到 $g(\omega)$ 的解析表达式，因而往往要用数值计算。图 4-16 为一个实际的晶体（铜）的模式密度，同时对德拜近似模式密度与晶格振动模式密度进行了比较。可以看出，除了在低频极限以外，两个模式密度之间存在一定的差别，可以说明德拜热容理论只在低温极限下才严格正确的原因，因为在低温极限下，只有低频振动模才对热容有贡献。

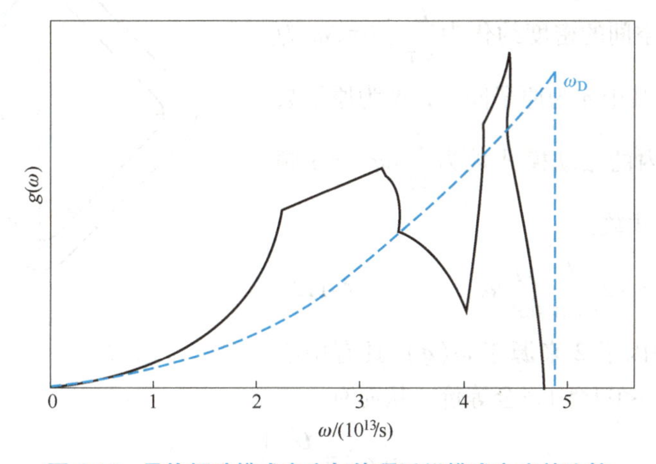

图 4-16　晶格振动模式密度与德拜近似模式密度的比较

了解晶格振动模式密度的意义不仅局限于晶格热容的量子理论。实际上，计算所有热力学函数时都涉及对各个晶格振动模的求和，这就需要知道模式密度函数。以后还会看到，在讨论晶体的某些电学性质、光学性质时，也要用到晶格振动模式密度函数。

根据式（4-106），定义

$$g(\omega)=\lim_{\Delta\omega\to 0}\frac{\Delta n}{\Delta\omega} \tag{4-107}$$

式中，Δn 为在 $\omega\sim\omega+\Delta\omega$ 间隔内晶格振动模式的数，如果在 $\boldsymbol{q}$ 空间中，根据

$$\omega(\boldsymbol{q})=\text{常数}$$

做出等频率面，那么在等频率面 $\omega\sim\omega+\Delta\omega$ 之间的振动模式的数就是 Δn。由于晶格振动模（格波）在 $\boldsymbol{q}$ 空间均匀分布，密度为 $V/(2\pi)^3$（V 为晶格体积），因此有

$$\Delta n=\frac{V}{(2\pi)^3}\times(\text{频率为 }\omega\text{ 和 }\omega+\Delta\omega\text{ 的等频率面间的体积}) \tag{4-108}$$

如图 4-17 所示，等频率面间的体积可表示为对体积元 $\mathrm{d}S\mathrm{d}\boldsymbol{q}$ 在面上的积分，即

$$\Delta n=\frac{V}{(2\pi)^3}\int\mathrm{d}S\mathrm{d}\boldsymbol{q} \tag{4-109}$$

式中，$d\boldsymbol{q}$ 为两等频率面间的垂直距离；$\mathrm{d}S$ 为面积元，显然有

$$\mathrm{d}\boldsymbol{q}\,|\nabla_{\boldsymbol{q}}\omega(\boldsymbol{q})| = \Delta\omega$$

因为 $|\nabla_{\boldsymbol{q}}\omega(\boldsymbol{q})|$ 表示沿法线方向频率的改变率，因此有

$$\Delta n = \left[\frac{V}{(2\pi)^3}\int\frac{\mathrm{d}S}{|\nabla_{\boldsymbol{q}}\omega|}\right]\Delta\omega \tag{4-110}$$

从而可得模式密度的一般表达式为

$$g(\omega) = \frac{V}{(2\pi)^3}\int\frac{\mathrm{d}S}{|\nabla_{\boldsymbol{q}}\omega(\boldsymbol{q})|} \tag{4-111}$$

下面列举几个简单的例子，对这些特例可以得到 $g(\omega)$ 的解析表达式。

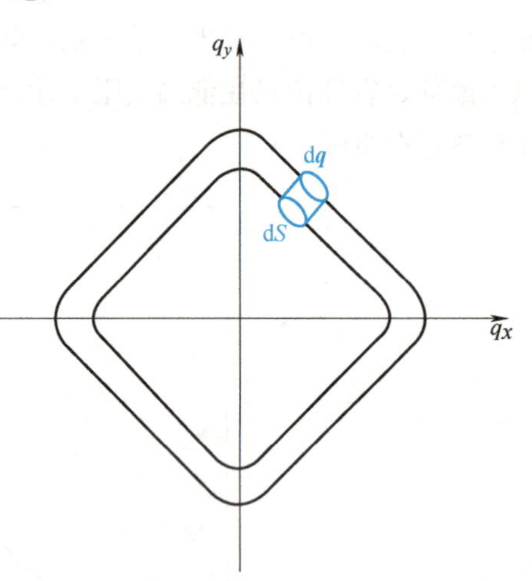

图 4-17　等频率面示意图

首先计算一维单原子链的模式密度函数。由于是一维情况，$\boldsymbol{q}$ 空间的密度约化为$\frac{L}{2\pi}$，$L=Na$ 为单原子链的长度，其中 a 为原子间距，N 为原子数目。则在 $\mathrm{d}\boldsymbol{q}$ 间隔内的振动模式数为$\frac{L}{2\pi}\mathrm{d}\boldsymbol{q}$。$\mathrm{d}\omega$ 频率间隔内的振动模式数为

$$\Delta n = 2\times\frac{L}{2\pi}\frac{\mathrm{d}\boldsymbol{q}}{\mathrm{d}\omega}\mathrm{d}\omega \tag{4-112}$$

式中，等式右边的因子 2 来源于 $\omega(\boldsymbol{q})$ 具有中心反演对称，$q>0$ 和 $q<0$ 区间完全等价。从而有

$$g(\omega) = \frac{L}{\pi}\frac{1}{\frac{\mathrm{d}\omega}{\mathrm{d}\boldsymbol{q}}} \tag{4-113}$$

式（4-113）是式（4-111）在一维情况下的简化形式。对于一维单原子链，只计入最近邻原子之间的相互作用时，有

$$\omega(q) = \sqrt{\frac{4\beta}{m}}\left|\sin\frac{1}{2}aq\right| = \omega_{\mathrm{m}}\left|\sin\frac{1}{2}aq\right|$$

式中，ω_{m} 为最大频率。代入式（4-113）可得

$$g(\omega) = \frac{2N}{\pi}(\omega_{\mathrm{m}}^2-\omega^2)^{-\frac{1}{2}} \tag{4-114}$$

其次，回顾德拜近似下的模式密度。德拜近似的核心就是假定频率正比于 q。即

$$\omega = cq$$

代入式（4-111），可得

$$g(\omega) = \frac{V}{(2\pi)^3}\frac{1}{c}4\pi\left(\frac{\omega}{c}\right)^2 = \frac{V}{2\pi^2c^3}\omega^2 \tag{4-115}$$

式（4-115）就是德拜近似下的模式密度函数。

经常遇到的另一种情况为

$$\omega = cq^2 \tag{4-116}$$

ω 也是只与 $\boldsymbol{q}$ 的绝对值 q 有关。对于三维情况，在 $\boldsymbol{q}$ 空间等频率面为球面，半径为

$$q = \sqrt{\frac{\omega}{c}}$$

在球面上，

$$|\nabla_q \omega| = \frac{\mathrm{d}\omega}{\mathrm{d}q} = 2cq$$

是一个常数，因此有

$$\begin{aligned} g(\omega) &= \frac{V}{(2\pi)^3}\int \frac{\mathrm{d}S}{|\nabla_q \omega|} = \frac{V}{(2\pi)^3} \frac{1}{|\nabla_q \omega(\boldsymbol{q})|}\int \mathrm{d}S \\ &= \frac{V}{(2\pi)^3} \frac{1}{2cq} 4\pi q^2 = \frac{V}{(2\pi)^2} \frac{1}{c^{3/2}} \omega^{12} \end{aligned} \tag{4-117}$$

若是二维情况，$\boldsymbol{q}$ 空间也约化为二维空间，等频率面实际为一个圆，$\boldsymbol{q}$ 空间中的密度为 $\frac{S}{(2\pi)^2}$（S 为二维晶格的面积），则有

$$g(\omega) = \frac{S}{(2\pi)^2} \frac{1}{2cq} 2\pi q = \frac{S}{4\pi c} \tag{4-118}$$

同理，若是一维情况，则有

$$g(\omega) = \frac{L}{2\pi} \frac{1}{2cq} \times 2 = \frac{L}{2\pi\sqrt{c}} \omega - \frac{1}{2} \tag{4-119}$$

总之，当色散关系具有式（4-116）的形式时，在三维、二维、一维情况下，模式密度函数分别与频率 ω 的 $\frac{1}{2}$、0、$-\frac{1}{2}$ 次方成比例。

从式（4-111）可以看出，在 $\omega(q)$ 对 q 的梯度为零的地方，$q(\omega)$ 应显示出某种奇异性，称 $\nabla_q \omega(\boldsymbol{q}) = 0$ 的点为范霍夫奇点，也称临界点。上面提到的一维单原子链，$\omega = \omega_m$ $\left(\text{或 } q = \pm\frac{\pi}{a}\right)$ 就是一个临界点，在这一点 $g(\omega)$ 趋向无穷。对于实际的三维晶体，模式密度函数曲线中显现出一些尖锐的峰和斜率的突变（见图 4-16）。这些斜率的突然变化（一级微商不连续）与临界点（范霍夫奇点）相对应。临界点与晶体对称性相关，它常常出现在布里渊区的某些高对称点上。晶体的模式密度函数中显现的临界点的数由晶体的拓扑性质决定。

4.7 非简谐近似

4.7.1 晶格的状态方程与热膨胀

如果已知晶体的自由能函数 $F(T,V)$，V 为晶体的体积，就可以根据

$$p=-\left(\frac{\partial F}{\partial V}\right)_T \tag{4-120}$$

写出晶格的状态方程。自由能函数可以一般地写为

$$F=-k_B T\ln Z \tag{4-121}$$

式中，Z 为配分函数，且

$$Z=\sum_i e^{-E_i/k_BT} \tag{4-122}$$

式中，连加式是对所有晶格的能级 E_i 相加。

能级 E_i 除包括原子处于格点位置时的平衡晶格的能量 $U(V)$ 外，还包括各格波的振动能，即

$$\sum_i\left(n_i+\frac{1}{2}\right)\hbar\omega_i \tag{4-123}$$

式中，i 标识各不同格波；n_i 为相应的量子数。配分函数 Z 包括系统的所有量子态，因此应分别对每个 $n_i=0,1,2,\cdots$相加，从而可得

$$\begin{aligned}Z&=e^{-U/kT}\prod_i e^{-\frac{1}{2}(\hbar\omega_i/k_BT)}\left[\sum_{n_i=0}^{\infty}e^{-n_i\hbar\omega_i/k_BT}\right]\\&=e^{-U/k}e^{T}\prod_i e^{-\frac{1}{2}(\hbar\omega_i/k_BT)}\left(\frac{1}{1-e^{-\hbar\omega_i/k_BT}}\right)\end{aligned} \tag{4-124}$$

将式（4-124）代入自由能函数式（4-121）可得

$$F=U+k_BT\sum_i\left[\frac{1}{2}\frac{\hbar\omega_i}{k_BT}+\ln(1-e^{-\hbar\omega_i/k_BT})\right] \tag{4-125}$$

当晶格体积改变时，格波频率也将改变，所以式（4-125）除 U 以外，各频率 ω 也是宏观参量 V 的函数。根据式（4-125）对 V 求微商，可得

$$p=-\frac{dU}{dV}-\sum_i\left(\frac{1}{2}\hbar+\frac{\hbar}{e^{\hbar\omega_i/k_BT}-1}\right)\frac{d\omega_j}{dV} \tag{4-126}$$

式（4-126）包含各振动频率对 V 的依赖关系，因此具有很复杂的性质。格临爱森（Grüneisen）针对这种情形提出了一个有用的近似，如把式（4-126）写为

$$p=-\frac{dU}{dV}-\sum_i\left(\frac{1}{2}\hbar\omega_i+\frac{\hbar\omega_i}{e^{\hbar\omega/k_BT}-1}\right)\frac{1}{V}\frac{d\ln\omega_i}{d\ln V} \tag{4-127}$$

式中，括号内为平均振动能。式（4-127）中表征频率随体积变化的$\frac{d\ln\omega_i}{d\ln V}$是一个无量纲的量，格临爱森假设它近似对所有振动相同，这样式（4-127）就简化为格临爱森近似状态方程，即

$$p=-\frac{dU}{dV}+\gamma\frac{\overline{E}}{V} \tag{4-128}$$

式中，$\overline{E}$ 为晶格的平均振动能；γ 为格临爱森常数，且

$$\gamma=-\frac{\mathrm{d}\ln\omega}{\mathrm{d}\ln V}$$

由于一般 ω 随 V 增加而减小，γ 有正的数值。格临爱森近似状态方程可以直接用来讨论晶体的热膨胀，热膨胀是在不施加压力情况下体积随温度的变化，所以在式（4-128）中令 $p=0$，则

$$\frac{\mathrm{d}U}{\mathrm{d}V}=\gamma\frac{\overline{E}}{V} \tag{4-129}$$

图 4-18 中示意地画出 $U(V)$ 函数，原子不振动时的平衡晶格体积为 V_0，则有

$$\left(\frac{\mathrm{d}U}{\mathrm{d}V}\right)_{V_0}=0$$

相当于 $U(V)$ 曲线的极小值。根据式（4-129），当原子平均振动能 $\overline{E}$ 随温度增加时，则$\frac{\mathrm{d}U}{\mathrm{d}V}$必须取正值，由图 4-18 可见，体积必须发生一定的膨胀 ΔV 使曲线达到一定的正的斜率。由于一般热膨胀 $\Delta V/V_0$ 比较小，可以把式（4-129）等号左边的 $\mathrm{d}U/\mathrm{d}V$ 在 V_0 附近展开，只保留 ΔV 的一级项，可得

$$\left(\frac{\mathrm{d}^2U}{\mathrm{d}V^2}\right)_{V_0}\Delta V=\gamma\frac{\overline{E}}{V}$$

或

$$\frac{\Delta V}{V_0}=\frac{\gamma}{V_0\left(\frac{\mathrm{d}^2U}{\mathrm{d}V^2}\right)_{V_0}}\frac{\overline{E}}{V} \tag{4-130}$$

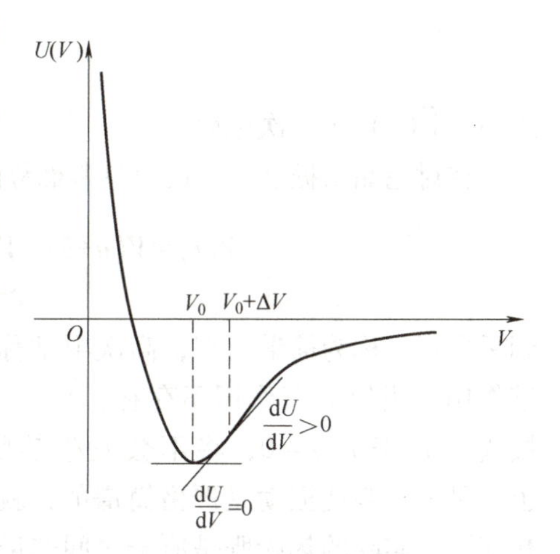

图 4-18　热膨胀示意图

其中 $V_0\left(\frac{\mathrm{d}^2U}{\mathrm{d}V^2}\right)_{V_0}$ 正好是静止晶格的体变模量 K_0。当温度改变时，式（4-130）等号右边主要是振动能的变化。式（4-130）对温度微商可得体积热胀系数为

$$\alpha=\frac{\gamma}{k_0}\frac{C_V}{V} \tag{4-131}$$

式（4-131）称为格临爱森定律，它表示当温度变化时，热膨胀系数近似和热容量成比例，对很多固体材料的测量证实了格临爱森关系。根据实验确定的 γ 值一般在 1~2 之间。上述对状态方程的讨论还不足以解释产生热膨胀的具体原因。下面将结合双原子链的特例来进一步说明这个问题。上述讨论表明，决定一个物体热膨胀的是它的格临爱森常数，即

$$\gamma=-\frac{\mathrm{d}\ln\omega}{\mathrm{d}\ln V}$$

双原子链的振动频率为

$$\omega^2=\beta\frac{m+M}{mM}\left\{1\pm\left[1-\frac{4}{(m+M)^2}\sin^2 aq\right]^{\frac{1}{2}}\right\}$$

式中，$2aq=\dfrac{n}{N}$，n 取$-\dfrac{N}{2}\sim\dfrac{N}{2}$间的整数值。其中只有 β 依赖于链的长度 $2Na$（链的长度相当于三维晶格的体积 V），所以上式两边求对数，并对 $\ln(2Na)$ 求微商，可得

$$\gamma=-\frac{\mathrm{d}\ln\omega}{\mathrm{d}\ln(2Na)}=-\frac{1}{2}\frac{\mathrm{d}\ln\beta}{\mathrm{d}\ln(2Na)}=-\frac{1}{2}\frac{\mathrm{d}\ln\beta}{\mathrm{d}\ln a}\tag{4-132}$$

由原来原子相互作用势能的展开式式（4-19）可以看出，β 实际是相邻原子势能的二次微商系数，即

$$\beta=\left[\frac{\mathrm{d}^2V(r)}{\mathrm{d}r^2}\right]_a$$

用 $\ddot{V}(a)$ 表示，代入式（4-132）可得

$$\gamma=-\frac{a\dddot{V}(a)}{2\ddot{V}(a)}\tag{4-133}$$

式中，$\dddot{V}(a)$ 为三次微商。

在讨论晶格振动时，近似只考虑势能展开式

$$V(r)=V(a+\delta)=\underbrace{V(a)+\frac{1}{2}\ddot{V}(a)\delta^2}_{\text{简谐近似}}+\underbrace{\frac{1}{6}\dddot{V}(a)\delta^3+\cdots}_{\text{非简谐近似}}$$

到平方项，称为简谐近似，高次项常称为非谐作用。假使非谐作用不存在，$\dddot{V}(a)=0$，按式（4-133）$\gamma=0$，将不会发生热膨胀。也就是说，假使振动是严格简谐的，就没有热膨胀，实际的热膨胀是原子之间非谐作用所引起的。考察在振动中原子之间的作用力，可以更具体地看到这一点。图 4-19 为势能曲线，虚线表示简谐近似，它对 $r=a$ 是左右完全对称的抛物线，对于$+\delta$ 和$-\delta$，斜率则正好相反。然而，斜率直接反映了原子之间的相互作用力，即

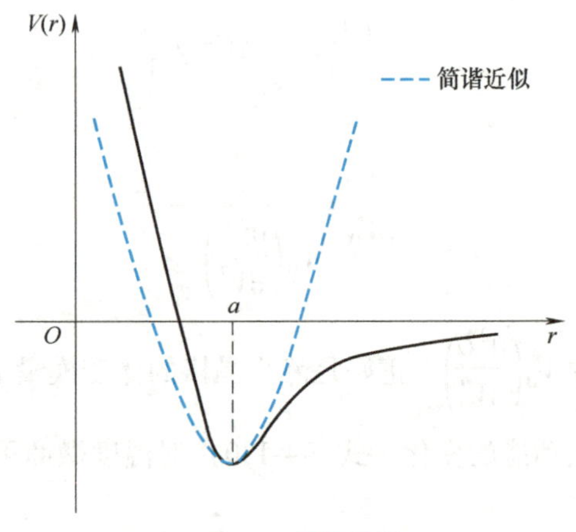

图 4-19　势能曲线

$$\text{原子间作用力}=-\frac{\mathrm{d}V(r)}{\mathrm{d}r}$$

所以，在完全简谐振动中，原子间平均的作用力正好抵消。非谐作用部分使势能对 $r=a$ 并不完全对称，在 $\delta<0$ 处，势能曲线比简谐近似曲线更陡斜，表示作用力变强；在 $\delta>0$ 处，势能曲线比简谐近似曲线更平缓，表示吸力减弱。因此，非谐作用使得原子在振动时引起一定的相互斥力，从而引起热膨胀现象。

4.7.2　晶格的热传导

当固体中温度分布不均匀时，将会有热能从高温处流向低温处，这种现象称为热传导。如果定义热流密度 j_θ，表示单位时间内通过单位截面积传输的热能，实验证明热流密度与温度梯度成正比，比例系数 κ 称为导热系数或热导率。为了简单起见，假设温度 T 仅是 x 的函

数，在 $x=x_0$ 各平面内温度是均匀的，则有

$$j_\theta=-\kappa\frac{\mathrm{d}T}{\mathrm{d}x} \tag{4-134}$$

式中，负号表示热能传输总是从高温流向低温。式（4-134）是宏观热传导理论的基础，固体中可以通过电子运动导热，也可以通过格波的传播导热。前者称为电子热导，后者称为晶格热导。绝缘体和一般半导体中的热传导主要是靠晶格热导。

式（4-134）的形式意味着能量传输过程是一个无规过程，晶格热导并不简单是格波的自由传播，因为如果是自由传播，热流密度的表达式将不是依赖于温度梯度，而是依赖于样品两端的温度差。实际上，晶格热导和气体的热传导有很多相似之处，气体热传导的微观解释是当气体分子从温度高的地区运动到温度低的地区时，它将通过碰撞把较高的平均能量传给其他分子；反过来，当气体分子从温度低的地区运动到温度高的地区时，它将通过碰撞获得一些能量，这种能量传递过程在宏观上表现为热传导过程。可以看出，分子间的碰撞对气体导热有决定作用，粗略地讲，气体的导热可以看作在一个自由程 λ 内冷热分子相互交换位置的结果，由此可得热导率为

$$\kappa=\frac{1}{3}c_V\lambda\bar{v} \tag{4-135}$$

式中，c_V 为单位质量热容；λ 为自由程；$\bar{v}$ 为热运动的平均速度。如果把晶格热运动系统看作声子气体，平均声子数由温度决定，可表示为

$$\bar{n}=\frac{1}{\mathrm{e}^{\hbar\omega_q/k_BT}-1}$$

当样品内存在温度梯度时，声子气体的密度分布是不均匀的，高温处声子密度高，低温处声子密度低，因而声子气体在无规运动的基础上产生平均的定向运动，即声子的扩散运动。声子是晶格振动的能量量子，声子的定向运动意味着有一股热流，热流的方向就是声子平均的定向运动的方向。因此晶格热传导可以看成声子扩散运动的结果。同样可以得到式（4-135）的热导率近似公式，只是 v 改为声子的速度 v_0（为了简化通常取为固体中的声速），λ 表示声子平均自由程。

表 4-2 为典型非金属材料的热导率和声子平均自由程。

表 4-2　典型非金属材料的热导率和声子平均自由程

非金属材料	T=273K		T=77K		T=20K	
	热导率 κ/[W/(m·K)]	平均自由程 λ/m	热导率 κ/[W/(m·K)]	平均自由程 λ/m	热导率 κ/[W/(m·K)]	平均自由程 λ/m
硅	150	4.3×10^{-8}	1500	2.7×10^{-6}	4200	4.1×10^{-4}
锗	70	3.3×10^{-8}	300	3.3×10^{-7}	1300	4.5×10^{-5}
石英晶体（SiO_2）	14	9.7×10^{-9}	66	1.5×10^{-7}	760	7.5×10^{-5}
CaF_2	11	7.2×10^{-9}	39	1.0×10^{-7}	85	1.0×10^{-5}
NaCl	6.4	6.7×10^{-9}	29	5.0×10^{-8}	45	2.0×10^{-6}
LiF	10	3.3×10^{-9}	150	4.0×10^{-7}	8000	1.2×10^{-3}

声子平均自由程的大小由两个过程决定：一个是声子之间的相互碰撞；另一个是固体中缺陷对声子的散射。从理论上分析声子的平均自由程很复杂，下面介绍一些主要的研究结果。

在前面的讨论中，由小振动理论（简谐近似）得到的结果是不同格波间完全独立，则不存在不同声子之间的相互碰撞。这种情况相当于完全忽略气体分子之间的相互作用，如果实际情况真是如此，格波也不可能达到统计平衡。实际上，非谐作用使不同格波之间存在一定的耦合。在前面看到，引入简正坐标后，直到势能的二次项，不同的简正坐标没有交叉项，因而可以得到相互独立的运动方程，但如果写出势能的高次项（非谐作用），显然一般它们将包含不同简正坐标的交叉项，表明它们在运动过程中彼此相互影响。正是这种非谐作用保证了不同格波间可以交换能量，达到统计平衡。用声子来描述，即不同格波之间的相互作用表示为声子间的碰撞。非谐作用中的势能三次方项对应三个声子相互作用的过程，两个声子碰撞产生另一个声子，或一个声子劈裂成两个声子，如图 4-20 所示。非简谐作用中的势能四次方项则对应四个声子相互作用的过程。在热导问题中，声子的碰撞起着限制声子平均自由程的作用。

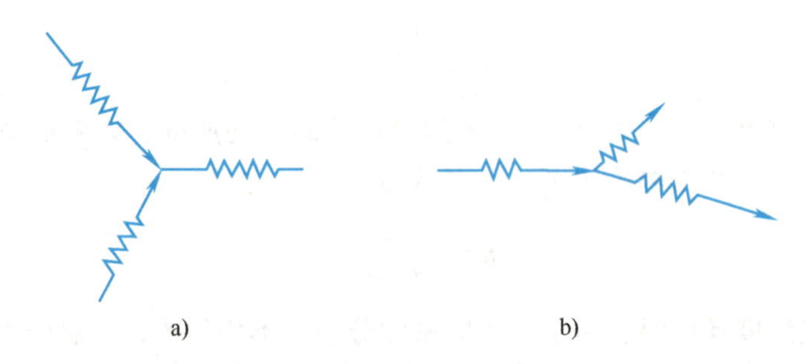

图 4-20　声子间相互碰撞示意图

a）两个声子碰撞产生另一个声子　b）一个声子劈裂成两个声子

如同中子流或光子被声子散射时一样，声子间相互碰撞需要满足能量守恒和准动量守恒关系。以两个声子碰撞产生另一个声子的三声子过程为例，有

$$\begin{aligned}\hbar\omega\boldsymbol{q}_1+\hbar\omega\boldsymbol{q}_2&=\hbar\omega\boldsymbol{q}_3\\ \hbar\boldsymbol{q}_1+\hbar\boldsymbol{q}_2&=\hbar\boldsymbol{q}_3+\hbar\boldsymbol{G}_n\end{aligned}\tag{4-136}$$

式中，$\boldsymbol{G}_n$ 为倒格子矢量。对于 $\boldsymbol{G}_n=\boldsymbol{0}$ 的情况，有

$$\hbar\boldsymbol{q}_1+\hbar\boldsymbol{q}_2=\hbar\boldsymbol{q}_3\tag{4-137}$$

在碰撞过程中，声子的动量没有发生变化，这种情况称为正规过程，或 N 过程，N 过程只是改变了动量的分布，而不影响热流的方向，它对热阻没有贡献。对于 $\boldsymbol{G}_n\neq\boldsymbol{0}$ 的情况，称为翻转过程或 U 过程。在翻转过程中，声子的动量发生很大变化，如图 4-21 所示，碰撞前 $\boldsymbol{q}_1+\boldsymbol{q}_2$ 方向向右，碰撞后 $\boldsymbol{q}_3$ 方向向左，从而破坏了热流的方向，所以 U 过程对热阻是有贡献的。应当注意，只要 $\boldsymbol{q}_1$、$\boldsymbol{q}_2$、$\boldsymbol{q}_3$ 之间满足式（4-137），$\boldsymbol{G}_n\neq\boldsymbol{0}$ 的条件就无须考虑。因为 $\boldsymbol{q}_1$、$\boldsymbol{q}_2$、$\boldsymbol{q}_3$ 均是布里渊区内的矢量，满足

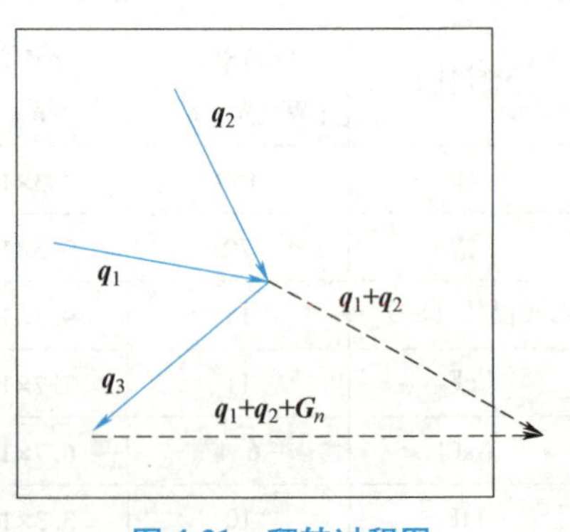

图 4-21　翻转过程图

式（4-137），意味着 $\boldsymbol{q}_1+\boldsymbol{q}_2$ 的合矢量是一个在布里渊区内的矢量，存在 $\boldsymbol{q}_3$ 与之对应，在这种情况下，$\boldsymbol{q}_1+\boldsymbol{q}_2$ 再加上一个倒格子矢量 $-\boldsymbol{G}_n$，必然在布里渊区之外。所以式（4-136）中 $\boldsymbol{G}_n\neq\boldsymbol{0}$ 的条件无从满足。当 $\boldsymbol{q}_1$、$\boldsymbol{q}_2$ 的值相当大，$\boldsymbol{q}_1+\boldsymbol{q}_2$ 有可能落在布里渊区之外，图 4-21 的情况正是如此，这时式（4-137）已无从满足，在这种情况下，总可以找到一定的 $\boldsymbol{G}_n$（而且是唯一的），使 $\boldsymbol{q}_1+\boldsymbol{q}_2-\boldsymbol{G}_n$ 回到布里渊区之内，从而确定满足式（4-136）的 $\boldsymbol{q}_3$ 值。

由声子间碰撞决定的声子平均自由程密切依赖于温度，有两种典型的情况。在高温情况下，$T\gg$ 德拜温度 Θ_{D}，对于所有晶格振动模，平均声子数正比于温度 T，即

$$\bar{n}(q)=\frac{1}{\mathrm{e}^{\hbar\omega_q/k_{\mathrm{B}}T}-1}\approx\frac{k_{\mathrm{B}}T}{\hbar\omega_q}$$

温度升高，平均声子数增大，相互碰撞的概率增大，声子平均自由程减小。这时平均自由程 λ 与温度 T 成反比，考虑到高温情况下晶格热容是与温度无关的常数（经典极限情况），因此热导率也与温度成反比。在低温情况，$T\ll\Theta_{\mathrm{D}}$，则可得

$$\lambda\propto\mathrm{e}^{\Theta_{\mathrm{D}}/\alpha T}$$

式中，α 为 2~3 之间的数字，表明当温度下降时，声子平均自由程将迅速增大，这是因为真正起作用的是声子碰撞的 U 过程，必须有短波（$|q|$ 可以和倒格子原胞的尺度相比）参与才有可能发生。短波往往是高能量（$\hbar\omega$ 大）的格波，就如在爱因斯坦理论中看到的那样，这样的格波振动随温度下降而十分陡峭地下降。也就是说，低温下声子平均自由程 λ 增大是 U 过程中必须参与的短波声子数减少的结果。

除去声子间的相互碰撞作用以外，实际固体中存在缺陷也可以成为限制声子平均自由程的原因，如晶体的不均匀性、多晶体晶界、晶体表面和内部的杂质等都可以散射格波，即都可以与声子发生碰撞。特别是在低温下，声子间相互碰撞的作用迅速减弱，声子平均自由程将由其他散射所决定。

图 4-22 为不同温度下不同 LiF 晶体样品尺寸上测得的热导率。在峰值右边，热导率随 T 下降而陡峭上升，在这个温度范围内声子平均自由程主要由声子间的相互碰撞决定，基本符合上面引用的 $\mathrm{e}^{\Theta_{\mathrm{D}}/\alpha T}$ 关系。在峰值及其左边更低温度范围内，样品表面散射已成为主要限制声子平均自由程的因素，因此，尺寸小的 LiF 晶体样品声子平均自由程较短，热导率更低。在这种情况下，热导率随温度的变化主要取决于热容量 c_V，可知随温度下降趋近 T^3 关系。图 4-23 为 LiF 晶体中含有 ^{6}Li、^{7}Li 两种同位素的热导率实验结果，原来实验中给出了 6 条不同 ^{6}Li : ^{7}Li 比值的曲线，这里只引用了其中最典型的两条。曲线的解释与前面类似，只是在中间一段温度范围内看到了杂质散射的作用。图 4-24 为合金 $\mathrm{GaAs}_{1-x}\mathrm{P}$ 热导率的实验结果，可以看出合金的热导率总是低于任何一种单纯晶体材料（GaAs 或 GaP）的热导率。

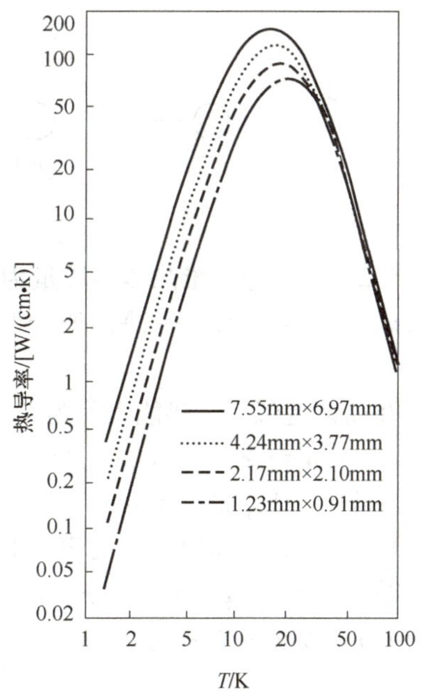

图 4-22 不同温度下不同 LiF 晶体样品尺寸上测得的热导率

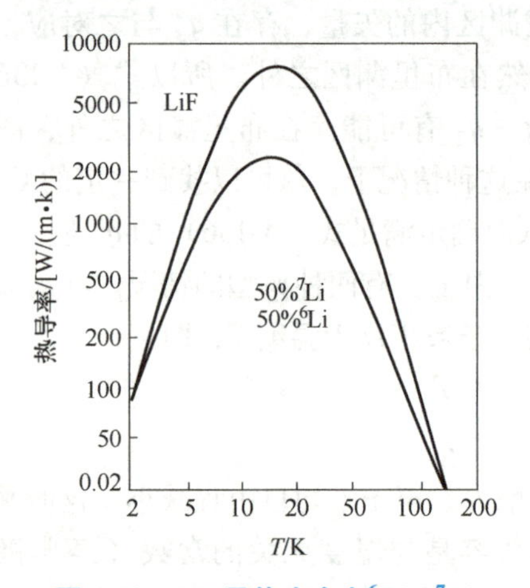

图 4-23　LiF 晶体中含有^{6}Li、^{7}Li两种同位素的热导率实验结果

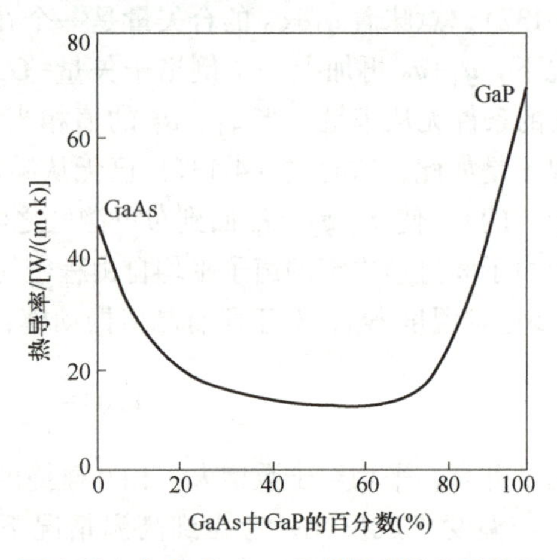

图 4-24　合金 $GaAs_{1-x}P$ 热导率的实验结果

思　考　题

4.1　讨论双原子分子晶体如固态 H_2 的简正振动模式。晶体可以简单地用一维复式格子来模拟，如图 4-25 所示，格点上的原子相同，质量为 m，相邻原子间距都为$\frac{a}{2}$，但最近邻原子相互作用回复力系数却不同，交错地取为 $\beta_1=10c$ 和 $\beta_2=1c$。试求 $q=0$ 及布里渊区边界处 $\omega(q)$，并定性画出其色散关系。

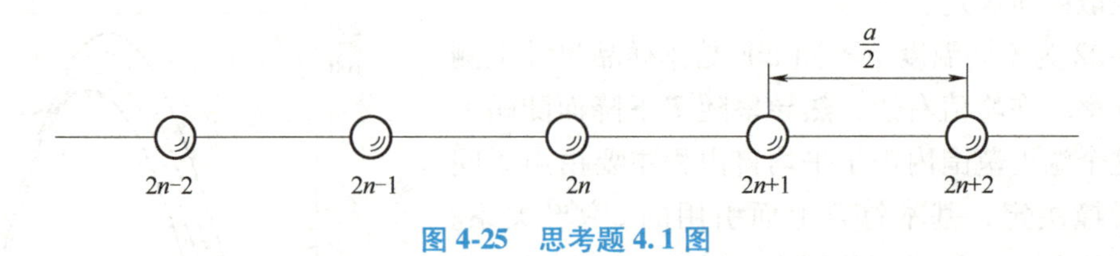

图 4-25　思考题 4.1 图

4.2　一理想二维晶体由质量为 m 的同种原子组成，各原子在晶格中的平衡位置为 $\boldsymbol{R}=(ra,sa)$，$r,s=1,2,3,\cdots,N$。原子偏离平衡位置的位移由（x_{rs},y_{rs}）表示，即

$$\boldsymbol{R}_{rs}=(ra+x_{rs},sa+y_{rs})$$

在简谐近似下，势能表示为

$$V=rsk_1\left[x_{(r+1)s}-x_{rs}\right]^2+\left[y_{r(s+1)}-y_{rs}\right]^2+k_2\left\{\left[x_{r(s+1)}-x_{rs}\right]^2+\left[y_{(r+1)s}-y_{rs}\right]^2\right\}$$

在 $k_2=0.1k_1$ 情况下：

1）定出整个布里渊区的声子的普遍色散关系 $\omega_{q\lambda}$。

2）对于 $q=(\xi,0)$，$0\leqslant\xi\leqslant\pi/a$，画出 $\omega_{q\lambda}$ 作为 q 的函数关系。

4.3　考虑一个纵波

$$x_n=A\cos(\omega t-qna)$$

它在原子质量为 m、间距为 a 的单原子线型点阵中传播，若只考虑最近邻原子相互作用，其回复力为 β。

1）求每个原子的时间平均总能量。

2）设一维晶体在熔点 T_m 时的原子振动振幅是平衡状态原子间距的10%，证明熔点附近原子的振动频率为

$$\omega=\frac{10}{a}\left(\frac{2k_B T_m}{m}\right)^{\frac{1}{2}}$$

4.4 考虑每格点具有一个质量为 m 的原子的二维正方晶格，仅计及最近邻原子之间的相互作用，力常数为 β，设声子色散关系为

$$\omega_q=\sqrt{\frac{4\beta}{m}}\sin\frac{qa}{2}$$

1）在长波极限下，求声子态密度 $D(\omega)$，即单位频率间隔 $d\omega$ 中的点阵振动的模式数。

2）在高温极限下（$k_B T \gg \hbar\omega$），求一个原子偏离其平衡位置的平均平方位移。

4.5 在三维晶体中，利用德拜模型：

1）证明高温时，$0\sim\omega_D$ 范围内声子总数与温度 T 成正比。

2）证明甚低温下，$0\sim\omega_D$ 范围内声子总数与温度 T 成正比。

3）若已知一面心立方单原子晶体的晶格常数 $a=5\times10^{-10}$ m，横向弹性波速 $v_t=3.54\times10^5$ cm/s，纵向弹性波速度 $v_l=4.92\times10^5$ cm/s，试计算其德拜温度。

第 5 章

能带理论

能带理论是一个固体量子理论，它是在量子力学运动规律确定后，在用量子力学研究金属电导理论的过程中发展起来的理论。它为阐明许多晶体的物理特性奠定了基础，成为固体电子理论的重要部分。例如，能带理论成功地解释了固体分为导体、半导体和绝缘体的物理本质，以及有些金属的电导率具有各向异性的原因等。这些问题的成功解决极大地加深了人们对半导体理论的认识，并且促进了半导体技术的发展。

能带理论是一个近似理论，实际的晶体是由大量电子和原子核组成的多粒子体系，$1cm^3$ 的晶体包括 $10^{23}\sim10^{25}$量级的原子和电子。严格来说，要获得晶体中的电子状态，就必须求解晶体中所有存在着相互作用的电子的薛定谔方程，最终得到多粒子体系的能量本征值及相应的电子本征态。然而，严格求解如此复杂的多粒子体系非常困难。为此，能带理论做了以下的 3 个近似，将问题进行简化处理。

1. 绝热近似

绝热近似（Adiabatic Approximation）也称玻恩-奥本海默（Born-Oppenheimer）近似。电子质量 m 远小于原子核的质量 M，电子的速度 v_i 远大于原子核的速度 v_a，原子核只在它们的平衡位置附近振动。因此，在考虑电子的运动时，可以认为原子核是不动的，而电子是在固定不动的原子核产生的势场中运动。在很多情况下，人们最关心的是价电子部分，因为在原子结合成固体的过程中，内层电子的变化很小，而价电子的运动状态变化很大，所以可以把原子核和内层电子近似看成一个离子实，这样价电子就是在固定不变的离子场中运动，从而在处理多体问题时，可以将电子体系运动与原子核（离子实）体系运动分开考虑，即把多体问题转换为多电子问题。

2. 平均场近似

在固体中存在着大量的电子，它们的运动是相互牵连的，每个电子的运动都要受其他电子的运动影响，即所有电子的运动都是相关的。作为一种近似，可用一种平均场（自洽场）来代替价电子之间的相互作用，即每个电子都是在离子实和其他电子所形成的平均场中运动。平均场的选取视近似程度而定，若只考虑电子间的库仑相互作用，则为哈特里平均场（Hartree Mean Field），若考虑自旋和电子间的库仑及交换相互作用，则为哈特里-福克平均场（Hartree-Fock Mean Field）。这些平均场的计算均采用自洽场方法，所以也称自洽场近似（Self-Consistent Field Approximation）。这样就把一个多电子问题简化为单电子问题。

3. 周期场近似

电子感受到的势场 $V(\boldsymbol{r})$ 包括离子实对电子的势场和电子之间的平均势场两部分，假定它具有和晶格同样的平移对称性，也就是说它是一个严格的周期性势场，其周期为晶格所具有的周期，这个假定称为周期场近似。

通过以上3个近似，晶体中电子的运动就简化为周期场中的单电子问题，其波动方程可以表示为

$$\left[-\frac{\hbar^2}{2m}\nabla^2+V(\boldsymbol{r})\right]\psi(r)=E\psi(\boldsymbol{r}) \tag{5-1}$$

其中

$$V(\boldsymbol{r})=V(\boldsymbol{r}+\boldsymbol{R}_n) \tag{5-2}$$

5.1 布洛赫定理

5.1.1 布洛赫定理及其证明

（1）布洛赫定理（Bloch Theorem）

在单电子近似下，对于周期性势场，即 $V(\boldsymbol{r})=V(\boldsymbol{r}+\boldsymbol{R}_n)$，其中 $\boldsymbol{R}_n$ 取布拉维格子的任意格矢，则薛定谔方程式（5-1）的本征函数是按布拉维格子周期性调幅的平面波，即

$$\psi_k(\boldsymbol{r})=\mathrm{e}^{\mathrm{i}\boldsymbol{k}\cdot\boldsymbol{r}}u_k(\boldsymbol{r}) \tag{5-3}$$

其中，振幅 $u_k(\boldsymbol{r})$ 具有与晶格同样的周期性，即

$$u_k(\boldsymbol{r})=u_k(\boldsymbol{r}+\boldsymbol{R}_n) \tag{5-4}$$

式（5-3）表示的波函数称为布洛赫函数或布洛赫波，它是平面波与周期函数的乘积。用布洛赫函数描述的电子称为布洛赫电子（Bloch Electron）。

用 $\boldsymbol{r}+\boldsymbol{R}_n$ 代替式（5-3）中的 $\boldsymbol{r}$，可得

$$\psi_k(\boldsymbol{r}+\boldsymbol{R}_n)=\mathrm{e}^{\mathrm{i}\boldsymbol{k}\cdot\boldsymbol{R}_n}\psi_k(\boldsymbol{r}) \tag{5-5}$$

式（5-5）是布洛赫定理的另一种形式，它可以表述为：在以布拉维格子原胞为周期的势场中运动的电子，当平移晶格矢量 $\boldsymbol{R}_n$ 时，单电子态波函数只增加一个相位因子 $\mathrm{e}^{\mathrm{i}\boldsymbol{k}\cdot\boldsymbol{R}_n}$。

（2）布洛赫定理的证明

为了证明布洛赫定理，首先引入平移算符 $\hat{T}(\boldsymbol{R}_n)$，然后证明平移算符 $\hat{T}(\boldsymbol{R}_n)$ 和哈密顿算符 $\hat{H}(\boldsymbol{r})$ 具有对易性，最后求出平移算符 $\hat{T}(\boldsymbol{R}_n)$ 的本征值，利用对易的算符有共同的本征函数来证明布洛赫定理。

1）平移算符晶体具有平移对称性，在平移对称操作下，晶体结构保持不变。定义平移算符 $\hat{T}(\boldsymbol{R}_n)$，它作用在任意函数 $f(\boldsymbol{r})$ 上，可得

$$\hat{T}(\boldsymbol{R}_n)f(\boldsymbol{r})=f(\boldsymbol{r}+\boldsymbol{R}_n) \tag{5-6}$$

即 $\hat{T}(\boldsymbol{R}_n)$ 的作用就是使位矢从 $\boldsymbol{r}$ 变为 $\boldsymbol{r}+\boldsymbol{R}_n$。根据平移算符的定义，显然有

$$\hat{T}(\boldsymbol{R}_n)\hat{T}(\boldsymbol{R}_m)=\hat{T}(\boldsymbol{R}_m)\hat{T}(\boldsymbol{R}_n)=\hat{T}(\boldsymbol{R}_n+\boldsymbol{R}_m)$$

$$\hat{T}^2(\boldsymbol{R}_n)f(\boldsymbol{r})=T(\boldsymbol{R}_n)f(\boldsymbol{r}+\boldsymbol{R}_n)=f(\boldsymbol{r}+2\boldsymbol{R}_n)$$

$$\hat{T}^l(\boldsymbol{R}_n)f(\boldsymbol{r})=f(\boldsymbol{r}+l\boldsymbol{R}_n) \tag{5-7}$$

那么对于任意晶格矢量 $\boldsymbol{R}_n=n_1\boldsymbol{a}_1+n_2\boldsymbol{a}_2+n_3\boldsymbol{a}_3$，满足

$$\hat{T}(\boldsymbol{R}_n)=\hat{T}^{n_1}(\boldsymbol{a}_1)\hat{T}^{n_2}(\boldsymbol{a}_2)\hat{T}^{n_3}(\boldsymbol{a}_3) \tag{5-8}$$

同时，由于晶体势场是周期性势场，那么将平移算符 $\hat{T}(\boldsymbol{R}_n)$ 作用到晶体势 $V(\boldsymbol{r})$ 上，

可得

$$\hat{T}(\boldsymbol{R}_n)V(\boldsymbol{r})=V(\boldsymbol{r}+\boldsymbol{R}_n)=V(\boldsymbol{r}) \tag{5-9}$$

2）$\hat{T}(\boldsymbol{R}_n)$ 和 $\hat{H}(\boldsymbol{r})$ 的对易关系。晶体中单电子运动的哈密顿量为

$$H=-\frac{\hbar^2}{2m}\nabla^2+V(\boldsymbol{r}) \tag{5-10}$$

它具有晶格周期性，则有

$$\begin{aligned}\hat{T}(\boldsymbol{R}_n)\hat{H}(\boldsymbol{r})f(\boldsymbol{r})&=\hat{T}(\boldsymbol{R}_n)\left\{\left[-\frac{\hbar^2}{2m}\nabla_r^2+V(\boldsymbol{r})\right]f(\boldsymbol{r})\right\}\\&=\left[-\frac{\hbar^2}{2m}\nabla_{\boldsymbol{r}+\boldsymbol{R}_n}^2+V(\boldsymbol{r}+\boldsymbol{R}_n)\right]f(\boldsymbol{r}+\boldsymbol{R}_n)\\&=\left[-\frac{\hbar^2}{2m}\nabla_r^2+V(\boldsymbol{r})\right]f(\boldsymbol{r}+\boldsymbol{R}_n)\\&=\hat{H}(\boldsymbol{r})\hat{T}(\boldsymbol{R}_n)f(\boldsymbol{r})\end{aligned} \tag{5-11}$$

由于 $f(\boldsymbol{r})$ 是任意的，所以平移算符 $\hat{T}(\boldsymbol{R}_n)$ 和哈密顿算符 $\hat{H}(\boldsymbol{r})$ 是对易的，即

$$[\hat{T}(\boldsymbol{R}_n),\hat{H}(\boldsymbol{r})]=\hat{T}(\boldsymbol{R}_n)\hat{H}(\boldsymbol{r})-\hat{H}(\boldsymbol{r})\hat{T}(\boldsymbol{R}_n)=0 \tag{5-12}$$

根据量子力学，两个对易的算符具有共同的本征函数，所以如果波函数 $\psi(\boldsymbol{r})$ 是 $\hat{H}(\boldsymbol{r})$ 的本征函数，那么它也一定是 $\hat{T}(\boldsymbol{R}_n)$ 的本征函数。

3）平移算符 $\hat{T}(\boldsymbol{R}_n)$ 的本征值。设平移算符 $\hat{T}(\boldsymbol{R}_n)$ 的本征函数 $\psi(\boldsymbol{r})$ 对应的本征值为 $\lambda(\boldsymbol{R}_n)$，则有

$$H\psi(\boldsymbol{r})=E\psi(\boldsymbol{r}) \tag{5-13}$$

$$T(\boldsymbol{R}_n)\psi(\boldsymbol{r})=\lambda(\boldsymbol{R}_n)\psi(\boldsymbol{r})=\psi(\boldsymbol{r}+\boldsymbol{R}_n) \tag{5-14}$$

式中，E 为 H 的本征值。根据对易性，则有

$$\hat{H}\hat{T}(\boldsymbol{R}_n)\psi(\boldsymbol{r})=\hat{T}(\boldsymbol{R}_n)\hat{H}(\boldsymbol{r})\psi(\boldsymbol{r})=E\hat{T}(\boldsymbol{R}_n)\psi(\boldsymbol{r}) \tag{5-15}$$

即 $\psi(\boldsymbol{r})$ 和 $\hat{T}(\boldsymbol{R}_n)\psi(\boldsymbol{r})$ 都是 H 的本征函数。根据波函数的归一性，则有

$$\int|\psi(\boldsymbol{r})|^2\mathrm{d}\boldsymbol{r}=\int|\lambda(\boldsymbol{R}_n)\psi(\boldsymbol{r})|^2\mathrm{d}\boldsymbol{r}=1 \tag{5-16}$$

因为

$$\lambda(\boldsymbol{R}_n)\psi(\boldsymbol{r})\neq\psi(\boldsymbol{r}) \tag{5-17}$$

所以

$$|\lambda(\boldsymbol{R}_n)|^2=1 \tag{5-18}$$

同时

$$\hat{T}(\boldsymbol{R}_n)\hat{T}(\boldsymbol{R}_m)\psi=\hat{T}(\boldsymbol{R}_n)\lambda(\boldsymbol{R}_m)\psi=\lambda(\boldsymbol{R}_m)\lambda(\boldsymbol{R}_n)\psi=\lambda(\boldsymbol{R}_m+\boldsymbol{R}_n)\psi$$

所以

$$\lambda(\boldsymbol{R}_m+\boldsymbol{R}_n)=\lambda(\boldsymbol{R}_m)\lambda(\boldsymbol{R}_n) \tag{5-19}$$

由式（5-18）和式（5-19）可知，$\lambda(\boldsymbol{R}_n)$ 的一般形式为

$$\lambda(\boldsymbol{R}_n)=\mathrm{e}^{\mathrm{i}\boldsymbol{k}\cdot\boldsymbol{R}_n} \tag{5-20}$$

式中，$\boldsymbol{k}$ 为一矢量。将式（5-20）代入式（5-14）可得

$$\psi(\boldsymbol{r}+\boldsymbol{R}_n)=\mathrm{e}^{\mathrm{i}\boldsymbol{k}\cdot\boldsymbol{R}_n}\psi_k(\boldsymbol{r}) \tag{5-21}$$

布洛赫定理证毕。

5.1.2 波矢 *k* 的取值及其物理意义

布洛赫函数中的 $\boldsymbol{k}$ 为波矢，它可以用来标记电子的状态。因为

$$T(\boldsymbol{R}_n)\psi_k(\boldsymbol{r})=\psi_k(\boldsymbol{r}+\boldsymbol{R}_n)=\mathrm{e}^{\mathrm{i}\boldsymbol{k}\cdot\boldsymbol{R}_n}\psi_k(\boldsymbol{r}) \tag{5-22}$$

$$T(\boldsymbol{R}_n)\psi_{k+G}(\boldsymbol{r})=\psi_{k+G}(\boldsymbol{r}+\boldsymbol{R}_n)=\mathrm{e}^{\mathrm{i}\boldsymbol{k}\cdot\boldsymbol{R}_n}\psi_{k+G}(\boldsymbol{r}) \tag{5-23}$$

故平移算符 $T(\boldsymbol{R}_n)$ 对两个波矢相差一个倒格矢的波函数具有相同的本征值。为了将 $\boldsymbol{k}$ 的取值同 $T(\boldsymbol{R}_n)$ 的本征值一一对应，需要把 $\boldsymbol{k}$ 的取值限制在一定的范围内，这样 $\boldsymbol{k}$ 和 $\boldsymbol{k}+\boldsymbol{G}$ 表示两个等价的电子状态，它们具有相同的电荷分布，所以 $\psi_k(\boldsymbol{r})$ 可以看成倒格空间的周期函数。为描述电子的独立状态，需要把倒格空间划分成一些周期性重复单元，并进一步把波矢 $\boldsymbol{k}$ 限制在一个单元中，这个单元就是第一布里渊区。

对于自由电子的平面波，有

$$\psi_k(\boldsymbol{r})=\frac{1}{\sqrt{V}}\mathrm{e}^{\mathrm{i}\boldsymbol{k}\cdot\boldsymbol{r}} \tag{5-24}$$

自由电子具有确定的动量 $\hbar\boldsymbol{k}$，但对于布洛赫波，因为

$$\frac{\hbar}{\mathrm{i}}\Delta\psi_k(\boldsymbol{r})=\frac{\hbar}{\mathrm{i}}\Delta[\mathrm{e}^{\mathrm{i}\boldsymbol{k}\cdot\boldsymbol{r}}u_k(\boldsymbol{r})]=\hbar\boldsymbol{k}\psi_k+\mathrm{e}^{\mathrm{i}\boldsymbol{k}\cdot\boldsymbol{r}}\frac{\hbar}{\mathrm{i}}\Delta u_k(\boldsymbol{r}) \tag{5-25}$$

也就是说，布洛赫函数不再是动量算符的本征函数，加之 $\hbar\boldsymbol{k}$ 和 $\hbar(\boldsymbol{k}+\boldsymbol{G})$ 在物理意义上等价，所以虽然 $\hbar\boldsymbol{k}$ 有动量量纲，但并不是布洛赫电子的动量。一般把 $\hbar\boldsymbol{k}$ 称为晶体动量（Crystal Momentum），而把 $\boldsymbol{k}$ 理解为标志电子在具有平移对称性的周期场中不同状态的量子数，其取值由边界条件确定。

与晶格振动时类似，选择周期性边界条件，也称玻恩-卡曼边界条件，此时波函数应满足

$$\begin{cases}\psi(\boldsymbol{r})=\psi(\boldsymbol{r}+N_1\boldsymbol{a}_1)\\ \psi(\boldsymbol{r})=\psi(\boldsymbol{r}+N_2\boldsymbol{a}_2)\\ \psi(\boldsymbol{r})=\psi(\boldsymbol{r}+N_3\boldsymbol{a}_3)\end{cases} \tag{5-26}$$

式中，N_1、N_2、N_3 分别为沿着 $\boldsymbol{a}_1$、$\boldsymbol{a}_2$、$\boldsymbol{a}_3$ 方向的原胞，总的原胞数 $N=N_1N_2N_3$。由式（5-5）与式（5-26）可得

$$\psi_k(\boldsymbol{r})=\psi_k(\boldsymbol{r}+N_i\boldsymbol{a}_i)=\mathrm{e}^{\mathrm{i}\boldsymbol{k}\cdot(\boldsymbol{r}+N_i\boldsymbol{a}_i)}u_k(\boldsymbol{r}+N_i\boldsymbol{a}_i)=\mathrm{e}^{\mathrm{i}\boldsymbol{k}\cdot N_i\boldsymbol{a}_i}\psi_k(\boldsymbol{r}) \tag{5-27}$$

所以

$$\mathrm{e}^{\mathrm{i}\boldsymbol{k}\cdot N_i\boldsymbol{a}_i}=1 \tag{5-28}$$

波矢 $\boldsymbol{k}$ 可由倒格矢线性组合得到，即

$$\boldsymbol{k}=\beta_1\boldsymbol{b}_1+\beta_2\boldsymbol{b}_2+\beta_3\boldsymbol{b}_3 \tag{5-29}$$

式中，$\boldsymbol{b}_1$、$\boldsymbol{b}_2$、$\boldsymbol{b}_3$ 为倒格子的基矢。将式（5-29）代入式（5-28）并考虑到 $\boldsymbol{a}_i\cdot\boldsymbol{b}_j=2\pi\delta_{ij}$，可得

$$\boldsymbol{k}=\frac{l_1}{N_1}\boldsymbol{b}_1+\frac{l_2}{N_2}\boldsymbol{b}_2+\frac{l_3}{N_3}\boldsymbol{b}_3 \tag{5-30}$$

其中

$$\beta_i=\frac{l_i}{N_i} \tag{5-31}$$

式中，l_i 为整数。所以在加上边界条件以后，波矢 $\boldsymbol{k}$ 只能取分立的值。由式（5-30）可知，布洛赫波的波矢 $\boldsymbol{k}$ 在倒格空间的分布是均匀的，每个点都在以 $\dfrac{\boldsymbol{b}_i}{N_i}$（$i=1$、2、3）为边的平行六边形的顶点上。每个波矢 $\boldsymbol{k}$ 的代表点所占体积为

$$\frac{\boldsymbol{b}_1}{N_1}\cdot\left(\frac{\boldsymbol{b}_2}{N_2}\times\frac{\boldsymbol{b}_3}{N_3}\right)=\frac{1}{N}\boldsymbol{b}_1\cdot(\boldsymbol{b}_2\times\boldsymbol{b}_3)=\frac{(2\pi)^3}{N\Omega}=\frac{(2\pi)^3}{V} \tag{5-32}$$

式中，Ω 为正格子原胞的体积，V 为晶体的体积，$V=N\Omega$。因此波矢 $\boldsymbol{k}$ 的代表点在倒格空间的密度为

$$\rho_k=\frac{V}{(2\pi)^3} \tag{5-33}$$

在第一布里渊区中，$\boldsymbol{k}$ 的取值总数为 N，即总的原胞数，$N=N_1N_2N_3$。

5.1.3 能带的表示图示

根据布洛赫电子的本征能量在波矢 $\boldsymbol{k}$ 空间的周期函数的特点，表示 $E_n(\boldsymbol{k})$ 与 $\boldsymbol{k}$ 的关系图示有以下三种：

1）简约布里渊区图示。把 $\boldsymbol{k}$ 限制在第一布里渊区中，对于每一个 $\boldsymbol{k}$ 值，各能带都有一个相应的能量 $E_1(\boldsymbol{k}),E(\boldsymbol{k}),\cdots$，每个能带都在第一布里渊区中表示出来。

2）周期布里渊区图示。由于 $E_n(\boldsymbol{k})$ 取值的周期性，也允许 $\boldsymbol{k}$ 的取值遍及全 $\boldsymbol{k}$ 空间，这种图示方法称为周期布里渊区图示。

3）扩展布里渊区图示。即将不同的能带 $E_n(\boldsymbol{k})$ 绘于 $\boldsymbol{k}$ 空间不同的布里渊区的做法。

三种能带的图示如图 5-1 所示。

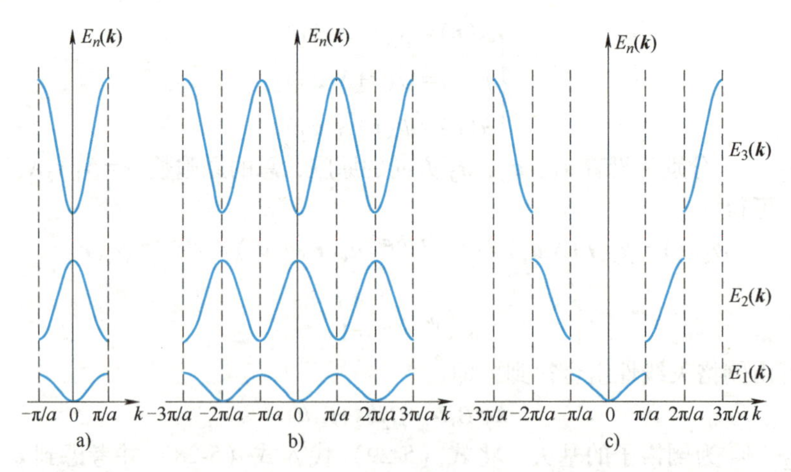

图 5-1 三种能带的图示

a）简约布里渊区图示 b）周期布里渊区图示 c）扩展布里渊区图示

5.2 近自由电子近似

5.1 节的布洛赫定理是从周期场所具有的平移对称性出发，得出的在周期势场中运动的

电子波函数的普遍形式。然而，由于晶格的周期性势场 $V(\boldsymbol{r})$ 一般都比较复杂，所以严格求解式（5-1）仍是不可能的。因此，在处理实际问题时，需要根据实际情况采取不同的近似方法。为了计算晶体能带，曾发展了许多近似方法，如原胞法、赝势法、紧束缚近似和近自由电子近似法等。本节介绍晶体能带计算中的一个最简单模型——近自由电子近似，适用于周期场较弱的情况，也称弱周期场近似。由于周期场的周期性起伏很弱，从而使电子的行为很接近自由电子，故称近自由电子近似或准自由电子近似。

5.2.1 一维非简并微扰

作为零级近似，可用势场的平均值 V_0 代替晶格势 $V(\boldsymbol{r})$，若要进一步讨论，可把周期势的起伏 $V(\boldsymbol{r})-V_0$ 作为微扰处理，从而可用微扰论来求解薛定谔方程。为了方便起见，下面以一维情况为例进行说明。

设一维晶体的长度为 $L=Na$，N 为原胞数，一维势 $V(x)$ 可以用傅里叶展开为

$$V(x)=V_0+\sum_{n\neq 0}V_n\mathrm{e}^{\mathrm{i}\frac{2\pi}{a}nx} \tag{5-34}$$

$$V_n=\frac{1}{L}\int_0^L V(x)\mathrm{e}^{-\mathrm{i}\frac{2\pi}{a}nx}\mathrm{d}x \tag{5-35}$$

式中，V_n 为展开系数；V_0 为势能的平均值，且

$$V_0=\frac{1}{L}\int_0^L V(x)\mathrm{d}x \tag{5-36}$$

为方便起见，适当选择势能的零点使 $V_0=0$，可得

$$V(x)=\sum_{n\neq 0}V_n\mathrm{e}^{\mathrm{i}\frac{2\pi}{a}nx} \tag{5-37}$$

由于近自由电子近似是假设势场的周期性起伏较小，所以 $V(x)$ 可以视为微扰项 H'，于是单电子哈密顿算符为

$$H=H_0+H'=-\frac{\hbar^2}{2m}\frac{\mathrm{d}^2}{\mathrm{d}x^2}+\sum_{n\neq 0}V_n\mathrm{e}^{\mathrm{i}\frac{2\pi}{a}nx} \tag{5-38}$$

可得零级近似为

$$H_0\psi_k^{(0)}(x)=E_k^{(0)}\psi_k^{(0)}(x) \tag{5-39}$$

因此零级近似能量和零级近似波函数分别为

$$E_k^{(0)}=\frac{\hbar^2k^2}{2m} \tag{5-40}$$

$$\psi_k^{(0)}=\sqrt{\frac{1}{L}}\mathrm{e}^{\mathrm{i}kx} \tag{5-41}$$

式中，k 受周期性的边界条件限制，只能取

$$k=\frac{2\pi l}{Na},\quad l=0,\pm 1,\pm 2 \tag{5-42}$$

显然，零级近似解就是自由电子费米气体在一维情况下的本征函数和能量本征值，所以零级近似又称自由电子近似。对于更高级次的解，可以用微扰理论解得。

由量子力学，并按照一般微扰理论的结果，能量本征值的一级和二级修正为

$$E_k^{(1)} = \langle k \mid \Delta V \mid k \rangle \tag{5-43}$$

$$E_k^{(2)} = \sum_{k'}{}' \frac{|\langle k' \mid \Delta V \mid k \rangle|^2}{E_k^{(0)} - E_{k'}^{(0)}} \tag{5-44}$$

式中，求和号带撇表示累加时不包含 $k=k'$项。波函数的一级修正为

$$\psi_k^{(1)}(x) = \sum_{k'}{}' \frac{\langle k' \mid \Delta V \mid k \rangle}{E_k^{(0)} - E_{k'}^{(0)}} \psi_{k'}^{(0)}(x) \tag{5-45}$$

能量本征值的一级修正具体表示为

$$E_k^{(1)} = \int_0^L \psi_k^{(0)*} [V(x) - V_0] \psi_k^{(0)} \mathrm{d}x = \frac{1}{L}\int_0^L V(x)\mathrm{d}x - V_0 = 0 \tag{5-46}$$

即能量的一级修正为0，所以需要进一步计算能量的二级修正。因为

$$\langle k' \mid \Delta V \mid k \rangle = \frac{1}{L}\int_0^L \Delta V(x) \mathrm{e}^{-\mathrm{i}(k'-k)x} \mathrm{d}x \tag{5-47}$$

式（5-47）与式（5-35）对比，可以发现式（5-47）对应与周期微扰势的傅里叶展开系数一致，即

$$V_n = \frac{1}{L}\int_0^L \Delta V(x) \mathrm{e}^{-\mathrm{i}(k'-k)x} \mathrm{d}x \tag{5-48}$$

因此

$$\langle k' \mid \Delta V(x) \mid k \rangle = \begin{cases} V_n, & k'-k = \dfrac{2\pi}{a}n = G_n \\ 0, & k'-k \neq \dfrac{2\pi}{a}n \end{cases} \tag{5-49}$$

所以在周期势场的情况下，考虑微扰后能量的二级修正为

$$E_k^{(2)} = \sum_n{}' \frac{|V_n|^2}{\dfrac{\hbar^2}{2m}\left[k^2 - \left(k + \dfrac{2\pi}{a}n\right)^2\right]} \tag{5-50}$$

根据微扰理论，本征值取二级修正，则本征函数应取一级修正，波函数的一级修正为

$$\psi_k^{(1)}(x) = \frac{1}{\sqrt{L}}\mathrm{e}^{\mathrm{i}kx} \sum_n{}' \frac{V_n \mathrm{e}^{\mathrm{i}\frac{2\pi}{a}nx}}{\dfrac{\hbar}{2m}\left[k^2 - \left(k + \dfrac{2\pi}{a}n\right)^2\right]} \tag{5-51}$$

所以能量的二级近似解和波函数的一级近似解为

$$E \approx E_k^{(0)} + E_k^{(1)} + E_k^{(2)} = \frac{\hbar^2 k^2}{2m} + \sum_n{}' \frac{|V_n|^2}{\dfrac{\hbar}{2m}\left[k^2 - \left(k + \dfrac{2\pi}{a}n\right)^2\right]} \tag{5-52}$$

$$\psi_k(x) \approx \psi_k^{(0)}(x) + \psi_k^{(1)}(x) = \frac{1}{\sqrt{L}}\mathrm{e}^{\mathrm{i}kx}\left\{1 + \sum_n{}' \frac{V_n \mathrm{e}^{\mathrm{i}\frac{2\pi}{a}nx}}{\dfrac{\hbar}{2m}\left[k^2 - \left(k + \dfrac{2\pi}{a}n\right)^2\right]}\right\} \tag{5-53}$$

令

$$\frac{1}{\sqrt{L}}\left\{1+\sum_n{}'\frac{V_n \mathrm{e}^{\mathrm{i}\frac{2\pi}{a}nx}}{\frac{\hbar}{2m}\left[k^2-\left(k+\frac{2\pi}{a}n\right)^2\right]}\right\}=u_k(x) \tag{5-54}$$

可得

$$u_k(x+na)=\frac{1}{\sqrt{L}}\left\{1+\sum_n{}'\frac{V_n \mathrm{e}^{\mathrm{i}\frac{2\pi}{a}n(x+na)}}{\frac{\hbar}{2m}\left[k^2-\left(k+\frac{2\pi}{a}n\right)^2\right]}\right\}=u_k(x) \tag{5-55}$$

式（5-55）表明，在考虑了弱周期场近似后，计算到一级修正，波函数从平面波过渡到了布洛赫波。这种布洛赫波由两部分叠加而成，第一部分为波矢为 $\boldsymbol{k}$ 的平面波$\frac{1}{\sqrt{L}}\mathrm{e}^{\mathrm{i}kx}$，第二部分为该平面波受到周期场作用而产生的散射波，各散射波的振幅为

$$u_n=\frac{V_n}{\frac{\hbar^2}{2m}\left[k^2-\left(k+\frac{2\pi}{a}n\right)^2\right]} \tag{5-56}$$

由于周期势是微扰，所以 V_n 很小，使各散射波的振幅很小，此时取一级近似的布洛赫函数和自由电子的平面波很相似。然而，当$k=-\frac{n\pi}{a}$以及$k'=-\frac{n\pi}{a}$时，即波矢 $\boldsymbol{k}$ 位于布里渊区边界上的情况下，散射波的振幅足够大，散射波不能忽略，这时 ψ_k 和 E_k 会出现发散的情况，所以此时上述的微扰计算就不再适用。由量子力学可知，此时一个能量对应两个状态，是简并态的情况，所以需要用简并微扰的方法来处理布里渊区边界上的情况。

5.2.2　一维简并微扰

根据微扰理论，在原来的零级近似波函数 $\psi_k^{(0)}$ 中，掺入与它有微扰矩阵元的其他零级近似波函数 $\psi_{k'}^{(0)}$，而且它们的能量差越小，掺入的部分就越大。对于 $k=-\frac{n\pi}{a}$的情况，有另外一个状态 $k'=\frac{n\pi}{a}$，它们相差 $k'-k=\frac{n}{a}(2\pi)$，因此有矩阵元，并且两个态的能量差为0。这时波函数可以写成这两个简并态的线性组合，即

$$\psi(x)=\psi_k^{(0)}(x)+B\psi_{k'}^{(0)}(x)=\frac{1}{\sqrt{L}}(A\mathrm{e}^{\mathrm{i}kx}+B\mathrm{e}^{\mathrm{i}k'x}) \tag{5-57}$$

对比非简并微扰法，此时影响最大的 k'状态已不再是微扰项，被包括在零级波函数中，而其他态的次要影响则忽略。

将式（5-57）代入薛定谔方程，可得

$$\left(-\frac{\hbar^2}{2m}\frac{\mathrm{d}^2}{\mathrm{d}x^2}+\Delta V\right)\left[A\psi_k^{(0)}(x)+B\psi_{k'}^{(0)}(x)\right]=E\left[A\psi_k^{(0)}(x)+B\psi_{k'}^{(0)}(x)\right] \tag{5-58}$$

式（5-58）两边分别乘 $\psi_k^{(0)*}(x)$ 和 $\psi_{k'}^{(0)*}(x)$，再对 x 积分，可得两个关于组合系数的线性齐次方程为

$$\begin{cases}[E-E_k^{(0)}]A-V_nB=0\\-V_n^*A+[E-E_{k'}^{(0)}]B=0\end{cases}\tag{5-59}$$

考虑齐次线性方程组有非零解的条件，可得

$$\begin{vmatrix}E-E_k^{(0)} & -V_n\\-V_n^* & E-E_{k'}^{(0)}\end{vmatrix}=0\tag{5-60}$$

式中，$V_{-k}=V_k^*=V_k$，由此可得

$$\begin{aligned}E_\pm&=\frac{1}{2}\{[E_k^{(0)}+E_{k'}^{(0)}]\pm\sqrt{[E_k^{(0)}-E_{k'}^{(0)}]^2+4|V_n|^2}\}\\&=T_n(1+\Delta^2)\pm\sqrt{|V_n|^2+4T_n^2\Delta^2}\end{aligned}\tag{5-61}$$

式中，T_n 为自由电子在布里渊区边界处的动能，$T_n=\dfrac{\hbar^2}{2m}\left(\dfrac{n\pi}{a}\right)^2$。由于 Δ 是小量，所以由式（5-61）可得

$$\begin{cases}E(k)_+=T_n+|V_n|+T_n\left(1+\dfrac{2T_n}{|V_n|}\right)\Delta^2\\E(k)_-=T_n-|V_n|-T_n\left(\dfrac{2T_n}{|V_n|}-1\right)\Delta^2\end{cases}\tag{5-62}$$

因此，当波矢 $\boldsymbol{k}$ 的值与布里渊区边界值相距较远时，非简并微扰理论适用，弱周期场中的电子能量可以用式（5-52）表示。因为能量的二级修正项很小，所以此时电子的能量与自由电子相差无几。然而，当波矢 $\boldsymbol{k}$ 的值位于布里渊区边界时，需要用简并微扰获得的能量式（5-62）来描述电子的能量。在布里渊区的边界附近，能量高的部分 $E(k)_+$ 要按照式（5-62）上升，能量低的部分 $E(k)_-$ 要按照式（5-62）下降。也就是说，在布里渊区的边界处（$\Delta=0$），出现了大小为

$$E_+-E_-=2|V_n|\tag{5-63}$$

的能隙，如图 5-2 所示。原来自由电子的连续能谱在弱周期场作用下劈裂成被能隙分开的许多能带，能隙的大小等于周期的势场傅里叶分量 $|V_n|$ 的两倍。在此能隙内的能量不为电子所占有，所以称为禁带。显然，禁带的出现是电子在周期场中运动的结果。

关于能隙的起因可以这样理解：由于把电子看作是近自由的，它的零级近似波函数就是平面波，它在晶体中的传播就像 X 射线通过晶体一样。当波矢 $\boldsymbol{k}$ 不满足布拉格条件时，晶格的影响很弱，电子几乎不受阻碍地穿过晶体。但当波矢 $\boldsymbol{k}$ 在布里渊区边界（或布拉格平面）上时，满足布拉格全反射条件，相当于沿一个方向行进的平面波，当行进到布拉格平面时，受到无衰减地反射，然后向相反方向传播。能隙的形成来源于这两个波的等量叠加——相加或相减，构成两个不同的驻波，即

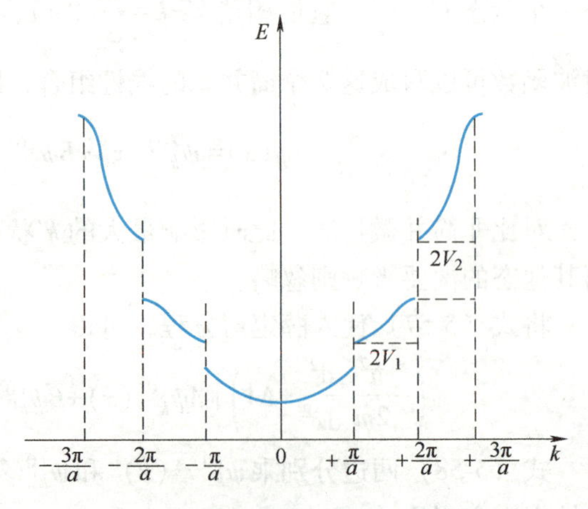

图 5-2 布里渊区边界附近的能量

$$\begin{cases}\psi_{(+)}=\dfrac{A}{\sqrt{L}}(\mathrm{e}^{\mathrm{i}\frac{n\pi}{a}x}-\mathrm{e}^{-\mathrm{i}\frac{n\pi}{a}x})=\sqrt{\dfrac{2}{L}}\sin\dfrac{n\pi x}{a}\\ \psi_{(-)}=\dfrac{A}{\sqrt{L}}(\mathrm{e}^{\mathrm{i}\frac{n\pi}{a}x}+\mathrm{e}^{-\mathrm{i}\frac{n\pi}{a}x})=\sqrt{\dfrac{2}{L}}\cos\dfrac{n\pi x}{a}\end{cases} \tag{5-64}$$

其中波函数已归一化。相应于两种驻波的电子概率密度分别为

$$\begin{cases}\rho_{(+)}=|\psi_{(+)}|^2=\dfrac{2}{L}\sin^2\dfrac{n\pi x}{a}\\ \rho_{(-)}=|\psi_{(-)}|^2=\dfrac{2}{L}\cos^2\dfrac{n\pi x}{a}\end{cases} \tag{5-65}$$

两种驻波描述了两种不同的电子状态，使得电子倾向于聚集在晶体中不同的空间区域，具有不同的势能。如取 $n=1$，则当 $x=\pm0,\pm a,\pm2a,\cdots$时，即离子实位置，由式（5-65）可知，$\rho_{(+)}=0$；而当 $x=\pm a/2,\pm3a/2,\cdots$时，即离子实中间位置，$\rho_{(+)}$最大，因而 $\psi_{(+)}$倾向于将电子聚集在相邻离子实中间位置处，使其势能高于行波的平均势能。同理，$\psi_{(-)}$倾向于将电子聚集在离子实处，使其势能低于行波的平均势能。也就是说，由于布拉格反射产生的两个驻波使电子聚集在不同的区域内，从而使这两个波具有不同的势能，因而产生能隙。

5.2.3 三维周期场中电子运动的近自由近似

对于三维的情况，可以采用和一维完全相似的方法进行讨论。波动方程为

$$\left[-\frac{\hbar^2}{2m}\nabla^2+V(\boldsymbol{r})\right]\psi(\boldsymbol{r})=E\psi(\boldsymbol{r}) \tag{5-66}$$

式中，$V(\boldsymbol{r})$ 为具有晶格周期性的势场，即

$$V(\boldsymbol{r})=V(\boldsymbol{r}+\boldsymbol{R}_n) \tag{5-67}$$

式中，$\boldsymbol{R}_n$ 为布拉维格子的格矢量，即

$$\boldsymbol{R}_n=n_1\boldsymbol{a}_1+n_2\boldsymbol{a}_2+n_3\boldsymbol{a}_3 \tag{5-68}$$

与一维情况相似，将三维的周期势 $V(\boldsymbol{r})$ 进行傅里叶展开为

$$V(\boldsymbol{r})=\sum_{n=-\infty}^{\infty}V_n\mathrm{e}^{\mathrm{i}\boldsymbol{G}_n\cdot\boldsymbol{r}}=V_0+\sum_n{}'V_n\mathrm{e}^{\mathrm{i}\boldsymbol{G}_n\cdot\boldsymbol{r}}=V_0+\Delta V \tag{5-69}$$

式中，V_0 为势能的平均值，可以为0。ΔV 为周期性势场的微扰势，求和号加撇表示包含除零以外的所有整数。按照微扰理论可得

$$\psi_k^{(0)}(\boldsymbol{r})=\frac{1}{\sqrt{V}}\mathrm{e}^{\mathrm{i}\boldsymbol{k}\cdot\boldsymbol{r}} \tag{5-70}$$

$$E_k^{(0)}=\frac{\hbar^2k^2}{2m} \tag{5-71}$$

$$\psi_k^{(1)}(\boldsymbol{r})=\sum_{k'}{}'\frac{\langle k'|\Delta V|k\rangle}{E_k^{(0)}-E_{k'}^{(0)}}\psi_{k'}^{(0)}(\boldsymbol{r}) \tag{5-72}$$

$$E_k^{(1)}=\langle k|\Delta V|k\rangle=0 \tag{5-73}$$

$$E_k^{(2)}=\sum_n{}'\frac{|V_n|^2}{\dfrac{\hbar^2}{2m}[k^2-(\boldsymbol{k}+\boldsymbol{G}_n)^2]} \tag{5-74}$$

因此，波函数的一级近似解和能量的二级近似解分别为

$$\psi_k(\boldsymbol{r}) \approx \psi_k^{(0)}(x)+\psi_k^{(1)}(x)=\frac{1}{\sqrt{V}}\mathrm{e}^{\mathrm{i}\boldsymbol{k}\cdot\boldsymbol{r}}\left[1+\sum_n{}'\frac{V_n\mathrm{e}^{\mathrm{i}\boldsymbol{G}_n\cdot\boldsymbol{r}}}{\frac{\hbar^2}{2m}[k^2-(\boldsymbol{k}+\boldsymbol{G}_n)^2]}\right] \tag{5-75}$$

$$E \approx E_k^{(0)}+E_k^{(1)}+E_k^{(2)}=\frac{\hbar^2k^2}{2m}+\sum_n{}'\frac{|V_n|^2}{\frac{\hbar^2}{2m}[k^2-(\boldsymbol{k}+\boldsymbol{G}_n)^2]} \tag{5-76}$$

式中，V为晶体的体积；$\boldsymbol{G}_n$为倒格子矢量。这些能量和波函数适合描述波矢$\boldsymbol{k}$离布里渊区边界较远的电子。与一维的情况类似，当$E^{(0)}(\boldsymbol{k})=E^{(0)}(\boldsymbol{k}+\boldsymbol{G}_n)$，即$\boldsymbol{k}^2=\boldsymbol{k}'^2=(\boldsymbol{k}+\boldsymbol{G}_n)^2$时，非简并微扰将会导致式（5-75）和式（5-76）发散，此时必须采用简并微扰。由$\boldsymbol{k}^2=\boldsymbol{k}'^2=(\boldsymbol{k}+\boldsymbol{G}_n)^2$可得

$$\boldsymbol{G}_n\cdot\left(\boldsymbol{k}+\frac{\boldsymbol{G}_n}{2}\right)=0 \tag{5-77}$$

式（5-77）是$\boldsymbol{k}$空间中的布里渊区边界方程。考虑简并微扰后，在布里渊区边界处的波函数为

$$\psi_k(\boldsymbol{r})=A\psi_k^{(0)}(\boldsymbol{r})+B\psi_{k'}^{(0)}(\boldsymbol{r})=\frac{1}{\sqrt{V}}(A\mathrm{e}^{\mathrm{i}\boldsymbol{k}\cdot\boldsymbol{r}}+B\mathrm{e}^{\mathrm{i}\boldsymbol{k}'\cdot\boldsymbol{r}}) \tag{5-78}$$

将式（5-78）代入薛定谔方程，与处理一维的情况类似，可以得到在布里渊区边界上的两个能级为

$$E_{\pm}=E_k^0\pm|V_n| \tag{5-79}$$

式（5-79）表明，与一维的情况类似，电子的能谱在布里渊区的边界处会发生能量的断开，即出现带隙，带隙的大小为$E_g=2|V_n|$。

5.3 紧束缚近似

在近自由电子近似中，周期场随空间的起伏较弱，电子受原子的束缚较弱，电子的状态很接近自由电子，适用于金属中传导电子，这是一种极端情形。如果电子受原子核束缚较强，且原子之间的相互作用因原子间距较大等原因而较弱，如内壳层电子及绝缘体中的价电子，此时晶体中的电子就不像弱束缚情况的近自由电子，而更接近束缚在各孤立原子附近的电子，基于这种设想所建立的近似方法称为紧束缚近似。

5.3.1 紧束缚近似的模型及能带

紧束缚近似的出发点是电子在一个原子$\boldsymbol{R}_m$附近时，将主要受该原子势场$V(\boldsymbol{r}-\boldsymbol{R}_m)$作用，而将其他原子势场的作用看成是微扰作用。

假设原子在某格点$\boldsymbol{R}_m$处，即

$$\boldsymbol{R}_m=m_1\boldsymbol{a}_1+m_2\boldsymbol{a}_2+m_3\boldsymbol{a}_3 \tag{5-80}$$

有一个电子在其周围运动，若不考虑其他原子的影响，则电子满足孤立原子中运动的薛定谔方程，即

$$\left[-\frac{\hbar^2}{2m}\nabla^2+V(\boldsymbol{r}-\boldsymbol{R}_m)\right]\varphi_i(\boldsymbol{r}-\boldsymbol{R}_m)=E_i\varphi_i(\boldsymbol{r}-\boldsymbol{R}_m) \tag{5-81}$$

式中，$V(\boldsymbol{r}-\boldsymbol{R}_m)$ 为 $\boldsymbol{R}_m$ 格点的原子势场；E_i 为某原子能级；$\varphi_i(\boldsymbol{r}-\boldsymbol{R}_m)$ 为将该原子视为孤立原子时的自由原子波函数。设简单晶体由 N 个相同的原子构成，则 N 个原子构成晶体前有 N 个类似的波函数 $\varphi_i(\boldsymbol{r}-\boldsymbol{R}_m)$ 对应同一个能级，因而是 N 重简并的。构成晶体后，原子相互靠近，有了相互作用，简并解除，晶体中电子做共有化运动。如果把原子之间的相互作用看成微扰，则晶体中的单电子波函数可看成是 N 个简并的原子轨道波函数的线性组合，因此也称为原子轨道的线性组合（LCAO），因此有

$$\psi(\boldsymbol{r})=\sum_{m=1}^{N}a_m\varphi_i(\boldsymbol{r}-\boldsymbol{R}_m) \tag{5-82}$$

对于这样的晶体，其晶体势场 $U(\boldsymbol{r})$ 由各原子势场组成。这是一个周期势场，即

$$U(\boldsymbol{r})=\sum_m V(\boldsymbol{r}-\boldsymbol{R}_m)=U(\boldsymbol{r}+\boldsymbol{R}_l) \tag{5-83}$$

所以，晶体中电子运动的波动方程为

$$\left[-\frac{\hbar^2}{2m}\nabla^2+U(\boldsymbol{r})\right]\psi(\boldsymbol{r})=E\psi(\boldsymbol{r}) \tag{5-84}$$

将式（5-81）代入式（5-84），可得

$$\sum_m a_m[(E_i-E)+U(\boldsymbol{r})-V(\boldsymbol{r}-\boldsymbol{R}_m)]\varphi_i(\boldsymbol{r}-\boldsymbol{R}_m)=0 \tag{5-85}$$

当原子间距大于原子轨道的半径时，不同格点的 φ_i 重叠很小，可以近似认为

$$\int\varphi_i^*(\boldsymbol{r}-\boldsymbol{R}_m)\varphi_i(\boldsymbol{r}-\boldsymbol{R}_n)\,\mathrm{d}\boldsymbol{r}=\delta_{mn} \tag{5-86}$$

以 $\varphi_i^*(\boldsymbol{r}-\boldsymbol{R}_n)$ 左乘式（5-85）并积分，可得

$$\sum_m a_m\int\varphi_i^*(\boldsymbol{r}-\boldsymbol{R}_n)[U(\boldsymbol{r})-V(\boldsymbol{r}-\boldsymbol{R}_m)]\varphi_i(\boldsymbol{r}-\boldsymbol{R}_m)\,\mathrm{d}\boldsymbol{r}=a_n(E-E_i) \tag{5-87}$$

对于式（5-87）左边的积分，令 $\boldsymbol{\xi}=\boldsymbol{r}-\boldsymbol{R}_m$，同时考虑 $U(\boldsymbol{r})$ 为周期函数，可得

$$\int\varphi_i^*[\boldsymbol{\xi}-(\boldsymbol{R}_n-\boldsymbol{R}_m)][U(\boldsymbol{\xi})-V(\boldsymbol{\xi})]\varphi_i(\boldsymbol{\xi})\,\mathrm{d}\xi=-J(\boldsymbol{R}_n-\boldsymbol{R}_m) \tag{5-88}$$

式（5-88）表明，该积分只取决于相对位置 $\boldsymbol{R}_n-\boldsymbol{R}_m$，因此引入符号 $J(\boldsymbol{R}_n-\boldsymbol{R}_m)$。式（5-88）右边引入负号的原因是 $U(\boldsymbol{\xi})-V(\boldsymbol{\xi})$ 为周期场减去在原点的原子场，该值为负值。

将式（5-88）代入式（5-87），可得

$$-\sum a_m J(\boldsymbol{R}_n-\boldsymbol{R}_m)=a_n(E-E_i) \tag{5-89}$$

对于以 a_m 为未知数的齐次线性方程组，方程具有简单形式的解，即

$$a_m=C\mathrm{e}^{\mathrm{i}\boldsymbol{k}\cdot\boldsymbol{R}_m} \tag{5-90}$$

同时，由布洛赫定理组合后的波函数应为布洛赫函数，为此取

$$a_m=\frac{1}{\sqrt{N}}\mathrm{e}^{\mathrm{i}\boldsymbol{k}\cdot\boldsymbol{R}_m} \tag{5-91}$$

可得电子波函数为

$$\psi_k(\boldsymbol{r})=\frac{1}{\sqrt{N}}\mathrm{e}^{\mathrm{i}\boldsymbol{k}\cdot\boldsymbol{r}}\sum_m\mathrm{e}^{-\mathrm{i}\boldsymbol{k}\cdot(\boldsymbol{r}-\boldsymbol{R}_m)}\varphi_i(\boldsymbol{r}-\boldsymbol{R}_m)=\frac{1}{\sqrt{N}}\mathrm{e}^{\mathrm{i}\boldsymbol{k}\cdot\boldsymbol{r}}u_k(\boldsymbol{r}) \tag{5-92}$$

显然，$u_k(\boldsymbol{r})=u_k(\boldsymbol{r}+\boldsymbol{R}_l)$ 是一个与晶格周期相同的周期函数。所以式（5-92）表示的波函数是布洛赫函数。将式（5-91）代入式（5-89），可得本征值为

$$E=E_i-\sum_{\boldsymbol{R}_s} J(\boldsymbol{R}_s)\mathrm{e}^{-\mathrm{i}\boldsymbol{k}\cdot\boldsymbol{R}_s} \tag{5-93}$$

式中，$\boldsymbol{R}_s=\boldsymbol{R}_n-\boldsymbol{R}_m$，$\boldsymbol{R}_s$ 为近邻格点的格矢量。由式（5-93）可以看出，该本征值是在自由原子能级 E_i 上加修正项，且该修正项的大小取决于 $J(\boldsymbol{R}_s)$。同时由式（5-89）可知，$R_s=0$ 时，相距为 R_s 的两格点上的波函数 $\varphi_i^*[\boldsymbol{\xi}-\boldsymbol{R}_s]$ 和 $\varphi_i(\boldsymbol{\xi})$ 重叠最完全，此时有

$$J_0=-\int |\varphi_i(\boldsymbol{\xi})|^2[U(\boldsymbol{\xi})-V(\boldsymbol{\xi})]\mathrm{d}\xi \tag{5-94}$$

一般只保留近邻项，而把其他项略去，式（5-93）变为

$$E=E_i-J_0-\sum_{\boldsymbol{R}_s=\text{最近邻}} J(\boldsymbol{R}_s)\mathrm{e}^{-\mathrm{i}\boldsymbol{k}\cdot\boldsymbol{R}_s} \tag{5-95}$$

对于有限的晶体，有边界条件限制。应用最常用和方便的周期边界条件，对由 $N=N_1N_2N_3$ 个原子组成的晶体，有

$$\psi_k(\boldsymbol{r}+N_i\boldsymbol{\alpha}_i)=\psi_k(\boldsymbol{r}),\quad i=1,2,3 \tag{5-96}$$

矢量 $\boldsymbol{k}$ 为简约波矢，其值应限制在简约布里渊区，考虑周期性边界条件式（5-30），共得 N 个如式（5-92）的解，从而式（5-95）的 $E(\boldsymbol{k})$ 就构成了一个连续的能带。

5.3.2 瓦尼尔（Wannier）函数

已知在周期性势场中运动的波函数一定是布洛赫波函数，而布洛赫波函数是倒空间的周期函数，所以可以将布洛赫波函数按正格矢进行傅里叶展开为

$$\psi_{n,k}(\boldsymbol{r})=\frac{1}{\sqrt{N}}\sum_{\boldsymbol{R}_n} W_n(\boldsymbol{r}-\boldsymbol{R}_n)\mathrm{e}^{\mathrm{i}\boldsymbol{k}\cdot\boldsymbol{R}_n} \tag{5-97}$$

式中，n 为能带指标；$\frac{1}{\sqrt{N}}$为归一化常数；N 为晶体的原子数。展开系数 $W_n(\boldsymbol{r}-\boldsymbol{R}_n)$ 称为瓦尼尔函数，且

$$W_n(\boldsymbol{r}-\boldsymbol{R}_n)=\frac{1}{\sqrt{N}}\sum_{\boldsymbol{k}} \mathrm{e}^{-\mathrm{i}\boldsymbol{k}\cdot\boldsymbol{R}_n}\psi_{n,k}(\boldsymbol{r}) \tag{5-98}$$

也就是说，一个能带的瓦尼尔函数是由同一个能带的布洛赫函数所定义。瓦尼尔函数具有以下性质。

（1）局域性

由式（5-98）可得

$$\begin{aligned} W_n(\boldsymbol{r}-\boldsymbol{R}_n)&=\frac{1}{\sqrt{N}}\sum_{\boldsymbol{k}} \mathrm{e}^{-\mathrm{i}\boldsymbol{k}\cdot\boldsymbol{R}_n}\psi_{n,k}(\boldsymbol{r})=\frac{1}{\sqrt{N}}\sum_{\boldsymbol{k}} \mathrm{e}^{\mathrm{i}\boldsymbol{k}\cdot(\boldsymbol{r}-\boldsymbol{R}_n)}u_{n,k}(\boldsymbol{r}) \\ &=\frac{1}{\sqrt{N}}\sum_{\boldsymbol{k}} \mathrm{e}^{\mathrm{i}\boldsymbol{k}\cdot(\boldsymbol{r}-\boldsymbol{R}_n)}u_{n,k}(\boldsymbol{r}-\boldsymbol{R}_n) \end{aligned} \tag{5-99}$$

即瓦尼尔函数只依赖于 $\boldsymbol{r}-\boldsymbol{R}_n$，它可以表示为各种平面波的叠加，所以瓦尼尔函数是以格点 $\boldsymbol{R}_n$ 为中心的波包，因而具有定域性质。

（2）正交性

$$\int_{\Omega} W_n^*(\boldsymbol{r}-\boldsymbol{R}_m)W_{n'}(\boldsymbol{r}-\boldsymbol{R}_l)\mathrm{d}\tau = \frac{1}{N}\sum_{\boldsymbol{k}}\sum_{\boldsymbol{k}'}\mathrm{e}^{\mathrm{i}(\boldsymbol{k}\cdot\boldsymbol{R}_m-\boldsymbol{k}'\cdot\boldsymbol{R}_l)}\int_{\Omega}\psi_{n,\boldsymbol{k}}^*(\boldsymbol{r})\psi_{n',\boldsymbol{k}'}(\boldsymbol{r})\mathrm{d}\tau$$

$$=\frac{1}{N}\sum \mathrm{e}^{\mathrm{i}\boldsymbol{k}\cdot(\boldsymbol{R}_m-\boldsymbol{R}_l)}\delta_{nn'}=\delta_{nn'}\delta_{ml} \tag{5-100}$$

由式（5-100）可以看出，不同能带和不同格点上的瓦尼尔函数是正交的。布洛赫函数的集合和瓦尼尔函数的集合是两组完备的正交函数集，它们之间由幺正矩阵相联系。

5.4 能带结构的其他近似方法

能带计算的出发点就是晶体中单电子的薛定谔方程。自由电子近似和紧束缚近似是能带理论的两种极限近似，很难直接应用于真实固体，因此许多近似方法应运而生。不同的近似方法主要差别在两个方面，一是选择一组合理的函数来展开电子波函数，二是根据研究对象的物理性质对单电子周期势做合理、有效的近似处理。

5.4.1 正交化平面波法

线性叠加后的平面波是布洛赫波函数，即周期场中单电子波函数（布洛赫波函数）是一系列相差一个倒格矢的平面波的叠加，可表示为

$$\psi_{\boldsymbol{k}}(\boldsymbol{r})=\frac{1}{\sqrt{N\Omega}}\sum_{\boldsymbol{G}_h}a(\boldsymbol{k}+\boldsymbol{G}_h)\mathrm{e}^{\mathrm{i}(\boldsymbol{k}+\boldsymbol{G}_h)\cdot\boldsymbol{r}} \tag{5-101}$$

也可以表示为

$$|\psi_{\boldsymbol{k}}\rangle=\sum_{\boldsymbol{G}_h}a(\boldsymbol{k}+\boldsymbol{G}_h)\,|\boldsymbol{k}+\boldsymbol{G}_h\rangle \tag{5-102}$$

将周期势 $V(\boldsymbol{r})$ 做傅里叶展开，可得

$$V(\boldsymbol{r})=\sum_{\boldsymbol{G}_h}V(\boldsymbol{G}_h)\mathrm{e}^{\mathrm{i}\boldsymbol{G}_h\cdot\boldsymbol{r}}=V_0+\sum_{\boldsymbol{G}_h\neq 0}V(\boldsymbol{G}_h)\mathrm{e}^{\mathrm{i}\boldsymbol{G}_h\cdot\boldsymbol{r}} \tag{5-103}$$

将式（5-102）和式（5-103）代入单电子的薛定谔方程得

$$\sum_{\boldsymbol{G}_h}a(\boldsymbol{k}+\boldsymbol{G}_h)\left[-\frac{\hbar^2}{2m}\nabla^2+V(\boldsymbol{r})-E(\boldsymbol{k})\right]|\boldsymbol{k}+\boldsymbol{G}_h\rangle=0 \tag{5-104}$$

根据线性代数，线性齐次方程式（5-104）有一组非零解时，需要

$$\det\left|\left[\frac{\hbar^2}{2m}(\boldsymbol{k}+\boldsymbol{G}_h)^2-E(\boldsymbol{k})\right]\delta_{\boldsymbol{G}_h,\boldsymbol{G}_h'}+\sum_{\boldsymbol{G}_h\neq\boldsymbol{G}_h'}V(\boldsymbol{G}-\boldsymbol{G}_h')\right|=0 \tag{5-105}$$

其中

$$\delta_{\boldsymbol{G}_h,\boldsymbol{G}_h'}=\langle\boldsymbol{k}+\boldsymbol{G}_h'\,|\,\boldsymbol{k}+\boldsymbol{G}_h\rangle \tag{5-106}$$

解式（5-105）可得能量本征值 E_n，把 E_n 代入方程式（5-104）即可解出波展开系数 $a(\boldsymbol{k}+\boldsymbol{G}_h)$，从而得到电子的本征态函数。这种能带的解法就称为平面波法。理论上通过解方程式（5-104）和式（5-105），可以求出任一周期势 $V(\boldsymbol{r})$ 中运动的能量本征值 $E_n(\boldsymbol{k})$ 和电子的波函数 $\varphi_{nk}(\boldsymbol{k})$。但平面波法的缺点是收敛性差，要求解的本征值行列式阶数很高。

平面波法收敛性差的原因是晶体中价电子的波函数占有很宽的动量范围，即在紧靠原子核附近，原子核势具有很强的定域性。电子具有很大的动量，波函数迅速振荡，以保证与内层电子波函数正交；而在远离原子核处，原子核势被电子屏蔽，势能波形较浅且变化平坦。因而需要大量的平面波才可以描述这种振荡波函数。为了解决这一困难，Herring 提出一个修正方案，即采用平面波 $e^{i(\boldsymbol{k}+\boldsymbol{G}_h)\cdot\boldsymbol{r}}$ 和离子实处波函数 $\psi_{j,k}$ 的线性组合替代平面波展开来描述价电子的布洛赫函数，如图 5-3 所示。

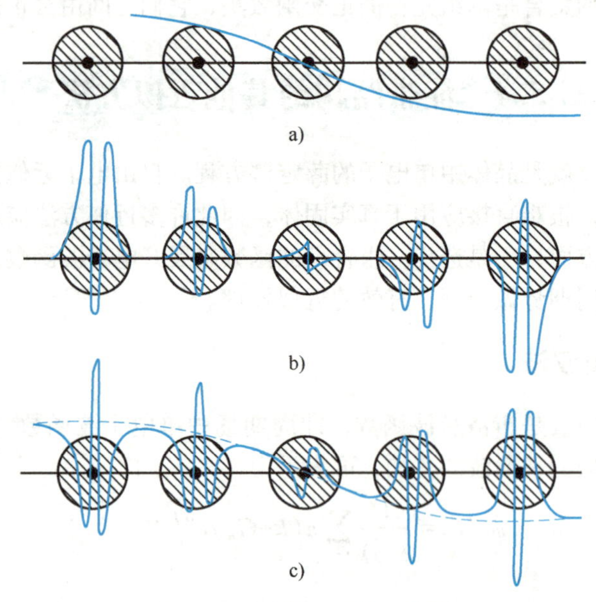

图 5-3　正交化平面波示意图

a）平面波　b）离子实处的波函数　c）正交化平面波

价电子的布洛赫函数可表示为

$$\psi_k=\frac{1}{\sqrt{V}}\sum_{G_h}a(\boldsymbol{k}+\boldsymbol{G}_h)e^{i(\boldsymbol{k}+\boldsymbol{G}_h)\cdot\boldsymbol{r}}+\sum_j b_{j,k}\psi_{j,k}(\boldsymbol{r}) \tag{5-107}$$

求和 j 是对所有被占据的原子壳层，$\psi_{j,k}(\boldsymbol{r})$ 可用紧束缚表示为

$$\psi_{j,k}(\boldsymbol{r})=\sum_{m=1}^{N}\frac{1}{\sqrt{N}}e^{i\boldsymbol{k}\cdot\boldsymbol{R}_m}\varphi_i(\boldsymbol{r}-\boldsymbol{R}_m) \tag{5-108}$$

由于价电子波函数与离子实的波函数 $\psi_{j,k}(\boldsymbol{r})$ 都是同一薛定谔方程不同本征值的解，它们应当正交，即 $\langle\psi_j|\psi_k\rangle=0$。由此可得

$$b_{j,k}=\frac{1}{\sqrt{V}}\int\psi_{j,k}^{*}e^{i(\boldsymbol{k}+\boldsymbol{G}_h)\cdot\boldsymbol{r}}d\boldsymbol{r}=-\frac{1}{\sqrt{V}}\sum_{G_h}a(\boldsymbol{k}+\boldsymbol{G}_h)\int\psi_{j,k}^{*}e^{i(\boldsymbol{k}+\boldsymbol{G}_h)\cdot\boldsymbol{r}}d\boldsymbol{r} \tag{5-109}$$

将式（5-109）代入式（5-107），可得

$$\psi_k=\sum_{\boldsymbol{G}_h}C_{\boldsymbol{G}_h}\Phi_k(\boldsymbol{r}) \tag{5-110}$$

其中

$$\Phi_k(\boldsymbol{r})=\frac{1}{\sqrt{V}}e^{i(\boldsymbol{k}+\boldsymbol{G}_h)\cdot\boldsymbol{r}}-b_{j,k}\psi_{j,k}(\boldsymbol{r}) \tag{5-111}$$

这种方法称为正交平面波（OPW）法。在实际应用中，一般只需取几个正交化的平面波展开就足够。

5.4.2 赝势法

由OPW法可以很自然地导出赝势的概念。正交平面波法中的正交化项使得离子实与价电子有很强的排斥势，这种排斥势与离子实和价电子本来存在的强的吸引势相互影响，最终使价电子受到的势场等价于一弱的平滑势——赝势（Pseudopotential）。赝势的基本思想是适当选取一个平滑势 $V^{PS}(\boldsymbol{r})$，波函数用少数平面波展开，使算出的能带结构与真实接近，本征函数可以表示为

$$\varphi_k(\boldsymbol{r})=\varphi_k^{PS}(\boldsymbol{r})-\sum_j b_{j,k}\varphi_j(\boldsymbol{r}) \tag{5-112}$$

式中，$\varphi_k^{PS}(\boldsymbol{r})$ 为类似平面波的一个波函数；$\varphi_j(\boldsymbol{r})$ 为原子波函数；对 j 求和包括所有被占的原子壳层。如前所述，展开系数 $b_{j,k}$ 的选择应使价电子的波函数 $\varphi_k(\boldsymbol{r})$ 与芯态波函数正交，这个正交性相当于泡利不相容原理使价电子不会占据其他已被电子占据的原子轨道。由式（5-112）可以看出，如果用赝势 $V^{PS}(\boldsymbol{r})$ 替代真实周期势 $V(\boldsymbol{r})$，则赝波数 $\varphi_k^{PS}(\boldsymbol{r})$ 与布洛赫函数 $V(\boldsymbol{r})$ 具有完全相同的本征能量 $E(\boldsymbol{k})$，因此可直接通过将赝势 $V^{PS}(\boldsymbol{r})$ 和式（5-112）代入薛定谔方程求解 $E(\boldsymbol{k})$，即

$$\left[-\frac{\hbar^2}{2m}\nabla^2+V^{PS}\right]\varphi_k^{PS}=E(\boldsymbol{k})\varphi_k^{PS} \tag{5-113}$$

赝势 V^{PS} 为

$$V^{PS}=V+\sum_j\left[E(\boldsymbol{k})-E_j\right]b_{j,k}\frac{\varphi_{jk}}{\varphi_k^{PS}} \tag{5-114}$$

式中，$E(\boldsymbol{k})$ 为价电子能量；E_j 为内层电子能量。由 V^{PS} 的表达式式（5-114）可以看出，由于 $E(\boldsymbol{k})>E_j$，所以式（5-114）等号右边第二项大于0，而第一项是晶格周期势 $V(\boldsymbol{r})<0$，V^{PS} 中的两项相互抵消，导致 $|V^{PS}|<|V(\boldsymbol{r})|$，即赝势场比真实势场弱，这给方程式（5-113）的求解提供了方案：选择适当的 $b_{j,k}$ 使 V^{PS} 取得极小值，即由 $\frac{\mathrm{d}V^{PS}}{\mathrm{d}b_{j,k}}=0$ 求出 $b_{j,k}$，这样 V^{PS} 就可以看成是一微扰势，再利用微扰论求解。

5.5 能态密度和费米面

原子中电子的本征态形成一系列分立的能级，可以具体标明各能级的能量，表明它们的分布情况。然而，在固体中，每个能带中的各能级是非常密集的，形成准连续分布，不可能标明每个能级及其状态数，因此引入能态密度的概念。

5.5.1 能态密度

如果在第 n 个能态中，能量在 $E\sim E+\Delta E$ 范围内的能态数为 ΔZ，则第 n 个能带上的状态密度函数定义为

$$g_n(E)=\lim_{\Delta E\to 0}\frac{\Delta Z}{\Delta E} \tag{5-115}$$

即能态密度定义为单位能量间隔中的状态数。如果在 $\boldsymbol{k}$ 空间，则

$$E_n(\boldsymbol{k})=\text{常数} \tag{5-116}$$

表示一个常数，那么在等能面 E 和 $E+\Delta E$ 之间的状态数就是 ΔZ。又由于能态在 $\boldsymbol{k}$ 空间分布均匀，密度为 $V/(2\pi)^3$，所以有

$$\Delta N_n=\frac{V}{(2\pi)^3}\Delta V_k \tag{5-117}$$

式中，ΔV_k 为 E 和 $E+\Delta E$ 等能面在 $\boldsymbol{k}$ 空间的体积，如图 5-4 所示。

图 5-4 中等能面间的体积可表示为对体积元在面上的积分，即

$$\Delta V_k=\int \mathrm{d}S\mathrm{d}k_{\perp} \tag{5-118}$$

式中，$\mathrm{d}S$ 为面积元；$\mathrm{d}k_{\perp}$ 为两等能面之间的垂直距离。显然有

$$\mathrm{d}k_{\perp}\,|\nabla_k E_n(k)|=\Delta E_n \tag{5-119}$$

式中，$|\nabla_k E_n(k)|$ 为沿法线方向能量的变化率，所以有

$$\mathrm{d}k_{\perp}=\frac{\Delta E_n}{|\nabla_k E_n(\boldsymbol{k})|} \tag{5-120}$$

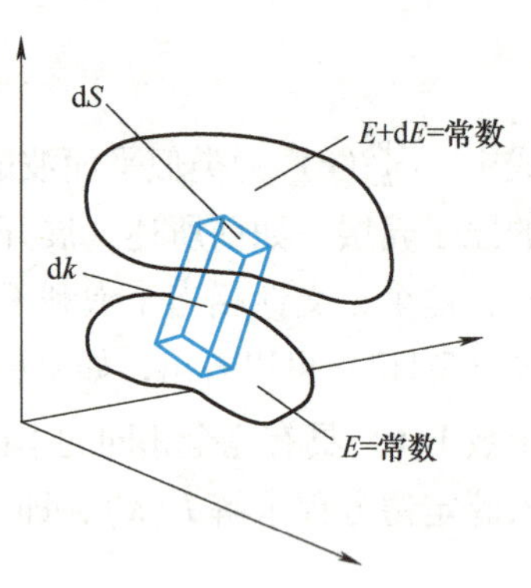

图 5-4　$\boldsymbol{k}$ 空间的等能面示意图

因此可得

$$\Delta N_n=\frac{V}{(2\pi)^3}\int \mathrm{d}S\,\frac{\Delta E_n}{|\nabla_k E_n(\boldsymbol{k})|} \tag{5-121}$$

进一步可得能态密度的一般表达式为

$$g_n(E)=\lim_{\Delta E\to 0}\frac{\Delta Z}{\Delta E}=\frac{V}{(2\pi)^3}\int\frac{\mathrm{d}S}{|\nabla_k E_n(\boldsymbol{k})|} \tag{5-122}$$

若固体的 $E_n(\boldsymbol{k})$ 已知，就可以根据式（5-122）求出它的能态密度函数。同时，若考虑电子的两种自旋，则能态密度加倍为

$$g_n(E)=\frac{V}{4\pi^3}\int\frac{\mathrm{d}S}{|\nabla_k E_n(\boldsymbol{k})|} \tag{5-123}$$

由式（5-123）可知，能态密度与晶格振动的模式密度相类似。下面举几个示例。

若电子可以看成完全自由的，则有

$$E(k)=\frac{\hbar^2}{2m}(k_x^2+k_y^2+k_z^2)=\frac{\hbar^2k^2}{2m} \tag{5-124}$$

式（5-124）只与 $\boldsymbol{k}$ 的模有关，因此，$\boldsymbol{k}$ 空间的等能面为球面，半径为

$$k=\frac{\sqrt{2mE}}{\hbar} \tag{5-125}$$

在球面上

$$|\nabla_k E_n(k)|=\frac{\mathrm{d}E}{\mathrm{d}k}=\frac{\hbar^2k}{m} \tag{5-126}$$

是一个常数。因此，自由电子的状态密度为

$$g_n(E)=\frac{V}{4\pi^3}\int\frac{\mathrm{d}S}{|\nabla_k E_n(\boldsymbol{k})|}=\frac{V}{4\pi^3}\frac{m}{\hbar^2 k}4\pi k^2=\frac{2V}{(2\pi)^2}\left(\frac{2m}{\hbar^2}\right)^{\frac{3}{2}}E^{\frac{1}{2}} \tag{5-127}$$

若以 E 为横坐标，即可得到 $g_n(E)$ 的抛物线曲线，如图 5-5 所示。

进一步考虑近自由近似的情况。对于近自由电子模型来说，除了布里渊区边界附近外，其他地方和自由电子一样，等能面为球面，所以能态密度也类似于自由电子。在布里渊区边界附近，等能面将向外边界凸出，如图 5-6 所示。周期势的微扰使其能量下降，所以要达到同样的能量，需要更大的波矢。越靠近边界，凸起越强烈，因而导致等能面间的体积元增长越来越快，从而能态密度也比自由电子显著增大。然而当能量超过布里渊区的边界中心点 A（$\pm\pi/a,0,0$）时，等能面将不是完整的闭合面，而是分割在各个顶点附近的曲面。随着能量增大，等能面面积减小，最后在顶角 C（第一能带顶）点缩成几个点，因此能态密度不断下降直至为零，如图 5-5 所示。

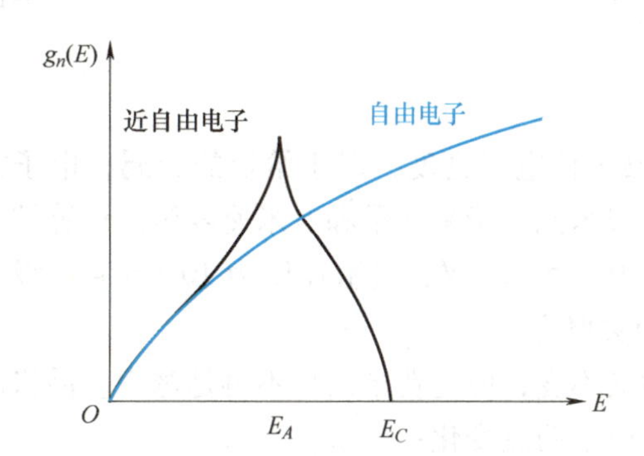

图 5-5 自由电子和近自由电子的能态密度

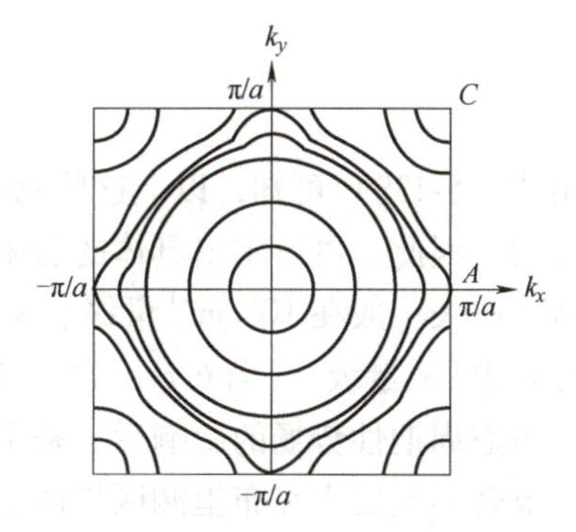

图 5-6 近自由电子的等能面

当电子能量超过第二能带的最低能量 E_B 时，能带密度将从 E_B 开始，由 0 迅速增大。因此，对于能带重叠 $E_B<E_C$ 和能带不重叠 $E_B>E_C$ 两种情况，总的态密度如图 5-7a、b 所示。

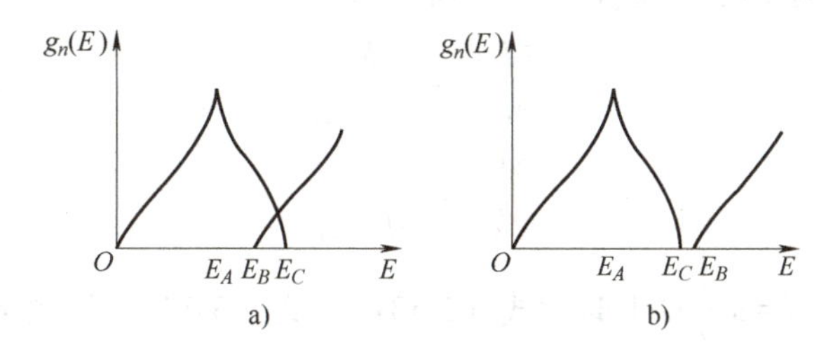

图 5-7 重叠和不重叠能带的能态密度

a）重叠 b）不重叠

5.5.2 费米面

若固体中有 N 个电子，它们的排布按照能量最小原理和泡利不相容原理由高到低依次填充能量尽可能低的 N 个量子态。假设把电子看成自由电子，则 N 个电子在 $\boldsymbol{k}$ 空间恰好填充半径为 k_F 的球，球内包含的状态数恰好等于 N，即

$$2\frac{V}{8\pi^3}\times\frac{4}{3}\pi k_F^3=N \tag{5-128}$$

$$k_F^3=3\pi^2\frac{N}{V}=3\pi^2 n \tag{5-129}$$

式中，n 为价电子密度，$n=\frac{N}{V}$。在 $\boldsymbol{k}$ 空间中，N 个电子的占据区最后形成一个球，即所谓的费米球（Fermi Sphere），k_F 为费米球半径，$\boldsymbol{k}_F$ 为费米波矢（Fermi Wave Vector），球的表面为费米面（Fermi Surface）。通常把 $\boldsymbol{k}$ 空间中 N 个电子的占据区和非占据区分开的界面称为费米面。费米面的能量值为费米能 E_F。按照经典的观念，还可以定义费米面上单电子态对应的能量、动量和速度等，即费米能 E_F、费米动量 p_F 和费米速度 v_F 为

$$\begin{cases}E_F=\dfrac{\hbar^2 k_F^2}{2m}\\ p_F=\hbar k_F\\ v_F=\dfrac{\hbar k_F}{m}\end{cases} \tag{5-130}$$

由式（5-129）可知，以上这些物理量依赖于价电子密度，对于给定的金属，电子密度是已知的，因此，可以求出具体的费米波矢、费米能、费米动量和费米速度等。计算结果显示，费米波矢一般在 10^8cm^{-1} 量级、费米能量为 1.5~15eV、费米速度为 10^8cm/s 量级、费米温度在 10^5K 量级。（第 6 章会进一步介绍相关概念）

在考虑周期性势场的影响后，费米面的意义不变，但是费米面将不再是球面。晶格周期势场的显著影响发生在布里渊区界面上，产生以下两点变化：

1）周期势场使得电子在布里渊区边界处产生能隙，形成能带结构，且为倒格矢的周期函数。

2）周期势场使等能面与布里渊面区界面垂直相交，并使得等能面上的尖角变圆滑（钝化）。

关于上述第二点，证明如下：

由 $E(k)=E(-k)$ 及 $E(K)=E(k+G)$ 分别可得

$$\left.\frac{\partial E}{\partial k}\right|_{k}=-\left.\frac{\partial E}{\partial k}\right|_{-k} \tag{5-131}$$

$$\left.\frac{\partial E}{\partial k}\right|_{k}=\left.\frac{\partial E}{\partial k}\right|_{k+G} \tag{5-132}$$

在布里渊区的边界 $k=\pm\frac{1}{2}G$ 上时，式（5-131）、式（5-132）导致不同的结果，即

$$\left.\frac{\partial E}{\partial k}\right|_{\frac{G}{2}}=-\left.\frac{\partial E}{\partial k}\right|_{-\frac{G}{2}} \tag{5-133}$$

$$\left.\frac{\partial E}{\partial k}\right|_{-\frac{G}{2}}=\left.\frac{\partial E}{\partial k}\right|_{\frac{G}{2}} \tag{5-134}$$

要使两边界相容，则必须有

$$\left.\frac{\partial E}{\partial k}\right|_{\frac{G}{2}}=0 \tag{5-135}$$

即在布里渊区的边界上，等能面的斜率为0，所以费米面与布里渊区垂直相交。费米面的构造过程如下：首先画出二维正方晶格的布里渊区，以第一布里渊区中心为原点，以费米半径为半径画圆，即得到自由电子的费米圆。然后按照要求修正自由电子的费米圆，就可以得到近自由电子的费米面。

设面积为 S 的二维正方晶格结构的金属含有 N 个电子，每个原胞包含一个 η 价的金属原子，N 个电子在基态时全部分布在费米圆内，若二维正方晶格的晶格常量为 a，则有

$$N=\pi k_F^2 2\frac{S}{4\pi^2} \tag{5-136}$$

则费米半径 k_F 为

$$k_F=\left(2\pi\frac{N}{S}\right)^{\frac{1}{2}}=(2\pi n)^{\frac{1}{2}}=\left(2\pi\frac{\eta}{a^2}\right)^{\frac{1}{2}} \tag{5-137}$$

因此，费米半径与金属的价态 η 有关，当 $\eta=1$、3、5 时，相应的费米半径为

$$\begin{cases}(k_F)_{\eta=1}=\dfrac{\sqrt{2\pi}}{a} & k_F<\dfrac{|\boldsymbol{b}_1|}{2}=\dfrac{\pi}{a}\\ (k_F)_{\eta=3}=\dfrac{\sqrt{6\pi}}{a} & \dfrac{|\boldsymbol{b}_1|}{2}\leqslant k_F<\dfrac{|\boldsymbol{b}_1+\boldsymbol{b}_2|}{2}\\ (k_F)_{\eta=5}=\dfrac{\sqrt{10\pi}}{a} & \dfrac{|\boldsymbol{b}_1+\boldsymbol{b}_2|}{2}\leqslant k_F<|\boldsymbol{b}_1|\end{cases} \tag{5-138}$$

再按照自由电子修正，可得近自由电子的费米面，如图5-8所示。

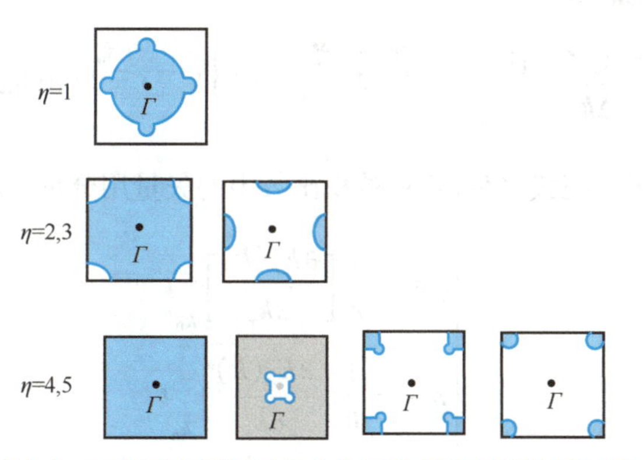

图5-8 二维正方晶格近自由电子的费米面简约区图示

5.6 布洛赫电子的准经典运动

前面讨论了晶体电子在周期势场中的本征态和本征能量，从本征态和本征能量出发可以进一步研究晶体中电子的基态和激发态。本节从晶体中电子波函数和能带的普遍性质出发，讨论电子在晶体中的运动，并讨论在外电场作用下晶体电子的运动规律。如果从量子力学出发求解有周期势场和外电场的薛定谔方程，在数学上是很复杂和困难的；但在一定条件下，可将布洛赫波当成准经典粒子。这样，布洛赫波波包的群速度就是电子运动的平均速度。这种把布洛赫波作为准经典粒子的处理方法称为准经典近似法。

5.6.1 晶体中电子的平均速度

在讨论量子力学和经典力学的联系时，可以把德布罗意波组成波包，波包的运动表示在一定限度内的运动具有粒子的特点。波包就是指该粒子的空间分布在 $\boldsymbol{r}_0$ 附近 $\Delta\boldsymbol{r}$ 范围内，动量取值在 $\hbar\boldsymbol{k}_0$ 附近 $\hbar\Delta\boldsymbol{k}$ 范围内，且 $\Delta\boldsymbol{r}$ 与 $\Delta\boldsymbol{k}$ 满足不确定性关系。

考虑实际晶体中的电子态往往是一些本征态的叠加，如果布洛赫电子的状态由 $\boldsymbol{k}_0$ 附近 $\Delta\boldsymbol{k}$ 范围内的布洛赫本征态叠加构成，它将构成一个波包。虽然波包的波矢不能完全确定，但是波包的空间位置有一定的确定性。也就是说，这个叠加态构成的波包以牺牲波矢的完全确定来换取坐标的某种确定性。由于波包包含能量不同的本征态，必须考虑时间因子，所以把布洛赫波写为

$$\psi(\boldsymbol{r},t)=\psi_n(\boldsymbol{k},\boldsymbol{r})\mathrm{e}^{-\frac{\mathrm{i}}{\hbar}E_n(\boldsymbol{k})t}=\mathrm{e}^{\mathrm{i}\left[\boldsymbol{k}\cdot\boldsymbol{r}-\frac{E_n(\boldsymbol{k})}{\hbar}t\right]}u_{n,k}(\boldsymbol{r}) \tag{5-139}$$

式中，$u_{n,k}(\boldsymbol{r})$ 为周期函数。把与 $\boldsymbol{k}_0$ 相邻近的各 $\boldsymbol{k}$ 状态叠加起来就可以组成与量子态 $\boldsymbol{k}_0$ 相对应的波包。为了得到稳定的波包，$\boldsymbol{k}$ 必须很靠近 $\boldsymbol{k}_0$，即

$$\boldsymbol{k}=\boldsymbol{k}_0+\delta\boldsymbol{k} \tag{5-140}$$

式（5-139）中的 $E_n(\boldsymbol{k})$ 在 $\boldsymbol{k}_0$ 附近展开且只保留线性项可得

$$E_n(\boldsymbol{k})=E_n(\boldsymbol{k}_0)+[\nabla_k E_n(\boldsymbol{k})]_{\boldsymbol{k}_0}\cdot\delta\boldsymbol{k} \tag{5-141}$$

则波包函数可以近似写为

$$\psi(\boldsymbol{r},t)\approx\frac{1}{\Delta\boldsymbol{k}}\int_{-\frac{\Delta k}{2}}^{\frac{\Delta k}{2}}u_{n,k_0}(\boldsymbol{r})\mathrm{e}^{\mathrm{i}\left[(\boldsymbol{k}_0+\delta\boldsymbol{k})\cdot\boldsymbol{r}-\frac{1}{\hbar}[E_n(\boldsymbol{k}_0)+[\nabla_k E_n(\boldsymbol{k})]_{\boldsymbol{k}_0}\cdot\delta\boldsymbol{k}]t\right]}\mathrm{d}(\delta\boldsymbol{k})$$

$$=\frac{u_{n,k_0}(\boldsymbol{r})}{\Delta\boldsymbol{k}}\mathrm{e}^{\mathrm{i}\left[\boldsymbol{k}_0\cdot\boldsymbol{r}-\frac{E_n(\boldsymbol{k}_0)}{\hbar}t\right]}\int_{-\frac{\Delta k}{2}}^{\frac{\Delta k}{2}}\mathrm{e}^{\mathrm{i}\delta\boldsymbol{k}\cdot\left\{\boldsymbol{r}-\frac{[\nabla_k E_n(\boldsymbol{k})]_{\boldsymbol{k}_0}}{\hbar}t\right\}}\mathrm{d}(\delta\boldsymbol{k}) \tag{5-142}$$

式中，$\frac{1}{\Delta\boldsymbol{k}}$为归一化因子。把式（5-142）被积函数中的矢量用分量表示，且令

$$\begin{cases}\xi=x-\dfrac{1}{\hbar}\left[\dfrac{\partial E_n(\boldsymbol{k})}{\partial k_x}\right]_{\boldsymbol{k}_0}t\\[2ex]\eta=y-\dfrac{1}{\hbar}\left[\dfrac{\partial E_n(\boldsymbol{k})}{\partial k_y}\right]_{\boldsymbol{k}_0}t\\[2ex]\zeta=z-\dfrac{1}{\hbar}\left[\dfrac{\partial E_n(\boldsymbol{k})}{\partial k_z}\right]_{\boldsymbol{k}_0}t\end{cases} \tag{5-143}$$

则波包函数可以表示为

$$\psi_{n,k}(\boldsymbol{r},t)\approx\psi_{n,k_0}(\boldsymbol{r},t)\frac{\sin\dfrac{\Delta\boldsymbol{k}_x}{2}\xi}{\dfrac{\Delta\boldsymbol{k}_x}{2}\xi}\frac{\sin\dfrac{\Delta\boldsymbol{k}_y}{2}\eta}{\dfrac{\Delta\boldsymbol{k}_y}{2}\eta}\frac{\sin\dfrac{\Delta\boldsymbol{k}_z}{2}\zeta}{\dfrac{\Delta\boldsymbol{k}_z}{2}\zeta}=\psi_{n,k_0}(\boldsymbol{r},t)A(\boldsymbol{r},t) \tag{5-144}$$

某时刻坐标空间中找到电子的概率为

$$|\psi_{n,k}(\boldsymbol{r},t)|^2=|\psi_{n,k_0}(\boldsymbol{r},t)A(\boldsymbol{r},t)|^2=|u_{n,k_0}(\boldsymbol{r})|^2\ |A(\boldsymbol{r},t)|^2 \tag{5-145}$$

附加因子 $A(\boldsymbol{r},t)$ 的最大值为 1（$\Delta\boldsymbol{k}$ 或 ξ、η、$\zeta\to0$ 时）。所以当 $\Delta\boldsymbol{k}=0$ 时，在坐标空间

内找到电子的概率为$|u_{n,k_0}(\boldsymbol{r})|^2$，对应$\boldsymbol{k}_0$本征态，电子的坐标完全不确定；如果$\Delta\boldsymbol{k}\neq0$，仅当$\xi$、$\eta$、$\zeta\to0$时，波包的振幅最大，而当$\xi$、$\eta$、$\zeta$的绝对值远远大于零时，波包的振幅趋于零。这表明波包局限在晶体的一个区域内，且位置是时间的函数。由此，可以把某时刻波包的中心位置ξ、η、$\zeta=0$认定为电子的坐标，即

$$\boldsymbol{r}=\frac{1}{\hbar}[\nabla_k E_n(\boldsymbol{k})]_{\boldsymbol{k}_0}t \tag{5-146}$$

上述表明，若把波包看成一个准粒子，则该粒子的速度为

$$v_{\boldsymbol{k}_0}=\frac{1}{\hbar}[\nabla_k E_n(\boldsymbol{k})]_{\boldsymbol{k}_0} \tag{5-147}$$

根据不确定性原理，$\Delta\boldsymbol{k}$越大，$\Delta\boldsymbol{r}$就越小，电子的位置就越确定。但是波矢通常限制在第一布里渊区，所以波包中波矢$\Delta\boldsymbol{k}$的取值范围应远小于布里渊区的尺度，否则波矢完全不确定，即

$$\Delta\boldsymbol{k}\ll\frac{2\pi}{a} \tag{5-148}$$

$$\frac{2\pi}{\Delta\boldsymbol{k}}\gg a \tag{5-149}$$

这表明波包必须大于原胞。在实际问题中，只能在这个限度内把电子看作准经典粒子。如对于输运现象，只有当电子平均自由程远大于原胞尺度的情况下，才可以将电子看成是一个准经典粒子。

5.6.2 外力作用下状态的变化和准动量

晶体中的电子在外场力的作用下状态和动量会发生变化，为方便和直观，仍用准经典模型来研究此问题。这时，电子被看作准经典粒子，外场则必须满足以下条件：

1）外场的波长λ要远大于晶格常数a，即

$$\lambda\gg a \tag{5-150}$$

这是将外场作用下的电子看成波包所必需的。

2）外场的频率ω应满足

$$\hbar\omega\ll E_{\mathrm{g}} \tag{5-151}$$

这是因为准经典模型只能研究电子在能带中的运动，不适用于电子的带间跃迁。外电磁场频率过高，光子的能量会使电子跃迁到上一个能带。

在满足上述条件的外场力$\boldsymbol{F}$作用下，类同于经典力学，单位时间内电子能量的增量为

$$\frac{\mathrm{d}E}{\mathrm{d}t}=\boldsymbol{F}\cdot\boldsymbol{v} \tag{5-152}$$

由于电子能量E是波矢$\boldsymbol{k}$的函数，因此在外场力作用下，电子的波矢$\boldsymbol{k}$的变化导致电子能量的变化，亦即

$$\frac{\mathrm{d}E}{\mathrm{d}t}=\frac{\mathrm{d}E}{\mathrm{d}\boldsymbol{k}}\cdot\frac{\mathrm{d}\boldsymbol{k}}{\mathrm{d}t}=\boldsymbol{v}\cdot\frac{\mathrm{d}(\hbar\boldsymbol{k})}{\mathrm{d}t} \tag{5-153}$$

比较式（5-142）和式（5-153）可得

$$\frac{\mathrm{d}(\hbar\boldsymbol{k})}{\mathrm{d}t}=\boldsymbol{F} \tag{5-154}$$

式（5-154）即为外场力作用下运动状态变化的基本公式，其与牛顿定律有相似的形式，其中 $\hbar \boldsymbol{k}$ 取代了经典力学中的动量。由于准经典运动中，以及在一些其他的方面，$\hbar \boldsymbol{k}$ 具有类似动量的性质，因此常常称为准动量。但应该注意的是，布洛赫波并不对应确定的动量，而且 $\hbar \boldsymbol{k}$ 也不等于动量算符的平均值。

5.6.3 布洛赫电子的加速度和有效质量

式（5-147）和式（5-154）是晶体中电子运动的两个基本关系式，从这两个基本关系式出发，可以直接写出外力作用下的加速度公式为

$$\frac{\mathrm{d}v_\alpha}{\mathrm{d}t}=\frac{\mathrm{d}}{\mathrm{d}t}\left[\frac{1}{\hbar}\frac{\partial E(\boldsymbol{k})}{\partial k_\alpha}\right]=\frac{1}{\hbar}\sum_\beta\frac{\mathrm{d}k_\beta}{\partial t}\frac{\partial}{\partial k_\beta}\frac{\partial E(\boldsymbol{k})}{\partial k_\alpha}=\frac{1}{\hbar^2}\sum_\beta F_\beta\frac{\partial^2}{\partial k_\beta\,\partial k_\alpha}E(\boldsymbol{k}) \tag{5-155}$$

式（5-155）用矩阵表示为

$$\begin{bmatrix}\dfrac{\mathrm{d}v_x}{\mathrm{d}t}\\ \dfrac{\mathrm{d}v_y}{\mathrm{d}t}\\ \dfrac{\mathrm{d}v_z}{\mathrm{d}t}\end{bmatrix}=\frac{1}{\hbar^2}\begin{bmatrix}\dfrac{\partial^2E}{\partial k_x^2} & \dfrac{\partial^2E}{\partial k_x\,\partial k_y} & \dfrac{\partial^2E}{\partial k_x\,\partial k_z}\\ \dfrac{\partial^2E}{\partial k_y\,\partial k_x} & \dfrac{\partial^2E}{\partial k_y^2} & \dfrac{\partial^2E}{\partial k_y\,\partial k_z}\\ \dfrac{\partial^2E}{\partial k_z\,\partial k_x} & \dfrac{\partial^2E}{\partial k_z\,\partial k_y} & \dfrac{\partial^2E}{\partial k_z^2}\end{bmatrix}\begin{bmatrix}F_x\\ F_y\\ F_z\end{bmatrix} \tag{5-156}$$

式（5-156）有类似于牛顿定律的形式，即

$$\frac{\mathrm{d}\boldsymbol{v}}{\mathrm{d}t}=\frac{1}{\boldsymbol{m}^*}\boldsymbol{F} \tag{5-157}$$

式中，$\boldsymbol{m}^*$为有效质量（Effective Mass），它是一个二阶张量，$\dfrac{1}{\boldsymbol{m}^*}$是倒有效质量当量，张量的分量形式为

$$\left(\frac{1}{\boldsymbol{m}^*}\right)_{\alpha\beta}=\frac{1}{\hbar^2}\frac{\partial^2E}{\partial k_\alpha\,\partial k_\beta} \tag{5-158}$$

由有效质量的定义可以看出，有效质量与惯性质量不同。首先，由于有效质量是张量，所以电子的加速度一般与外力方向不一致。这是因为除了外力作用外，电子还受到晶格周期场的作用，这个作用由有效质量所概括。其次，有效质量与电子的状态有关，可以是正值，也可以是负值。需要注意的是，在一个能带底附近，有效质量总是正的；而在一个能带顶附近，有效质量总是负的。能带底和能带顶分别代表 $E(\boldsymbol{k})$ 函数的极小和极大，因此为分别具有正值和负值的二级微商。

5.7 固体导电性能的能带理论解释

所有固体都包含大量的电子，但它们的导电性能却差别很大，在能带理论建立以前，这一基本事实长期得不到解释。能带理论建立之后，这一长期困扰人们的问题才得以根本解决，这也是能带理论建立初期的一个巨大成就。本节以能带理论为基础来说明晶体为什么区分为导体、绝缘体和半导体。

5.7.1 满带和不满带对电流的贡献

根据能带理论，能量色散关系是偶函数，即

$$E_n(\boldsymbol{k})=E_n(-\boldsymbol{k}) \tag{5-159}$$

而布洛赫电子速度是奇函数，即处于同一能带上的 $\boldsymbol{k}$ 和 $-\boldsymbol{k}$ 两个态上的电子具有大小相等、方向相反的速度，可表示为

$$v(\boldsymbol{k})=-v(-\boldsymbol{k}) \tag{5-160}$$

所以这两个态上的电子对电流的贡献相互抵消，而且在热平衡条件下，由费米-狄拉克分布可知，电子占据 $\boldsymbol{k}$ 态与 $-\boldsymbol{k}$ 态的概率相等，所以，在无外电场作用时，满带（被电子充满的能带）的电子对电流的贡献均为零，故晶体中无宏观电流。即使用外电场或外磁场，也不改变这种情况。在外加电场作用下，电子所受的作用力为

$$\boldsymbol{F}=-q\boldsymbol{E} \tag{5-161}$$

所有电子所处的状态都按

$$\frac{\mathrm{d}\boldsymbol{k}}{\mathrm{d}t}=\frac{\boldsymbol{F}}{\hbar} \tag{5-162}$$

变化，即电子的每一状态 k 都以相同的速度在 $\boldsymbol{k}$ 空间运动，也就是说波矢 $\boldsymbol{k}$ 的代表点在外电场作用下不会发生相互位置变化，所以整个布里渊区中状态的分布不因电场的作用而改变。但是，由于状态分布在外电场作用下会发生整体平移，此时充满了电子的能带和半满的能带对电流的贡献不同。可见，满带情况下，整个电子的分布状态在外场作用下没有发生任何变化，造成满带不导电。

对于一个非满带的电子，电子只占据了能带上的部分态，外电场的作用使电子的状态在 $\boldsymbol{k}$ 空间发生平移，破坏了原来的对称分布，导致沿电场方向与反电场方向运动的电子数目不等。这时电子的电流只是部分抵消，故总电流不等于零。所以非满的能带中的电子可以导电，称为导带。

5.7.2 绝缘体、导体和半导体

对满壳层的原子能级来说，电子能量由低到高填满一系列能级，形成闭合壳层，过渡到晶体就是所有电子按能量由低到高逐一填充各个能带，这种填满的能带中的电子不参与导电。而对于原子外层不满壳层的情况，外层电子为价电子，具有导电性，过渡到晶体就是外层电子形成不满的能带，对电导有贡献。把能量最高的满带称为价带，价带中能量最高的能级称为价带顶。能量再高的能带，不被电子所占据，即为空带，把能量最低的空带称为导带，把导带中能量最低的能级称为导带底，导带底和价带顶之间为禁带，称为能隙或带隙。价带为满带的情况下对电导自然毫无贡献，因此，判断固体材料的导电性，只需分析价电子填充价带的情况。根据能带理论的分析，满带电子不导电，不满能带的电子才导电。因此，绝缘体中的能带只有满带和空带，导体（金属）的能带中一定有不满的能带。

绝缘体的价带为满带，而且导带和价带之间的带隙很宽，激发电子需要很大的能量，在常温下，能激发到导带中的电子很少，所以导电性很差。因此在绝缘体中，只有半满或者没有电子的空带。价带为半满情况的应为导体，因此对于导电的固体材料，一定有不满的能带。半导体的能带结构与绝缘体没有本质区别，只是分割价带和导带的禁带宽度 E_g 较小。

半导体的 E_g 一般小于 2eV。在极低温度（接近绝对零度），半导体的电导率接近绝缘体，但在一定温度下，总有部分电子从满带被热激发而跃过窄的禁带到达导带，因而有一定的导电性。显然，本征半导体的导电性与温度和禁带宽度密切有关。

在金属和半导体之间存在一种称为半金属的中间情况。半金属的导带底和价带顶具有相同的能量（零带隙宽度）或发生交叠（负带隙宽度）。从这个角度，它们理应被称为金属，但由于重叠得极小，参与导电的导带中电子数和价带中的不满状态数都较少，因此其导电性比一般金属低几个数量级，故被称作半金属。

5.7.3 近满带与空穴

满带缺少了少数电子会产生一定的导电性，这种近满带的情形在半导体问题中有着特殊的重要性。要描述近满带中电子的运动，须涉及数目很大的电子集体运动，因而在处理上很不方便。为此引入空穴（Hole）的概念，用以代表大量电子的集体运动，使有关近满带的导电问题变得简单而直观。

对空穴的概念解释如下：如果有一个未被电子占据的 $\boldsymbol{k}$ 态，即处于空态，因不满带在外场作用下会形成电流 $I(\boldsymbol{k})$ 而参与导电，假设在这一空态内填充电子，电子漂移速度为 $v(\boldsymbol{k})$，那么，填充电子后又变成了满带，如前所述，不管加不加外场，满带都不导电，因此有

$$I(\boldsymbol{k})+[-ev(\boldsymbol{k})]=0 \tag{5-163}$$

式（5-163）表明，空缺一个状态的近满带的总电流如同一个带正电荷 q 的粒子，以该状态的电子速度 $v(\boldsymbol{k})$ 运动的粒子所产生的电流相同，称这种空的状态为空穴。

在外电场 $\boldsymbol{E}$ 的作用下，波矢为 $\boldsymbol{k}$ 的空状态和其他电子占据的状态一起运动，所受的外力与电子相同，因此加速度也与电子的相同，即

$$\frac{\mathrm{d}v(\boldsymbol{k})}{\mathrm{d}t}=\frac{-e\boldsymbol{E}}{m_e^*(\boldsymbol{k})}=\frac{e\boldsymbol{E}}{m_h^*(\boldsymbol{k})} \tag{5-164}$$

式中，$m_h^*=-m_e^*$，称为空穴的有效质量。因为电子先占据能带中能量较低的能级，空状态总是出现在能带中能量较高的带顶附近，而在带顶附近，电子的有效质量 m_e^* 总为负值，因此，空穴的有效质量 m_h^* 应为正值。引入空穴概念，可解决金属自由电子论在解释某些金属（如 Be、Zn、Cd 等）有正的霍尔系数的困难。从能带理论的角度，晶体中有两种载流子，它们对霍尔系数都有贡献。如果带负电的电子的贡献占优势，则霍尔系数为负；反之，如带正电的空穴贡献占优势，则霍尔系数为正。根据霍尔系数的正负，可判断某些晶体中哪一种载流子占优势。

思 考 题

5.1 一维周期场势场中电子的波函数应是布洛赫波，若一维晶体的晶格常数为 a，电子的波函数为

1）$\psi_k(x)=\sin\frac{\pi}{a}x$

2） $\psi_k(x)=i\cos\dfrac{3\pi}{a}x$

3） $\psi_k(x)=\sum\limits_{l=-\infty}^{\infty}f(x-la)$（$f$为确定的函数）

试求这些电子的波矢。

5.2 一维周期势场为

$$V(x)=\begin{cases}\dfrac{1}{2}m\omega^2[b^2-(x-na)^2], & na-b\leqslant x\leqslant na+b\\ 0, & (n-1)a+b\leqslant x\leqslant na-b\end{cases}$$

其中 $a=4b$，ω 为常数。

1） 画出此势能曲线，并求其平均值。

2） 用近自由电子模型求出晶体的第一、第二禁带宽度。

5.3 设一维电子能带为

$$E(k)=\frac{\hbar^2}{ma^2}\left(\frac{7}{8}-\cos ka+\frac{1}{8}\cos 2ka\right)$$

其中 a 为晶格常数，试求：

1） 能带的宽度。

2） 电子在波矢 $\boldsymbol{k}$ 下的速度。

3） 能带底和能带顶处电子的质量。

5.4 晶格常数为 a 的二维正方格子，其周期势场可以表示为

$$V(x,y)=-4V_0\cos\frac{2\pi}{a}x\cos\frac{2\pi}{a}y$$

1） 用近自由电子近似，求 $\boldsymbol{k}$ 空间（$\pi/a,\pi/a$）点的能隙。

2） 求在（$\pi/a,\pi/a$）处的电子速度。

5.5 二维正方格子的晶格常数为 a，用紧束缚近似求 s 态电子能谱 $E(\boldsymbol{k})$（只计最近邻相互作用）、带宽及带顶、带底的有效质量。

第 6 章

金属电子气及其输运理论

20 世纪初，特鲁德（P. Drude）和洛伦兹认为金属中存在类似理想气体的自由电子气，服从经典物理规律，成功地解释了欧姆定律、热导和电导之间的联系（维德曼-弗兰兹定律）。然而，在探讨金属自由电子气对热容的贡献时，经典电子理论假设金属中存在自由电子，它们类似于理想气体，满足经典的玻尔兹曼分布，因此，所有的自由电子都会对热容有贡献，并且与温度无关，这导致自由电子对热容的贡献和晶格振动对热容的贡献可以相比拟，因此给出的理论值竟是实验值的 100 倍，暴露出了这个经典理论模型的缺陷。然而，量子力学表明，电子的状态和能量应由薛定谔方程决定，电子气服从费米-狄拉克统计分布。于是索末菲（A. Sommerfeld）将量子物理规律应用于对金属电子气的处理，在此基础上形成了金属自由电子气量子理论。量子理论成功地预言了金属中费米面的存在，它把状态空间分成电子占据和电子非占据两个明显可分的区域。费米面是本书后续内容中最重要的概念之一，其重要性在于金属乃至一般的固体中虽然有大量的电子，但只有费米面附近的少量电子对材料的物理性质有所贡献。金属自由电子气的量子理论不仅成功解释了金属的电子热容过高之谜，在自由电子的外场条件下的性质和运动，以及电子发射等实验现象方面也提供了非常好的解释。

此外，当有电场、磁场、温度梯度等外场存在时，外场会驱动材料中的带电粒子的定向漂移运动，从而引起电荷和能量等的流动，由此产生的现象就是所谓的电导、热导和电流磁效应等输运过程。经典电子论在这方面的研究已经取得了一定的成就，但是长期不能解释电子具有非常长的平均自由程的事实（按照经典理论分析，电子自由程近似等于原子间距）。为了解决这个问题，结合量子力学的发展，研究人员系统研究了电子在晶体周期场中的运动，从而逐步产生了能带理论。按照能带理论，在严格周期性势场中，电子波函数具有布洛赫波函数的形式，可表述为具有周期性调幅的平面波，此时电子可视为公有化，它受到周期性晶格的相干散射，这相当于无限的自由程。然而，实验中测得的实际自由程之所以是有限的，是由于原子振动或者原子缺陷致使晶体势场偏离周期场的结果。能带理论不仅解决了经典理论的矛盾，并且为处理电子运动及电子自由程问题提供了新的基础。在费米统计和能带理论的基础之上，研究人员逐步发展了关于固体电子输运的现代理论。本章将主要通过讨论电导的问题来介绍关于电子输运过程的一些基本概念和理论方法。

6.1　金属自由电子气模型

6.1.1　特鲁德模型

直到 19 世纪中期，人们都认为原子是不可分割的，是物质的最小结构单元。1887 年，汤姆逊在阴极射线中发现了电子，才第一次让人们意识到原子是可分的，原子可分为带正电荷的部分（后来被确认为带正电荷的原子核）和带负电荷的电子两部分。此外，直观的实验结果发现，金属具有一些共有的物理性质，如金属不仅是电的良导体，而且也是热的良导体，金属具有良好的延展性、可塑性，并且组成金属的元素大多位于周期表左边。因此，1900 年，特鲁德认为金属之所以具有这些共同的物理性质，是因为其中存在着大量自由运动的价电子，离子实对它们的吸引力弱，价电子可以离开离子实的束缚，自由地在整个金属中移动，这部分电子参与导电和导热过程。在此基础上，特鲁德提出了金属自由电子气的经典模型，常称为特鲁德模型。

特鲁德模型把金属视为由大量价电子构成的气体，离子实固定于其中，价电子之间没有相互作用，类似于理想气体分子，故把金属看成由大量自由电子构成的理想气体，其自由电子密度为 n（单位体积的粒子数）。自由电子气与理想分子气体的不同之处在于：①理想分子气体中的分子是电中性的，而自由电子气中的电子是带负电荷的；②理想分子气体中分子的运动是无规则的热运动，而自由电子在外场作用下，电子会做定向的漂移运动；③金属自由电子气中的粒子密度远高于理想分子气体的粒子密度。在此基础上，特鲁德将每个原子考虑为具有芯电子包裹的离子实和价电子，价电子可以看作自由电子在材料中自由移动，可以将自由电子看作经典粒子，其分布服从经典的麦克斯韦-玻尔兹曼分布。为了研究金属中的电导率问题，特鲁德给出了自由电子经典模型的三个基本假定：①独立电子近似。自由电子气中的电子和电子之间没有相互作用，它们彼此既没有库仑作用，也不碰撞，这与理想分子气体不同；②自由电子近似。除碰撞以外，电子和离子之间无相互作用，此时离子实均匀分布在整个空间，维持系统的电中性；③弛豫时间近似。为了避免电子被外电场无限加速，设置碰撞作用，假定电子与离子实碰撞的弛豫时间为 τ。特鲁德认为在外电场 E 的作用下，电子气系统中的电子会定向移动，且经受离子实的碰撞，碰撞的结果使得电子速度（包括大小和方向）发生改变。由于弛豫时间近似，假定电子在 $\mathrm{d}t$ 时间经历一次碰撞的概率为 $\mathrm{d}t/\tau$，则未碰撞概率为 $1-\mathrm{d}t/\tau$。由于碰撞后的动量增量遵循牛顿定律，最终得到的电子稳定（漂移）速度为 $v=-e\tau E/m$，进而根据欧姆定律的微观形式，最终可在经典模型下得到金属的电导率为

$$\sigma=\frac{ne^2\tau}{m} \tag{6-1}$$

通过式（6-1），特鲁德模型就将宏观的金属电导率和微观的自由电子气经典模型之间建立起了联系。此外，自由电子气在达到热平衡时，电子平均热运动速度 v_{eq} 可以简单地由能量均分定理 $\frac{1}{2}mv_{\mathrm{eq}}^2=\frac{1}{2}k_{\mathrm{B}}T$ 给出，由此可得电子热运动速率为

$$v_{\mathrm{eq}}=\sqrt{\frac{k_{\mathrm{B}}T}{m}} \tag{6-2}$$

特鲁德提出的自由电子气经典模型的成功之处在于两方面，一方面是自由电子气模型的物理图像简单明了，且结论简单，另一方面是模型能对金属的一些共同物理性质给予合理的解释。按照特鲁德模型，金属中含有大量自由电子，这些电子好比气体分子一样形成电子气体，由于电子本身携带电荷，作为电荷的载体，电子在电场作用下会发生定向漂移运动，形成电流，因此，金属是电的良导体。同样，金属受热或存在温度梯度时，作为热的载体，在温度梯度驱动下，电子也会发生定向漂移运动，从而将热量从高温端传向低温端，形成导热现象。由于导电和导热均源于外场驱动电子的定向漂移运动，因此，金属既是电的良导体，又是热的良导体。此外，当金属材料受到外力作用时，由于自由电子的胶合作用，离子实由于高配位数易产生滑动而不易断裂，因此金属可机械加工成箔片或拉成金属丝，表现出良好的延展性。

特鲁德模型是首个用来解释金属性质的微观模型，但模型中有两个基本问题未能给予令人信服的解释。其中一个问题是对每个金属原子来说，其核外有多个电子，由于当时对原子结构的了解并不清晰，模型中未明确指出哪些电子参与了自由电子气的形成；另一个问题是关于电子弛豫时间的描述非常含糊，导致弛豫时间需要通过实验结果反推才能得到，电子到底受到什么散射并没有得到合理的解释。

6.1.2 索末菲模型

特鲁德模型除了在上述两个问题上没有进行合理的解释外，还面临来自金属电子热容实验严重偏低的挑战。为此，索末菲于1928年提出了金属自由电子气的索末菲模型。在索末菲模型中，金属被看成是在均匀分布的正电荷背景上大量自由运动的价电子构成的自由电子气，电子是费米子，满足费米-狄拉克分布。事实上，在索末菲模型提出之前，已有了广为接受的卢瑟福原子结构模型，量子力学已经发展到了一定阶段。按照原子结构模型，原子是带正电的原子核和核外带负电的电子组成，原子核位于原子中心，尺寸很小（半径约10^{-13} cm）。原子核外的电子按能量从低到高依次占据在不同能量的电子壳层上，如图6-1a所示为钠原子结构示意图。能量较低的内层电子紧紧束缚在原子核周围，这些原子核周围的电子称为芯电子，而最外层电子容易摆脱原子核的束缚，这些脱离原子核束缚的电子称为价电子，原子脱离价电子后称为离子实。当大量金属原子结合成金属晶体时，脱离原子核束缚的价电子不再属于哪一个原子，而是在整个晶体中运动，失去价电子后的离子实则周期性分布在各自的平衡位置上，形成均匀分布的正电荷背景，如图6-1b所示。对于各个价电子而言，电子受到来自具有均匀分布正电荷的离子实的总库仑作用为零，因此可以近似忽略离子实对价电子的束缚作用，这是索末菲模型将金属看成是自由运动的价电子构成的自由电子气的原因，这便是自由电子近似。此外，索末菲模型忽略了电子和电子的相互作用，这使得电子-电子关联的相互作用可以忽略，电子表现出独立行为，称为独立电子近似，正是这两个近似，推动了自由电子气量子模型的发展。

以特鲁德模型为基础提出的自由电子气经典理论，虽然能对金属的一些共同的物理性质给出了合理解释，但在解释金属电子比热容时却遇到了严重的挑战。按特鲁德模型，自由电子气如同理想气体分子，服从经典的玻尔兹曼统计，因此，伴随电子的热运动，金属应当表

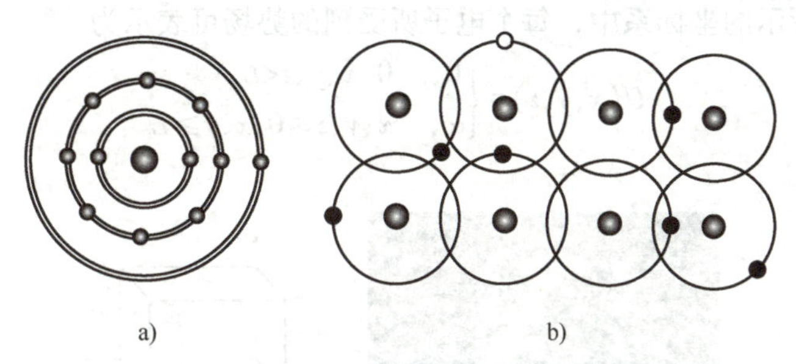

图 6-1　钠原子结构和金属晶体中的离子和价电子分布示意图

a）钠原子结构　b）金属晶体中的离子和价电子分布

现出电子比热容。由能量均分定理，对由 N 个电子组成的自由电子气，总共有 $3N$ 个自由度，每个自由度平均热能为$\frac{1}{2}k_B T$，总的平均热能为 $\overline{E}=\frac{3}{2}Nk_B T$，由比热容的定义，可得到自由电子气系统的比定容热容为$\frac{3}{2}Nk_B$，但由实验导出的电子比热容仅约为理论值的 1/100。为了解释比热容过高的原因，索末菲认为，自由电子气中的电子作为微观粒子，其状态由薛定谔方程描述，服从泡利不相容原理和费米-狄拉克分布，将这些量子力学理论用于对金属自由电子气的处理，形成了金属自由电子气理论的量子理论。

特鲁德模型和索末菲模型相比，共同点均是将金属视为由大量电子构成的自由电子气，但两模型存在明显的区别：①索末菲模型中的电子指的是在均匀分布的正电荷背景上自由运动的价电子，而特鲁特模型并未明确说明构成自由电子气的电子来源于哪里，并且电子为什么是自由的；②特鲁德模型中的电子是经典粒子，遵从经典麦克斯韦-玻尔兹曼分布，不受泡利不相容原理的限制，反观索末菲模型，电子具有波粒二象性，描述其状态的波函数遵从薛定谔方程，且受到泡利不相容原理的限制；③特鲁德模型中的电子满足经典的麦克斯韦-玻尔兹曼统计，而索末菲模型中的电子服从的是费米-狄拉克统计。金属自由电子气量子理论主要包括两个方面的内容：一方面是基于泡利不相容原理，从量子力学的角度描述金属自由电子气的电子波函数、电子能量及绝对零度（0K）下金属自由电子气的电子状态密度、能态密度及费米面等物理量；另一方面是通过考虑电子的费米-狄拉克统计温度效应，研究在有限温度条件下金属自由电子气的电子在外场条件下的状态分布和运动行为。

6.2　0K 下金属自由电子气的量子理论

6.2.1　自由电子的本征态和状态密度

金属中虽有大量的电子，但一般情况下这些电子并不能逸出体外，说明金属表面存在很高的表面势垒，这一点在光电效应、热电子发射效应等实验中均有所证明。正是这种高表面势垒，使得电子被囚禁在金属内部。假设金属是一个边长为 L 的立方体，其中含有 N 个价电子，如图 6-2a 所示，这 N 个电子在均匀分布的正电荷背景上自由运动，受到的晶体势场为常数 U。假设势垒层为无限高，就可以把金属中的电子当作无限深势阱中的粒子进行处

理，在如图 6-2b 所示的坐标系中，每个电子所受到的势场可表示为

$$U(x,y,z)=\begin{cases}0, & 0<x、y、z<L\\ \infty, & x、y、z\leqslant 0, x、y\geqslant L\end{cases} \tag{6-3}$$

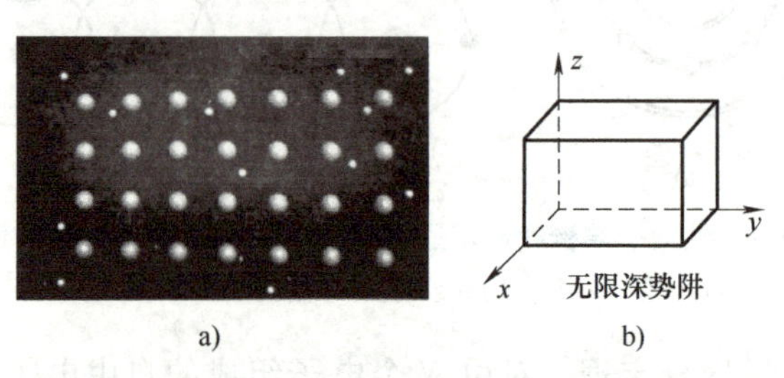

图 6-2　金属电子气和三维无限深势阱示意图

a）金属电子气　b）三维无限深势阱

由于金属内部有 N 个电子，是一个量级为 10^{23} 的多电子问题，但按索末菲模型的独立电子近似，多电子问题可以变成单电子问题。在势阱外，由于 $U=\infty$，则有 $\psi(x,y,z)=0$；势阱内，由于 $U=U_0=0$，则描述单电子状态的波函数 $\psi(x,y,z)$ 可以通过求解薛定谔方程解得，即

$$\frac{-\hbar^2}{2m}\nabla^2\psi(\boldsymbol{r})=E\psi(\boldsymbol{r}) \tag{6-4}$$

式中，m 为电子质量；$\hbar$ 为约化普朗克常量。容易求出单电子状态的波函数是平面波，即

$$\psi(\boldsymbol{r})=\frac{1}{\sqrt{V}}e^{i\boldsymbol{k}\cdot\boldsymbol{r}} \tag{6-5}$$

式中，$\boldsymbol{k}$ 为平面波的波矢，用以描述自由电子的状态。其中，$\boldsymbol{k}$ 的方向为平面波的传播方向，$\boldsymbol{k}$ 的大小与波长 λ 的关系为 $k=\frac{2\pi}{\lambda}$。

将式（6-5）代入方程式（6-4），可得电子的本征能量为

$$E(\boldsymbol{k})=\frac{\hbar^2k^2}{2m}=\frac{\hbar^2}{2m}(k_x^2+k_y^2+k_z^2) \tag{6-6}$$

又由于 $\psi(\boldsymbol{r})$ 同时是动量算符 $\hat{p}=-i\hbar\nabla$的本征态，即

$$-i\hbar\nabla\psi(\boldsymbol{r})=\hbar\boldsymbol{k}\psi(\boldsymbol{r}) \tag{6-7}$$

因此，处于 $\psi(\boldsymbol{r})$ 态的电子具有确定的动量 $\boldsymbol{p}=\hbar\boldsymbol{k}$ 和速度 $\boldsymbol{v}=\hbar\boldsymbol{k}/m$。

波矢 $\boldsymbol{k}$ 的取值可由边界条件确定，并且一旦波矢 $\boldsymbol{k}$ 的取值被确定，就可以确定电子的本征能量。

边界条件的选取应遵循两个主要条件：①可以反映出电子在一有限的体积内的局域化，确保其不无限扩散；②由此应能推导出金属的体性质。对于较大体积的材料，由于表面层相对于整个系统体积的比例较小，可忽略其对整体性质的影响，因此主要关注材料的整体性质。同时，边界条件在数学上应易于操作。综合这些要求，如图 6-3 所示，人们广泛采用的是 Born-von Karman 周期性边界条件，即

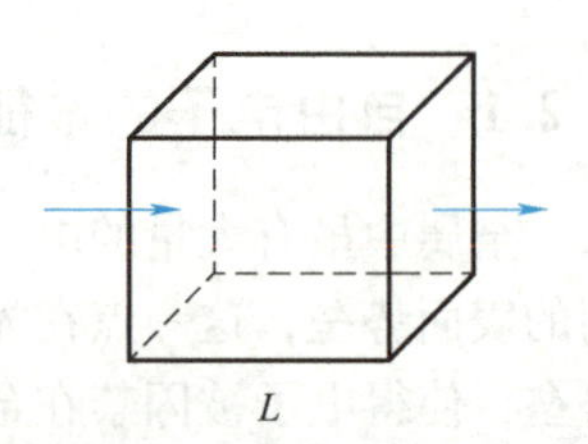

图 6-3　Born-von Karman 周期性边界条件示意图

$$\begin{cases}\psi(x+L,y,z)=\psi(x,y,z)\\ \psi(x,y+L,z)=\psi(x,y,z)\\ \psi(x,y,z+L)=\psi(x,y,z)\end{cases} \tag{6-8}$$

在一维的情况下，上述周期性边界条件 $\psi(x+L)=\psi(x)$ 通过将长度为 L 的金属线视为一个首尾相连的闭环来实现。对于三维的情况，可以设想为一个边长 L 的立方体沿三个空间方向上的周期性平移来扩展至整个空间，进而使电子可以从立方体表面出去但不反射回来，而是从相对面的相对点进来。因此，这样的周期性边界既考虑了晶体的有限尺寸，又消除了边界效应，确保电子在宏观尺度上自由移动而不会遇到物理上的障碍。

利用式（6-8）的周期性边界条件，联立式（6-5），有

$$e^{ik_xL}=e^{ik_yL}=e^{ik_zL}=1 \tag{6-9}$$

由此可得

$$\begin{cases}k_x=\dfrac{2\pi}{L}n_x \quad (n_x=0,\pm1,\pm2,\cdots)\\ k_y=\dfrac{2\pi}{L}n_y \quad (n_y=0,\pm1,\pm2,\cdots)\\ k_z=\dfrac{2\pi}{L}n_z \quad (n_z=0,\pm1,\pm2,\cdots)\end{cases} \tag{6-10}$$

代入式（6-6），则电子的本征能量可以进一步写为

$$E(\boldsymbol{k})=\frac{\hbar^2}{2mL}(n_x^2+n_y^2+n_z^2) \tag{6-11}$$

可以看出，电子在有限尺寸的系统中的本征能量是量子化的。这是由于电子波动性质和系统边界条件共同作用的结果。

在以 k_x、k_y、k_z 为坐标轴的波矢空间（简称 $\boldsymbol{k}$ 空间），每一个电子的本征态 $\psi(\boldsymbol{r})$ 在 $\boldsymbol{k}$ 空间可以用一个点来表示，状态点的坐标由式（6-10）确定。在 $\boldsymbol{k}$ 空间，沿 k_x 轴、k_y 轴和 k_z 轴相邻两点的间距均为 $2\pi/L$，如图 6-4 所示。所以，每个状态的代表点在 $\boldsymbol{k}$ 空间占据的体积为

$$\Delta k=\left(\frac{2\pi}{L}\right)^3=\frac{8\pi^3}{V} \tag{6-12}$$

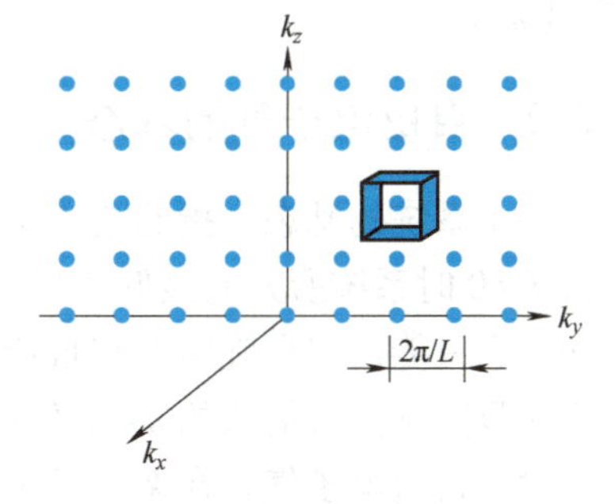

图 6-4　$\boldsymbol{k}$ 空间中的单电子许可态，图中仅画出 k_y-k_x 平面上的一部分

$\Delta \boldsymbol{k}$ 的倒数表示 $\boldsymbol{k}$ 空间中单位体积内状态点的总数目，即 $\boldsymbol{k}$ 空间中单位体积内的状态数，称为状态密度，即 $\boldsymbol{k}$ 空间的状态密度为

$$\frac{1}{\Delta k}=\frac{V}{8\pi^3} \tag{6-13}$$

将式（6-6）变形为

$$k_x^2+k_y^2+k_z^2=\frac{2mE}{\hbar^2} \tag{6-14}$$

由式（6-14）可知，当给定一个电子能量 E 时，存在一个由半径 $k=\dfrac{\sqrt{2mE}}{\hbar}$ 确定的球面，换句话说，半径为 $k=\dfrac{\sqrt{2mE}}{\hbar}$ 的球面上的电子具有相同的能量 E。在 $\boldsymbol{k}$ 空间中，这个能量相同的球面称为等能面，如图 6-5 所示。

当体积元 $\mathrm{d}\boldsymbol{k}\to 0$ 时，$\boldsymbol{k}$ 空间中半径为 $\boldsymbol{k}$ 和 $\boldsymbol{k}+\mathrm{d}\boldsymbol{k}$ 的两个等能面之间的球壳体积可表示为 $4\pi \boldsymbol{k}^2\mathrm{d}\boldsymbol{k}$。所以，球壳内的状态数可由球壳体积和状态密度相乘求得。又考虑到电子在 $\boldsymbol{k}$ 空间中的排布服从泡利不相容原理，即每个状态点只能占据两个自旋相反的电子。因此，球壳内可允许占据的状态数 $\mathrm{d}N$ 为

$$\mathrm{d}N=2\times\frac{V}{8\pi^3}4\pi k^2\mathrm{d}k \tag{6-15}$$

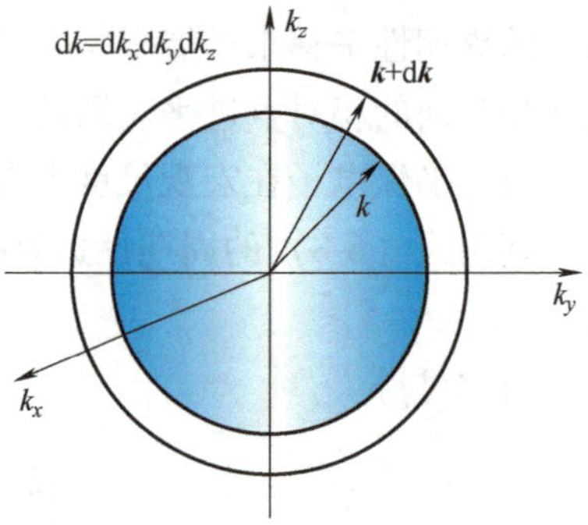

图 6-5　等能面示意图

进而联立 $E=\dfrac{\hbar^2k^2}{2m}$ 和 $\mathrm{d}k=\dfrac{\sqrt{2m}}{\hbar}\dfrac{\mathrm{d}E}{2\sqrt{E}}$，可得

$$\mathrm{d}N=4\pi V\left(\frac{2m}{h^2}\right)^{3/2}E^{1/2}\mathrm{d}E=g(E)\mathrm{d}E \tag{6-16}$$

式（6-16）的意义为 $E\sim E+\mathrm{d}E$ 能量间隔范围内可能含有的电子数。其中

$$g(E)=4\pi V\left(\frac{2m}{h^2}\right)^{3/2}E^{1/2}=CE^{1/2} \tag{6-17}$$

为能态密度函数，简称能态密度，即晶体在单位能量间隔内的状态数目。其中，常数 $C=4\pi V\left(\dfrac{2m}{h^2}\right)^{3/2}$。

6.2.2　自由电子气的基态

一个系统的基态，指的是该系统能量最低、最稳定的状态。对自由电子气来说，其基态是指 $T=0$ 时系统所处的最低能量状态。由于电子属于费米子，遵循泡利不相容原理，即每个许可态只能占据自旋向上和自旋向下的两个电子。因此，$T=0$ 时 N 个电子的基态，在 $\boldsymbol{k}$ 空间中只能从能量最低的 $k=0$ 态开始，按能量从低到高依次占据而得到。

对于自由电子气，在 $\boldsymbol{k}$ 空间中电子具有相同的能量的面是一个球面，因此，N 个电子从 $k=0$ 态开始占据，能量从低到高依次占满各个等能面上的所有态，电子占据区逐渐向外扩大成一个球，如图 6-6 所示。这样一个空间中所有态被电子占据形成的球为费米球，费米球的表面为费米面，它是 $\boldsymbol{k}$ 空间把电子占据态和未占据态分开的界面。因此，自由电子气的基态可以认为是绝对零度时波矢空间中费米球以内的所有态全部被电子占满、费米球外的所有态全部是空态所对应的状态。此时，又因为泡利原理及没有激发能量，所有电子都被限制在费米面以下，电子相当于被冻结在费米海中，称为费米冻结。

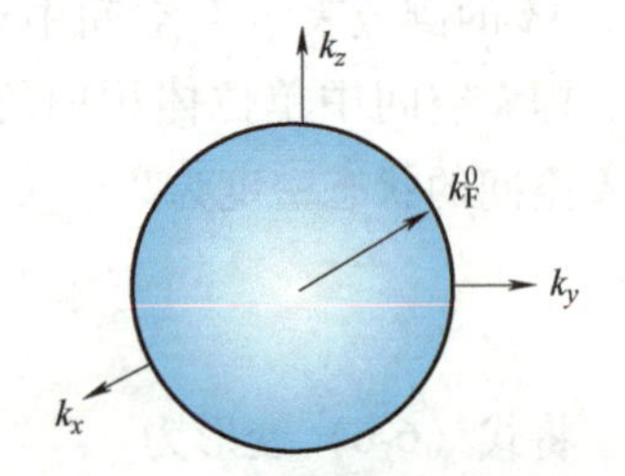

图 6-6　$\boldsymbol{k}$ 空间中电子气系统基态时的电子占据示意图

6.2.3 与费米面相关的物理量

(1) 费米波矢

费米波矢是指电子在费米面上所具有的波矢，记为 $\boldsymbol{k}_F^0$（上标“0”表示这里及后面提到的物理量均为基态时的物理量）。对于处于基态的自由电子气来说，其费米波矢的大小等于费米球的半径，记为 k_F^0。由于费米球以内的所有态全部被电子占据且遵循泡利不相容原理，即每个状态上只能占据自旋向上和自旋向下的两个电子，因此，自由电子气系统总电子数 N 应等于费米球内所含有的电子数，即

$$N=2\times\frac{V}{8\pi^3}\times\frac{4}{3}\pi(k_F^0)^3 \tag{6-18}$$

式中，$\frac{V}{8\pi^3}$为状态密度；$\frac{4}{3}\pi(k_F^0)^3$ 为费米球体积。进而求得费米波矢的大小 k_F^0 为

$$k_F^0=(3\pi^2 n)^{1/3} \tag{6-19}$$

式中，n 为电子密度，$n=N/V$ 可以看出，费米球半径随电子密度的增大而扩大。

(2) 费米能

费米能量（Fermi Energy）是指费米面上的单电子态的能量，简称费米能，记为 E_F^0。对自由电子气来说，基态的费米面是一个球面，因此，费米面上的所有电子具有相同的能量。那么，当 $k=k_F^0$ 时，自由电子气的费米能为

$$E_F^0=\frac{\hbar^2(k_F^0)^2}{2m}=\frac{\hbar^2(3\pi^2 n)^{2/3}}{2m} \tag{6-20}$$

(3) 基态能量

自由电子气的基态能量是费米球内所有被占据电子态的能量之和，记为 E^0，即

$$E^0=2\sum_{k<k_F^0}\frac{\hbar^2k^2}{2m} \tag{6-21}$$

式中，因子 2 源于每个 $\boldsymbol{k}$ 态由两个自旋相反的电子占据。结合式（6-13）状态密度函数，可推导出其积分形式为

$$E^0=\frac{V}{4\pi^3}\int_{k<k_F^0}\frac{\hbar^2k^2}{2m}\mathrm{d}k=\frac{V}{4\pi^3}\int_0^{k_F^0}\frac{\hbar^2k^2}{2m}\times4\pi k^2\mathrm{d}k=\frac{V}{\pi^2}\frac{\hbar^2\ (k_F^0)^5}{10m} \tag{6-22}$$

再联立式（6-19）和式（6-20），自由电子气基态能量 E^0 可以化简为

$$E^0=\frac{3}{5}NE_F^0 \tag{6-23}$$

自由电子气在基态时单电子的平均能量为

$$\bar{E}^0=\frac{E^0}{N}=\frac{3}{5}E_F^0 \tag{6-24}$$

可以看出，在 $T=0$ 的基态，每个电子的平均能量和费米能 E_F^0 处于同一量级，这和特鲁特经典模型截然不同。在经典理论中，每个电子的平均能量为$\frac{3}{2}k_BT$（k_B 为玻尔兹曼常量），即当 $T\to0$ 时，每个电子的能量趋于 0。但是，在自由电子气量子理论中，当 $T\to0$ 时，每个电子的能量仍不为 0，其原因是电子遵从泡利不相容原理，不允许所有电子全部占据在能量

为 0 的量子态上。

(4) 费米动量

费米动量(Fermi Momentum)是指费米面上电子的动量,记为 $\boldsymbol{p}_{\mathrm{F}}^0$。对自由电子气来说,基态的费米面是一个球面,费米面上各电子的动量方向不同但大小相同。因此,利用关系式 $\boldsymbol{p}=\hbar\boldsymbol{k}$,费米动量的大小可表示为

$$p_{\mathrm{F}}^0=\hbar k_{\mathrm{F}}^0=\hbar(3\pi^2 n)^{1/3} \tag{6-25}$$

(5) 费米速度

费米速度(Fermi Velocity)是指费米面上电子的速度,记为 $\boldsymbol{v}_{\mathrm{F}}^0$。对自由电子气来说,基态的费米面是一个球面,费米面上各电子的速度方向不同但大小相同。因此,利用关系式 $v=\hbar\boldsymbol{k}/m$,费米动量的大小可表示为

$$v_{\mathrm{F}}^0=\frac{\hbar k_{\mathrm{F}}^0}{m}=\frac{\hbar(3\pi^2 n)^{1/3}}{m} \tag{6-26}$$

(6) 费米温度

费米温度(Fermi Temperature)是指由费米能折算而来的温度,记为 T_{F}^0。利用关系式 $E_{\mathrm{F}}^0=k_{\mathrm{B}}T_{\mathrm{F}}^0$,费米温度可表示为

$$T_{\mathrm{F}}^0=\frac{\hbar^2(3\pi^2 n)^{2/3}}{2mk_{\mathrm{B}}} \tag{6-27}$$

由式(6-19)~式(6-27)可以看出,基态时自由电子气系统的物理量均只取决于电子密度 n。换而言之,一旦确定了电子密度,则可由有上述式子对这些物理量进行估计。表 6-1 为一价金属的费米波矢、费米能、费米速度和费米温度。

表 6-1 一价金属与费米面有关的物理量

元素	$n/(10^{22}/\mathrm{cm}^3)$	$k_{\mathrm{F}}^0/(10^8/\mathrm{cm})$	$E_{\mathrm{F}}^0/\mathrm{eV}$	$v_{\mathrm{F}}^0/(10^8\,\mathrm{cm/s})$	$T_{\mathrm{F}}^0/(10^4\mathrm{K})$
Li	4.70	1.12	4.74	1.29	5.51
Na	2.65	0.92	3.24	1.07	3.77
K	1.40	0.75	2.12	0.86	2.46
Rb	1.15	0.70	1.85	0.81	2.15
Cs	0.91	0.65	1.59	0.75	1.84
Cu	8.47	1.36	7.00	1.57	8.16
Ag	5.86	1.20	5.49	1.39	6.38
Au	5.90	1.21	5.53	1.40	6.42

注:1. n 数据源于 WYCKOFT R W G structures Crystal [M]. New York: Interscience, 1963。

2. k_{F}^0、E_{F}^0、v_{F}^0 和 T_{F}^0 分别基于式(6-19)、式(6-20)、式(6-26)和式(6-27)计算得到,其中电子质量 $m=9.11\times10^{-31}\mathrm{kg}$。

6.3 激发态下的金属自由电子气量子理论

6.3.1 费米-狄拉克统计

由 6.2 节可知,在 $T=0$ 时,金属自由电子气的基态遵循泡利不相容原理,即电子从能

量最低的量子态（$k=0$）开始占据，每个量子态上最多只能被自旋向上和向下的两个电子依次占据，直至占满费米面以下所有量子态，所有能量低于费米能级的量子态都被电子占据，而高于费米能级的量子态则为空。而当 $T\neq0$ 时，一些电子会因热激发从费米面以下的量子态跃迁到费米面以上的量子态，形成金属自由电子气的激发态。这样在费米面附近就可能出现一些未被电子占据的空位，同时在费米面之上也会有一些量子态被电子占据。这种状态的变化是金属在非绝对零度时的电子分布特性。为此索末非采用费米-狄拉克统计来处理在 $T=0$ 时金属自由电子气的电子在各个量子态的占据。

1926 年，恩里科・费米和保罗・狄拉克依据不相容原理各自独立地发展了一套统计理论，用于描述金属中电子的行为。狄拉克进一步推广了这一理论，指出其不仅仅适用于电子，而且适用于所有遵循不相容原理、具有半整数自旋量子数的其他粒子，如质子、中子等。因此，这一处理服从不相容原理的全同费米子的统计方法称为费米-狄拉克统计。其函数形式为

$$f(E)=\frac{1}{e^{(E-\mu)/k_BT}+1} \tag{6-28}$$

式（6-28）表明了温度 T 时能量为 E 的量子态被电子占据的概率，其中 μ 为系统的化学势，k_B 为玻尔兹曼常量。式（6-28）称为费米-狄拉克分布函数，也称费米分布函数。

对于金属自由电子气系统来说，$T\to0$ 时的化学势 μ 就是基态的费米能 E_F^0。因此，可以将 $T\neq0$ 时的化学势 $\mu(T)$ 理解为 $T\neq0$ 时的费米能，符号为 E_F。那么，对于金属自由电子气系统来说，式（6-28）费米-狄拉克分布函数可改写为

$$f(E)=\frac{1}{e^{(E-E_F)/k_BT}+1} \tag{6-29}$$

图 6-7 为 $T=0$ 和 $T\neq0$ 时的费米-狄拉克分布函数曲线。可见，在 $T\to0$ 时，如果 $E\leqslant E_F^0$，则 $f(E\leqslant E_F^0)=1$，意味着费米能以下所有量子态上都占满了电子；如果 $E>E_F^0$，则 $f(E\leqslant E_F^0)=0$，意味着费米能以上所有量子态上没有电子占据。在 $T\neq0$ 时，当 $E\ll E_F$ 时，$f(E)\to1$，反之当 $E\gg E_F$ 时，$f(E)\to0$，意味着 $T\neq0$ 时费米能 E_F 以下所有的量子态并未被电子全部占据，而费米能 E_F 以上所有的量子态并非都是空的，而是部分被电子占据。其原因是当 $T\neq0$ 时，由于热激发，费米能以下一些电子获得能量跃迁到 $E>E_F$ 的量子态上，致使费米面附近的电子分布发生变化，费米能以下留下一些未被电子占据的量子态，而在费米能以上的量子态被一些热激发电子所占据。

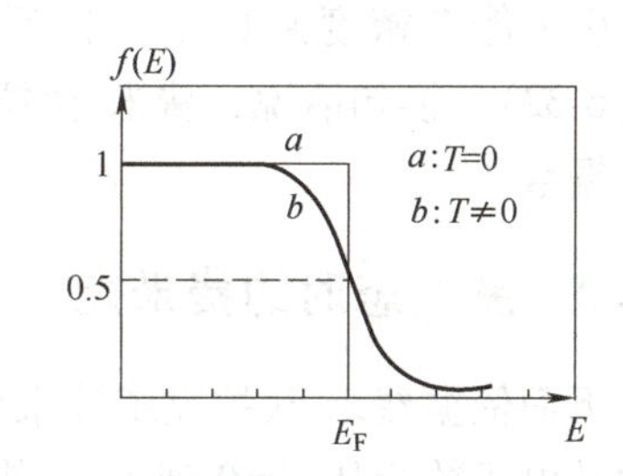

图 6-7　费米-狄拉克分布函数曲线

6.3.2　激发态时量子态上的电子占据

由费米-狄拉克统计分析可知，当 $T\neq0$ 时，在整个能量范围内，所有的量子均可能被电子占据。那么基于这一情况，在确定电子在各个量子态占据时，必须考虑以下因素：①确保每个量子态的电子数目不超过两个，并且这两个电子自旋相反，以遵守泡利不相容原理；②使用费米-狄拉克统计，计算在不同能量状态下电子的占据概率。

由式（6-29）费米-狄拉克分布函数可知，当 $T\neq0$ 时，该函数表示的是温度 T 时在能量

为 E 的量子态上电子的占据概率。而根据泡利不相容原理，每个能量为 E 的量子态最多只能被两个自旋相反的电子占据。因此，在 $\boldsymbol{k}$ 空间中，半径为 k 和 $k+\mathrm{d}k$ 的两个等能面之间可允许电子占据的数目 $\mathrm{d}N$ 为

$$\mathrm{d}N=2\times\frac{V}{8\pi^3}\times f(E)\times 4\pi k^2\mathrm{d}k \tag{6-30}$$

联立 $E=\dfrac{\hbar^2k^2}{2m}$ 和 $\mathrm{d}k=\dfrac{\sqrt{2m}}{\hbar}\dfrac{\mathrm{d}E}{2\sqrt{E}}$，可得在 $E\sim E+\mathrm{d}E$ 能量间隔范围内允许电子占据的数目 $\mathrm{d}N$ 为

$$\mathrm{d}N=g(E)f(E)\mathrm{d}E \tag{6-31}$$

式中，$g(E)=4\pi V\left(\dfrac{2m}{h^2}\right)^{3/2}E^{1/2}=CE^{1/2}$ 为自由电子气的能态密度函数。对式（6-31）积分后，则可得到整个系统的总电子数，即

$$N=\int_0^{\infty}g(E)f(E)\mathrm{d}E \tag{6-32}$$

关于积分上限取∞的原因，可以解释为在理论上，由于热激发，即使在能量为∞的量子态上仍然可能被电子占据。因此，系统的总电子数应为 0～∞的能量范围内各个态上可能占据的电子数之和。

式（6-32）也可以换一个角度推导：依据费米-狄拉克统计，能量为 E 的量子态上电子的占据概率为 $f(E)$，那总的电子数等于所有量子态上电子占据概率的求和，即

$$\sum_E f(E)=N \tag{6-33}$$

引入能态密度函数 $g(E)$ 后，式（6-33）的求和可转换为积分形式，则同样可得到式（6-32）。换句话说，费米-狄拉克分布函数实际上表示的是能量为 E 的量子态上的平均电子占据数。

6.3.3 激发态时的费米能

下面依据费米-狄拉克统计来分析和讨论费米能或化学势随温度的变化。当 $T\neq 0$ 时，系统的总电子数为从 $E=0$ 到 $E=\infty$ 能量范围内各个量子态上占据的电子数之和，即总电子数的积分表达式为式（6-32）。那么，将式（6-32）做分部积分，则有

$$N=\frac{2}{3}Cf(E)E^{3/2}\Big|_0^{\infty}-\frac{2}{3}C\int_0^{\infty}E^{3/2}\frac{\partial f(E)}{\partial E}\mathrm{d}E \tag{6-34}$$

又因为当 $E\to 0$ 时，$f(E)\to 0$，所以有

$$N=\frac{2}{3}C\int_0^{\infty}E^{3/2}\left(-\frac{\partial f}{\partial E}\right)\mathrm{d}E \tag{6-35}$$

式（6-35）可写成费米统计中常见的积分形式，即

$$N=\int_0^{\infty}G(E)\left(-\frac{\partial f}{\partial E}\right)\mathrm{d}E \tag{6-36}$$

一般来说，式（6-36）中的被积函数是一个复杂函数，积分的精确解难以得到，因此，在费米统计中采用如下近似求解法得到近似值。

对于给定的温度，若将分布函数的偏微分$\left(-\dfrac{\partial f}{\partial E}\right)$作为能量的函数曲线，则会发现，$\left(-\dfrac{\partial f}{\partial E}\right)$在 $E=E_{\mathrm{F}}$ 处出现峰值，峰的两边呈对称性分布，峰的宽度约为 $k_{\mathrm{B}}T$，当能量稍稍偏离 E_{F} 时，$\left(-\dfrac{\partial f}{\partial E}\right)$的值快速减小，因此，式（6-36）的积分结果主要取决于 $E=E_{\mathrm{F}}$ 附近的积分。

为此，将函数 $G(E)$ 在 $E=E_{\mathrm{F}}$ 处进行泰勒级数展开：

$$G(E)=G(E_{\mathrm{F}})+G'(E_{\mathrm{F}})(E-E_{\mathrm{F}})+\frac{1}{2}G''(E_{\mathrm{F}})(E-E_{\mathrm{F}})^2+\cdots$$

代入式（6-36），可得

$$I=I_0+I_1+I_2+\cdots \tag{6-37}$$

其中

$$I_0=G(E_{\mathrm{F}})\int_0^{\infty}\left(-\frac{\partial f}{\partial E}\right)\mathrm{d}\varepsilon$$

$$I_1=G'(E_{\mathrm{F}})\int_0^{\infty}(E-E_{\mathrm{F}})\left(-\frac{\partial f}{\partial E}\right)\mathrm{d}\varepsilon$$

$$I_2=\frac{1}{2}G''(E_{\mathrm{F}})\int_0^{\infty}(E-E_{\mathrm{F}})^2\left(-\frac{\partial f}{\partial E}\right)\mathrm{d}\varepsilon$$

$$\cdots$$

I_0 的值可以通过直接积分得到，即

$$I_0=G(E_{\mathrm{F}})\int_0^{\infty}\left(-\frac{\partial f}{\partial E}\right)\mathrm{d}\varepsilon=G(E_{\mathrm{F}})\left[-\frac{1}{\mathrm{e}^{(E-E_{\mathrm{F}})/k_{\mathrm{B}}T}+1}\right]\Bigg|_0^{\infty}=G(E_{\mathrm{F}})$$

为计算 I_1 和 I_2，进行变量代换，令 $\eta=\dfrac{E-E_{\mathrm{F}}}{k_{\mathrm{B}}T}$，代换后，积分区间为$\left(-\dfrac{E_{\mathrm{F}}}{k_{\mathrm{B}}T},\ \infty\right)$。注意到 E_{F} 的量级在 $10^4\sim10^5\mathrm{K}$，而 $k_{\mathrm{B}}T$ 的量级为 10^2，故 $k_{\mathrm{B}}T\ll E_{\mathrm{F}}$ 在一般情况下都能满足。由于 $k_{\mathrm{B}}T\ll E_{\mathrm{F}}$，积分区间可以由$\left(-\dfrac{E_{\mathrm{F}}}{k_{\mathrm{B}}T},\infty\right)$改为（$-\infty,\infty$），则 I_1 和 I_2 可分别近似表示为

$$I_1\approx k_{\mathrm{B}}TG'(E_{\mathrm{F}})\int_{-\infty}^{\infty}\eta\left(-\frac{\partial f}{\partial \eta}\right)\mathrm{d}\eta \tag{6-38}$$

$$I_2=\frac{1}{2}(k_{\mathrm{B}}T)^2G''(E_{\mathrm{F}})\int_{-\infty}^{\infty}\eta^2\left(-\frac{\partial f}{\partial \eta}\right)\mathrm{d}\eta \tag{6-39}$$

式中，$-\dfrac{\partial f}{\partial \eta}=\dfrac{\mathrm{e}^{\eta}}{(\mathrm{e}^{\eta}+1)^2}$。对于 I_1，易验证 $\eta\left(-\dfrac{\partial f}{\partial \eta}\right)$为奇函数，故$\displaystyle\int_{-\infty}^{\infty}\eta\left(-\frac{\partial f}{\partial \eta}\right)\mathrm{d}\eta=0$，进而有

$$I_1=0$$

对于 I_2，由于$\displaystyle\int_{-\infty}^{\infty}\eta^2\left(-\frac{\partial f}{\partial \eta}\right)\mathrm{d}\eta=\int_{-\infty}^{\infty}\eta^2\frac{\mathrm{e}^{-\eta}}{(\mathrm{e}^{-\eta}+1)^2}\mathrm{d}\eta=\frac{\pi^2}{3}$，于是有

$$I_2=\frac{\pi^2}{6}(k_{\mathrm{B}}T)^2G''(E_{\mathrm{F}})$$

将 $I_0=G(E_{\mathrm{F}})$、$I_1=0$ 和 $I_2=\dfrac{\pi^2}{6}(k_{\mathrm{B}}T)^2G''(E_{\mathrm{F}})$ 代入式（6-37），可得 I 的近似表达式为

$$I \approx G(E_{\mathrm{F}}) + \frac{\pi^2}{6}(k_{\mathrm{B}}T)^2 G''(E_{\mathrm{F}}) \tag{6-40}$$

若令

$$G(E) = \frac{2}{3}CE^{3/2}$$

则式（6-35）具有和式（6-36）相同的形式，故此，由式（6-40）可近似求得金属自由电子气系统的总电子数为

$$N = \frac{2}{3}CE^{3/2}\left[1 + \frac{\pi}{8}(k_B T/E_{\mathrm{F}})^2\right] \tag{6-41}$$

此外，当 $T=0$，即绝对零度时，由于

$$f(E) = \begin{cases} 1 & E \leqslant E_{\mathrm{F}}^0 \\ 0 & E > E_{\mathrm{F}}^0 \end{cases}$$

所以，由式（6-35）可求得金属自由电子气系统的总电子数为

$$N = \int_0^{E_{\mathrm{F}}^0} g(E)\,\mathrm{d}E = \frac{2}{3}C\,(E_{\mathrm{F}}^0)^{3/2} \tag{6-42}$$

对比式（6-41）和式（6-42），可知

$$(E_{\mathrm{F}}^0)^{3/2} = E_{\mathrm{F}}^{3/2}\left[1 + \frac{\pi}{8}(k_{\mathrm{B}}T/E_{\mathrm{F}})^2\right] \tag{6-43}$$

由此可得

$$E_{\mathrm{F}} = E_{\mathrm{F}}^0\left[1 + \frac{\pi}{8}\left(\frac{k_{\mathrm{B}}T}{E_{\mathrm{F}}}\right)^2\right]^{-2/3} \approx E_{\mathrm{F}}^0\left[1 - \frac{\pi^2}{12}\left(\frac{k_{\mathrm{B}}T}{E_{\mathrm{F}}}\right)^2\right] \tag{6-44}$$

假设式（6-44）等号右边分母上的 E_{F} 近似为 E_{F}^0，利用关系式 $E_{\mathrm{F}}^0 = k_{\mathrm{B}}T_{\mathrm{F}}^0$，则金属自由电子气的费米能随温度的变化关系可近似表示为

$$E_{\mathrm{F}} \approx E_{\mathrm{F}}^0\left[1 - \frac{\pi^2}{12}\left(\frac{T}{T_{\mathrm{F}}^0}\right)^2\right] \tag{6-45}$$

由此可见，随温度升高，费米能降低。其原因为费米面以下能量较低量子态上的电子因热激发而跃迁到费米面以上能量较高量子态上，使得费米能降低。由表 6-1 可以看到金属费米温度 T_{F}^0 的量级为 10^4，而室温的温度量级为 10^2，这之间有两个量级的差别，因此，基本忽略式（6-35）中与温度有关的部分，以至于往往不会对 E_{F} 与 E_{F}^0 做区分。

6.3.4 激发态时的总能量

对于由 N 个电子组成的自由电子气体系统，在有限温度下，由于热激发，理论上在各个量子态上都有电子占据的可能，因此，系统的总能量应为占据在各个量子态上的电子的能量之和，记为 U，即

$$U = \sum_E Ef(E) \tag{6-46}$$

引入能态密度函数 $g(E)$ 后，式（6-46）的求和可转换为积分形式，即

$$U = \int_0^{\infty} Ef(E)g(E)\,\mathrm{d}E \tag{6-47}$$

式中，$g(E)=CE^{1/2}$。对式（6-47）进行分部积分，可得

$$U=\int_0^{\infty}CE^{3/2}f(E)\,\mathrm{d}E=\frac{2}{5}Cf(E)E^{5/2}\Big|_0^{\infty}-\frac{2}{5}C\int_0^{\infty}E^{5/2}\frac{\partial f(E)}{\partial E}\mathrm{d}E$$

式中，等号右边第一项为 0，若令 $G(E)=\frac{2}{5}CE^{5/2}$，则总能量可表示为式（6-32）费米统计中的积分形式，即

$$U=\int_0^{\infty}G(E)\left[-\frac{\partial f(E)}{\partial E}\right]\mathrm{d}E$$

由费米统计近似表达式式（6-40），可得总能量近似为

$$U\approx G(E_F)+\frac{\pi^2}{6}(k_BT)^2G''(E_F) \tag{6-48}$$

联立 $G(E_F)=\frac{2}{5}CE_F^{5/2}$ 和 $G''(E_F)=\frac{3}{2}CE_F^{1/2}$ 进行近似计算，可得

$$\begin{aligned}U&\approx\frac{2}{5}CE_F^{5/2}+\frac{\pi^2}{6}(k_BT)^2\times\frac{3}{2}CE_F^{1/2}\\&=\frac{2}{5}C\,(E_F^0)^{5/2}\left[(E_F/E_F^0)^{5/2}+\frac{5\pi^2}{8}(k_BT/E_F^0)^2\times(E_F/E_F^0)^{1/2}\right]\\&\approx\frac{2}{5}C\,(E_F^0)^{5/2}\left[(E_F/E_F^0)^{5/2}+\frac{5\pi^2}{8}(k_BT/E_F^0)^2\right]\end{aligned} \tag{6-49}$$

由式（6-45）可得

$$(E_F/E_F^0)^{5/2}=\left[1-\frac{\pi^2}{12}(k_BT/E_F^0)^2\right]^{5/2}\approx1-\frac{5\pi^2}{24}(k_BT/E_F^0)^2 \tag{6-50}$$

同时

$$\frac{2}{5}C\,(E_F^0)^{5/2}=\frac{2}{3}C\,(E_F^0)^{3/2}\times\frac{3}{5}E_F^0=\frac{3}{5}NE_F^0 \tag{6-51}$$

代入式（6-49）后可得自由电子气在激发态时的总能量为

$$U\approx\frac{3}{5}NE_F^0\left[1+\frac{5\pi^2}{12}(k_BT/E_F^0)^2\right] \tag{6-52}$$

6.4　自由电子气的比热容

金属的电子比热容实验是最先对特鲁德模型经典理论提出质疑的实验。按照经典理论，对由 N 个电子组成的自由电子气，由于电子的热运动，自由电子气总的平均热能为 $\overline{E}=\frac{3}{2}Nk_BT$，由此可得电子热容为

$$C_{V,\text{经典}}^{e}=\frac{3}{2}Nk_B \tag{6-53}$$

但是，经典理论所预言的电子热容同实验所得的电子热容有着明显差别：①电子热容是与温度无关的常数，而实验表明低温下电子比热容随温度降低而线性减小；②经典理论预言的电子热容在数值上同室温附近的晶格热容相当，而实验得到的电子热容仅约为经典理论值

的 1/100。这其中的差异原因在于经典理论中的电子是经典粒子，当 $T\neq 0$ 时，电子在各个能量上的分布概率服从经典的玻尔兹曼统计规律。

按照金属自由电子气量子理论，电子作为量子粒子，其波动性决定了它们的状态必须通过量子力学的薛定谔方程来描述，在有限温度下，电子在不同能量量子态上的分布不是依据经典的玻尔兹曼统计来计算，而是根据费米-狄拉克分布函数来确定。由此，金属自由电子气系统在温度不为零时的总能量为式（6-52）。式（6-52）可改写为

$$U\approx\frac{3}{5}NE_{\mathrm{F}}^{0}+\frac{\pi^{2}}{4}Nk_{\mathrm{B}}T(k_{\mathrm{B}}T/E_{\mathrm{F}}^{0}) \tag{6-54}$$

式中，第一项为金属自由电子气在基态时的能量；第二项是基态中部分电子因热激发跃迁到较高能量态而产生的对平均电子能量的贡献。

根据量子理论可得式（6-52）或式（6-54）金属自由电子气的能量表达式，则依据比热容的定义，金属自由电子气的电子热容为

$$C_{V,\text{量子}}^{\mathrm{e}}\equiv\frac{\partial U}{\partial T}=\frac{\pi^{2}}{2}Nk_{\mathrm{B}}(k_{\mathrm{B}}T/E_{\mathrm{F}}^{0}) \tag{6-55}$$

由此可知，量子理论预言的电子热容随温度降低而线性减少，不同于经典理论所认为的电子热容是与温度无关的常数。量子理论和经典理论预言的电子热容的比为

$$C_{V,\text{量子}}^{\mathrm{e}}/C_{V,\text{经典}}^{\mathrm{e}}=\frac{\pi^{2}}{3}(k_{\mathrm{B}}T/E_{\mathrm{F}}^{0})=\frac{\pi^{2}}{3}(T/T_{\mathrm{F}}^{0}) \tag{6-56}$$

由于 T_{F}^{0} 为 $10^4\sim10^5$K，而室温 T 的量级为 10^2，即量子理论预言的室温附近的电子热容比经典理论预言的热容小两个量级。

量子理论成功解释了之前物理学家们所困惑的电子热容问题。在经典理论中，所有电子都被认为参与热运动，因此经典理论预测的电子热容是所有电子共同贡献的结果。然而，在量子理论中，只有那些处于费米能级附近的电子才有机会获得足够的能量，从而跃迁到费米面附近或以上能量较高的未被占据状态。因此，量子理论预测的热容远低于经典理论，这是因为电子热容仅来自费米面附近少量电子的贡献。

具体来说，可以假设在费米面以下，只有厚度为 $\alpha k_{\mathrm{B}}T$ 的壳层内电子才有可能通过热激发而跃迁到费米面附近或以上能量较高的空状态上，这部分热激发电子数 N' 可近似估计为

$$\begin{aligned}N'&=\int_{E_{\mathrm{F}}^{0}-\alpha k_{\mathrm{B}}T}^{E_{\mathrm{F}}^{0}}g(E)\,\mathrm{d}E=C\int_{E_{\mathrm{F}}^{0}-\alpha k_{\mathrm{B}}T}^{E_{\mathrm{F}}^{0}}E^{1/2}\,\mathrm{d}E=\frac{2}{3}C[(E_{\mathrm{F}}^{0})^{3/2}-(E_{\mathrm{F}}^{0}-\alpha k_{\mathrm{B}}T)^{3/2}]\\&=\frac{2}{3}C(E_{\mathrm{F}}^{0})^{3/2}\left[1-\left(1-\frac{\alpha k_{\mathrm{B}}T}{E_{\mathrm{F}}^{0}}\right)^{3/2}\right]\approx\frac{2}{3}C(E_{\mathrm{F}}^{0})^{3/2}\times\frac{3}{2}\frac{\alpha k_{\mathrm{B}}T}{E_{\mathrm{F}}^{0}}=N\times\frac{3}{2}\frac{\alpha k_{\mathrm{B}}T}{E_{\mathrm{F}}^{0}}\end{aligned}$$

式中，$N=\frac{2}{3}C(E_{\mathrm{F}}^{0})^{3/2}$，积分上、下限的设定来源于只有费米面以下厚度为 $\alpha k_{\mathrm{B}}T$ 的壳层内电子才有可能通过热激发而跃迁到费米面附近或以上能量较高的空状态上。那么，热激发电子数与总电子数之比为

$$N'/N=\frac{3}{2}\frac{\alpha k_{\mathrm{B}}T}{E_{\mathrm{F}}^{0}}=\frac{3}{2}\frac{\alpha T}{T_{\mathrm{F}}^{0}} \tag{6-57}$$

式（6-57）表明，在金属自由电子气系统中虽然含有大量电子，但只有费米面以下厚度为 $\alpha k_{\mathrm{B}}T$ 的壳层内电子参与了热激活过程，而离费米面较远的绝大部分电子则因获得的能量

不足被限制在费米球内部，无法达到或超越费米能级，从而无法参与到能量较高的量子态中。每个热激发电子具有热能$\frac{3}{2}k_B T$，因此，N'个电子因为热激发而引起的额外能量为

$$\Delta U=N'\times\frac{3}{2}k_B T=\frac{9}{4}\alpha N\frac{(k_B T)^2}{E_F^0} \tag{6-58}$$

相应的，因热激发而对电子热容的贡献为

$$C_V^e\equiv\frac{\partial\Delta E}{\partial T}=\frac{9}{2}\alpha Nk_B(k_B T/E_F^0) \tag{6-59}$$

如果令 $\alpha=\left(\frac{\pi}{3}\right)^2$，则按此思路得到的电子热容和由量子理论得到的式（6-55）电子热容完全相同。这一现象进一步证实了尽管金属中存在大量电子，但仅有费米面以下厚度为 $\alpha k_B T$ 的壳层参与了电子热容的贡献。由于 $\alpha=\left(\frac{\pi}{3}\right)^2$，$T_F^0$ 为 $10^4\sim10^5$K，T 约为 10^2K，因此，$N'/N=\frac{3}{2}\frac{\alpha T}{E_F^0}\sim10^{-2}$，这意味着相对于金属中总的电子数量，只有费米面附近的极少数电子（大约百分之几）对电子比热容有实质性的贡献，而费米球内部远离费米面的绝大多数电子由于能量不足，无法跃迁到费米面附近或更高能级的空态，因此对金属的电子比热容没有显著影响。

由式（6-55）可得，金属自由电子系统单位体积的电子热容，即电子比热容为

$$c_V^e=\frac{C_V^e}{V}=\frac{\pi^2}{2}nk_B(k_B T/E_F^0)=\gamma T \tag{6-60}$$

式中，n 为电子密度，$n=N/V$，γ 为电子比热容系数，$\gamma=\frac{\pi^2}{2}\frac{nk_B^2}{E_F^0}$，也称为索末菲电子比热容系数。联立 $g(E_F^0)=4\pi V\left(\frac{2m}{h^2}\right)^{3/2}\sqrt{E_F^0}$ 和 $E_F^0=\frac{\hbar^2(3\pi^2 n)^{2/3}}{2m}$，电子比热容系数又可以写为

$$\gamma=\frac{\pi^2 k_B^2}{3}\frac{1}{V}g(E_F^0) \tag{6-61}$$

由式（6-61）可知，电子比热容系数与费米面上的能态密度成正比。因此，研究费米面性质的手段之一就是通过测量电子比热容获取费米面的相关信息。

固体的比热容是若干个子系统对比热容的贡献之和。金属的比热容应该是晶格振动的贡献和电子气的贡献两部分之和。在低温下，晶格振动比热依据德拜理论有 T^3 规律变化，因此，低温下金属的单位体积比热容可表示为

$$c_V=\gamma T+\beta T^3 \tag{6-62}$$

或

$$c_V/T=\gamma+\beta T^2 \tag{6-63}$$

若将实验测得的不同温度的比热容数据以 c_V 对 T^2 作图，则应呈现出一条直线。直线的斜率表示晶格比热容的系数 β，而直线在纵轴上的截距反映的是电子比热容的系数 γ。

表 6-2 为一些典型金属电子比热容系数的实验值 γ^{exp} 及由金属自由电子气量子理论计算的理论值 γ^{theo}。可以发现，一些金属（如 Cu、Ag）的电子比热容的理论值与实验值较为吻

合，但还有些金属的电子比热容的实验值与理论值之间存在较大差异。这种差异表明，尽管金属自由电子气模型相较于经典模型有所进步，但它仍然过于简化。这种简化主要体现在以下几个方面：①金属自由电子气模型假设所有电子都处于自由粒子状态，即忽略了电子与离子实、其他电子之间的相互作用；②没有考虑电子与离子实及电子之间的库仑相互作用；③未考虑晶格振动（声子）对电子的影响，而声子对金属的导电性和热性质也有重要作用；④简化了电子间的相互作用，而实际上电子间的排斥和吸引会影响它们的分布和运动。

表 6-2　典型金属的电子比热容系数 γ[mJ/(K^2 · mol)]

金属	Li	Na	K	Cu	Ag	Au	Be	Mg	Ca
γ^{exp}	1.65	1.38	2.08	0.69	0.64	0.69	0.17	1.60	2.73
γ^{theo}	0.74	1.09	1.67	0.50	0.64	0.64	0.50	0.99	1.51
金属	Ba	Zn	Cd	Al	In	Sn	Fe	Sr	Mn
γ^{exp}	2.70	0.64	0.69	1.35	1.66	1.78	4.90	3.64	12.80
γ^{theo}	1.92	0.75	0.95	0.91	1.23	1.41	1.06	1.79	1.10

尽管金属自由电子气模型在处理一些较为复杂的金属时可能不完全适用，但研究人员仍然习惯于利用这一模型作为分析实验的基础工具，从而获得一些新的发现，如重电子金属的发现。通常用电子的有效质量来描述金属实际的电子气和自由电子气的差别程度，其形式为

$$m^* = m_0 \frac{\gamma^{exp}}{\gamma^{theo}} \tag{6-64}$$

式中，m_0 为自由电子的质量。

在 1975 年对金属间化合物 $CeAl_3$ 的研究中，研究人员首次观测到电子的有效质量是自由电子质量的 600 倍，这一现象使得这些金属获得了“重电子金属”的称号，有时也称为重费米子金属。此后，更多具有类似特性的金属被陆续发现，见表 6-3。通常，将电子有效质量是电子质量的 100 倍以上的金属称为重电子金属。重电子金属的特殊性质源于电子间强烈的相互作用，这种相互作用导致了非常规的物理行为，如在预期为绝缘体的情况下展现出金属性甚至超导性。自重电子金属被发现以来，它们一直是凝聚态物理学中一个活跃的研究领域，其背后的物理机制至今仍然是科学探索的重要课题。

表 6-3　典型的重电子金属

类　型		γ/[mJ/(K^2 · mol)]	m^*/m_0
超导体	$CeCu_2Si_2$	1100	460
	UBe_{13}	1100	300
	UPt_3	450	178
反铁磁体	U_2Zn_{17}	535	>100
	UCd_{11}	840	>100
	$NpBe_{12}$	900	230
费米液体	$CeAl_3$	1600	600
	$CeCu_6$	1600	740

6.5 电子发射

6.5.1 电子发射效应

由前面的分析和讨论可知，由于金属具有高的表面势垒，金属中的电子被限制在金属内部运动。为分析方便，曾假设金属中的电子处在无限深势阱中运动，即表面势垒是势阱深度无限高的。但对于实际的金属，表面势垒的高度是有限的，这意味着金属中的电子处在有限深势阱中运动，如图 6-8 所示。

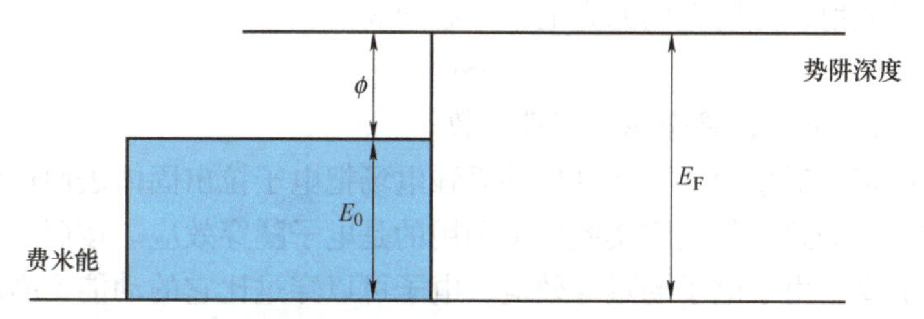

图 6-8　有限深势阱中的电子运动示意图

对于有限深势阱中运动的自由电子，采用与索末菲相同的量子力学理论处理方式，可以得到和前面基于自由电子气量子理论所给出的结论相同的结论。如电子的能量是量子化的，表征电子状态 $\boldsymbol{k}$ 的密度为$\frac{V}{(2\pi)^3}$，每个状态点上至多只能占据自旋向上和向下的两个电子，存在由费米能 E_F 所表征的费米面，在有限温度下绝大多数电子占据在能量小于 E_F 的状态点上等。

假设势阱深度为 E_0，则 E_0 与电子占据态的最高能量即费米能 E_F 之差为

$$\phi = E_0 - E_F \tag{6-65}$$

式中，ϕ 为脱出功，也可称为功函数，表示电子欲离开金属至少需要的能量。因此，如果外界能给电子提供高于 ϕ 的能量，则金属内电子可以逸出体外形成所谓的电子发射现象。依据提供给电子能量的方式的不同，典型的电子发射效应有光电效应、场致发射效应及热电子发射效应等。表 6-4 列出了基于不同实验确定的典型金属脱出功 ϕ 的实验值。

表 6-4　典型金属脱出功 ϕ 的实验值

金　属	ϕ/eV	金　属	ϕ/eV	金　属	ϕ/eV
Ca	2.80	K	2.22	Ba	2.49
Li	2.38	Ga	3.96	Rb	2.16
Al	4.25	Ti	3.70	Fe	4.31
Na	2.35	Sn	4.38	Mn	3.83
Sr	2.35	Pb	4.00	Zn	4.24
In	3.80	Bi	4.40	Cd	4.10
Cs	1.81	Cu	4.40	Ag	4.30
Au	4.30	Sb	4.08	Be	3.92
Hg	4.52	W	4.50	Mg	3.64

数据来源：FOMENKO V S，et al. Handbook of Thermionic Properties［M］. New York：Plenum Press：Data Division，1966.

金属的光电效应指的是适当频率的光照射到金属上产生电子发射的一种现象。按照爱因斯坦光量子假说，光由一份一份不连续的光子组成，对于频率为 ν 的光，每一个光子具有 $h\nu$ 的能量。当频率为 ν 的光照射到金属上时，电子可以完全吸收光子的能量 $h\nu$，引起电子动能的增加。当吸收光子的能量 $h\nu$ 超过脱出功 ϕ 时，电子获得足够高的动能以至于可以逸出体外形成所谓的电子发射现象，用数学形式表示为

$$\frac{1}{2}mv_{\mathrm{e}}^2=h\nu-\phi \tag{6-66}$$

式中，v_{e} 为电子离开金属后的速度；$\frac{1}{2}mv_{\mathrm{e}}^2$ 为电子离开金属后的动能。可见，在金属中要实现光照引起的电子发射，照射金属的光的频率必须满足

$$\nu>\nu_0 \tag{6-67}$$

式中，ν_0 为红限，$\nu_0=\phi/h$，是金属的特性参数。

场致发射效应可以形象地认为是利用外界强电场把电子拉出固体表面形成电子发射的一种现象，但在实际的场致发射效应实验中多利用的是电子隧穿效应。按照量子力学，尽管金属表面有较高的势垒，由于电子的隧穿效应，电子可以穿过比它的动能更高的势垒。当外加足够强的电场时，金属表面的势垒可以被有效降低，因此，伴随外加电场引起势垒高度的有效降低，电子隧穿概率大大增加，从而引起电子发射现象。

金属中的电子热发射效应指的是当金属丝加热到足够高温度时，有一部分电子因获得高于脱出功的能量而逸出金属体外所产生的一种热电子发射现象。理查孙（Richardson）和杜师曼（Dushman）对各种金属进行了热电流密度（j）随温度变化关系的测量，并以 $\ln(j/T^2)$-$1/T$ 形式显示实验数据，结果发现，对每种金属在各种温度下测量得到的热电流密度数据均落在一条直线上，由此提出热电流密度随温度变化关系的一个经验表达式，即

$$j=AT^2\mathrm{e}^{-\phi/k_{\mathrm{B}}T} \tag{6-68}$$

式（6-68）称为理查孙-杜师曼公式，其中 A 为 ϕ 的常数，ϕ 实际上就是脱出功。

1928 年，索末菲和诺德海姆（Nordheim）基于自由电子气量子理论各自独立地导出了热电流密度与温度变化关系的表达式式（6-68）。下面以电子热发射为例，介绍其理论分析的基础、过程及结论，对其他形式的电子发射可进行类似的理论分析。

6.5.2 电子热发射效应的理论分析

按照自由电子气量子理论，处在 $\boldsymbol{k}$ 态的电子的能量和速度分别为 $E(\boldsymbol{k})=\frac{\hbar^2k^2}{2m}$ 和 $\boldsymbol{v}(\boldsymbol{k})=\frac{\hbar\boldsymbol{k}}{m}$，$\boldsymbol{k}$ 空间中，$\boldsymbol{k}$~$\boldsymbol{k}+\mathrm{d}\boldsymbol{k}$ 间隔内的电子数为

$$\mathrm{d}N=2\times\frac{V}{(2\pi)^3}f\times\mathrm{d}\boldsymbol{k} \tag{6-69}$$

式中，$\frac{V}{(2\pi)^3}$ 为 $\boldsymbol{k}$ 空间中的状态密度；f 为费米-狄拉克分布函数，$f=\frac{1}{\mathrm{e}^{(E-E_{\mathrm{F}})k_{\mathrm{B}}T}+1}$；因子 2 表示每个态上可允许两个电子占据。式（6-69）两边同时除以样品的体积 V，利用 $\mathrm{d}\boldsymbol{v}=\frac{\hbar}{m}\mathrm{d}\boldsymbol{k}$

和，可得在 $\boldsymbol{v}\sim\boldsymbol{v}+\mathrm{d}\boldsymbol{v}$ 速度间隔内，单位体积内的电子数为

$$\mathrm{d}n=\frac{\mathrm{d}N}{V}=2\left(\frac{m}{h}\right)^3 f(v)\,\mathrm{d}\boldsymbol{v} \tag{6-70}$$

其中

$$f(v)=\frac{1}{\mathrm{e}^{\left(\frac{1}{2}mv^2-E_\mathrm{F}\right)/k_\mathrm{B}T}+1} \tag{6-71}$$

由图 6-8 可以看出，电子要想离开金属，要求电子的动能满足

$$\frac{1}{2}mv^2-E_\mathrm{F}\geqslant\phi \tag{6-72}$$

由表 4-2 可以看出，金属的 $\phi\gg k_\mathrm{B}T$，因此，$\frac{1}{2}mv^2-E_\mathrm{F}\gg k_\mathrm{B}T$，在这种情况下，费米分布函数近似为

$$f(v)=\frac{1}{\mathrm{e}^{\left(\frac{1}{2}mv^2-E_\mathrm{F}\right)/k_\mathrm{B}T}+1}\approx\mathrm{e}^{\frac{E_\mathrm{F}}{k_\mathrm{B}T}}\mathrm{e}^{-mv^2/2k_\mathrm{B}T} \tag{6-73}$$

式（6-70）变为

$$\mathrm{d}n=2\left(\frac{m}{h}\right)^3\mathrm{e}^{E_\mathrm{F}/k_\mathrm{B}T}\mathrm{e}^{-mv^2/2k_\mathrm{B}T}\mathrm{d}\boldsymbol{v} \tag{6-74}$$

假设 x 轴垂直于金属表面，电子沿 x 方向离开金属，如图 6-9 所示，则沿 x 方向的动能必须大于 ϕ，而对于其他方向速度是任意的。因此，讨论沿 x 方向发射的电流必须对另外两个方向进行积分，即

$$\mathrm{d}n(v_x)=2\left(\frac{m}{2\pi\hbar}\right)^3\mathrm{e}^{E_\mathrm{F}/k_\mathrm{B}T}\mathrm{e}^{-mv^2/2k_\mathrm{B}T}\mathrm{d}v_x\int_{-\infty}^{\infty}\mathrm{e}^{-mv_y^2/2k_\mathrm{B}T}\mathrm{d}v_y\int_{-\infty}^{\infty}\mathrm{e}^{-mv_z^2/2k_\mathrm{B}T}\mathrm{d}v_z \tag{6-75}$$

式（6-75）中的两个积分分别为

$$\int_{-\infty}^{\infty}\mathrm{e}^{-mv_y^2/2k_\mathrm{B}T}\mathrm{d}v_y=\left(\frac{2\pi k_\mathrm{B}T}{m}\right)^{1/2}$$

$$\int_{-\infty}^{\infty}\mathrm{e}^{-mv_z^2/2k_\mathrm{B}T}\mathrm{d}v_z=\left(\frac{2\pi k_\mathrm{B}T}{m}\right)^{1/2}$$

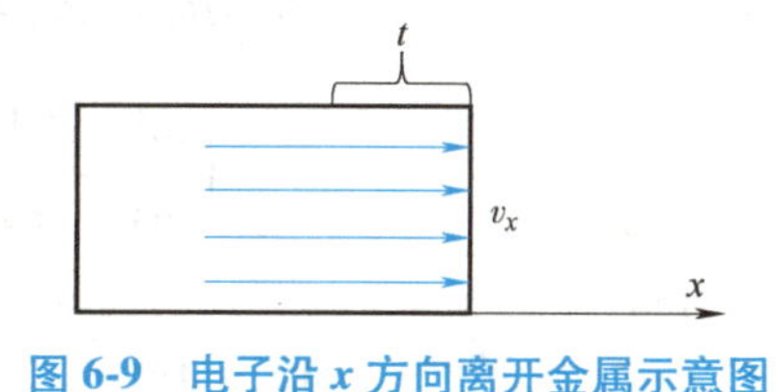

图 6-9　电子沿 x 方向离开金属示意图

代入式（6-75），可得

$$\mathrm{d}n(v_x)=4\pi\frac{m^2k_\mathrm{B}T}{\hbar^3}\mathrm{e}^{E_\mathrm{F}/k_\mathrm{B}T}\mathrm{e}^{-mv^2/2k_\mathrm{B}T}\mathrm{d}v_x \tag{6-76}$$

图 6-9 中具有速度 v_x 的电子沿 x 方向在时间 t 内可行进 v_xt 距离，可见，在 t 内与表面的距离小于 v_xt 且速度为 v_x 的电子都能够到达表面，因此，t 时间内能到达表面的电子总数为

$$\mathrm{d}N=av_xt\mathrm{d}n(v_x) \tag{6-77}$$

式中，a 为金属表面面积。每个电子携带电荷 e，单位时间内到达表面的电子数乘上电子电荷就是要求的热电流，再除以金属表面面积，即可得热电流密度为

$$j=\int_{\sqrt{2E_0/m}}^{\infty}ev_x\mathrm{d}n(v_x) \tag{6-78}$$

式（6-78）积分下限取 $v_x=\sqrt{2E_0/m}$ 是因为满足 $\frac{1}{2}mv_x^2>E_0$ 条件的电子原则上都可能离开

金属。将式（6-76）代入式（6-78），并利用

$$\int_{\sqrt{2E_0/m}}^{\infty} v_x \mathrm{e}^{-mv_x^2/2k_BT} v_x \mathrm{d}v_x = \frac{k_B T}{\hbar^3}\mathrm{e}^{-E_0/k_BT} \tag{6-79}$$

可得热电流密度为

$$j = 4\pi\mathrm{e}\frac{m^2 k_B T}{\hbar^3}\mathrm{e}^{E_F/k_BT}\int_{\sqrt{2E_0/m}}^{\infty} v_x \mathrm{e}^{-mv_x^2/2k_BT} v_x \mathrm{d}v_x = AT^2\mathrm{e}^{-\phi/k_BT} \tag{6-80}$$

式中，$A=4\pi\mathrm{e}\frac{m^2 k_B T}{\hbar^3}$；$\phi=E_0-E_F$。这正是理查孙-杜师曼基于实验给出的热电流密度随其中温度变化的经验公式，说明实验观察到的金属电子热发射现象可以基于金属自由电子气量子理论得到很好的解释。

6.6 朗道能级与霍尔效应

6.6.1 朗道能级

没有外场时，自由电子的哈密顿量为

$$H=\frac{p^2}{2m}=\frac{(-\mathrm{i}\hbar\boldsymbol{\nabla})^2}{2m}=-\frac{\hbar^2}{2m}\boldsymbol{\nabla}^2 \tag{6-81}$$

在外磁场 $\boldsymbol{B}$ 作用下，设磁场的矢势为 $\boldsymbol{A}$，这时自由电子的哈密顿量为

$$H=\frac{1}{2m}(p+eA)^2 \tag{6-82}$$

若 $\boldsymbol{B}$ 沿 z 轴方向，即 $B_x=B_y=0$，$B_z=B$，磁场

$$\boldsymbol{B}=B\hat{k}=\boldsymbol{\nabla}\times\boldsymbol{A}=\left(\frac{\partial}{\partial x}\hat{i}+\frac{\partial}{\partial y}\hat{j}+\frac{\partial}{\partial z}\hat{k}\right)\times(A_x\hat{i}+A_y\hat{j}+A_z\hat{k})$$
$$=\left(\frac{\partial A_z}{\partial y}-\frac{\partial A_y}{\partial z}\right)\hat{i}+\left(\frac{\partial A_x}{\partial z}-\frac{\partial A_z}{\partial x}\right)\hat{j}+\left(\frac{\partial A_y}{\partial x}-\frac{\partial A_x}{\partial y}\right)\hat{k}$$

可得

$$B_x=\frac{\partial A_z}{\partial y}-\frac{\partial A_y}{\partial z}=0,\quad B_y=\frac{\partial A_x}{\partial z}-\frac{\partial A_z}{\partial x}=0,\quad B_z=\frac{\partial A_y}{\partial x}-\frac{\partial A_x}{\partial y}=B$$

不难看出，$\boldsymbol{A}$ 具有任意性，如有解时

$$A_z=A_y=0,\quad A_x=-By$$

或

$$A_z=A_x=0,\quad A_y=Bx$$

这说明磁场的矢势 $\boldsymbol{A}$ 可以唯一地确定磁场 $\boldsymbol{B}$，但 $\boldsymbol{B}$ 不能唯一地确定 $\boldsymbol{A}$，若选取 $\boldsymbol{A}=\boldsymbol{B}x\hat{j}$，那么，由式（6-82），电子在磁场中的薛定谔方程可写为

$$\frac{1}{2m}(-\mathrm{i}\hbar\boldsymbol{\nabla}+eBx\hat{j})^2\phi=E\phi \tag{6-83}$$

相较于无磁场的自由电子情形，式（6-83）方程中多了含 x 项。波函数在 x 方向上不再是平面波的形式，因此可采用分离变量法，将试探波函数写为

$$\phi = e^{i(k_y + k_z)} \varphi(x) \tag{6-84}$$

将式（6-84）代入式（6-83），可得其薛定谔方程为

$$-\frac{\hbar^2}{2m}\frac{d^2}{dx^2}\varphi(x) + \frac{m\omega_c^2}{2}(x-x_0)^2\varphi(x) = E\varphi(x) \tag{6-85}$$

式中，ω_c 为回旋频率，$\omega_c = \frac{eB}{m}$；$x_0 = \frac{\hbar k_y}{eB}$。可以看出，式（6-85）是一个以 x_0 为中心的一维谐振子的薛定谔方程，其解为

$$\varphi_n(x-x_0) = \exp\left[-\frac{\omega_c}{2}(x-x_0)^2\right] H_n[\omega_c(x-x_0)] \tag{6-86}$$

式中，H_n 为厄米多项式。

一维谐振子的能量为

$$E_n = \left(E - \frac{\hbar^2 k_z^2}{2m}\right) = \left(n + \frac{1}{2}\right)\hbar\omega_c, \quad n = 0, 1, 2, 3, \cdots \tag{6-87}$$

与自由电子的能量 $E(\boldsymbol{k}) = \hbar^2(k_x^2 + k_y^2 + k_z^2)/(2m)$ 相比，施加沿 z 轴的磁场后，电子沿 z 轴不受洛伦兹力的作用，因此仍能以能量 $\hbar^2 k_z^2/(2m)$ 保持自由运动，而在垂直于磁场方向的 x-y 平面内，从原来准连续的能带变为一系列的一维子能带 $(n+1/2)\hbar\omega_c$。电子在 x-y 平面内的匀速圆周运动对应于一种简谐振动，其能量是量子化的，这一结论由朗道（Landau）于 1930 年首先提出，因此量子化的能级称为朗道能级（Landau Level）。

在 $\boldsymbol{k}$ 空间中，波矢沿 z 轴形成一系列同轴的圆柱面，称为朗道管，如图 6-10 所示，每个圆柱面对应一个确定的量子数 n，可以看成一个子能带。每个圆柱面上的能量由

$$E_n(k_z) = \frac{\hbar^2 k_z^2}{2m} + \left(n + \frac{1}{2}\right)\hbar\omega_c \tag{6-88}$$

确定，如图 6-10b 所示。

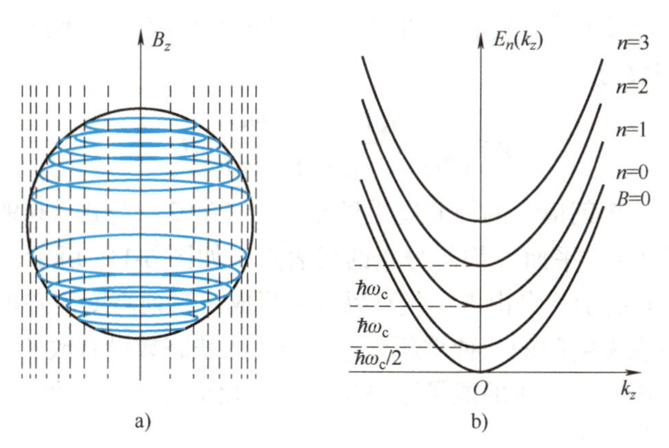

图 6-10　外加磁场下自由电子形成的朗道管和子能带

a）外磁场下的朗道管　b）自由电子子能带

6.6.2　朗道能级的简并度

自由电子气准连续的能谱在垂直磁场下聚集成间隔为 $\hbar\omega_c$ 的分立能级。这种改变是量

子态的改变，但量子态的总数应当保持不变。也就是说，每个朗道能级所包含的量子态总数等于原来连续能谱中能量间隔 $\hbar\omega_c$ 内的量子态数，即朗道能级的简并度。磁场中电子能量本征值由 n、k_z 决定，而相应的本征函数 $\varphi=e^{i(k_y+k_z)}\phi(x)$ 由 n、k_y、k_z 三个量子数决定。当 n、k_z 确定后，能量有唯一确定的值，但 k_y 可以取任意值，即这些不同的 k_y 所对应的本征函数对 $E_n(k_z)$ 是简并的。

在外磁场中，能量等于 $(n+1/2)\hbar\omega_c$ 的谐振子，电子在其中心 x_0 附近振动，它可以处于晶体中不同的位置，但只能在晶体的线度内，即

$$-\frac{L_x}{2}<x_0=\frac{\hbar k_y}{eB}<\frac{L_x}{2} \tag{6-89}$$

因此，k_y 的取值范围为 $k_y\in\left(-\frac{eB}{2\hbar}L_x,\frac{eB}{2\hbar}L_x\right)$，在此区间均匀分布 k_y 代表点的线度为 $2\pi/L_y$，k_y 代表点共数为

$$\rho=\frac{2eBL_x(2\hbar)}{2\pi L_y}=\frac{eB}{2\pi\hbar}L_xL_y=\frac{m\omega_c}{2\pi\hbar}L_xL_y \tag{6-90}$$

式（6-90）也就是总的状态数，即简并度。

简并也可以通过朗道环进行计算。在 $\boldsymbol{k}$ 空间中，许可态的代表点将简并到圆柱面朗道管上，其截面称为朗道环，由

$$E=\frac{\hbar^2k_{xy}^2}{2m}=\frac{\hbar^2k_x^2}{2m}+\frac{\hbar^2k_y^2}{2m}=\left(n+\frac{1}{2}\right)\hbar\omega_c,\quad k_{xy}^2=k_x^2+k_y^2$$

可得 $\Delta E=\frac{\hbar^2k_{xy}}{m}dk_{xy}$ 和 $\Delta E=\hbar\omega_c$，则相邻两个朗道环间的面积为

$$\Delta A=2\pi k_{xy}dk_{xy}=\frac{2\pi m\Delta E}{\hbar^2}=\frac{2\pi m\omega_c}{\hbar} \tag{6-91}$$

因为在 x-y 平面内每个状态代表点的面积为 $(2\pi)^2/(L_xL_y)$，因此，无磁场时上述面积所包含的所有的状态数为

$$\rho=\frac{\Delta A}{(2\pi)^2/(L_xL_y)}=\frac{m\omega_c}{2\pi\hbar}L_xL_y \tag{6-92}$$

式（6-92）就是每个朗道环的简并度。显然，式（6-92）与式（6-90）得到的结果完全一致。这说明本来在 k_x-k_y 平面上均匀分布的代表点，如图 6-11a 所示，在磁场作用下聚集到圆周上，如图 6-11b 所示。自由电子气在磁场中形成一系列高度简并的朗道能级，这实际上反映了状态代表点在 $\boldsymbol{k}$ 空间的一种重新分布，而总的状态数没有改变。朗道能级简并度随磁场强度变化，使得电子气系统的能量随磁场强度变化而变化。另外，由式（6-90）可知，简并度与子能带的序号无关。

6.6.3 霍尔效应

1879 年，美国霍普金斯大学研究生霍尔（E. H. Hall）在研究金属导电机理时发现，磁场中的载流导体在垂直于电流方向的两个端面存在电动势差，这种电磁现象称为霍尔效应（Hall Effect）。如图 6-12 所示，z 方向的磁场 $\boldsymbol{B}$ 使沿 x 方向电流的载体电子受到洛伦兹力的

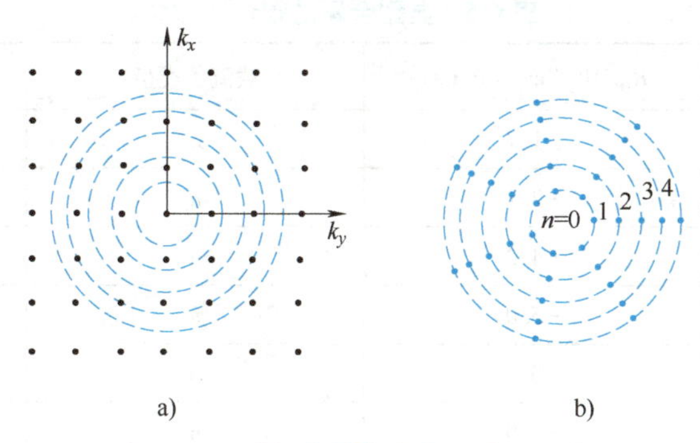

图 6-11 磁场中的自由电子波矢分布

a) 无外场时状态点在 $\boldsymbol{k}$ 空间均匀分布 b) 有外场时状态点在 $\boldsymbol{k}$ 空间形成朗道环

作用而偏转，在垂直于 j_x 和 B 方向上产生横向电场 E_y。E_y 称为霍尔电场，比例系数

$$R_{\mathrm{H}}=E_y/(j_xB) \tag{6-93}$$

称为霍尔系数，是描述霍尔效应的重要物理量。下面讨论霍尔效应的物理内涵。

在霍尔效应实验条件下，电流密度

$$\boldsymbol{j}=\delta\boldsymbol{E}-\alpha(\boldsymbol{E}\times\boldsymbol{B}) \tag{6-94}$$

其分量为

$$j_x=\delta E_x-\alpha BE_y \tag{6-95}$$

$$j_y=\alpha BE_x+\delta E_y \tag{6-96}$$

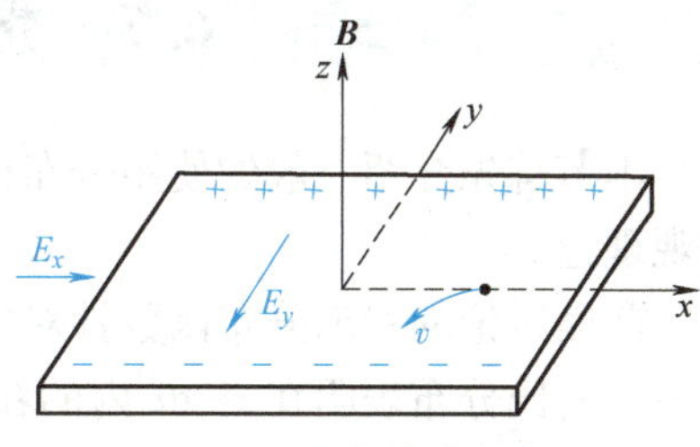

图 6-12 霍尔效应示意图

实验中 y 方向为开路状态，$j_y=0$，有 $E_x=-\dfrac{\delta}{\alpha B}E_y$，代入式（6-95）可得

$$j_x=-\frac{\delta^2+\alpha^2B^2}{\alpha B}E_y \tag{6-97}$$

霍尔系数为

$$R_{\mathrm{H}}=\frac{E_y}{j_xB}=\frac{-\alpha}{\delta^2+\alpha^2B^2} \tag{6-98}$$

在弱磁场条件下，$\omega_{\mathrm{c}}\tau\ll1$，$\delta$ 和 α 表示分母 $1+\omega_{\mathrm{c}}^2\tau^2\approx1$，于是可得

$$\delta\doteq\sigma_0=\frac{ne^2\tau(E_{\mathrm{F}})}{m} \tag{6-99}$$

$$\alpha=\frac{ne^3\tau^2(E_{\mathrm{F}})}{m^2} \tag{6-100}$$

$$R_{\mathrm{H}}=-\frac{\alpha^3}{\sigma_0^2}=-\frac{1}{ne} \tag{6-101}$$

如果金属中载流子是空穴，它的密度为 ρ，在相同条件下，霍尔系数为

$$R_{\mathrm{H}}=\frac{1}{\rho e} \tag{6-102}$$

因此，金属的载流子是电子还是空穴可以通过测量金属的霍尔系数来确定，并估算其密度。表 6-5 列出了典型金属的霍尔系数。

表 6-5　典型金属的霍尔系数

金　属	$R_H/10^{-10}m^3/(A\cdot s)$	载流子类型	载流子密度/$10^{28}m^{-3}$
Li	-1.7	n	3.7
Na	-2.1	n	3.0
K	-4.2	n	1.5
Rb	-5.0	n	1.2
Cu	-0.6	n	10.4
Ag	-0.9	n	7.0
Au	-0.7	n	8.9
Be	2.4	p	2.6
W	1.2	p	5.2

6.7　分布函数和玻尔兹曼方程

本节首先介绍一般的使用分布函数解决输运过程问题的方法，然后深入讨论电子散射的微观理论。

前面讨论的费米分布函数针对的是统计平衡状态，类似于经典统计中的麦氏分布。举例来说，麦氏分布表明在 $v\sim dv$ 内的粒子数为

$$dn=f_M(v,T)dv \tag{6-103}$$

式中，f_M 为麦氏速度分布函数。结合能带情况，运动状态用 $\boldsymbol{k}$ 表示，那么在 $d\boldsymbol{k}$ 内的状态数为 $2V\dfrac{d\boldsymbol{k}}{(2\pi)^3}$，如果使用 $f_0[E(\boldsymbol{k}),T]$ 表示费米函数，那么在 $d\boldsymbol{k}$ 内的电子数为

$$dn=f_0[E(\boldsymbol{k}),T]2Vd\boldsymbol{k}/(2\pi)^3 \tag{6-104}$$

当 $V=1$ 时，可得单位体积内的电子数为

$$dn=2f_0[E(\boldsymbol{k}),T]\frac{d\boldsymbol{k}}{(2\pi)^3} \tag{6-105}$$

如图 6-13 所示，这种麦氏分布可以形象地表示为电子在 $\boldsymbol{k}$ 空间的密度分布，当平衡分布时，$E(\boldsymbol{k})=E(-\boldsymbol{k})$，那么分布密度对于 $\boldsymbol{k}$ 和 $-\boldsymbol{k}$ 是对称的，它们的电流 $-ev(\boldsymbol{k})$ 和 $-ev(-\boldsymbol{k})$ 相反，恰好相互抵消，因此在平衡分布时电流等于 0。

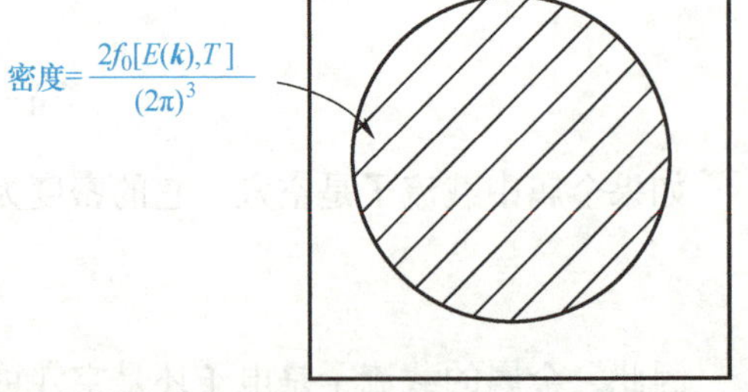

图 6-13　电子在 $\boldsymbol{k}$ 空间的分布

如图 6-14 所示，当对该系统施加一个稳定外场 $\boldsymbol{E}$ 时，所有的波矢都以相同的速度移动，相当于费米球沿着电场的反方向做刚性平移，此时的分布函数不再关于布里渊区中心对称，且电流不等于 0。此时很快就会形成一个稳定的电流密度 $\boldsymbol{j}$，且服从欧姆定律。电流密度表达式为

$$\boldsymbol{j}=\sigma \boldsymbol{E} \tag{6-106}$$

式中，σ 为电导率。

在恒定的外场下，系统内的电子达到一个新的定态分布统计，同时这种定态分布统计也可以用与平衡状态下相似的分布函数进行描述，在这里将该函数定义为 $f(\boldsymbol{k})$。当 $V=1$ 时，单位体积内 $\mathrm{d}\boldsymbol{k}$ 下的电子数为 $2f(\boldsymbol{k})\dfrac{\mathrm{d}k}{(2\pi)^3}$。

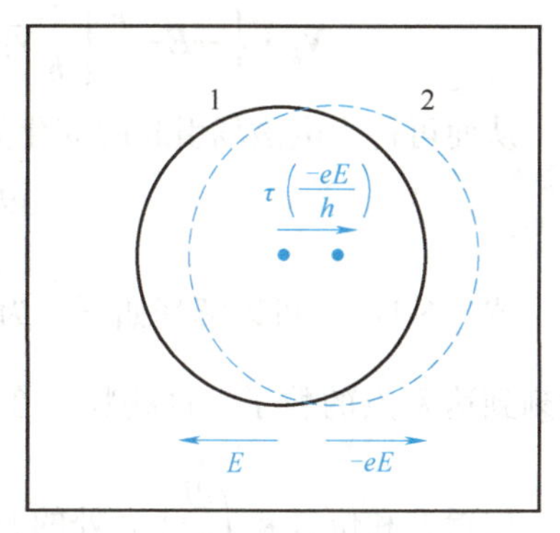

图 6-14　外场作用下的分布函数

若将上述电子的速度用 $\boldsymbol{v}(\boldsymbol{k})$ 表示，那么它们对电流密度的贡献可以表示为 $-2ef(\boldsymbol{k})\boldsymbol{v}(\boldsymbol{k})\dfrac{\mathrm{d}\boldsymbol{k}}{(2\pi)^3}$。积分可得总的电流密度为

$$\boldsymbol{j}=-2e\int f(\boldsymbol{k})\boldsymbol{v}(\boldsymbol{k})\mathrm{d}\boldsymbol{k}/(2\pi)^3 \tag{6-107}$$

因此对于电流密度来说，一旦确定了分布函数 $f(\boldsymbol{k})$，就可以直接得到电流密度。所谓的分布函数方法即通过在非平衡状态下的分布函数来研究输运过程的方法。

为了进一步探讨非平衡分布函数确立的主要因素，接下来分析在施加外场时如何形成非平衡分布。在外场作用下，费米球在波矢空间会进行刚性的漂移，如果一直漂移下去，仅仅依靠漂移机制，无法使整个系统的状态稳定下来，会产生布洛赫振荡现象，除了漂移机制，电子的碰撞效果会使波矢的状态发生改变，假定碰撞的平均弛豫时间为 τ，那么分布函数移动的距离为 $\tau\left(\dfrac{-eE}{h}\right)$。正是由于漂移和碰撞两个机制的共同作用，使得系统从一个分布状态达到另外一个新的分布状态。

通过分布函数来研究输运过程可概括为一个关于分布函数的微分方程——玻尔兹曼方程。玻尔兹曼方程就是考虑了分布函数在漂移和碰撞机制下的变化规律而建立的。

6.8　外场和碰撞作用

如前文所述，分布状态的变化来源于两个因素：由外场所引起的漂移和电子的碰撞。

6.8.1　由外场引起的在 $\boldsymbol{k}$ 空间的漂移

在恒定的电场 $\boldsymbol{E}$ 和磁场 $\boldsymbol{H}$ 作用下，电子的状态将按

$$\frac{\mathrm{d}\boldsymbol{k}}{\mathrm{d}t}=\frac{1}{h}\left\{-e\boldsymbol{E}-\frac{e}{c}\left[\frac{1}{h}\boldsymbol{\nabla}_k E(\boldsymbol{k})\times\boldsymbol{H}\right]\right\} \tag{6-108}$$

规律进行变化。当电子状态发生变化时，分布函数也会发生相应的变化，这里通过几何的方式进行分析，将 $2f(\boldsymbol{k},t)$ 视为 $\boldsymbol{k}$ 空间内流体的密度，那么 $\mathrm{d}\boldsymbol{k}/\mathrm{d}t$ 就是流体在各点处的流速。在流体力学中，根据连续性原理，可得

$$\frac{\partial}{\partial t}2f(\boldsymbol{k},t)=-\boldsymbol{\nabla}_k\cdot\left[2f(\boldsymbol{k},t)\frac{\mathrm{d}\boldsymbol{k}}{\mathrm{d}t}\right]=-2\frac{\mathrm{d}\boldsymbol{k}}{\mathrm{d}t}\cdot\boldsymbol{\nabla}_k f(k,t)-2f(k,t)\boldsymbol{\nabla}_k\cdot\frac{\mathrm{d}k}{\mathrm{d}t} \tag{6-109}$$

将 $\mathrm{d}\boldsymbol{k}/\mathrm{d}t$ 的表达式式（6-108）代入式（6-109），第二项为 0，即

$$\nabla_k \cdot \left\{-e\boldsymbol{E}-\frac{e}{c}\left[\frac{1}{h}\nabla_k E(\boldsymbol{k})\times\boldsymbol{H}\right]\right\}=-\frac{e}{ch}\{[\nabla_k\times\nabla_k E(\boldsymbol{k})]\cdot\boldsymbol{H}\}=0 \tag{6-110}$$

从而可得由电磁场引起的变化为

$$\frac{\partial f(\boldsymbol{k},t)}{\partial t}=-\frac{\mathrm{d}\boldsymbol{k}}{\mathrm{d}t}\cdot\nabla_k f(\boldsymbol{k},t) \tag{6-111}$$

式（6-111）可以解释如下：为了计算函数 f 在 $\boldsymbol{k}$ 点随时间 δt 的变化，需要关注在 $t+\delta t$ 时刻到达 $\boldsymbol{k}$ 点的粒子。这些粒子在 t 时刻的位置为 $\boldsymbol{k}-\left(\frac{\mathrm{d}\boldsymbol{k}}{\mathrm{d}t}\right)\delta t$。因此，通过比较同一时刻 t 下，位置 $\boldsymbol{k}$ 和位置 $\boldsymbol{k}-\left(\frac{\mathrm{d}\boldsymbol{k}}{\mathrm{d}t}\right)\delta t$ 处的 f 值，可得 δf 为

$$\delta f=f\left(k-\frac{\mathrm{d}\boldsymbol{k}}{\mathrm{d}t}\delta t,t\right)-f(\boldsymbol{k},t)=-\left[\frac{\mathrm{d}\boldsymbol{k}}{\mathrm{d}t}\cdot\nabla_k f(\boldsymbol{k},t)\right]\delta t \tag{6-112}$$

式（6-112）与式（6-111）结果相同。由于函数 f 的变化完全是由于 f 从一个位置漂移到另一个位置造成的，因此，这种变化通常称为漂移项。

在更为复杂的问题中，分布函数将与位置有关，如当温度梯度存在时，分布函数应写为 $f(\boldsymbol{k},\boldsymbol{r},t)$。

同样通过几何的方法进行分析，将 $f(\boldsymbol{k},\boldsymbol{r},t)$ 视作相空间（$\boldsymbol{k},\boldsymbol{r}$）中流体的密度，$\mathrm{d}\boldsymbol{k}/\mathrm{d}t$ 和 $\mathrm{d}\boldsymbol{r}/\mathrm{d}t$ 分别为沿着 $\boldsymbol{k}$ 坐标和 $\boldsymbol{r}$ 位标的漂移速度分量，根据流体力学中的连续性原理，可得

$$\frac{\partial f}{\partial t}=-v(\boldsymbol{k})\cdot\nabla_r f(\boldsymbol{k},\boldsymbol{r},t)-\frac{\mathrm{d}\boldsymbol{k}}{\mathrm{d}t}\cdot\nabla_k f(\boldsymbol{k},\boldsymbol{r},t) \tag{6-113}$$

6.8.2 碰撞

碰撞项详细描述了粒子间碰撞对分布函数的影响，由于系统中晶格原子的振动和杂质的存在，电子可以不断地从 $\boldsymbol{k}$ 状态跃迁至 $\boldsymbol{k}'$状态，假定用一个跃迁概率函数 $\theta(\boldsymbol{k},\boldsymbol{k}')$ 来表示在单位时间内由 $\boldsymbol{k}\to\boldsymbol{k}'$的散射概率，并假设在散射过程中电子的自旋不发生变化，显然这种跃迁会导致分布函数发生变化。在 $\mathrm{d}\boldsymbol{k}$ 下的粒子数为 $2f(\boldsymbol{k},t)\mathrm{d}k$，在 δt 时间内，跃迁至 $\mathrm{d}\boldsymbol{k}'$状态下的粒子数为 $2f(\boldsymbol{k},t)\mathrm{d}\boldsymbol{k}\theta(\boldsymbol{k},\boldsymbol{k}')\mathrm{d}\boldsymbol{k}'[1-f(\boldsymbol{k}',t)]\delta t$。在这种情况下，$\mathrm{d}\boldsymbol{k}'$表示具有特定自旋的状态数，自旋只能是相同的，因此 $2V\mathrm{d}\boldsymbol{k}'$被改写成 $\mathrm{d}\boldsymbol{k}'$。并且在 $\boldsymbol{k}'$状态下没有被占据的概率用 $1-f(\boldsymbol{k}',t)$ 表示，当这些状态为空时，$\mathrm{d}\boldsymbol{k}$ 内的粒子才能跃迁进来，将这个表达式对所有 $\boldsymbol{k}'$状态积分，就可以得到由于跃迁所损失的总粒子数为

$$\int_{k'} f(\boldsymbol{k},t)[1-f(\boldsymbol{k}',t)]\theta(\boldsymbol{k},\boldsymbol{k}')\mathrm{d}\boldsymbol{k}'(2\mathrm{d}\boldsymbol{k}\delta t) \tag{6-114}$$

同样的，电子也可以从其他 $\boldsymbol{k}'$状态不断地跃迁至 $\boldsymbol{k}$ 状态，使得 $\mathrm{d}\boldsymbol{k}$ 下的粒子数增加。依然可以通过跃迁概率函数 $\theta(\boldsymbol{k}',\boldsymbol{k})$ 来描述，可得由于跃迁增加的总粒子数为

$$\int_{k'} f(\boldsymbol{k}',t)[1-f(\boldsymbol{k},t)]\theta(\boldsymbol{k}',\boldsymbol{k})\mathrm{d}\boldsymbol{k}'(2\mathrm{d}\boldsymbol{k}\delta t) \tag{6-115}$$

这里引入

$$\begin{cases} a=\int_{k'} f(\boldsymbol{k},t)[1-f(\boldsymbol{k}',t)]\theta(\boldsymbol{k},\boldsymbol{k}')\mathrm{d}\boldsymbol{k}' \\ b=\int_{k'} f(\boldsymbol{k}',t)[1-f(\boldsymbol{k},t)]\theta(\boldsymbol{k}',\boldsymbol{k})\mathrm{d}\boldsymbol{k}' \end{cases} \tag{6-116}$$

式（6-116）中两式之差就是在 δt 时间内，$\mathrm{d}\boldsymbol{k}$ 内的粒子数 $2f(\boldsymbol{k},t)\mathrm{d}\boldsymbol{k}$ 的变化，即

$$2\delta f(\boldsymbol{k},t)\mathrm{d}\boldsymbol{k}=(b-a)(2\mathrm{d}\boldsymbol{k}\delta t) \tag{6-117}$$

由碰撞所导致的分布函数的变化可以写为

$$\left(\frac{\partial f}{\partial t}\right)_{\text{碰}}=b-a \tag{6-118}$$

考虑漂移项和碰撞项所引起的分布函数的变化，可得描述分布函数随时间变化的玻尔兹曼方程的一般表达式为

$$\frac{\partial f}{\partial t}=-v(\boldsymbol{k})\cdot\nabla_r f(\boldsymbol{k},\boldsymbol{r},t)-\frac{\mathrm{d}\boldsymbol{k}}{\mathrm{d}t}\cdot\nabla_k f(\boldsymbol{k},\boldsymbol{r},t)+b-a \tag{6-119}$$

对于定态问题，$\frac{\partial f}{\partial t}=0$，可得定态下的玻尔兹曼方程为

$$v(\boldsymbol{k})\cdot\nabla_r f(\boldsymbol{k},\boldsymbol{r})+\frac{\mathrm{d}\boldsymbol{k}}{\mathrm{d}t}\cdot\nabla_k f(\boldsymbol{k},\boldsymbol{r})=b-a \tag{6-120}$$

如果纯粹考虑定态下的电导问题，在不存在温度梯度和浓度梯度的情况下，f 将与 $\boldsymbol{r}$ 无关，同时$\frac{\mathrm{d}\boldsymbol{k}}{\mathrm{d}t}=\frac{F}{h}$，$F=-e\boldsymbol{E}$，则有

$$\frac{-e\boldsymbol{E}}{h}\cdot\nabla_k f(\boldsymbol{k})=b-a \tag{6-121}$$

这样就得到了一个简化的玻尔兹曼方程。

6.9　弛豫时间近似

如前文所述，只要求解在恒定电场下的玻尔兹曼方程，就可以得到定态非平衡分布下的分布函数，电流密度就可以直接由分布函数得到。但是，在碰撞项 $b-a$ 的积分内存在未知的分布函数，因此玻尔兹曼方程是一个复杂的积分微分方程式，求解起来十分的困难，往往需要一个近似的求解方法。因此在实际求解过程中，通常将碰撞项写为

$$\left(\frac{\partial f}{\partial t}\right)_{\text{碰}}=b-a=-\frac{f-f_0}{\tau(\boldsymbol{k})} \tag{6-122}$$

式中，f_0 为平衡时的费米分布函数；τ 为引入的参量，表示恢复平衡的时间，称为弛豫时间，由于在不同 $\boldsymbol{k}$ 状态下恢复的时间有差异，τ 应该是一个关于 $\boldsymbol{k}$ 的函数，这里通过 $\tau(\boldsymbol{k})$ 来概括碰撞项对分布函数的影响；负号表示偏离程度随着时间的增加而减小。假设一开始状态是不平衡的，即 $f=f_0+(\Delta f)_0$，$(\Delta f)_0$ 表示对平衡的偏移。

求解式（6-122），可得

$$\Delta f=f-f_0=(\Delta f)_0\mathrm{e}^{-t/\tau} \tag{6-123}$$

式中，$t=0$ 时，$\Delta f=f-f_0=(\Delta f)_0$。可以看出弛豫时间 τ 可以粗略地估计趋于平衡态所需的时间。

当引入弛豫时间后，玻尔兹曼方程可写为

$$\frac{-e\boldsymbol{E}}{h}\cdot\nabla_k f(\boldsymbol{k})=-\frac{f-f_0}{\tau(\boldsymbol{k})} \tag{6-124}$$

此时式（6-124）方程的解就是恒定电场 $\boldsymbol{E}$ 下定态的分布函数 f。可以看出分布函数依赖于电场 $\boldsymbol{E}$，通常来说电场 $\boldsymbol{E}$ 远小于原子内部的电场，因此可以按照 $\boldsymbol{E}$ 的幂级数展开，$f=f_0+f_1+f_2+\cdots$。在弱场近似下，只需要考虑线性项，即$f=f_0+f_1$，0 级项表示 $E=0$ 时 f 的值，因此等于平衡状态下的费米分布函数 f_0。

此时有

$$f_1=\frac{e\tau(\boldsymbol{k})}{h}\boldsymbol{E}\cdot\nabla_k f_0 \tag{6-125}$$

由于 f_0 是 $E(\boldsymbol{k})$ 的函数，因此式（6-125）又可以写为

$$f_1=\frac{e\tau(\boldsymbol{k})}{h}\boldsymbol{E}\cdot\nabla_k E(\boldsymbol{k})\left(\frac{\partial f_0}{\partial \boldsymbol{E}}\right) \tag{6-126}$$

这里引入能带理论中的基本关系式：$\frac{1}{h}\nabla_k E(\boldsymbol{k})=v(\boldsymbol{k})$，即

$$f_1=e\tau(\boldsymbol{k})\boldsymbol{E}\cdot v(\boldsymbol{k})\left(\frac{\partial f_0}{\partial \boldsymbol{E}}\right) \tag{6-127}$$

6.10 晶格散射与电导

前文提到，散射可以来源于晶体中存在的杂质和缺陷，同样也可以来源于晶格振动。在理想情况下，当原子完全规则地排列在周期性晶格中时，电子会保持在固定的 k 状态，因而不会发生跃迁，也不会产生电阻。然而，实际情况是原子并不是静止地停留在晶格点上。由于热振动的存在，原子经常偏离其晶格位置。这种偏离会对周期性势场造成微扰，从而导致电子发生跃迁。这种由于原子热振动引起的电子散射机制称为晶格散射。实际上所有由晶格的振动所引起的电子跃迁都可以等效为声子与电子之间的相互作用，在此过程中存在着能量守恒和准动量守恒。

首先，假设原子位于 $\boldsymbol{R}_n$ 格点上，当其发生位移 $\boldsymbol{\mu}_n$ 时会引起微扰。设 $V(\boldsymbol{r})$ 为单个原子的势场，那么位于格点 $\boldsymbol{R}_n$ 上的原子的势场为 $V(\boldsymbol{r}-\boldsymbol{R}_n)$。

当原子发生位移 $\boldsymbol{\mu}_n$ 时，假设势场本身并未发生变化，仅仅是随着原子发生位移 $\boldsymbol{\mu}_n$，此时势场为 $V[\boldsymbol{r}-(\boldsymbol{R}_n+\boldsymbol{\mu}_n)]$。

势场的变化为两者差值，即

$$\delta V_n=V[\boldsymbol{r}-(\boldsymbol{R}_n+\boldsymbol{\mu}_n)]-V(\boldsymbol{r}-\boldsymbol{R}_n)\approx-\boldsymbol{\mu}_n\cdot\nabla V(\boldsymbol{r}-\boldsymbol{R}_n) \tag{6-128}$$

在 $\boldsymbol{r}-\boldsymbol{R}_n$ 点附近将势能 V 进行 $\boldsymbol{\mu}_n$ 的级数展开，并保留到一阶项。为了简单起见，这里只考虑简单格子的情况，仅仅具有声学波，以弹性波近似地代替声学波，原子的位移可以写为

$$\boldsymbol{\mu}_n=A\boldsymbol{e}\cos(\boldsymbol{q}\cdot\boldsymbol{R}_n-\nu t) \tag{6-129}$$

式中，$\boldsymbol{e}$ 为振动方向上的单位矢量；A 为振幅。同时，在各向同性介质中，波要么是横波（$\boldsymbol{e}\perp\boldsymbol{q}$），要么是纵波（$\boldsymbol{e}/\!/\boldsymbol{q}$）。

此外，弹性波的速度是恒定的，即

$$\nu=cq$$

式中，c 为常数，当波为横波时，$c=c_t$，当波为纵波时，$c=c_l$。

此时可以得到一个波格引起的势场变化为

$$\begin{aligned}\Delta H &= \sum_n \delta V_n \approx \sum_n -\boldsymbol{\mu}_n \cdot \nabla V(\boldsymbol{r}-\boldsymbol{R}_n) \\ &= -A \sum_n \cos(\boldsymbol{q}\cdot\boldsymbol{R}_n-\omega t)\boldsymbol{e}\cdot\nabla V(\boldsymbol{r}-\boldsymbol{R}_n) \\ &= -\frac{1}{2}A\mathrm{e}^{-\mathrm{i}\omega t}\sum_n \mathrm{e}^{\mathrm{i}\boldsymbol{q}\cdot\boldsymbol{R}_n}\boldsymbol{e}\cdot\nabla V(\boldsymbol{r}-\boldsymbol{R}_n)-\frac{1}{2}A\mathrm{e}^{\mathrm{i}\omega t}\sum_n \mathrm{e}^{-\mathrm{i}\boldsymbol{q}\cdot\boldsymbol{R}_n}\boldsymbol{e}\cdot\nabla V(\boldsymbol{r}-\boldsymbol{R}_n)\end{aligned} \tag{6-130}$$

在量子力学中，ΔH 可以视作一个随时间变化的微扰势，在电子的哈密顿量中引入一个含时的微扰项，从 $\boldsymbol{k}$ 到 $\boldsymbol{k}'$态跃迁的概率可以写为

$$\begin{aligned}\theta(\boldsymbol{k},\boldsymbol{k}')=\frac{2\pi^2}{h}\Big\{&\left|\langle\boldsymbol{k}'\right|-\frac{A}{2}\sum_n \mathrm{e}^{\mathrm{i}\boldsymbol{q}\cdot\boldsymbol{R}_n}\boldsymbol{e}\cdot\nabla V(\boldsymbol{r}-\boldsymbol{R}_n)\left|\boldsymbol{k}\rangle\right|^2\cdot\delta[E(\boldsymbol{k}')-E(\boldsymbol{k})-h\omega]+ \\ &\left|\langle\boldsymbol{k}'\right|-\frac{A}{2}\sum \mathrm{e}^{\mathrm{i}\boldsymbol{q}\cdot\boldsymbol{R}_n}\boldsymbol{e}\cdot\nabla V(\boldsymbol{r}-\boldsymbol{R}_n)\left|\boldsymbol{k}\rangle\right|^2\cdot\delta[E(\boldsymbol{k}')-E(\boldsymbol{k})+h\omega]\Big\}\end{aligned} \tag{6-131}$$

值得注意的是，δ 函数保证了过程中的能量守恒，即

$$\begin{cases}E(\boldsymbol{k}')=E(\boldsymbol{k})+h\omega(\text{吸收声子}) \\ E(\boldsymbol{k}')=E(\boldsymbol{k})-h\omega(\text{发射声子})\end{cases} \tag{6-132}$$

电子能量的变化显然是由于晶格振动引起的，其中 $h\nu$ 为晶格波振动能量的量子（即声子）。因此，可以说，每次晶格散射都会伴随着声子的吸收或发射。根据德拜理论，声子的最大能量为 $k\Theta_D$，但由于在费米面附近电子的能量远远大于该能量，如当 $\Theta_D\approx200$K 时，只有 1/100eV 的数量级，因此该散射可以近似看作弹性散射。

吸收和发射概率的矩阵元为

$$\frac{A}{2}\langle\boldsymbol{k}'\left|\sum_n \mathrm{e}^{\pm\mathrm{i}\boldsymbol{q}\cdot\boldsymbol{R}_n}\boldsymbol{e}\cdot\nabla V(\boldsymbol{r}-\boldsymbol{R}_n)\right|\boldsymbol{k}\rangle=\frac{A}{2}\frac{1}{N}\sum_n \mathrm{e}^{\pm\mathrm{i}\boldsymbol{q}\cdot\boldsymbol{R}_n}\int \mathrm{e}^{-\mathrm{i}(\boldsymbol{k}'-\boldsymbol{k})\cdot\boldsymbol{r}}u_{k'}^*(\boldsymbol{r})u_k(\boldsymbol{r})\boldsymbol{e}\cdot\nabla V(\boldsymbol{r}-\boldsymbol{R}_n)\mathrm{d}\boldsymbol{r}$$

归一化函数表示为

$$\psi_k(\boldsymbol{r})=\frac{1}{\sqrt{N}}\mathrm{e}^{\mathrm{i}k\cdot\boldsymbol{r}}u_k(\boldsymbol{r}) \tag{6-133}$$

设 N 为所考虑的有限晶格的原胞数，这样的归一化使得 $|u_k(\boldsymbol{r})|^2$ 的平均值为 $1/v_0$，其中 v_0 为原胞的体积。在各积分中引入新的积分变量 $\boldsymbol{\xi}=\boldsymbol{r}-\boldsymbol{R}_n$。通过变量代换，矩阵元可以写为

$$\frac{A}{2}(\boldsymbol{e}\cdot\boldsymbol{I}_{\boldsymbol{kk}'})\left[\frac{1}{N}\sum_n \mathrm{e}^{-\mathrm{i}(\boldsymbol{k}'-\boldsymbol{k}\mp\boldsymbol{q})\cdot\boldsymbol{R}_n}\right] \tag{6-134}$$

式中，$\boldsymbol{I}_{\boldsymbol{kk}'}$为之前加式中各项共同的积分，即

$$\boldsymbol{I}_{\boldsymbol{kk}'}=\int \mathrm{e}^{-\mathrm{i}(k'-k)\cdot\boldsymbol{\xi}}u_{k'}^*(\boldsymbol{\xi})u_k(\boldsymbol{\xi})\nabla V(\boldsymbol{\xi})\mathrm{d}\boldsymbol{\xi} \tag{6-135}$$

式（6-135）可以估计 $\boldsymbol{I}_{\boldsymbol{kk}'}$的大小，原子势场 $V(\boldsymbol{\xi})$ 被限制在一个原胞大小范围，因此 $\int\mathrm{d}\boldsymbol{\xi}$ 约为原胞体积 v_0，$u_{k'}^*(\boldsymbol{\xi})u_k(\boldsymbol{\xi})\approx1/v_0$，指数函数≈1，因此积分 $\boldsymbol{I}_{\boldsymbol{kk}'}$就代表了 ∇V 的大小。

矩阵元连加式为

$$\sum_{n} e^{-i(\boldsymbol{k}'-\boldsymbol{k}\mp\boldsymbol{q})\cdot\boldsymbol{R}_n} \tag{6-136}$$

如果

$$\boldsymbol{k}'-\boldsymbol{k}\mp\boldsymbol{q}=n_1\boldsymbol{b}_1+n_2\boldsymbol{b}_2+n_3\boldsymbol{b}_3=\boldsymbol{G}_n(\boldsymbol{G}\text{ 表示倒格矢})$$

则有

$$\frac{1}{N}\sum e^{-i(\boldsymbol{k}'-\boldsymbol{k}\mp\boldsymbol{q})\cdot\boldsymbol{R}_n}=1 \tag{6-137}$$

散射矩阵元只在准动量守恒时不为零，即

$$\begin{cases} h\boldsymbol{k}'=h\boldsymbol{k}+h\boldsymbol{q}(\text{吸收声子}) \\ h\boldsymbol{k}'=h\boldsymbol{k}-h\boldsymbol{q}(\text{发射声子}) \end{cases} \tag{6-138}$$

如果取 $\boldsymbol{G}_n=0$，则有

$$\boldsymbol{k}'=\boldsymbol{k}\pm\boldsymbol{q}$$

这表示在吸收和发射声子的过程中，电子增加或减少了一个声子的准动量。这个过程称为正常（N）过程，对应小角散射，对电阻的贡献小。$\boldsymbol{k}'$、$\boldsymbol{k}$、$\boldsymbol{q}$ 都在第一布里渊区内，如图 6-15 所示。

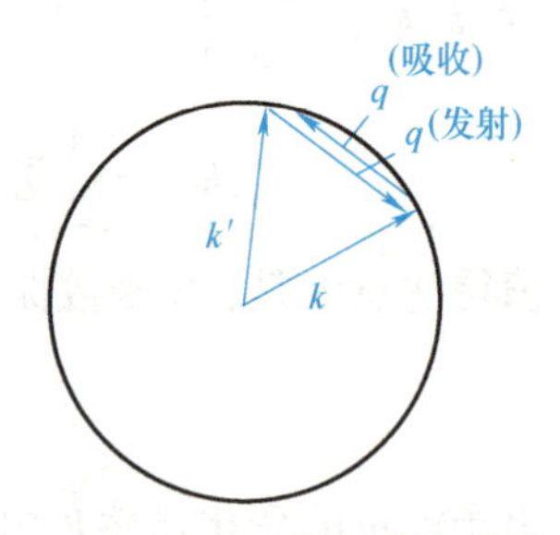

图 6-15　声子的吸收和发射

如果取 $\boldsymbol{G}_n\neq0$，则有

$$\boldsymbol{k}'=\boldsymbol{k}\pm\boldsymbol{q}+\boldsymbol{G}_n$$

此时 $\boldsymbol{k}'$、$\boldsymbol{k}$ 在第一布里渊区外，对应大散射角，称为倒逆（U）过程，如图 6-16 所示。

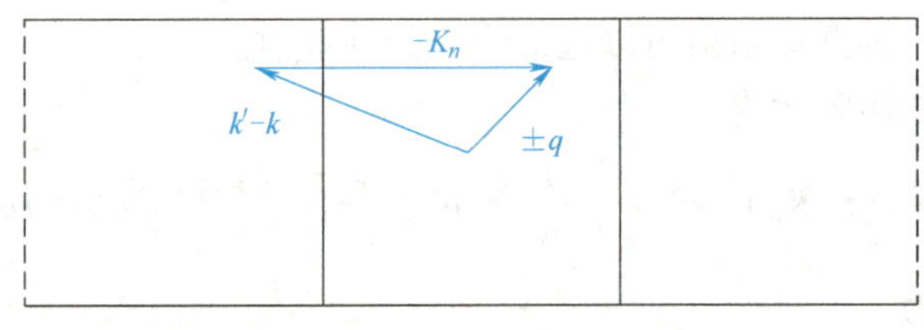

图 6-16　电子准动量的改变和声子准动量

考虑所有晶格振动模式对电子的散射，则跃迁概率可以写为

$$\Theta_{\pm j}=\frac{\pi^2|A_j|^2}{h}|\boldsymbol{e}_j\cdot\boldsymbol{I}_{kk'}|^2\delta(E'-E) \tag{6-139}$$

式中，“+”和“−”分别表示吸收和发射声子的散射过程。

因为声子的能量被忽略，所以概率的表达式对吸收和发射过程形式上相同，只是有关格波的 $\boldsymbol{q}[\boldsymbol{q}=\pm(\boldsymbol{k}'-\boldsymbol{k})]$ 是相反的。

由平均热振动能写出振幅的平方平均值，振动位移为

$$\boldsymbol{\mu}_n=A_j\boldsymbol{e}_j\cos(\boldsymbol{q}\cdot\boldsymbol{R}_n-\omega_jt)$$

要想得到原子动能，需要对时间求微商，即

$$\frac{1}{2}M|\dot{\boldsymbol{\mu}}_n|^2=\frac{MA_j^2}{2}(\omega_j)^2\sin^2(\boldsymbol{q}\cdot\boldsymbol{R}_n-\omega_jt)$$

式中，正弦为 1/2；M 为原子质量。对时间求平均，将所有 N 个原子考虑在内可得振动动能为

$$\frac{NMA_j^2}{4}(\omega_j)^2$$

高温下上式等于$\frac{1}{2}k_BT$（k_B 为玻尔兹曼常数），可得

$$A_j^2=\frac{2k_BT}{NM(\omega_j)^2}=\frac{2k_BT}{NMc_j^2\,|\boldsymbol{k}'-\boldsymbol{k}|^2} \tag{6-140}$$

其中振动频率 ω_j 使用弹性波速表示为

$$\omega_j=c_jq=c_j\,|\boldsymbol{k}'-\boldsymbol{k}| \tag{6-141}$$

因此总的跃迁概率为

$$\theta(\boldsymbol{k},\boldsymbol{k}')=\frac{2\pi^2k_BT}{NMh\bar{c}^2}\sum_j\left|\frac{\bar{c}}{c_j}\frac{1}{|\boldsymbol{k}'-\boldsymbol{k}|}\boldsymbol{e}\cdot\boldsymbol{I}_{\boldsymbol{k}'\boldsymbol{k}}\right|^2\delta(E-E') \tag{6-142}$$

为了方便，这里引入一个平均弹性波速 $\bar{c}$。用 J^2 表示上述方程为

$$J^2(E,\eta)=\sum_j\left|\frac{\bar{c}}{c_j}\frac{1}{|\boldsymbol{k}'-\boldsymbol{k}|}\boldsymbol{e}\cdot\boldsymbol{I}_{\boldsymbol{k}'\boldsymbol{k}}\right|^2 \tag{6-143}$$

在讨论各向同性的晶体模型时，散射 J 在能量 E 的等能面上发生，并且主要取决于散射角 η，对于 J 的估算，可以采用一种简化的方法：通常，$\boldsymbol{I}_{\boldsymbol{k}\boldsymbol{k}'}$ 可以表示原子场 V 的梯度的大小，而 $|\boldsymbol{k}'-\boldsymbol{k}|$ 相对于费米面上的电子，数量级≈$1/a$（a 为原胞的线度），所以有

$$\frac{1}{|\boldsymbol{k}'-\boldsymbol{k}|}\boldsymbol{I}_{k'k}\approx a\,\boldsymbol{\nabla}V \tag{6-144}$$

原子场在晶体原胞中的变化程度可以被散射 J 所体现，因此可以大致推断 J 的量级，大约为几个电子伏数量级。

将概率公式式（6-142）代入弛豫时间公式式（6-127），可得

$$\frac{1}{\tau}=\frac{kT}{NMh\bar{c}^2}\int\delta(E-E')J^2(E,\eta)(1-\cos\eta)2\pi\sin\eta\,\mathrm{d}\eta\,k'^2\,\mathrm{d}k' \tag{6-145}$$

在之前的讨论中始终假定原子势 $V=1$，因此，当将本节的结论应用于 6.9 节中的公式时，也应保持 $V=1$。这表示公式中的 N 指的是单位体积内原胞的总数，在积分计算过程中，通过将积分变数从 k' 改为能量 E' 来进行计算，即

$$\begin{aligned}\frac{1}{\tau}&=\frac{kT}{NMh\bar{c}^2}\int\delta(E-E')J^2(E,\eta)(1-\cos\eta)2\pi\sin\eta\,\mathrm{d}\eta\,k'^2\left(\frac{\mathrm{d}E'}{\mathrm{d}k'}\right)^{-1}\mathrm{d}E\\&=\frac{kT}{NMh\bar{c}^2}k^2\left(\frac{\mathrm{d}E}{\mathrm{d}k}\right)^{-1}\int J^2(E,\eta)(1-\cos\eta)2\pi\sin\eta\,\mathrm{d}\eta\end{aligned} \tag{6-146}$$

式（6-146）弛豫时间公式包含了两个重要结论：

1）式（6-146）揭示了$\frac{1}{\tau}$与绝对温度之间存在正比关系，从而阐明了金属电阻随温度增加而上升的现象，这一现象在经典理论中一直未能得到合理解释。从前面的推导中可以看出，金属电阻的增加主要是由于电子受到原子热振动的散射，这种散射的概率与原子位移的平方成正比，而在高温条件下，原子位移的平方与 T 成正比。

2）在目前讨论的各向同性模型中，能态密度的表达式可以简化为

$$\frac{\Delta Z}{\Delta E}=\frac{8\pi k^2\Delta k}{\Delta E}=8\pi k^2\left(\frac{\mathrm{d}E}{\mathrm{d}k}\right)^{-1} \tag{6-147}$$

从式（6-146）可以看出，$1/\tau$ 与能态密度成正比。正如之前所讨论的，根据能带论，过渡金属的一个显著特征是其能带拥有较高的能态密度。这一结论普遍地解释了过渡金属通常展现出较高电阻率的原因。

根据 J 的数值大约是几个电子伏的数量级，可以轻松验证利用式（6-146）计算得到的弛豫时间 τ，在室温下为 $10^{-14}\sim10^{-13}$s。这一估计与基于实际金属电阻率得出的值相吻合。

在实际样品中，电子除了受到晶格振动的影响外，还会遭遇来自杂质原子的弹性散射。这种散射源于杂质原子基态与最低激发态之间的能量差，通常为几个电子伏的数量级，该值远高于热能 $k_\mathrm{B}T$。因此，杂质原子很少处于激发态，它们在散射过程中几乎不会向电子提供能量。同时，如果电子向杂质原子传递能量，电子将损失过多的能量，以至于费米球内没有合适的空态可以接纳这些电子。

假设电子与杂质原子之间的散射势能为 $U(\boldsymbol{r})$，这可能源于杂质原子与基质原子的离子实电荷差异而产生的附加势场。当杂质原子的浓度 n_i 非常低，以至于可以认为电子在一次散射中只与一个杂质原子相互作用时，可以根据量子力学的微扰理论中的黄金定则，即

$$\theta(\boldsymbol{k},\boldsymbol{k}')=\frac{2\pi}{\hbar}n_i\,|\langle\psi_{\boldsymbol{k}'}\,|\,U(\boldsymbol{r})\,|\,\psi_{\boldsymbol{k}}\rangle|^2\delta(\varepsilon_{\boldsymbol{k}}-\varepsilon_{\boldsymbol{k}'}) \tag{6-148}$$

由于杂质原子的浓度 n_i 和散射势能 $U(\boldsymbol{r})$ 都是跟温度无关的量，因此由电子与杂质原子的散射引起的电阻率不会随温度变化。

当电子同时遭受杂质原子和声子的散射，且这两种散射过程相互独立时，总散射概率可以视为各自散射概率的累加，即总散射概率等于杂质散射概率与声子散射概率的和，可表示为

$$\theta(\boldsymbol{k},\boldsymbol{k}')=\theta^{(1)}(\boldsymbol{k},\boldsymbol{k}')+\theta^{(2)}(\boldsymbol{k},\boldsymbol{k}') \tag{6-149}$$

则有

$$\frac{1}{\tau}=\frac{1}{\tau^{(1)}}+\frac{1}{\tau^{(2)}} \tag{6-150}$$

如果对于每种散射机制，弛豫时间都与 $\boldsymbol{k}$ 没有依赖关系，则有

$$\rho=\frac{m^*}{ne^2\tau}=\frac{m^*}{ne^2}\left[\frac{1}{\tau^{(1)}}+\frac{1}{\tau^{(2)}}\right]=\rho^{(1)}+\rho^{(2)} \tag{6-151}$$

在多种散射机制共存的情况下，总电阻率是各个机制分别引起的电阻率的累加。这一原理称为马西森定则，即

$$\rho=\rho_r+\rho_i(T) \tag{6-152}$$

电阻率 $\rho_i(T)$ 是由电子与声子相互作用引起的，并且会随温度变化。即使在结构完整的理想晶体中，$\rho_i(T)$ 也存在，称为理想电阻率。ρ_r 是由电子与杂质原子的散射引起的，它不随温度变化。在电阻率 $\rho_i(T)$ 较低的情况下，ρ_r 成为电阻率中的主要部分，并且通常被定义为剩余电阻率。

在诸如铜（Cu）、银（Ag）、金（Au）、镁（Mg）、锌（Zn）等非磁性简单金属中，掺入少量的 3d 壳层未满的磁性杂质，如铁（Fe）、锰（Mn）、钒（V）、钼（Mo）等，所形成

的合金称为稀磁合金。这些材料在低温条件下的电阻随温度变化曲线上往往会出现极小值，这种现象最初未被理解，称为电阻的反常现象。极值温度一般在 10~20K 之间。当从电阻曲线中去除由晶格振动引起的电阻 AT^5 部分后，可以观察到磁性杂质对电阻的贡献，这部分贡献随着温度的降低而呈现出对数增长的趋势，即

$$\rho_{杂质}=a-b\ln T$$

1964 年，近藤（Kondo）提出了一种理论，强调磁性杂质在稀磁合金中的效应不仅限于它们对晶格周期性势场的破坏，还涉及电子与磁性杂质相互作用时自旋状态的相互变化。近藤的理论为电阻极小现象提供了解释，因此这一现象被命名为近藤效应。

思 考 题

6.1　简述特鲁特模型和索末菲模型的相同之处和不同之处。

6.2　如何理解金属中虽有大量电子但只有费米面附近的电子才参与了导电？

6.3　索末菲把金属视为由大量价电子构成的自由电子气，原因是什么？

6.4　金属自由电子气中的电子即使在温度趋于零时仍然有不为零的能量，为什么？

6.5　如何理解“电子分布函数 $f(E)$ 的物理意义是能量为 E 的量子态被电子所占据的平均概率”？

6.6　求一维金属中自由电子的能态密度函数、$T=0$ 和 $T\neq0$ 时的费米能、电子平均动能及一个电子对比热容的贡献。

6.7　求二维金属 $T=0$ 和 $T\neq0$ 时的电子平均动能及一个电子对比热容的贡献。

6.8　假设由 N 个电子构成面积为 S 的二维自由电子气，试求：

1）状态密度和能态密度。

2）基态时的费米波矢。

3）基态时每个电子的平均能量。

6.9　当 $k_BT\ll E_F^0$ 时，试证明系统中每增加一个电子引起费米能的变化为 $\Delta E_F^0=\dfrac{1}{g(E_F^0)}$，其中，$g(E_F^0)$ 为费米能级处的能态密度。

6.10　假设每个原子占据的体积为 a^3，若绝对零度时价电子的费米半径为 $k_F^0=(6\pi^2)^{1/3}/a$，计算每个原子的价电子数。

参考文献

[1] 周世勋，陈灏. 量子力学教程 [M]. 3 版. 北京：高等教育出版社，2022.
[2] 杨福家. 原子物理学 [M]. 3 版. 北京：高等教育出版社，2000.
[3] 钱伯初. 量子力学 [M]. 北京：高等教育出版社，2006.
[4] 曾谨言. 量子力学教程 [M]. 3 版. 北京：科学出版社，2014.
[5] 汪志诚. 热力学·统计物理 [M]. 3 版. 北京：高等教育出版社，2007.
[6] 黄昆. 固体物理学 [M]. 北京：高等教育出版社，1988.
[7] 玻恩，黄昆. 晶格动力学理论 [M]. 葛惟锟，贾惟义，译. 北京：北京大学出版社，1989.
[8] 阎守胜. 固体物理学基础 [M]. 3 版. 北京：北京大学出版社，2011.
[9] 林鸿生，章世玲，翁明其. 固体物理及物理量测量 [M]. 2 版. 北京：科学出版社，2018.